21 世纪普通高等教育基础课系列教材

大学物理学

上册

主　编　高　磊　林春丹　冷文秀
副主编　王　芳　陈少华　王晓慧　刘子龙
参　编　孙　为　王爱军　宝日玛　邢　颖

机 械 工 业 出 版 社

本套书是面向高等学校理工科非物理类专业的物理基础课程教材，书中内容涵盖了教育部制定的《理工科类大学物理课程教学基本要求》中的核心内容。全书在努力夯实物理基础理论的同时，结合富媒体手段突出培养学生的分析问题、解决问题能力。特别是，富有特色的课后练习题能够满足学生层层递进理解知识，最终达到综合提高的目的。

本书为上册，内容包括数学基础、力学和电磁学。

本书可作为高等学校理工科各专业的大学物理课程教材，也可供相关师生参考。

图书在版编目（CIP）数据

大学物理学. 上册/高磊，林春丹，冷文秀主编. —北京：机械工业出版社，2023.11

21 世纪普通高等教育基础课系列教材

ISBN 978-7-111-73433-8

Ⅰ.①大… Ⅱ.①高… ②林… ③冷… Ⅲ.①物理学－高等学校－教材 Ⅳ.①O4

中国国家版本馆 CIP 数据核字（2023）第 119709 号

机械工业出版社（北京市百万庄大街 22 号　邮政编码 100037）
策划编辑：张金奎　　　　责任编辑：张金奎　汤　嘉
责任校对：樊钟英　牟丽英　　封面设计：王　旭
责任印制：张　博
北京联兴盛业印刷股份有限公司印刷
2023 年 12 月第 1 版第 1 次印刷
184mm×260mm · 16.25 印张 · 399 千字
标准书号：ISBN 978-7-111-73433-8
定价：46.00 元

电话服务　　　　　　　　网络服务
客服电话：010-88361066　　机　工　官　网：www.cmpbook.com
010-88379833　　机　工　官　博：weibo.com/cmp1952
010-68326294　　金　书　网：www.golden-book.com

机工教育服务网：www.cmpedu.com

前　　言

“大学物理学”是一门面向低年级学生的公共基础课，是培养和提高学生科学素养、科学思维方法和能力的重要课程。本课程不仅是在校学生学好后续专业课的基础，而且也能为学生毕业后进一步在工作中学习新技术、新知识提供方法论。

为此，这套大学物理教材的编写主要基于以下两点考虑：一是基于编者们多年教授大学物理的心得和经验，教材要具有针对性；二是为解决目前大学物理教学中存在的一些困难问题，如学生物理基础薄弱且良莠不齐，工科大学物理内容多、课时少等。下面就本套书的特色做一简单介绍。

（1）习题的编排具有分层进阶式结构

基于目前的高考政策，除了力学和电磁学，其他物理内容均为选修，这就导致了学生的高中物理基础良莠不齐。为此，本书编辑了有特色的分层进阶式习题，第一层是基础练习题，每道题都精准对焦一个重要知识点，以便帮助学生梳理知识点，夯实理论基础知识，同时培养其解决具体问题的能力；第二层是综合提高练习题，重点训练学生利用多个知识点处理综合问题的能力，培养和提升其高阶思维；第三层是拓展知识点的练习，以小作文形式侧重培养学生查阅文献及总结概括的学习能力，而这些能力都是学生后续学习和科研中必不可少的。

（2）与时俱进，融合富媒体手段提高学生的参与度

大学物理是公共基础大班课，学生人数多，难以进行充分的沟通，课上演示实验因为授课教室大效果也不佳。针对以上问题，编者们利用现有的资源进行演示实验视频录制或编辑制作抽象物理问题的直观小动画，然后以富媒体形式与时俱进地结合到教材中，学生随时可以扫码观看，以便帮助他们更好地理解知识。

（3）展现工科特色，理论紧密结合实践

考虑到工科大学物理涉及内容广、实践性强的特点，编者在编写的过程中，在尽量保证物理基础理论完整和不增加教学负担的前提下，采用多种形式拓展知识面。例如，编写了打星号的拓展内容，以及在章节最后引入了“物理学原理在能源领域中的应用”部分，向学生介绍和展示物理基础知识的价值，激发学生的学习兴趣。

（4）介绍物理学家，激励学生努力学习

在尽量不增加篇幅的情况下，编者高度概括了一些物理学家的生平奋斗史和成就，然后结合教材内容穿插其中。这些物理学家在物理学的发展历史中乃至人类社会的文明发展中都做出了卓越的贡献。通过他们的人格魅力教育，鼓励学生努力学习和坚持真理，为社会多做贡献。

本套书分上、下两册，相比同类教材，在上册开始增添了数学基础知识介绍，包括矢量知识和简单的微积分内容，这是依据教学实际需要增加的。上册内容主要包括数学基础、力学和电磁学；下册内容主要包括机械振动、机械波、波动光学、热学、狭义相对论基础和量子力学基础。

上册主要内容编写分工：高磊（第一章）、林春丹（第二~四章）、冷文秀（第五~八章）。此外，王芳、陈少华、王晓慧、刘子龙、孙为、王爱军、宝日玛、邢颖参加了部分习题和拓展内容的编写。

限于编者的学识和教学经验，书中的不足之处和错误在所难免，请使用本书的师生不吝赐教。

编　者

目　　录

第一章　数学基础

第一节　向量和向量加法

物理学中许多重要的物理量都不能用一个单一的数字来描述，一般有一个方向与之相关。一个非常常见的例子是力，在物理学中，力是指施加在一个物体上的推力或拉力。对一个力的完整描述意味着既要描述该力对物体的推或拉的力度，又要描述推或拉的方向。

一、向量与标量

当一个物理量由一个单一的数字来描述时，我们称它为**标量**。而一个**向量**（物理学中一般称矢量）既有量值（“大小”的部分），又有空间方向。标量可以直接进行算术运算。但是向量不同，因此我们需要详细介绍。为了了解更多关于向量及其计算问题，我们从最简单的向量**位移**开始。位移是一个点的位置变化。如图 1-1 所示，我们用一条从 P_1 到 P_2 的直线来表示从点 P_1 到点 P_2 的位置变化，在 P_2 处有一个箭头，表示运动的方向。位移是一个向量，因为我们不仅要说明粒子移动了多远，还要说明它在什么方向上运动。即使沿着相反的两个方向走出了相同的距离，位移也是不一样的。我们通常用一个黑体字母来表示一个向量，如位移 $\boldsymbol{A}$。（在手写体中用字母上加箭头表示向量，如位移 $\vec{A}$。）因为向量具有与标量不同的属性，我们总是把向量画成一条线，在其顶端有一个箭头。线的长度表示向量的大小，箭头的方向表示向量的方向。

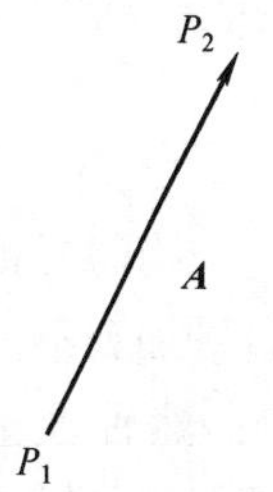

图 1-1　用向量 $\boldsymbol{A}$ 表示的位移

如果两个向量有相同的方向，它们就是平行的。如果它们有相同的幅度和方向，它们是相等的，不管它们在空间的什么位置。图 1-2a 中从 P_3 点到 P_4 点的向量与从 P_1 到 P_2 的向量具有相同的长度和方向，这两个位移是相等的，尽管它们从不同的点开始。需要强调的是，两个向量的相等与两个标量的相等是不同的关系。只有当两个向量具有相同的大小和相同的方向时，它们才是相等的。然而，图 1-2b 中的向量 $\boldsymbol{B}$ 不等于 $\boldsymbol{A}$，因为它的方向与 $\boldsymbol{A}$ 不同。如图 1-2b 所示，我们将向量的负数定义为与原向量的大小相同但方向相反的向量。根据定义，一个向量的大小 $A = |\boldsymbol{A}|$ 是一个标

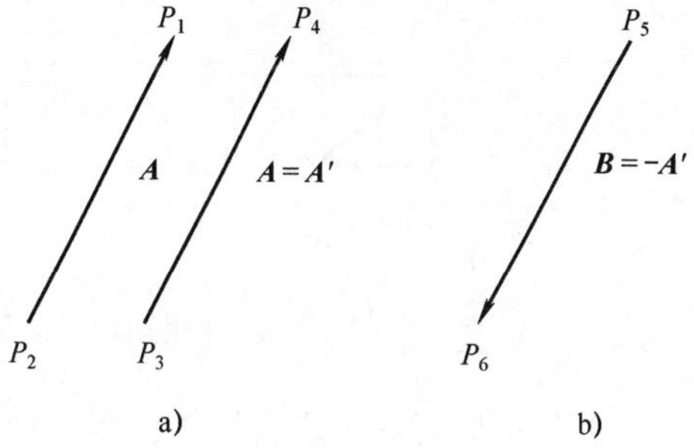

图 1-2　大小相等，方向相同或相反的向量间的关系

量（一个数字），并且总是正的。我们还注意到，一个向量永远不可能等于一个标量，因为它们是不同种类的量。

二、向量加法

假设一个粒子经历了一个位移 $\boldsymbol{A}$，然后又经历了第二个位移 $\boldsymbol{B}$，最后的结果是位移 $\boldsymbol{C}$，如图 1-3 所示。我们把位移 $\boldsymbol{A}+\boldsymbol{B}$ 称为位移 $\boldsymbol{A}$ 和 $\boldsymbol{B}$ 的**向量和** $\boldsymbol{C}$。我们把这种关系象征性地表示为

$$\boldsymbol{C}=\boldsymbol{A}+\boldsymbol{B} \tag{1-1}$$

在向量加法中，我们通常把第二个向量的尾部放在第一个向量的头部（见图 1-3a）。

向量加法中项的顺序并不重要，因此如图 1-3b 所示，先进行位移 $\boldsymbol{B}$，后进行位移 $\boldsymbol{A}$，可以得到与图 1-3a 相同的结果，即

$$\boldsymbol{C}=\boldsymbol{A}+\boldsymbol{B}=\boldsymbol{B}+\boldsymbol{A} \tag{1-2}$$

图 1-3c 显示了另一种表示向量和的方法。如果向量 $\boldsymbol{A}$ 和 $\boldsymbol{B}$ 的尾部都在同一点上，那么向量 $\boldsymbol{C}$ 就是以 $\boldsymbol{A}$ 和 $\boldsymbol{B}$ 为邻边的平行四边形的对角线。

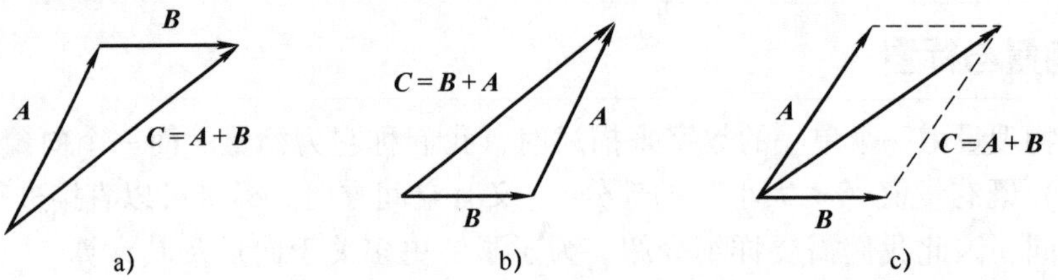

图 1-3　向量的加法图示

当需要把两个以上的向量相加时，我们可以先找到任意两个向量的向量和，然后把这个向量加到第三个向量上，以此类推。在图 1-4a 中，我们首先将 $\boldsymbol{A}$、$\boldsymbol{B}$ 相加，得到一个向量和 $\boldsymbol{D}$；然后通过同样的过程将向量 $\boldsymbol{C}$ 和 $\boldsymbol{D}$ 相加，得到向量和 $\boldsymbol{R}$，即 $\boldsymbol{R}=(\boldsymbol{A}+\boldsymbol{B})+\boldsymbol{C}=\boldsymbol{D}+\boldsymbol{C}$。我们也可以先将 $\boldsymbol{B}$ 和 $\boldsymbol{C}$ 加起来，得到向量 $\boldsymbol{E}$（见图 1-4b），然后再将 $\boldsymbol{A}$ 和 $\boldsymbol{E}$ 加起来，得到 $\boldsymbol{R}$，即 $\boldsymbol{R}=\boldsymbol{A}+(\boldsymbol{B}+\boldsymbol{C})=\boldsymbol{A}+\boldsymbol{E}$。

在相加过程中，我们甚至不需要直接求出向量 $\boldsymbol{D}$ 和 $\boldsymbol{E}$，需要做的就是连续画出 $\boldsymbol{A}$、$\boldsymbol{B}$ 和 $\boldsymbol{C}$，每个向量的尾部都与前面那个向量的箭头相连。向量和从第一个向量的尾部延伸到最后一个向量的头部（见图 1-4c）。我们看到，向量加法遵守关联法则。

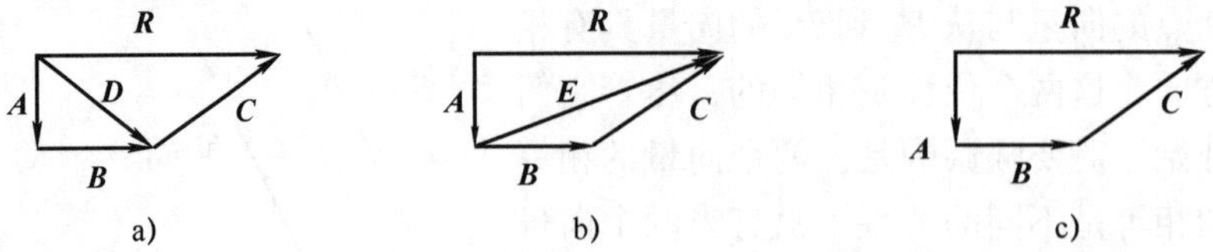

图 1-4　向量 $\boldsymbol{A}$、$\boldsymbol{B}$、$\boldsymbol{C}$ 的三种求和图示

我们可以对向量进行加法，当然也就可以对其进行减法。我们定义向量 $-\boldsymbol{A}$，如图 1-2 所示，向量 $-\boldsymbol{A}$ 与向量 $\boldsymbol{A}$ 的大小相同，但方向相反。在此基础上我们定义两个向量 $\boldsymbol{A}$、$\boldsymbol{B}$ 的差值为 $\boldsymbol{A}$ 和 $-\boldsymbol{B}$ 的向量之和，即

$$A - B = A + (-B)$$

一般来说，当一个向量 $\boldsymbol{A}$ 与一个标量 c 相乘时，其结果 $c\boldsymbol{A}$ 的**量值**为 $|c||\boldsymbol{A}|$（c 的绝对值乘以向量的大小）。如果 c 是正数，则 $c\boldsymbol{A}$ 与 $\boldsymbol{A}$ 方向相同；如果 c 是负数，则 $c\boldsymbol{A}$ 与 $\boldsymbol{A}$ 方向相反。因此 $2\boldsymbol{A}$ 与 $\boldsymbol{A}$ 平行，而 $-2\boldsymbol{A}$ 与 $\boldsymbol{A}$ 反平行。

用于乘以一个向量的标量也可能是一个有单位的物理量。例如牛顿第二定律 $\boldsymbol{F} = m\boldsymbol{a}$：作用在物体上的净力（一个向量）等于物体的质量 m（一个正的标量）和它的加速度 $\boldsymbol{a}$（一个向量）的积。因为 m 是正的，所以力 $\boldsymbol{F}$ 的方向与加速度 $\boldsymbol{a}$ 的方向相同，力的大小等于质量 m（是正的，等于它自己的绝对值）乘以加速度 $\boldsymbol{a}$ 的大小，而力的单位是质量的单位乘以加速度的单位。

第二节　向量的分量

为了定义向量分量，如图 1-5 所示，我们从坐标系（本章中未特殊注明的情况下均采用笛卡儿直角坐标系）的原点处画出向量的尾部，可以把位于 xy 平面内的任何向量表示为一个平行于 x 轴的向量和一个平行于 y 轴的向量之和。这两个向量在图 1-5a 中被标记为 $\boldsymbol{A}_x$ 和 $\boldsymbol{A}_y$，它们被称为向量 $\boldsymbol{A}$ 的**分量向量**，它们的向量之和等于 $\boldsymbol{A}$。即

$$\boldsymbol{A} = \boldsymbol{A}_x + \boldsymbol{A}_y \tag{1-3}$$

由于每个分量向量都位于坐标轴方向，我们只需要一个数字来描述每个分量。当分量向量 $\boldsymbol{A}_x$ 指向正 x 方向时，我们定义数值 $A_x = |\boldsymbol{A}_x|$；当分量向量 $\boldsymbol{A}_x$ 指向负 x 方向时，我们定义 $A_x = -|\boldsymbol{A}_x|$。以同样的方式可以定义数值 A_y。这两个数值 A_x 和 A_y 被称为 $\boldsymbol{A}$ 的**向量分量**。注意向量的分量不是向量，A_x 和 A_y 只是数字，它们本身不是向量。

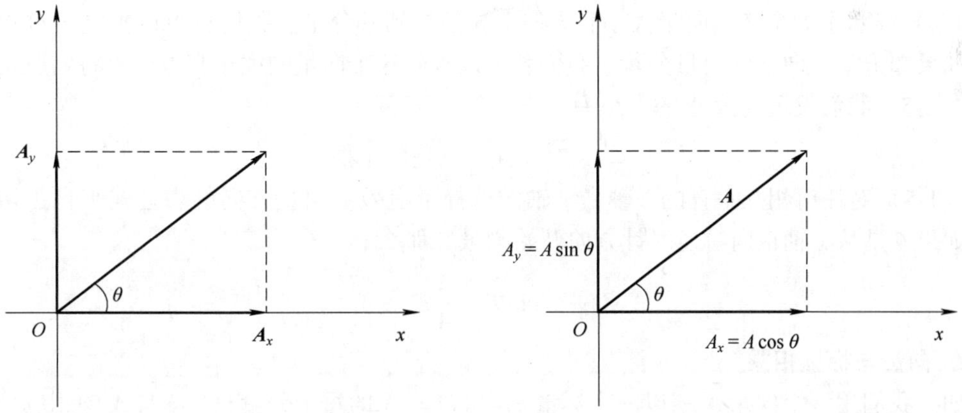

a）用分量向量 $\boldsymbol{A}_x$ 和 $\boldsymbol{A}_y$ 表示的向量 $\boldsymbol{A}$　　b）用向量分量 A_x 和 A_y 表示的向量 $\boldsymbol{A}$

图 1-5　向量的表示

如果知道向量 $\boldsymbol{A}$ 的大小和方向，我们就可以计算出向量分量。我们将用一个向量相对于某个参考方向的角度来描述它的方向。在图 1-5b 中，这个参考方向是 x 轴正向方向，向量与 x 轴正向的夹角是 θ。从三角函数的定义来看

$$A_x = A\cos\theta,\ A_y = A\sin\theta \tag{1-4}$$

在图 1-5b 中，A_x 是正的，因为它的方向沿 x 轴正向；A_y 是正的，因为它的方向沿 y 轴正向。这与式（1-4）一致。θ 位于第一象限（0°~90°），这个象限的角度的余弦和正弦都是正的。但在图 1-6a 中，B_x 分量是负的，它的方向与 x 轴的正方向相反。同样，这与式（1-4）一致，第二象限的角的余弦是负的。B_y 分量是正的（$\sin\theta$ 在第二象限是正的）。在图 1-6b 中，C_x 和 C_y 都是负的（在第三象限 $\cos\theta$ 和 $\sin\theta$ 都是负的）。

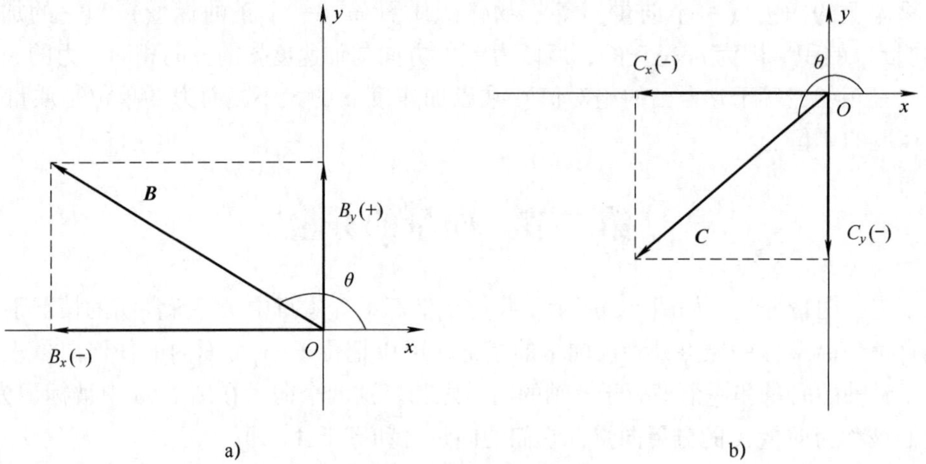

图 1-6　向量分量是正数和负数的图示

使用向量分量可以比较容易地进行涉及向量的各种计算。让我们看一下三个重要的例子。

1. 利用向量的分量确定一个向量的大小和方向

我们可以通过给出向量的大小和方向或其 x 和 y 方向的分量来完全描述一个向量。式（1-4）显示了如果知道向量大小和方向，如何找到其分量。我们也可以把这个过程倒过来。如果知道某个向量的向量分量，我们就可以找到这个向量的大小和方向。将勾股定理应用于图 1-5，我们发现向量 $\boldsymbol{A}$ 的大小为

$$A = \sqrt{A_x^2 + A_y^2}\ (\text{总是取正根}) \tag{1-5}$$

方程（1-5）对任何相互垂直的 x 轴和 y 轴的选择都有效。向量方向的表达式来自正切的定义。如果 θ 是从 x 轴正向沿逆时针方向开始测量，那么

$$\tan\theta = \frac{A_y}{A_x} \tag{1-6}$$

2. 向量与标量相乘

如果我们用一个向量 $\boldsymbol{A}$ 乘以一个标量 c，积 $\boldsymbol{D}=c\boldsymbol{A}$ 的每个分量只是 c 与 $\boldsymbol{A}$ 的相应分量的乘积，因此向量 $\boldsymbol{D}=c\boldsymbol{A}$ 的分量为

$$D_x = cA_x,\ D_y = cA_y \tag{1-7}$$

3. 使用分量来计算两个或多个向量的向量和

图 1-7 显示了两个向量 $\boldsymbol{A}$ 和 $\boldsymbol{B}$、它们的向量和 $\boldsymbol{R}=\boldsymbol{A}+\boldsymbol{B}$，以及所有三个向量的 x 和 y 分量。可从图中看到，向量和 $\boldsymbol{R}$ 的 x 分量 R_x 只是被加的向量 $\boldsymbol{A}$ 和 $\boldsymbol{B}$ 的 x 分量之和 A_x+B_x，y 分量的情况也是如此。所以向量和 $\boldsymbol{R}$ 的 x 和 y 分量可以用解析式表示为

$$R_x = A_x + B_x,\ R_y = A_y + B_y \tag{1-8}$$

图 1-7 显示了 A_x、A_y、B_x 和 B_y 都是正数的情况下的结果。实际上式（1-8）对向量 **A** 和 **B** 的任何分量都是有效的。

如果知道任何两个向量 **A** 和 **B** 的分量和，通过式（1-4）可以计算出向量和 **R** 的分量。然后，如果需要求解 **R** 的大小和方向，可以利用式（1-5）和式（1-6）计算。

我们可以用这种方法来求任何数量的向量之和。如果 **R** 是 **A**,**B**,**C**,**D**,**E**, …的向量之和，那么 **R** 的分量为

$$R_x = A_x + B_x + C_x + D_x + E_x + \cdots$$
$$R_y = A_y + B_y + C_y + D_y + E_y + \cdots \tag{1-9}$$

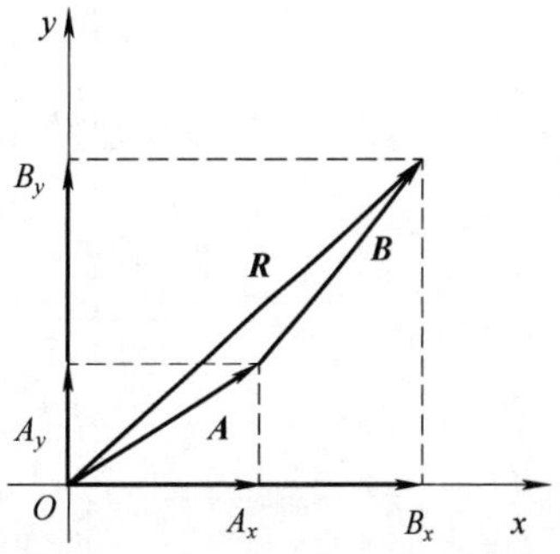

图 1-7　利用向量分量求解 **A** 和 **B** 的向量和

我们只谈到了位于 xy 平面的向量，但分量法对空间中任何方向的向量都同样适用。我们引入一个垂直于 xy 平面的 z 轴，那么一般来说，一个向量在三个坐标方向上有 A_x、A_y 和 A_z 分量。A 的大小由以下公式给出：

$$A = \sqrt{A_x^2 + A_y^2 + A_z^2} \tag{1-10}$$

同样总是取正根。另外，向量和的分量的公式（1-9）在 z 方向同样有一个分量

$$R_z = A_z + B_z + C_z + D_z + E_z + \cdots$$

第三节　单位向量

单位向量是一个赋值为 1 的向量，没有单位。它的唯一目的是指向——也就是描述空间中的一个方向。单位向量为许多涉及向量分量的表达方式提供了方便的符号。我们总是在单位向量的符号中加入一个“^”，以区分它与普通向量，后者的大小可能等于或不等于 1。

在 $x-y$ 坐标系中，我们可以定义一个指向 x 轴正方向的单位向量 $\hat{\boldsymbol{i}}$ 和一个指向 y 轴正方向的单位向量 $\hat{\boldsymbol{j}}$（见图 1-8a）。然后，我们可以将第二节开头描述的分量向量和向量分量之间的关系表达如下：

$$\boldsymbol{A}_x = A_x\hat{\boldsymbol{i}}$$
$$\boldsymbol{A}_y = A_y\hat{\boldsymbol{j}} \tag{1-11}$$

同样地，我们可以把一个向量 **A** 用它的向量分量来描述，即

$$\boldsymbol{A} = A_x\hat{\boldsymbol{i}} + A_y\hat{\boldsymbol{j}} \tag{1-12}$$

方程（1-11）和方程（1-12）是向量方程；每个项，如 $A_x\hat{\boldsymbol{i}}$，都是一个向量（见图 1-8b）。当两个向量和用它们的分量表示时，我们可以用单位向量表示向量和 **R**，如下式所示：

$$\begin{aligned}
\boldsymbol{A} &= A_x\hat{\boldsymbol{i}} + A_y\hat{\boldsymbol{j}} \\
\boldsymbol{B} &= B_x\hat{\boldsymbol{i}} + B_y\hat{\boldsymbol{j}} \\
\boldsymbol{R} &= \boldsymbol{A} + \boldsymbol{B} \\
&= (A_x\hat{\boldsymbol{i}} + A_y\hat{\boldsymbol{j}}) + (B_x\hat{\boldsymbol{i}} + B_y\hat{\boldsymbol{j}}) \\
&= (A_x + B_x)\hat{\boldsymbol{i}} + (A_y + B_y)\hat{\boldsymbol{j}} \\
&= R_x\hat{\boldsymbol{i}} + R_y\hat{\boldsymbol{j}}
\end{aligned} \tag{1-13}$$

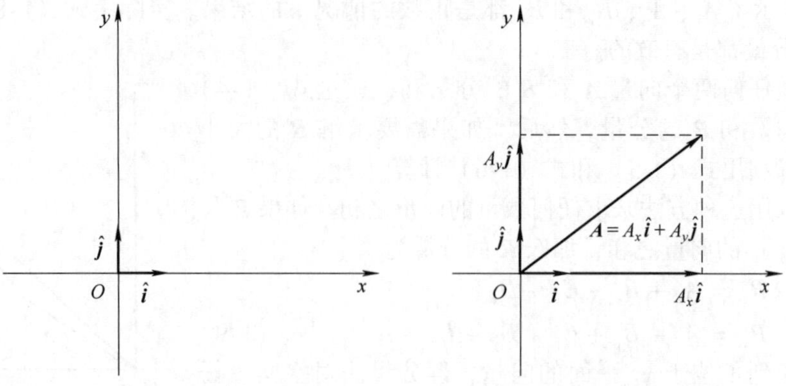

a）单位向量$\hat{i}$、$\hat{j}$　　b）用向量分量表示的向量A

图 1-8　单位向量

方程（1-13）以单个向量方程而不是两个分量方程的形式重述了方程（1-8）的内容。

如果向量并不都在 xy 平面上，那么我们就需要第三个分量。我们引入第三个单位向量 $\hat{\boldsymbol{k}}$，指向正 z 轴的方向（见图 1-9）。然后，方程（1-12）和方程（1-13）变成了

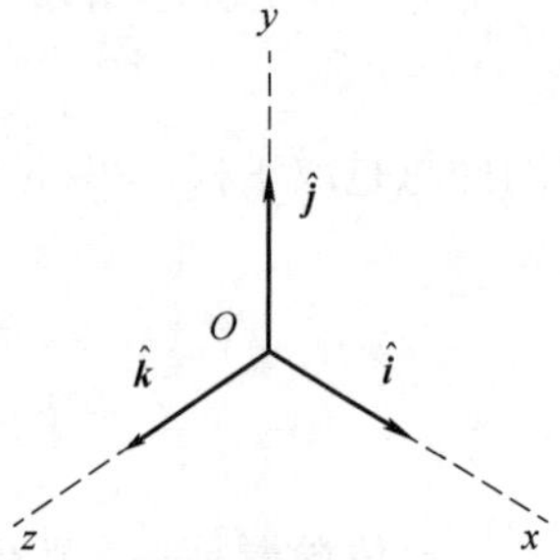

图 1-9　单位向量 $\hat{\boldsymbol{i}}$、$\hat{\boldsymbol{j}}$ 和 $\hat{\boldsymbol{k}}$

$$\boldsymbol{A} = A_x\hat{\boldsymbol{i}} + A_y\hat{\boldsymbol{j}} + A_z\hat{\boldsymbol{k}}$$

$$\boldsymbol{B} = B_x\hat{\boldsymbol{i}} + B_y\hat{\boldsymbol{j}} + B_z\hat{\boldsymbol{k}} \tag{1-14}$$

$$\boldsymbol{R} = (A_x + B_x)\hat{\boldsymbol{i}} + (A_y + B_y)\hat{\boldsymbol{j}} + (A_z + B_z)\hat{\boldsymbol{k}}$$
$$= R_x\hat{\boldsymbol{i}} + R_y\hat{\boldsymbol{j}} + R_z\hat{\boldsymbol{k}} \tag{1-15}$$

第四节　向量的乘积

我们已经看到向量的加法是如何从组合位移向量的问题中自然发展出来的，以后我们将使用向量加法来计算其他许多向量。我们还可以用向量的积来简洁地表达许多物理关系。向量不是普通的数字，所以普通的乘法并不直接适用于向量。我们将定义两种不同类型的向量积。第一种称为向量的点乘，称为**标量积**，产生的结果是一个标量；第二种是向量的叉乘，称为**向量积**，产生的是另一个向量。

一、向量的标量积

两个向量 $\boldsymbol{A}$ 和 $\boldsymbol{B}$ 的标量积，用 $\boldsymbol{A}\cdot\boldsymbol{B}$ 表示。因为这个符号，标量积也被称为点积。虽然 $\boldsymbol{A}$ 和 $\boldsymbol{B}$ 均是向量，但 $\boldsymbol{A}\cdot\boldsymbol{B}$ 是一个标量。

为了定义两个向量 $\boldsymbol{A}$ 和 $\boldsymbol{B}$ 的标量积，我们把两个向量 $\boldsymbol{A}$、$\boldsymbol{B}$ 的尾部画在同一点上（见图 1-10a），它们之间的角度 φ 的范围是 0°～180°。图 1-10b 显示了向量 $\boldsymbol{B}$ 在向量 $\boldsymbol{A}$ 方向上的投影；这个投影是向量 $\boldsymbol{B}$ 在向量 $\boldsymbol{A}$ 方向上的分量，等于 $B\cos\varphi$。我们将标量积定义为向量 $\boldsymbol{A}$ 的大小乘以向量 $\boldsymbol{B}$ 在向量 $\boldsymbol{A}$ 方向上的分量。可表示为

$$\boldsymbol{A}\cdot\boldsymbol{B} = AB\cos\varphi \tag{1-16}$$

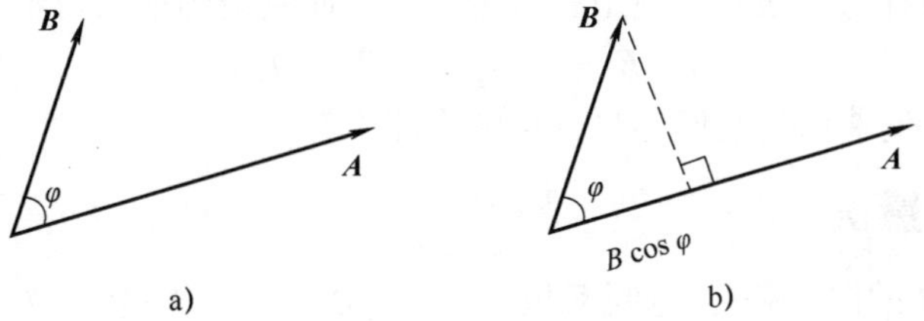

图 1-10 两个向量的标量积

向量的标量积是一个标量，而不是一个向量，它可以是正的、负的或零。当 φ 在 0°和 90°之间时，$\cos\varphi>0$，标量积 $\boldsymbol{A}\cdot\boldsymbol{B}$ 为正（见图 1-11a）；当 φ 在 90°和 180°之间时，$\cos\varphi<0$，向量 $\boldsymbol{B}$ 在向量 $\boldsymbol{A}$ 方向上的分量为负，$\boldsymbol{A}\cdot\boldsymbol{B}$ 为负（见图 1-11b）；最后当 $\varphi=90°$ 时（见图 1-11c），$\boldsymbol{A}\cdot\boldsymbol{B}=0$。两个垂直向量的标量积结果总是零。

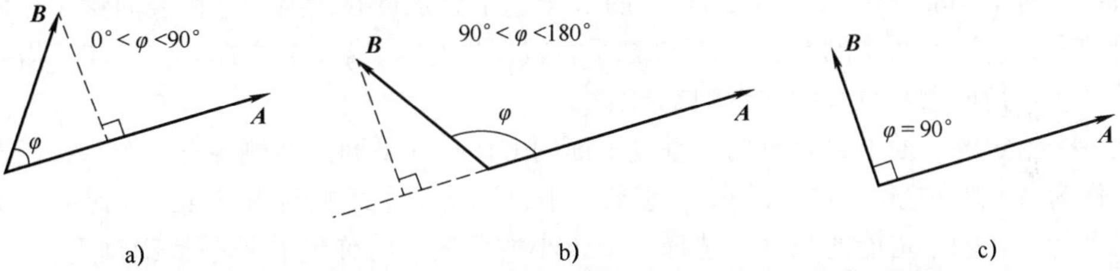

图 1-11 两个向量的标量积 $\boldsymbol{A}\cdot\boldsymbol{B}=AB\cos\varphi$ 为正、负和零的情况

在后面的章节可以利用向量的标量积来解决做功问题。假设有一个常力 $\boldsymbol{F}$（向量）作用在一个物体上，作用距离为 $\boldsymbol{s}$（向量），则力对物体做功 W（标量）可以表示为

$$W=\boldsymbol{F}\cdot\boldsymbol{s}$$

如果 $\boldsymbol{F}$ 和 $\boldsymbol{s}$ 之间的角度在 0°和 90°之间，那么力所做的功就是正的；如果这个角度在 90°和 180°之间，那么做功就是负的；如果 $\boldsymbol{F}$ 和 $\boldsymbol{s}$ 是垂直的，那么做功就是零。

二、使用向量的分量来计算向量的标量积

如果知道向量 $\boldsymbol{A}$ 和 $\boldsymbol{B}$ 的 x、y、z 分量，可以直接计算标量积 $\boldsymbol{A}\cdot\boldsymbol{B}$。为了理解这一点，首先要算出单位向量的标量积。因为 $\hat{\boldsymbol{i}}$、$\hat{\boldsymbol{j}}$ 和 $\hat{\boldsymbol{k}}$ 都有 1 的量级，并且相互垂直。使用式（1-16），我们发现

$$\hat{\boldsymbol{i}}\cdot\hat{\boldsymbol{i}}=\hat{\boldsymbol{j}}\cdot\hat{\boldsymbol{j}}=\hat{\boldsymbol{k}}\cdot\hat{\boldsymbol{k}}=(1)(1)\cos 0°=1$$

$$\hat{\boldsymbol{i}}\cdot\hat{\boldsymbol{j}}=\hat{\boldsymbol{i}}\cdot\hat{\boldsymbol{k}}=\hat{\boldsymbol{j}}\cdot\hat{\boldsymbol{k}}=(1)(1)\cos 90°=0 \tag{1-17}$$

用它们的分量来表示 $\boldsymbol{A}$ 和 $\boldsymbol{B}$，使用这些单位向量展开乘积可得

$$\begin{aligned}\boldsymbol{A}\cdot\boldsymbol{B}&=(A_x\hat{\boldsymbol{i}}+A_y\hat{\boldsymbol{j}}+A_z\hat{\boldsymbol{k}})\cdot(B_x\hat{\boldsymbol{i}}+B_y\hat{\boldsymbol{j}}+B_z\hat{\boldsymbol{k}})\\&=A_xB_x\hat{\boldsymbol{i}}\cdot\hat{\boldsymbol{i}}+A_xB_y\hat{\boldsymbol{i}}\cdot\hat{\boldsymbol{j}}+A_xB_z\hat{\boldsymbol{i}}\cdot\hat{\boldsymbol{k}}+\\&\quad A_yB_x\hat{\boldsymbol{j}}\cdot\hat{\boldsymbol{i}}+A_yB_y\hat{\boldsymbol{j}}\cdot\hat{\boldsymbol{j}}+A_yB_z\hat{\boldsymbol{j}}\cdot\hat{\boldsymbol{k}}+\\&\quad A_zB_x\hat{\boldsymbol{k}}\cdot\hat{\boldsymbol{i}}+A_zB_y\hat{\boldsymbol{k}}\cdot\hat{\boldsymbol{j}}+A_zB_z\hat{\boldsymbol{k}}\cdot\hat{\boldsymbol{k}}\end{aligned} \tag{1-18}$$

从式（1-17）中我们看到，这九个项中有六个是零，而剩余的三项可给出一个简单的结果

$$\boldsymbol{A}\cdot\boldsymbol{B} = A_xB_x + A_yB_y + A_zB_z \tag{1-19}$$

因此，两个向量的标量乘积是它们各自分量的乘积之和。

三、向量的向量积

两个向量 $\boldsymbol{A}$ 和 $\boldsymbol{B}$ 的向量积，也叫叉积，用 $\boldsymbol{A}\times\boldsymbol{B}$ 表示 。顾名思义，向量积本身就是一个向量。我们将在后面章节中使用这个乘积来描述力矩和角动量，并使用它来描述磁场和力。为了定义两个向量 $\boldsymbol{A}$ 和 $\boldsymbol{B}$ 的向量积 $\boldsymbol{A}\times\boldsymbol{B}$，我们再次将两个向量的尾部画在同一点上(见图 1-12)。这两个向量位于一个平面内。我们将向量积定义为一个方向垂直于该平面的向量（即同时垂直于 $\boldsymbol{A}$ 和 $\boldsymbol{B}$），其大小等于 $AB\sin\varphi$。也就是说，如果 $\boldsymbol{C}=\boldsymbol{A}\times\boldsymbol{B}$，那么

$$C = AB\sin\varphi \tag{1-20}$$

从向量 $\boldsymbol{A}$ 向 $\boldsymbol{B}$ 测量角度 φ，并认为它是两个可能的角度中较小的一个，所以 φ 的范围是 0°到 180°。那么 $\sin\varphi\geqslant 0$，式（1-20）中的 C 永远不会是负数，因为它代表向量积也就是一个向量的大小。还要注意的是，当 $\boldsymbol{A}$ 和 $\boldsymbol{B}$ 平行或反平行时，$\varphi=0$ 或 180°，$C=0$。需要特别指出的是，任何向量与自身的向量积都是零。

在一个给定的平面上总是有两个垂直平面的方向，在平面的两侧各有一个。我们选择其中一个作为 $\boldsymbol{A}\times\boldsymbol{B}$ 的方向的方法如下。想象一下，围绕垂直线旋转向量 $\boldsymbol{A}$，直到它与 $\boldsymbol{B}$ 平行或者反平行，在两个可能的角度中选择一个较小的角度。将你的右手手指围绕垂直线弯曲，使指尖指向旋转的方向；然后你的拇指将指向 $\boldsymbol{A}\times\boldsymbol{B}$ 的方向。

同样地，通过旋转 $\boldsymbol{B}$ 到 $\boldsymbol{A}$ 来确定 $\boldsymbol{B}\times\boldsymbol{A}$ 的方向，其结果是一个与向量 $\boldsymbol{A}\times\boldsymbol{B}$ 方向相反的向量。向量乘积满足交换律，对于任何两个向量 $\boldsymbol{A}$ 和 $\boldsymbol{B}$ ，我们有

$$\boldsymbol{A}\times\boldsymbol{B} = -\boldsymbol{B}\times\boldsymbol{A} \tag{1-21}$$

可以利用几何关系来描述向量积的大小。在图 1-13a 中，$B\sin\varphi$ 是向量 $\boldsymbol{B}$ 垂直于向量 $\boldsymbol{A}$ 方向的分量，从式（1-20）来看，向量 $\boldsymbol{A}\times\boldsymbol{B}$ 的大小等于向量 $\boldsymbol{A}$ 的大小乘以 $\boldsymbol{B}$ 垂直于 $\boldsymbol{A}$ 方向的分量的大小。图 1-13b 显示，$\boldsymbol{A}\times\boldsymbol{B}$ 的大小也等于 $\boldsymbol{B}$ 的大小乘以向量 $\boldsymbol{A}$ 垂直于 $\boldsymbol{B}$ 方向的分量。注意，图 1-13 显示的是 φ 在 0°和 90°之间的情况。

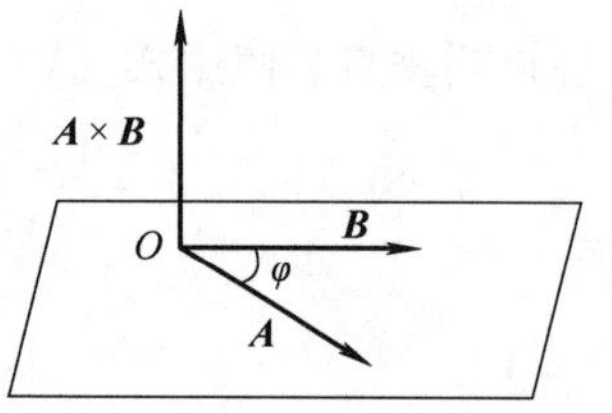

图 1-12 向量 $\boldsymbol{A}$ 和 $\boldsymbol{B}$ 的向量积

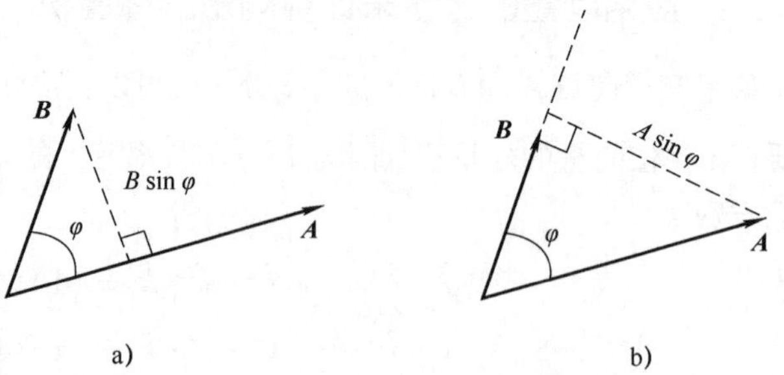

a) b)

图 1-13 计算向量积 $\boldsymbol{A}\times\boldsymbol{B}$ 的量值

四、使用向量的分量计算向量积

如果知道向量 $\boldsymbol{A}$ 和 $\boldsymbol{B}$ 的分量，就可以用类似于标量积的方法来计算向量积的分量。首先计算单位向量的乘法表，因为这三个向量都是相互垂直的且满足右手定则关系（见图 1-14)，所以

$$\hat{\boldsymbol{i}}\times\hat{\boldsymbol{i}}=\hat{\boldsymbol{j}}\times\hat{\boldsymbol{j}}=\hat{\boldsymbol{k}}\times\hat{\boldsymbol{k}}=0$$

使用式（1-20）和式（1-21）以及右手定则，我们发现

$$\begin{aligned}\hat{\boldsymbol{i}}\times\hat{\boldsymbol{j}}&=-\hat{\boldsymbol{j}}\times\hat{\boldsymbol{i}}=\hat{\boldsymbol{k}}\\ \hat{\boldsymbol{j}}\times\hat{\boldsymbol{k}}&=-\hat{\boldsymbol{k}}\times\hat{\boldsymbol{j}}=\hat{\boldsymbol{i}}\\ \hat{\boldsymbol{k}}\times\hat{\boldsymbol{i}}&=-\hat{\boldsymbol{i}}\times\hat{\boldsymbol{k}}=\hat{\boldsymbol{j}}\end{aligned}\tag{1-22}$$

可以参照图 1-14 来验证这些公式。

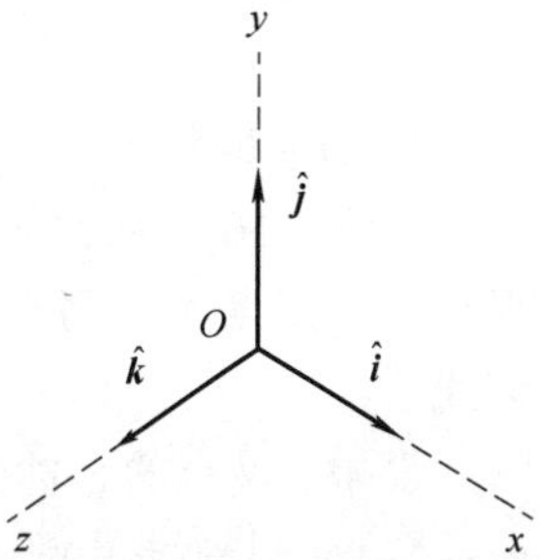

图 1-14　相互垂直且满足右手螺旋的三个向量 $\hat{\boldsymbol{i}}$、$\hat{\boldsymbol{j}}$ 和 $\hat{\boldsymbol{k}}$ 的方位关系

接下来用它们的向量分量和相应的单位向量来表示 $\boldsymbol{A}$ 和 $\boldsymbol{B}$，并展开向量乘积的表达式

$$\begin{aligned}\boldsymbol{A}\times\boldsymbol{B}&=(A_x\hat{\boldsymbol{i}}+A_y\hat{\boldsymbol{j}}+A_z\hat{\boldsymbol{k}})\times(B_x\hat{\boldsymbol{i}}+B_y\hat{\boldsymbol{j}}+B_z\hat{\boldsymbol{k}})\\&=A_x\hat{\boldsymbol{i}}\times B_x\hat{\boldsymbol{i}}+A_x\hat{\boldsymbol{i}}\times B_y\hat{\boldsymbol{j}}+A_x\hat{\boldsymbol{i}}\times B_z\hat{\boldsymbol{k}}+\\&\quad A_y\hat{\boldsymbol{j}}\times B_x\hat{\boldsymbol{i}}+A_y\hat{\boldsymbol{j}}\times B_y\hat{\boldsymbol{j}}+A_y\hat{\boldsymbol{j}}\times B_z\hat{\boldsymbol{k}}+\\&\quad A_z\hat{\boldsymbol{k}}\times B_x\hat{\boldsymbol{i}}+A_z\hat{\boldsymbol{k}}\times B_y\hat{\boldsymbol{j}}+A_z\hat{\boldsymbol{k}}\times B_z\hat{\boldsymbol{k}}\end{aligned}\tag{1-23}$$

也可以将式（1-23）中的各个项改写为 $A_x\hat{\boldsymbol{i}}\times B_y\hat{\boldsymbol{j}}=(A_xB_y)\hat{\boldsymbol{i}}\times\hat{\boldsymbol{j}}$ 等等。使用式（1-22）中单位向量的乘法表来计算这些项并将其分组，可得

$$\boldsymbol{A}\times\boldsymbol{B}=(A_yB_z-A_zB_y)\hat{\boldsymbol{i}}+(A_zB_x-A_xB_z)\hat{\boldsymbol{j}}+(A_xB_y-A_yB_x)\hat{\boldsymbol{k}}\tag{1-24}$$

因此，可由下式给出向量积 $\boldsymbol{C}=\boldsymbol{A}\times\boldsymbol{B}$ 的分量

$$\begin{aligned}\boldsymbol{C}_x&=(A_yB_z-A_zB_y)\hat{\boldsymbol{i}}\\ \boldsymbol{C}_y&=(A_zB_x-A_xB_z)\hat{\boldsymbol{j}}\\ \boldsymbol{C}_z&=(A_xB_y-A_yB_x)\hat{\boldsymbol{k}}\end{aligned}\tag{1-25}$$

向量乘积也可以用行列式表示为

$$\boldsymbol{A}\times\boldsymbol{B}=\begin{vmatrix}\hat{\boldsymbol{i}}&\hat{\boldsymbol{j}}&\hat{\boldsymbol{k}}\\A_x&A_y&A_z\\B_x&B_y&B_z\end{vmatrix}$$

第五节　导数的概念

一、问题的提出

1. 自由落体运动的瞬时速度问题

如图 1-15 所示，一个小球由静止状态开始做自由落体运动，设重力加速度大小为 g，忽略空气阻力，求 t_0 时刻的瞬时速度。取一邻近于 t_0 时刻的时刻 t，t 和 t_0 的时间间隔为 Δt，则平均速度

$$\bar{v}=\frac{\Delta s}{\Delta t}=\frac{s(t_0+\Delta t)-s(t_0)}{\Delta t}=\frac{s(t)-s(t_0)}{t-t_0}$$

因为 $s=\frac{1}{2}gt^2$，所以计算得

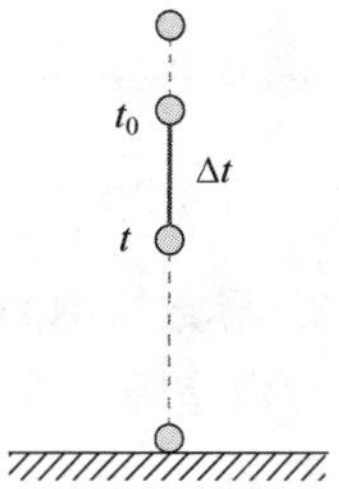

图 1-15　自由落体运动

$$\bar{v}=\frac{s(t)-s(t_0)}{t-t_0}=\frac{g}{2}(t_0+t)$$

当 $t\to t_0$ 时，即 $\Delta t\to 0$，取极限得瞬时速度

$$v=\lim_{\Delta t\to 0}\frac{s(t_0+\Delta t)-s(t_0)}{\Delta t}=\lim_{t\to t_0}\frac{g(t_0+t)}{2}=gt_0$$

2. 切线的斜率

如图 1-16 所示，如果割线 MN 绕点 M 旋转而趋向极限位置 MT，此时直线 MT 与曲线 C 只有一个交点 M，则直线 MT 称为曲线 C 在点 M 处的切线。

设 M、N 点的坐标分别为 $M(x_0, y_0)$、$N(x_0+\Delta x, y_0+\Delta y)$，则割线 MN 的斜率为

$$\tan\varphi=\frac{\Delta y}{\Delta x}=\frac{f(x_0+\Delta x)-f(x_0)}{\Delta x}$$

若沿着曲线 C，N 点无限趋近于 M 点，即 $N\xrightarrow{\text{沿曲线}C}M$，$\Delta x\to 0$，则有切线 MN 的斜率为

$$k=\tan\alpha=\lim_{\Delta x\to 0}\frac{f(x_0+\Delta x)-f(x_0)}{\Delta x}$$

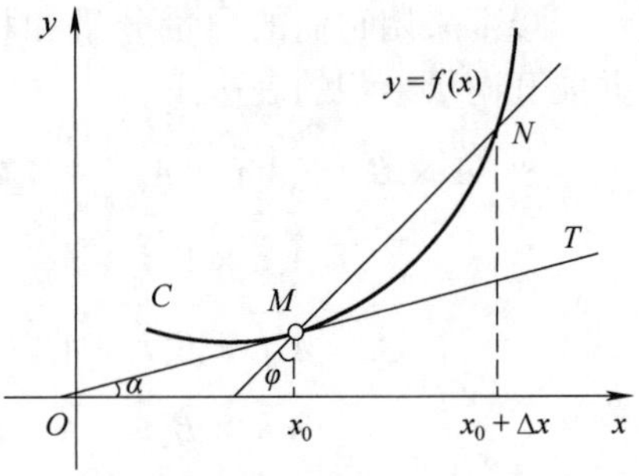

图 1-16 曲线的割线与切线

二、导数的定义

设 $y=f(x)$ 在点 x_0 的某个邻域内有定义，当 x 在 x_0 处取得增量 Δx（点 $x_0+\Delta x$ 仍在该邻域内）时，相应的 y 取得增量 $\Delta y=f(x_0+\Delta x)-f(x_0)$；

如果 $\lim\limits_{\Delta x\to 0}\frac{\Delta y}{\Delta x}=\lim\limits_{\Delta x\to 0}\frac{f(x_0+\Delta x)-f(x_0)}{\Delta x}$ 存在，则称函数 $y=f(x)$ 在点 x_0 处**可导**，并称这个极限为函数 $y=f(x)$ 在点 x_0 处的**导数**，记为 $f'(x_0)$、$y'\big|_{x=x_0}$、$\frac{\mathrm{d}y}{\mathrm{d}x}\Big|_{x=x_0}$ 或 $\frac{\mathrm{d}f(x)}{\mathrm{d}x}\Big|_{x=x_0}$，即

$$f'(x_0)=\lim_{\Delta x\to 0}\frac{\Delta y}{\Delta x}=\lim_{\Delta x\to 0}\frac{f(x_0+\Delta x)-f(x_0)}{\Delta x} \tag{1-26}$$

1. 导数定义的其他形式

$$f'(x_0)=\lim_{h\to 0}\frac{f(x_0+h)-f(x_0)}{h}$$

$$f'(x_0)=\lim_{h\to 0}\frac{f(x_0-h)-f(x_0)}{-h}$$

记 $x=x_0+\Delta x$，则

$$f'(x_0)=\lim_{x\to x_0}\frac{f(x)-f(x_0)}{x-x_0}$$

2. 导数又称为变化率

导数是因变量在点 x_0 处的变化率，它反映了因变量随自变量的变化而变化的快慢程度。

3. $f(x)$ 在开区间 $I(a, b)$ 内可导

如果函数 $y=f(x)$ 在开区间 I 内的每点处都可导，就称函数 $f(x)$ 在开区间 I 内可导。

4. 导函数

$\forall x\in I$，都对应着 $f(x)$ 的一个确定的导数值。这个函数叫作原来函数 $f(x)$ 的导函数，记作 y'、$f'(x)$、$\frac{dy}{dx}$或$\frac{df(x)}{dx}$。即

$$y' = \lim_{\Delta x\to 0}\frac{f(x+\Delta x)-f(x)}{\Delta x}$$

或

$$f'(x) = \lim_{h\to 0}\frac{f(x+h)-f(x)}{h}$$

注意：$f'(x_0) = f'(x)|_{x=x_0}$。

5. $f(x)$在 $[a, b]$上可导

如果$f(x)$ 在开区间 (a,b) 内可导，且$f'_+(a)$及$f'_-(b)$都存在，就说$f(x)$ 在闭区间 $[a,b]$ 上可导。

设函数$f(x) = \begin{cases}\varphi(x), & x\geqslant x_0\\ \psi(x), & x<x_0\end{cases}$，讨论在点 x_0 的可导性。

若$\lim\limits_{\Delta x\to 0^-}\frac{f(x_0+\Delta x)-f(x_0)}{\Delta x} = \lim\limits_{\Delta x\to 0^-}\frac{\psi(x_0+\Delta x)-\varphi(x_0)}{\Delta x} = f'_-(x_0)$存在，

$\lim\limits_{\Delta x\to 0^+}\frac{f(x_0+\Delta x)-f(x_0)}{\Delta x} = \lim\limits_{\Delta x\to 0^+}\frac{\varphi(x_0+\Delta x)-\varphi(x_0)}{\Delta x} = f'_+(x_0)$存在，

且$f'_-(x_0) = f'_+(x_0) = a$，则$f(x)$在点 x_0 可导，且$f'(x_0) = a$。

三、导数的几何意义与物理意义

1. 几何意义

如图 1-17 所示，导数$f'(x_0)$ 表示曲线 $y = f(x)$ 在点 $M(x_0, f(x_0))$处的切线的斜率，即 $f'(x_0) = \tan\alpha$,(α 为倾角)。

切线方程为 $y - y_0 = f'(x_0)(x - x_0)$ 。

法线方程为 $y - y_0 = -\frac{1}{f'(x_0)}(x - x_0)$ 。

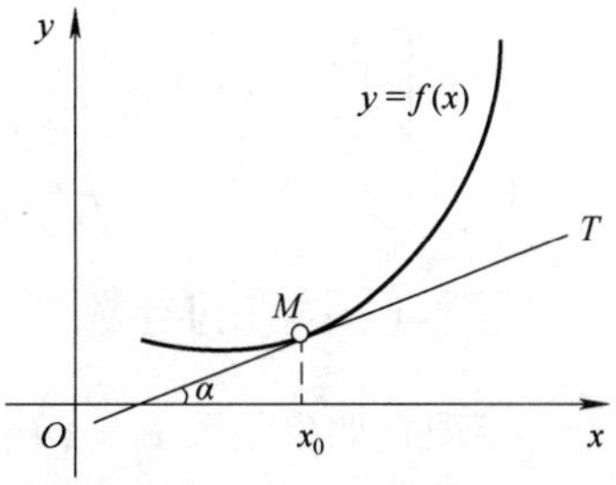

图 1-17　曲线 $y = f(x)$ 的切线

2. 物理意义

导数表示均匀变化量的瞬时变化率。例如变速直线运动：路程对时间的导数为物体的瞬时速度：

$$v(t) = \lim_{\Delta t\to 0}\frac{\Delta s}{\Delta t} = \frac{ds}{dt}$$

再比如对于非均匀的物体：质量对长度（面积、体积）的导数为物体的线（面、体）密度。

第六节　函数的求导法则

一、和、差、积、商的求导法则

定理　如果函数 $u(x)$、$v(x)$在点 x 处可导，则它们的和、差、积、商（分母不为零）在点 x 处也可导，并且有

(1) $[u(x) \pm v(x)]' = u'(x) \pm v'(x)$;

(2) $[u(x) \cdot v(x)]' = u'(x)v(x) + u(x)v'(x)$;

(3) $\left[\dfrac{u(x)}{v(x)}\right]' = \dfrac{u'(x)v(x) - u(x)v'(x)}{v^2(x)} (v(x) \neq 0)$ 。

证明： 其中（1）、（2）按定义即可得到。

（3）设 $f(x) = \dfrac{u(x)}{v(x)}, (v(x) \neq 0)$，

$$
\begin{aligned}
f'(x) &= \lim_{h\to 0}\frac{f(x+h)-f(x)}{h} = \lim_{h\to 0}\frac{\dfrac{u(x+h)}{v(x+h)}-\dfrac{u(x)}{v(x)}}{h}\\
&= \lim_{h\to 0}\frac{u(x+h)v(x)-u(x)v(x+h)}{v(x+h)v(x)h}\\
&= \lim_{h\to 0}\frac{u(x+h)v(x)-u(x)v(x)+u(x)v(x)-u(x)v(x+h)}{v(x+h)v(x)h}\\
&= \lim_{h\to 0}\frac{[u(x+h)-u(x)]v(x)-u(x)[v(x+h)-v(x)]}{v(x+h)v(x)h}\\
&= \lim_{h\to 0}\frac{\dfrac{u(x+h)-u(x)}{h}\cdot v(x)-u(x)\cdot\dfrac{v(x+h)-v(x)}{h}}{v(x+h)v(x)}\\
&= \frac{u'(x)v(x)-u(x)v'(x)}{[v(x)]^2}
\end{aligned}
$$

所以 $f(x)$ 在 x 处可导。

推论

(1) $\left[\sum_{i=1}^{n} f_i(x)\right]' = \sum_{i=1}^{n} f_i'(x)$;

(2) $[Cf(x)]' = Cf'(x)$;

(3) $\left[\prod_{i=1}^{n} f_i(x)\right]' = f_1'(x)f_2(x)\cdots f_n(x) + f_1(x)f_2'(x)\cdots f_n(x) + \cdots + f_1(x)f_2(x)\cdots f_n'(x)$。

二、反函数的导数

定理 如果函数 $x = \varphi(y)$ 在某区间 I_y 内单调、可导且 $\varphi'(y) \neq 0$，那么它的反函数 $y = f(x)$ 在对应区间 I_x 内也可导，且有 $f'(x) = \dfrac{1}{\varphi'(y)}$。即反函数的导数等于直接函数导数的倒数。

证明： 任取 $x \in I_x$，给 x 以增量 $\Delta x(\Delta x \neq 0, x + \Delta x \in I_x)$，由 $y = f(x)$ 的单调性可知 $\Delta y \neq 0$，于是有 $\dfrac{\Delta y}{\Delta x} = \dfrac{1}{\dfrac{\Delta x}{\Delta y}}$，因为 $f(x)$ 连续，所以 $\Delta y \to 0(\Delta x \to 0)$，又知 $\varphi'(y) \neq 0$，所以 $f'(x) = \lim\limits_{\Delta x\to 0}\dfrac{\Delta y}{\Delta x} = \lim\limits_{\Delta y\to 0}\dfrac{1}{\dfrac{\Delta x}{\Delta y}} = \dfrac{1}{\varphi'(y)}$ 即 $f'(x) = \dfrac{1}{\varphi'(y)}$

三、复合函数的求导法则

定理 如果函数 $u=\varphi(x)$ 在点 x_0 可导，而 $y=f(u)$ 在点 $u_0=\varphi(x_0)$ 可导，则复合函数 $y=f[\varphi(x)]$ 在点 x_0 可导，且其导数为

$$\frac{\mathrm{d}y}{\mathrm{d}x}\Big|_{x=x_0}=f'(u_0)\cdot\varphi'(x_0)$$

即因变量对自变量求导，等于因变量对中间变量求导，乘以中间变量对自变量求导（链式法则）。

由 $y=f(u)$ 在点 u_0 可导，所以 $\lim\limits_{\Delta u\to 0}\frac{\Delta y}{\Delta u}=f'(u_0)$，故

$$\frac{\Delta y}{\Delta u}=f'(u_0)+\alpha(\lim_{\Delta u\to 0}\alpha=0),\ \Delta y=f'(u_0)\Delta u+\alpha\Delta u$$

所以 $\lim\limits_{\Delta x\to 0}\frac{\Delta y}{\Delta x}=\lim\limits_{\Delta x\to 0}\left[f'(u_0)\frac{\Delta u}{\Delta x}+\alpha\frac{\Delta u}{\Delta x}\right]=f'(u_0)\lim\limits_{\Delta x\to 0}\frac{\Delta u}{\Delta x}+\lim\limits_{\Delta x\to 0}\alpha\lim\limits_{\Delta x\to 0}\frac{\Delta u}{\Delta x}=f'(u_0)\varphi'(x_0)$

推论 设 $y=f(u)$，$u=\varphi(v)$，$v=\psi(x)$，则复合函数 $y=f\{\varphi[\psi(x)]\}$ 的导数为 $\frac{\mathrm{d}y}{\mathrm{d}x}=\frac{\mathrm{d}y}{\mathrm{d}u}\cdot\frac{\mathrm{d}u}{\mathrm{d}v}\cdot\frac{\mathrm{d}v}{\mathrm{d}x}$。

四、基本求导法则与求导公式

1. 常数和基本初等函数的导数公式

$(C)'=0$　　　　$(x^{\mu})'=\mu x^{\mu-1}$

$(a^x)'=a^x\ln a$　　　　$(\mathrm{e}^x)'=\mathrm{e}^x$

$(\log_a x)'=\frac{1}{x\ln a}$　　　　$(\ln x)'=\frac{1}{x}$

$(\sin x)'=\cos x$　　　　$(\cos x)'=-\sin x$

$(\tan x)'=\sec^2 x$　　　　$(\cot x)'=-\csc^2 x$

$(\sec x)'=\sec x\tan x$　　　　$(\csc x)'=-\csc x\cot x$

$(\arcsin x)'=\frac{1}{\sqrt{1-x^2}}$　　　　$(\arccos x)'=-\frac{1}{\sqrt{1-x^2}}$

$(\arctan x)'=\frac{1}{1+x^2}$　　　　$(\operatorname{arccot} x)'=-\frac{1}{1+x^2}$

2. 函数的和、差、积、商的求导法则

设 $u=u(x)$，$v=v(x)$ 可导，则

(1) $(u\pm v)'=u'\pm v'$　　　　(2) $(Cu)'=Cu'$（C 是常数）

(3) $(uv)'=u'v+uv'$　　　　(4) $\left(\frac{u}{v}\right)'=\frac{u'v-uv'}{v^2}$ $(v\neq 0)$

利用上述公式及法则，初等函数求导问题可完全解决。

注意：初等函数的导数仍为初等函数。

五、高阶导数

问题的由来：变速直线运动的加速度。设一个物体，其运动的路程 $s=f(t)$，则瞬时速度 $v(t)$ 为路程 s 对时间 t 的导数，即

$$v(t)=\frac{\mathrm{d}s(t)}{\mathrm{d}t}=f'(t)$$

因为加速度 a 是速度 v 对时间 t 的变化率，所以

$$a(t)=v'(t)=[f'(t)]'$$

我们给出二阶导数的定义：

如果函数 $f(x)$ 的导数 $f'(x)$ 在点 x 处可导，即 $(f'(x))'=\lim\limits_{\Delta x\to 0}\frac{f'(x+\Delta x)-f'(x)}{\Delta x}$ 存在，则称 $(f'(x))'$ 为函数 $f(x)$ 在点 x 处的二阶导数。记作 $f''(x)$、y''、$\frac{\mathrm{d}^2y}{\mathrm{d}x^2}$ 或 $\frac{\mathrm{d}^2f(x)}{\mathrm{d}x^2}$。

二阶导数的导数称为三阶导数，记作 $f'''(x)$、y'''、$\frac{\mathrm{d}^3y}{\mathrm{d}x^3}$ 等。

三阶导数的导数称为四阶导数，记作 $f^{(4)}(x)$、$y^{(4)}$、$\frac{\mathrm{d}^4y}{\mathrm{d}x^4}$ 等。

一般地，函数 $f(x)$ 的 $n-1$ 阶导数的导数称为函数 $f(x)$ 的 n 阶导数，记作 $f^{(n)}(x)$、$y^{(n)}$、$\frac{\mathrm{d}^ny}{\mathrm{d}x^n}$ 或 $\frac{\mathrm{d}^nf(x)}{\mathrm{d}x^n}$。

二阶和二阶以上的导数统称为高阶导数。相应地，$f(x)$ 称为零阶导数；$f'(x)$ 称为一阶导数。

第七节 函数的微分

一、问题的提出

正方形金属薄片受热后面积的增量：假设正方形金属薄片的边长均由 x_0 变到 $x_0+\Delta x$，因为正方形面积 $A=x_0^2$，所以

$$\Delta A=(x_0+\Delta x)^2-x_0^2=2x_0\cdot\Delta x+(\Delta x)^2$$

上式可以分为两部分处理：

（1）$2x_0\cdot\Delta x$ 是 Δx 的线性函数，且为 ΔA 的主要部分；

（2）$(\Delta x)^2$ 是 Δx 的高阶无穷小，当 $|\Delta x|$ 很小时可忽略。

所以当 $|\Delta x|$ 很小时，$\Delta A\approx 2x_0\cdot\Delta x$。

再例如，设函数 $y=x^3$ 在点 x_0 处的增量为 Δx 时，求函数的 y 增量 Δy。

$$\Delta y=(x_0+\Delta x)^3-x_0^3=3x_0^2\cdot\Delta x+3x_0\cdot(\Delta x)^2+(\Delta x)^3$$

（1）$3x_0^2\cdot\Delta x$ 是 Δx 的线性函数，且为 ΔA 的主要部分；

（2）$3x_0\cdot(\Delta x)^2+(\Delta x)^3$ 是 Δx 的高阶无穷小，当 $|\Delta x|$ 很小时可忽略。

所以当 $|\Delta x|$ 很小时，$\Delta y\approx 3x_0^2\cdot\Delta x$。

二、微分的定义

从类似的近似计算中我们抽象出微分的定义：

设函数 $y=f(x)$ 在某区间内有定义，x_0 及 $x_0+\Delta x$ 在该区间内，如果 $\Delta y=f(x_0+\Delta x)-f(x_0)=A\cdot\Delta x+o(\Delta x)(\Delta x\to 0)$ 成立（其中 A 是与 Δx 无关的常数），则称 $y=f(x)$ 在点 x_0 可微，并且称 $A\cdot\Delta x$ 为函数 $y=f(x)$ 在点 x_0 相应于自变量增量 Δx 的微分，记作 $\mathrm{d}y$，即 $\mathrm{d}y=A\cdot\Delta x$。微分 $\mathrm{d}y$ 叫作函数增量 Δy 的线性主部。(微分的实质)

注意：由定义知：

（1）$\mathrm{d}y$ 是自变量的增量 Δx 的线性函数；

（2）$\Delta y-\mathrm{d}y=o(\Delta x)$是比 Δx 高阶的无穷小；

（3）当 $A\neq 0$ 时，$\mathrm{d}y\sim\Delta y(\Delta x\to 0)$，这是因为$\dfrac{\Delta y}{\mathrm{d}y}=1+\dfrac{o(\Delta x)}{A\cdot\Delta x}\to 1$（$\Delta x\to 0$）；

（4）A 是与 Δx 无关的常数，但与$f(x)$ 和 x_0 有关；

（5）当$|\Delta x|\ll 1$ 时，$\Delta y\approx\mathrm{d}y$（线性主部），即用微分近似增量。

三、微分公式及微分法则

1. 基本初等函数的微分公式

$\mathrm{d}(C)=0$　　$\mathrm{d}(x^{\mu})=\mu x^{\mu-1}\mathrm{d}x$

$\mathrm{d}(\sin x)=\cos x\mathrm{d}x$　　$\mathrm{d}(\cos x)=-\sin x\mathrm{d}x$

$\mathrm{d}(\tan x)=\sec^2 x\mathrm{d}x$　　$\mathrm{d}(\cot x)=-\csc^2 x\mathrm{d}x$

$\mathrm{d}(\sec x)=\sec x\tan x\mathrm{d}x$　　$\mathrm{d}(\csc x)=-\csc x\cot x\mathrm{d}x$

$\mathrm{d}(a^x)=a^x\ln a\mathrm{d}x$　　$\mathrm{d}(\mathrm{e}^x)=\mathrm{e}^x\mathrm{d}x$

$\mathrm{d}(\log_a x)=\dfrac{1}{x\ln a}\mathrm{d}x$　　$\mathrm{d}(\ln x)=\dfrac{1}{x}\mathrm{d}x$

$\mathrm{d}(\arcsin x)=\dfrac{1}{\sqrt{1-x^2}}\mathrm{d}x$　　$\mathrm{d}(\arccos x)=-\dfrac{1}{\sqrt{1-x^2}}\mathrm{d}x$

$\mathrm{d}(\arctan x)=\dfrac{1}{1+x^2}\mathrm{d}x$　　$\mathrm{d}(\mathrm{arccot}x)=-\dfrac{1}{1+x^2}\mathrm{d}x$

2. 函数和、差、积、商的微分法则

$\mathrm{d}(u\pm v)=\mathrm{d}u\pm\mathrm{d}v$　　$\mathrm{d}(Cu)=C\mathrm{d}u$

$\mathrm{d}(uv)=v\mathrm{d}u+u\mathrm{d}v$　　$\mathrm{d}\left(\dfrac{u}{v}\right)=\dfrac{v\mathrm{d}u-u\mathrm{d}v}{v^2}$

第八节　定积分的应用

曲边梯形求面积的问题：如图 1-18 所示，曲边梯形由连续曲线 $y=f(x)(f(x)\geqslant 0)$、x 轴与两条直线 $x=a$、$x=b$ 所围成。如想求出曲边梯形的面积，困难在于高$f(x)$ 是变化的，如果高不变，则是矩形，而矩形面积 = 高 × 底 = $h\times(b-a)$ 很易求得。问题：可否用矩形面积近似代替曲边梯形面积？

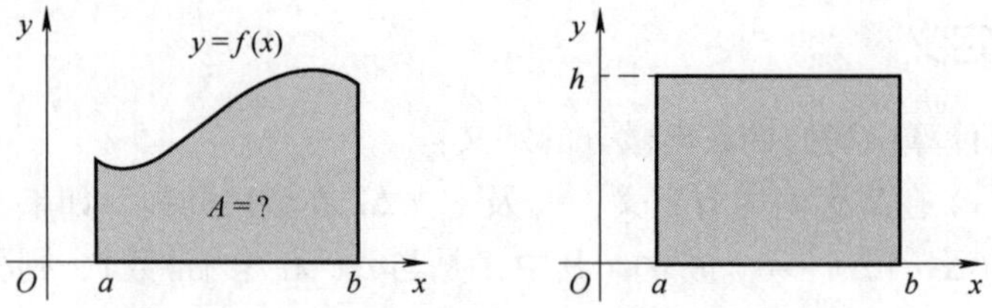

图 1-18 曲边梯形与矩形的面积

在学习过定积分的知识以后，我们知道可以利用定积分来解决此类问题。用矩形面积近似代替曲边梯形面积并表示为定积分 $A=\int_a^b f(x)\,\mathrm{d}x$ 的步骤如下。

1. 分割

如图 1-19 所示，在区间 $[a,b]$ 内插入若干个分点，$a=x_0<x_1<x_2<\cdots<x_{n-1}<x_n=b$，把区间 $[a,b]$ 分成 n 个小区间 $[x_{i-1},x_i]$，长度为 $\Delta x_i=x_i-x_{i-1}$，令曲线下宽度为 Δx_i 的矩形面积为 ΔA_i，则曲边梯形面积 $A=\sum\limits_{i=1}^{n}\Delta A_i$。

2. 近似代替

对于 $\forall\xi_i\in[x_{i-1},x_i]$，以 $[x_{i-1},x_i]$ 为底，$f(\xi_i)$ 为高的小矩形面积为 $\Delta A_i\approx f(\xi_i)\Delta x_i$。

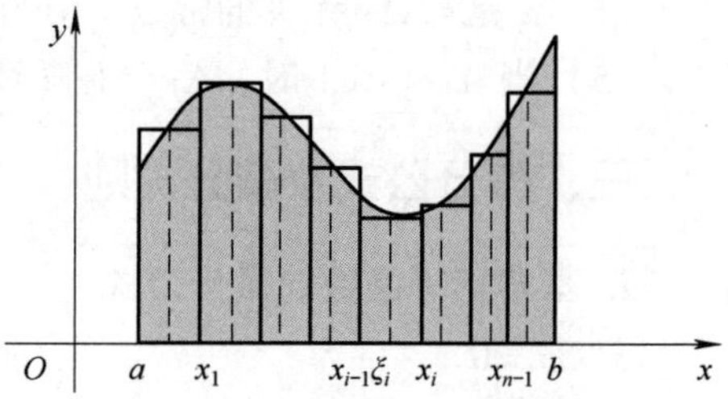

图 1-19 分割曲边梯形面积

3. 求和

曲边梯形面积的近似值为 $A\approx\sum\limits_{i=1}^{n}f(\xi_i)\Delta x_i$。

4. 取极限

当分割无限加细，即小区间的最大长度 $\lambda=\max\{\Delta x_1,\Delta x_2,\cdots,\Delta x_n\}$ 趋近于零（$\lambda\to0$）时，得曲边梯形面积为 $A=\lim\limits_{\lambda\to0}\sum\limits_{i=1}^{n}f(\xi_i)\Delta x_i$，由导数的定义，此即为**定积分**：

$$A=\int_a^b f(x)\,\mathrm{d}x \tag{1-27}$$

问题：什么样的量可以用定积分表示？

当所求量 U 符合下列条件：

（1）U 是与一个变量 x 的变化区间 $[a,b]$ 有关的量；

（2）U 对于区间 $[a,b]$ 具有可加性，就是说，如果把区间 $[a,b]$ 分成许多部分区间，则 U 相应地分成许多部分量 ΔU_i，而 U 等于所有部分量之和；

（3）$\Delta U_i\approx f(\xi_i)\Delta x_i$，

就可以考虑用定积分来表达这个量 U。

为应用方便，我们将以上四个步骤简化如下：

（1）分割：在 $[a,b]$ 上任取一小区间 $[x,x+\mathrm{d}x]$，用 ΔA 表示任一小区间 $[x,x+\Delta x]$ 上的窄曲边梯形的面积。

（2）近似代替：$\Delta A\approx f(x)\,\mathrm{d}x=\mathrm{d}A$。

（3）求和、取极限：$A=\int_a^b f(x)\mathrm{d}x$。

问题：如何将 U 用定积分表示？

一般步骤：

（1）根据问题的具体情况，选取一个变量例如 x 为积分变量，并确定它的变化区间 $[a,b]$。

（2）设想把区间 $[a,b]$ 分成 n 个小区间，取其中任一小区间并记为 $[x,x+\mathrm{d}x]$，求出相应于这小区间的部分量 ΔU 的近似值。如果 $\Delta U\approx f(x)\mathrm{d}x$，记 $\mathrm{d}U=f(x)\mathrm{d}x$。

（3）以所求量 U 的元素 $f(x)\mathrm{d}x$ 为被积表达式，在区间 $[a,b]$ 上做定积分，得 $U=\int_a^b f(x)\mathrm{d}x$，即为所求量 U 的积分表达式。这个方法通常叫作**元素法**。

应用方向：平面图形的面积；体积；平面曲线的弧长；功；水压力；引力等。

第二章　质点运动学

所有的物质，大至天体、航天飞机，小至分子、原子、基本粒子都在不断地运动中。运动形式有机械运动、分子热运动、电磁运动、原子和原子核运动以及其他微观粒子运动等。机械运动是最简单和最直观的运动形态。所谓的**机械运动**就是物体间或物体内各部分之间相对位置的变动。力学是研究物体机械运动规律的一门学科，研究中抓住研究对象的主要部分而略去一些次要因素，可以建立起运动物体的基本模型——质点、质点系和刚体。通常按研究内容把力学分为运动学和动力学两部分，其中研究物体的位置随时间的变化规律称为运动学；而研究物体的运动与物体间相互作用的内在联系称为动力学，如牛顿运动定律等。以牛顿运动定律为基础的力学理论称为牛顿力学，又称为经典力学。它是各种工程技术，特别是机械、建筑、水利、造船、航空、航天等工程技术的理论基础，也是物理学和整个自然科学的基础。

本章讨论质点运动学，其主要内容包括位置矢量、质点的运动方程、位移、速度、加速度，以及切向加速度和法向加速度、相对运动等。

第一节　质点运动的描述

一、参考系　质点

1. 参考系

自然界中所有的物体都在不停地运动，运动的这种普遍性和永恒性称为运动的绝对性。在观察一个物体的位置及位置的变化时，要选取其他物体作为标准，选取的标准物不同，对同一物体运动情况的描述也不同，这就是运动描述的相对性。例如，在匀速直线前进的车厢中做竖直下落运动的小球，从地面上看却是在做抛物线运动；又如，静止在地面上空的同步卫星，从太阳上看却是在做复杂的螺旋运动，等等。宇宙万物都在运动，因此无法找到一个绝对静止的物体作为观察其他物体运动的参考，一切运动物体都有被选作参考物的同等地位，正是由于运动的绝对性才导致了描述的相对性。

为了定量地描述物体的运动，需要选定参考系和坐标系。人们在生活中通常说某个物体是运动或静止的，是相对于某一参考系而言的。为了描述物体运动的规律，确定物体的位置和位移，被选作参考的物体称为**参考系**。参考系的选择是任意的，任何一个物体都可以作为参考系，但选择合适的参考系可以使问题变得简单。为研究地面上物体的运动，一般是以地面和相对地面静止的建筑物、实验室为参考系，这种参考系叫地面参考系。在研究人造卫星的运动时，常采用地心参考系，地心参考系是随地球公转，但不随其自转的参考系，其坐标原点为地心，坐标轴由地心指向恒星（例如指向北极星）。

2. 质点

要定量地研究物体的运动是复杂的。因为实际物体总有形状和大小，它的运动可能有平移、转动和形变，例如地球就有公转、自转和潮汐的变化等。为了简化问题，把研究的物体当作不计形状和大小但具有一定质量的物体，称为**质点**。质点是一个理想模型。

把物体当作质点是有条件的、相对的，而不是无条件的、绝对的，因而对具体情况要具体分析。如果一个物体在运动中没有变形和转动，只有平移，则物体上各点的运动必然相同，此时整个物体的运动可用物体上任一点的运动来代表。因此，当一个物体只发生平移时，就可将该物体当作质点。如果一个物体的尺度很小，它的转动和形变在问题中完全不重要，则也能将它当作质点。一个物体能否看作质点，应该考虑被研究对象所处的环境是否与物体的大小无关。看起来很小的物体不一定能当质点，而很大的物体有时却可以当作质点。例如，在研究地球公转时，因日地距离远大于地球的直径，地球上各点间距离与日地距离相比是微不足道的，所以这时仍能将地球视为质点；反之，即使物体很小，像微粒、分子、原子等，如果问题涉及它们的转动和结构，那就不能当成质点了。

把物体视为质点这种抽象的研究方法，在实践上和理论上都是有重要意义的。当我们所研究的运动物体不能视为质点时，可把整个物体看成由许多质点所组成，弄清楚这些质点的运动，就可以弄清楚整个物体的运动，因此研究质点的运动是研究物体运动的基础。为简化问题而用理想模型代替实际研究对象，建立描述理想模型的原理和定律，然后进一步研究较复杂的实际问题，是物理学中经常使用的一种研究方法。

二、位置矢量　运动方程　位移

1. 位置矢量

为了描述物体的运动，必须选定参考系。选定参考系以后，为定量描述质点的位置和位置随时间的变化，需在参考系上选择一个坐标系。在运动学中常用一个几何点代表质点。为了说明在 t 时刻质点 P 的位置，在如图 2-1 所示的直角坐标系中，可以从坐标原点出发，箭头引向质点所在位置，引用一个**位置矢量** $\boldsymbol{r}(t)$，简称**位矢**或**矢径**。位矢是一个有向线段，其大小和方向与坐标原点的所在位置有关。当坐标原点选定之后，位矢就能指明质点相对原点的距离和方位，也就确定了质点的空间位置。

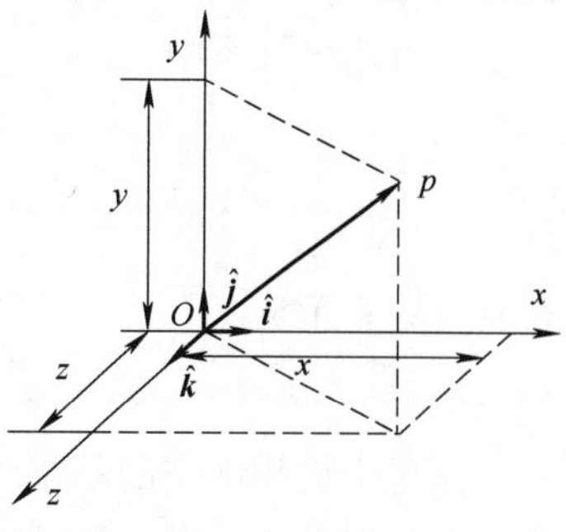

图 2-1　位置矢量

在直角坐标系中，质点 P 的位置坐标 x、y 和 z 为位置矢量 $\boldsymbol{r}$ 的三个分量，则有

$$\boldsymbol{r} = x\hat{\boldsymbol{i}} + y\hat{\boldsymbol{j}} + z\hat{\boldsymbol{k}} \tag{2-1}$$

式中，$\hat{\boldsymbol{i}}$、$\hat{\boldsymbol{j}}$、$\hat{\boldsymbol{k}}$ 分别是沿 x、y、z 轴的单位矢量。位置矢量是矢量，既有大小，也有方向。其大小为

$$r = \sqrt{x^2 + y^2 + z^2}$$

位置矢量的方向余弦为

$$\cos\alpha = \frac{x}{r}, \quad \cos\beta = \frac{y}{r}, \quad \cos\gamma = \frac{z}{r}$$

2. 运动方程

当质点运动时其相对原点的位置矢量 $\boldsymbol{r}$ 是随时间变化的，因此 $\boldsymbol{r}$ 是时间 t 的函数，即

$$\boldsymbol{r} = \boldsymbol{r}(t) = x(t)\hat{\boldsymbol{i}} + y(t)\hat{\boldsymbol{j}} + z(t)\hat{\boldsymbol{k}} \tag{2-2}$$

式中，$x = x(t)$、$y = y(t)$、$z = z(t)$ 分别是 $\boldsymbol{r}(t)$ 在 Ox、Oy、Oz 轴的分量，它们也是时间的函数，因此位置矢量具有以下特点。①瞬时性：运动质点在不同时刻的位置矢量是不同的；②相对性：位置矢量的大小和方向与参考系以及坐标系的原点的选择有关，在不同的参考系中，同一质点的位置矢量是不同的。

从运动方程中消去参数 t，就可以得到质点运动的轨迹方程，所以它们也是轨迹的参数方程。以平抛小球为例，若从坐标原点以初速度 $\boldsymbol{v}_0$ 在 xOy 平面内做平抛运动，在不计空气阻力的情况下质点的位矢 $\boldsymbol{r} = v_0 t\hat{\boldsymbol{i}} - \frac{1}{2}gt^2\hat{\boldsymbol{j}}$，其分量为 $x = v_0 t$，$y = -\frac{1}{2}gt^2$。运动方程表示质点位置随时间的变化规律，由它可以确定质点在任意时刻 t 的位矢 $\boldsymbol{r}$。由上面的运动学方程的两个分量式消去参数 t，即得小球运动的轨道方程为

$$y = -\frac{g}{2v_0^2}x^2$$

3. 位移

设质点沿着如图 2-2 所示的曲线轨道运动，在 t 时刻位于 P 处，$t+\Delta t$ 时刻到达 Q 处。位移用来描写质点位置变动的大小和方向。由始点 P 到终点 Q 的有向线段定义为质点位置矢量的改变，简称**位移**，用 $\Delta\boldsymbol{r}$ 表示质点在这段时间内的位移。显然位移等于在 Δt 时间内质点位矢的增量，即

$$\Delta\boldsymbol{r} = \boldsymbol{r}(t+\Delta t) - \boldsymbol{r}(t) \tag{2-3}$$

即位移 $\Delta\boldsymbol{r}$ 等于终点 B 与始点 A 的位置矢量之差。

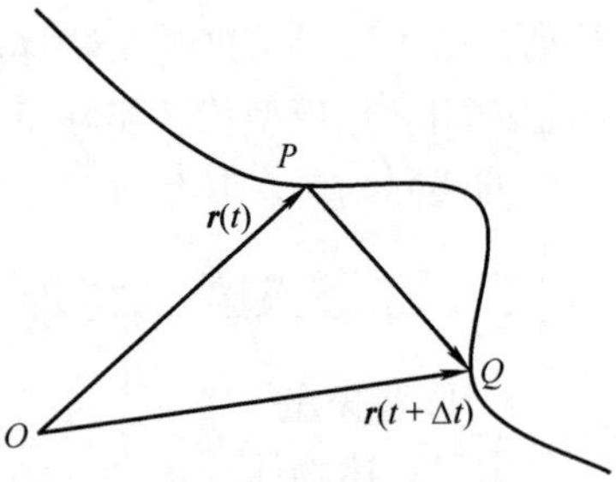

图 2-2 位移

在直角坐标系中，

$$\boldsymbol{r}_A = x_A\hat{\boldsymbol{i}} + y_A\hat{\boldsymbol{j}} + z_A\hat{\boldsymbol{k}}$$

$$\boldsymbol{r}_B = x_B\hat{\boldsymbol{i}} + y_B\hat{\boldsymbol{j}} + z_B\hat{\boldsymbol{k}}$$

位移可以表示为

$$\Delta\boldsymbol{r} = \Delta x\hat{\boldsymbol{i}} + \Delta y\hat{\boldsymbol{j}} + \Delta z\hat{\boldsymbol{k}} \tag{2-4}$$

这里应该指出来的是位矢和位移是有区别的。位矢与某一确定的时刻相对应，是瞬时量；位移表示质点在一段时间内位置变动的总效果，是位置矢量的增量，是与运动过程有关的物理量，它是时间间隔的函数。与位置矢量不同的是，一旦参考系确定，位移和坐标系原点的选择无关。

一般来说，位移不表示质点在其轨迹上所经历的长度。质点运动过程中经过的轨迹长度叫作路程。常用 s 或 Δs 表示。PQ 两点间的路程不是唯一的，可以是 $\Delta s'$ 或 Δs，而位移 $\Delta\boldsymbol{r}$ 是唯一的。一般情况下，位移大小不等于路程，即 $|\Delta\boldsymbol{r}| \neq \Delta s$。位移大小是质点实际移动的直线距离，当 $\Delta t \to 0$ 时的位移，其数值才与质点运动路程相同，即 $|\mathrm{d}\boldsymbol{r}| = \mathrm{d}s$；对于有限的位移

来说，只有质点做不改变方向的直线运动时，位移的大小才等于路程 $|\Delta\boldsymbol{r}| = \Delta s$。位移和路程是截然不同的两个概念。位移是矢量，是指位置矢量的变化；路程是标量，是指运动轨迹的长度，只有大小，没有方向。例如一个人在跑道上跑了一圈，其位移为零，而路程不为零，为跑道的周长。

同时，需要注意区分 $|\Delta\boldsymbol{r}|$、$\Delta|\boldsymbol{r}|$ 和 Δr 的区别，由于 r 和 $|\boldsymbol{r}|$ 都表示位矢的模即长度，所以 $\Delta|\boldsymbol{r}|$ 和 Δr 完全相同。而 $|\Delta\boldsymbol{r}|$ 是位移矢量的模，所以一般情况下，$|\Delta\boldsymbol{r}|$ 不等于 $\Delta|\boldsymbol{r}|$ 或 Δr，只有物体做同方向的直线运动时，它们才相等。

三、速度

在力学中只有当质点的位矢和速度同时被确定时，其运动状态才被确定。所以，位矢和速度是描述质点运动状态的两个物理量。为了说明物体运动的方向和快慢，可以计算质点在 Δt 时间内的平均速度。它等于质点在 Δt 时间内的位移 $\Delta\boldsymbol{r} = \boldsymbol{r}(t+\Delta t) - \boldsymbol{r}(t)$ 与发生这一位移的时间间隔 Δt 之比，记作 $\bar{\boldsymbol{v}}$，

$$\bar{\boldsymbol{v}} = \frac{\Delta\boldsymbol{r}}{\Delta t} = \frac{\boldsymbol{r}(t+\Delta t) - \boldsymbol{r}(t)}{\Delta t} \tag{2-5}$$

即**平均速度**等于位置矢量对时间的平均变化率。平均速度是矢量，其大小为 $|\Delta\boldsymbol{r}|/\Delta t$，表示质点在确定时间间隔内运动的快慢程度，方向就是质点在这段时间内位移 $\Delta\boldsymbol{r}$ 的方向，如图 2-3 所示。平均速度与质点的位移和所用的时间有关，因而在叙述平均速度时，必须指明是哪一段时间内或哪一段位移内的平均速度。

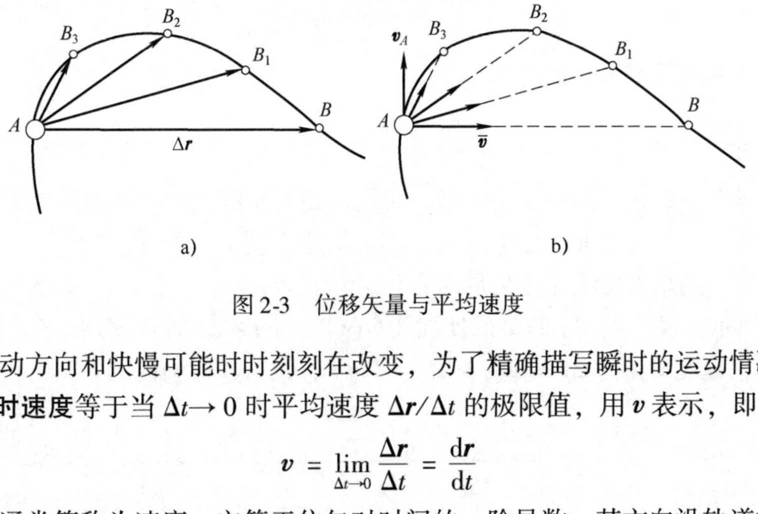

图 2-3　位移矢量与平均速度

质点的运动方向和快慢可能时时刻刻在改变，为了精确描写瞬时的运动情况，定义质点在 t 时刻的**瞬时速度**等于当 $\Delta t\to 0$ 时平均速度 $\Delta\boldsymbol{r}/\Delta t$ 的极限值，用 $\boldsymbol{v}$ 表示，即

$$\boldsymbol{v} = \lim_{\Delta t\to 0}\frac{\Delta\boldsymbol{r}}{\Delta t} = \frac{\mathrm{d}\boldsymbol{r}}{\mathrm{d}t} \tag{2-6}$$

瞬时速度通常简称为速度，它等于位矢对时间的一阶导数。其方向沿轨道在质点所在处的切线方向并指向质点前进的方向，其大小

$$v = \lim_{\Delta t\to 0}\frac{|\Delta\boldsymbol{r}|}{\Delta t} = \left|\frac{\mathrm{d}\boldsymbol{r}}{\mathrm{d}t}\right| \tag{2-7}$$

表示质点在 t 时刻运动的快慢，称为瞬时速率，简称速率。

在直角坐标系里，速度可以表示为

$$\boldsymbol{v} = v_x\hat{\boldsymbol{i}} + v_y\hat{\boldsymbol{j}} + v_z\hat{\boldsymbol{k}} = \frac{\mathrm{d}x}{\mathrm{d}t}\hat{\boldsymbol{i}} + \frac{\mathrm{d}y}{\mathrm{d}t}\hat{\boldsymbol{j}} + \frac{\mathrm{d}z}{\mathrm{d}t}\hat{\boldsymbol{k}} \tag{2-8}$$

速度的大小和方向余弦可以表示为

$$v = \sqrt{v_x^2 + v_y^2 + v_z^2}$$

$$\cos\alpha_v = \frac{v_x}{v}, \quad \cos\beta_v = \frac{v_y}{v}, \quad \cos\gamma_v = \frac{v_z}{v}$$

这里需要注意的是速度是矢量，既有大小又有方向，二者只要有一个变化，速度就变化。v=常量，质点做匀速运动；$v \neq$常量，质点做变速运动。速度具有瞬时性：运动质点在不同时刻的速度是不同的；速度具有相对性：在不同的参考系中，同一质点的速度是不同的。

如图 2-3 所示，在 Δt 时间内，质点所行经的路程为曲线 AB。设曲线 AB 的长度为 Δs，那么，Δs 与 Δt 的比值就称为质点在时间 Δt 内的**平均速率**，即

$$\bar{v} = \frac{\Delta s}{\Delta t}$$

平均速率与平均速度不能等同看待。例如，在某一段时间内，质点环行了一个闭合路径，显然质点的位移等于零，平均速度也为零，而质点的平均速率（等于路径长度除以时间）是不等于零的。

在 Δt 趋近于零的极限情形下，质点在任一时刻沿轨道运动的快慢，即**瞬时速率**定义式为

$$v = \lim_{\Delta t \to 0} \frac{\Delta s}{\Delta t} = \frac{\mathrm{d}s}{\mathrm{d}t}$$

因为 Δt 趋近于零时曲线 AB 的长度 $\mathrm{d}s$ 与直线 AB 的长度 $|\mathrm{d}\boldsymbol{r}|$ 可以认为相等，即

$$v = \frac{\mathrm{d}s}{\mathrm{d}t} = \frac{|\mathrm{d}\boldsymbol{r}|}{\mathrm{d}t} = \left|\frac{\mathrm{d}\boldsymbol{r}}{\mathrm{d}t}\right|$$

由此可见瞬时速率就是瞬时速度的大小。

四、加速度

作为描述质点运动状态的一个物理量，质点运动的速度经常随时间发生变化。速度是矢量，无论是速度大小还是其方向发生改变，都表示速度发生了变化。因此引出加速度这一概念来反映速度矢量的变化。

如图 2-4 所示，设质点在 t 时刻的速度为 $\boldsymbol{v}(t)$，经 $t+\Delta t$ 时刻速度变为 $\boldsymbol{v}(t+\Delta t)$，速度增量为 $\Delta\boldsymbol{v} = \boldsymbol{v}(t+\Delta t) - \boldsymbol{v}(t)$，则这段时间内的**平均加速度** $\bar{\boldsymbol{a}}$ 为

$$\bar{\boldsymbol{a}} = \frac{\Delta \boldsymbol{v}}{\Delta t} \tag{2-9}$$

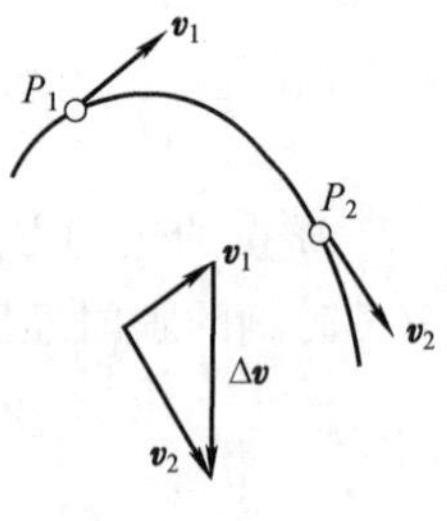

图 2-4 平均加速度

平均加速度的大小反映 Δt 时间内速度变化的平均快慢，其方向沿速度增量的方向。平均加速度是矢量，大小为 $|\Delta\boldsymbol{v}|/\Delta t$，表示质点在确定时间间隔内速度改变的快慢程度，方向就是质点在这段时间内速度增量的方向。

当 $\Delta t \to 0$ 时的平均加速度的极限叫作 t 时刻的**瞬时加速度**，简称**加速度**，记作 $\boldsymbol{a}$，即

$$\boldsymbol{a} = \lim_{\Delta t \to 0} \frac{\Delta \boldsymbol{v}}{\Delta t} = \frac{\mathrm{d}\boldsymbol{v}}{\mathrm{d}t} = \frac{\mathrm{d}^2\boldsymbol{r}}{\mathrm{d}t^2} \tag{2-10}$$

即加速度等于速度对时间的一阶导数，又等于位矢对时间的二阶导数。只要知道了 $\boldsymbol{v} = \boldsymbol{v}(t)$

或 $\boldsymbol{r} = \boldsymbol{r}(t)$，就可以求出质点的加速度。

加速度的方向就是当 Δt 趋近于零时，平均加速度 $\dfrac{\Delta \boldsymbol{v}}{\Delta t}$ 或速度增量 $\Delta \boldsymbol{v}$ 的极限方向。这里应该注意到：$\Delta \boldsymbol{v}$ 的方向和极限方向一般不同于速度 $\boldsymbol{v}$ 的方向，因而加速度的方向与同一时刻速度的方向一般不一致。例如，质点做直线运动时（见图 2-5），如果速率是加快的，即 $|\boldsymbol{v}_B| > |\boldsymbol{v}_A|$，那么 $\boldsymbol{a}$ 与 $\boldsymbol{v}_A$ 同向（夹角为 0°）；反之，如果速率是减慢的，$|\boldsymbol{v}_B| < |\boldsymbol{v}_A|$，那么 $\boldsymbol{a}$ 与 $\boldsymbol{v}_A$ 反向（夹角为 180°）。因此，在直线运动中，加速度和速度同在一直线上，可以有同向或反向两种情况。

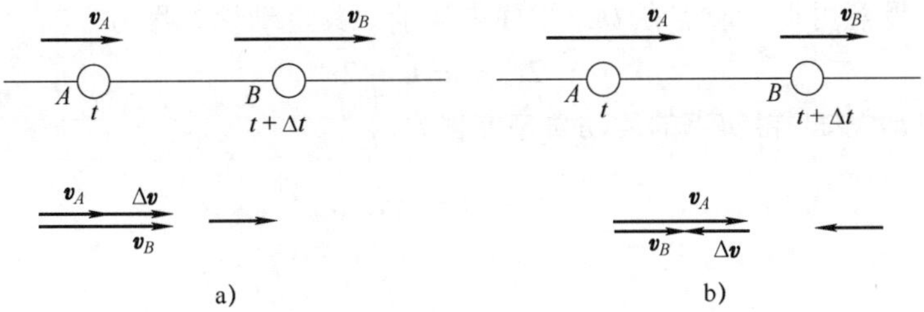

图 2-5　直线运动中的加速度

质点做曲线运动时，如果速率是加快的，即 $|\boldsymbol{v}_B| > |\boldsymbol{v}_A|$，则 $\boldsymbol{a}$ 与 $\boldsymbol{v}_A$ 成锐角；如果速率是减慢的，即 $|\boldsymbol{v}_B| < |\boldsymbol{v}_A|$，则 $\boldsymbol{a}$ 与 $\boldsymbol{v}_A$ 成钝角；如果速率不变，即 $|\boldsymbol{v}_B| = |\boldsymbol{v}_A|$，则 $\boldsymbol{a}$ 与 $\boldsymbol{v}_A$ 成直角。如图 2-6 所示的就是抛体运动和圆周运动中速度 $\boldsymbol{v}$ 与 $\boldsymbol{a}$ 的方向。质点做曲线运动时，速度的方向发生变化，因此无论是匀速率还是非匀速率的运动都有加速度，而且加速度的方向总是指向轨迹曲线凹的一侧。

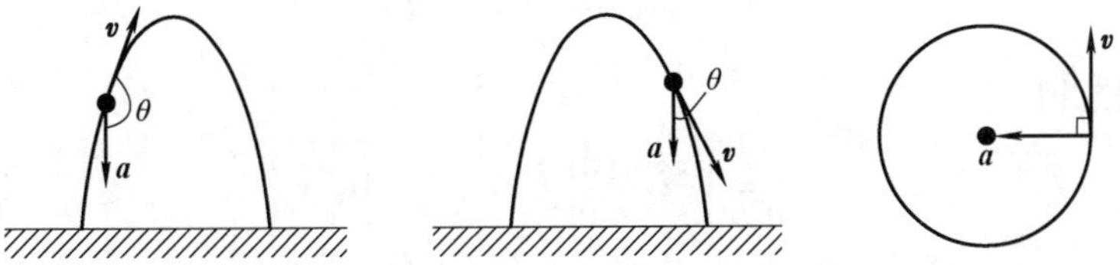

图 2-6　曲线运动中的加速度

在直角坐标系中，加速度可以表示为

$$\boldsymbol{a} = a_x\hat{\boldsymbol{i}} + a_y\hat{\boldsymbol{j}} + a_z\hat{\boldsymbol{k}} = \frac{\mathrm{d}v_x}{\mathrm{d}t}\hat{\boldsymbol{i}} + \frac{\mathrm{d}v_y}{\mathrm{d}t}\hat{\boldsymbol{j}} + \frac{\mathrm{d}v_z}{\mathrm{d}t}\hat{\boldsymbol{k}} = \frac{\mathrm{d}^2x}{\mathrm{d}t^2}\hat{\boldsymbol{i}} + \frac{\mathrm{d}^2y}{\mathrm{d}t^2}\hat{\boldsymbol{j}} + \frac{\mathrm{d}^2z}{\mathrm{d}t^2}\hat{\boldsymbol{k}} \tag{2-11}$$

加速度的大小和方向余弦由下式给出：

$$a = \sqrt{a_x^2 + a_y^2 + a_z^2}$$

$$\cos\alpha_a = \frac{a_x}{a},\quad \cos\beta_a = \frac{a_y}{a},\quad \cos\gamma_a = \frac{a_z}{a}$$

已知运动学方程，可以求出任意时刻的速度和加速度。位移、速度和加速度都是矢量，都遵守叠加原理，都依赖于坐标系的选取。

质点运动学的问题可以分为两类：

(1) 已知质点的运动方程，求质点在任意时刻的速度和加速度，从而得知质点运动的全部情况——用微分方法求解；

(2) 已知质点在任意时刻的速度（或加速度）以及初始状态，求质点的运动方程（第一类问题的逆运算）——用积分方法求解。

例 2-1 质点的运动学方程为 $\boldsymbol{r} = 2t\hat{\boldsymbol{i}} + (6-2t^2)\hat{\boldsymbol{j}}$ (SI 单位制)

(1) 求质点的运动轨迹；

(2) 求自 $t=0$ 至 $t=1\mathrm{s}$ 时质点的位移；

(3) 求 $t=0$、$1\mathrm{s}$ 时的速度和加速度。

解：(1) 由题意可得，质点在 Oxy 平面内运动，其运动学方程为

$$x = 2t,\ y = 6 - 2t^2$$

将以上两式中的 t 消去，得质点的运动轨迹方程为

$$y = 6 - \frac{x^2}{2}$$

(2) 由题意可得

$$\boldsymbol{r}_0 = 6\hat{\boldsymbol{j}},\ \boldsymbol{r}_1 = 2\boldsymbol{i} + 4\hat{\boldsymbol{j}}$$

所以有

$$\Delta\boldsymbol{r} = \boldsymbol{r}_1 - \boldsymbol{r}_0 = 2\hat{\boldsymbol{i}} - 2\hat{\boldsymbol{j}}$$

位移的大小是

$$|\Delta\boldsymbol{r}| = \sqrt{(\Delta x)^2 + (\Delta y)^2} = \sqrt{4+4}\mathrm{m} \approx 2.828\mathrm{m}$$

其方向（与 Ox 轴正向间的夹角 θ）为

$$\theta = \arctan\frac{\Delta y}{\Delta x} = -45^\circ$$

(3) 由题意得

$$\boldsymbol{v} = \frac{\mathrm{d}x}{\mathrm{d}t}\hat{\boldsymbol{i}} + \frac{\mathrm{d}y}{\mathrm{d}t}\hat{\boldsymbol{j}} = 2\hat{\boldsymbol{i}} - 4t\hat{\boldsymbol{j}}$$

$$\boldsymbol{a} = -4\hat{\boldsymbol{j}}$$

$t = 0$、$1\mathrm{s}$ 时的速度分别为

$$\boldsymbol{v}_0 = 2\hat{\boldsymbol{i}},\ \boldsymbol{v}_1 = 2\hat{\boldsymbol{i}} - 4\hat{\boldsymbol{j}}$$

$t = 0$、$1\mathrm{s}$ 时的加速度均为 $\boldsymbol{a} = -4\hat{\boldsymbol{j}}$

例 2-2 一质点在 Ox 轴上做加速运动，其加速度 $\boldsymbol{a}$ 有以下两种情况：(1) $\boldsymbol{a} = -k\boldsymbol{v}$；(2) $\boldsymbol{a} = -c\boldsymbol{x}$。已知开始时 $x = x_0$，$v = v_0$。求质点在任一时刻的速度和运动学方程。k 和 c 是正值常量。

解：(1) 由加速度定义式 $\boldsymbol{a} = \frac{\mathrm{d}\boldsymbol{v}}{\mathrm{d}t}$得

$$\mathrm{d}\boldsymbol{v} = \boldsymbol{a}\mathrm{d}t$$

将 $\boldsymbol{a} = -k\boldsymbol{v}$ 代入上式中，得

$$\mathrm{d}\boldsymbol{v} = -k\boldsymbol{v}\mathrm{d}t$$

$$\frac{\mathrm{d}\boldsymbol{v}}{\boldsymbol{v}} = -k\mathrm{d}t$$

$$\int_{v_0}^{v} \frac{\mathrm{d}\boldsymbol{v}}{\boldsymbol{v}} = \int_0^t -k\mathrm{d}t$$

$$\boldsymbol{v} = \boldsymbol{v}_0 \mathrm{e}^{-kt}$$

又由定义$\boldsymbol{v} = \frac{\mathrm{d}\boldsymbol{x}}{\mathrm{d}t} = \boldsymbol{v}_0 \mathrm{e}^{-kt}$得

$$\mathrm{d}\boldsymbol{x} = \boldsymbol{v}\mathrm{d}t = \boldsymbol{v}_0 \mathrm{e}^{-kt}\mathrm{d}t$$

积分得

$$\int_{x_0}^{x} \mathrm{d}x = \int_0^t v_0 \mathrm{e}^{-kt}\mathrm{d}t$$

得

$$x = x_0 + \frac{v_0}{k}(1 - \mathrm{e}^{-kt})$$

（2）将 $\boldsymbol{a} = \frac{\mathrm{d}\boldsymbol{v}}{\mathrm{d}t}$变换成 $\boldsymbol{a} = \frac{\mathrm{d}\boldsymbol{v}}{\mathrm{d}x}\frac{\mathrm{d}x}{\mathrm{d}t} = v\frac{\mathrm{d}\boldsymbol{v}}{\mathrm{d}x}$，那么就可以得到

$$v\mathrm{d}\boldsymbol{v} = \boldsymbol{a}\mathrm{d}x = -c\boldsymbol{x}\mathrm{d}x$$

$$\int_{v_0}^{v} v\mathrm{d}\boldsymbol{v} = \int_{x_0}^{x} -c\boldsymbol{x}\mathrm{d}x$$

积分得

$$\frac{1}{2}(v^2 - v_0^2) = -\frac{1}{2}c(x^2 - x_0^2)$$

$$v^2 = v_0^2 - c(x^2 - x_0^2)$$

即

$$v = \sqrt{v_0^2 - c\ (x^2 - x_0^2)}$$

这里已知的是加速度和位移的函数关系，不能直接积分，因此借助中间变量 x 和速度 v 的定义，采用了替换变量的方式来求解。

例 2-3 如图 2-7 所示，将一质点从原点以初速度$\boldsymbol{v}_0$ 沿着与水平面上 Ox 轴正向成一角度 θ 抛射出去，若不考虑空气阻力的影响，求：

（1）抛体的轨迹方程；

（2）抛体的最大射程。

解：（1）由题意可知 $\boldsymbol{v}_0$ 在 x 轴和 y 轴方向的分量为

$$v_{0x} = v_0\cos\theta, \quad v_{0y} = v_0\sin\theta$$

则速度的表达式为

$$\boldsymbol{v}_0 = v_{0x}\hat{\boldsymbol{i}} + v_{0y}\hat{\boldsymbol{j}} = v_0\cos\theta\hat{\boldsymbol{i}} + v_0\sin\theta\hat{\boldsymbol{j}}$$

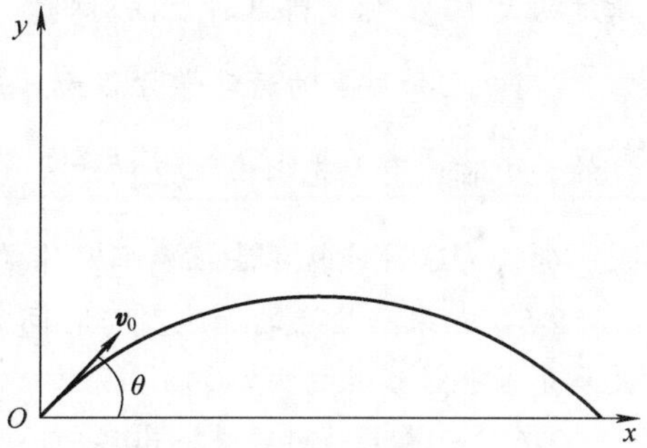

图 2-7 例 2-3 用图

质点在整个运动过程中的加速度为重力加速度，即

$$\boldsymbol{a} = \boldsymbol{g} = -g\hat{\boldsymbol{j}} = \frac{\mathrm{d}\boldsymbol{v}}{\mathrm{d}t}$$

由于运动过程中加速度的大小和方向始不变，而且由加速度的定义式 $\boldsymbol{a} = \frac{\mathrm{d}\boldsymbol{v}}{\mathrm{d}t}$，得

$$\int_{v_0}^{v} \mathrm{d}\boldsymbol{v} = \int_0^t (-g\hat{\boldsymbol{j}})\mathrm{d}t$$

即

$$\boldsymbol{v} = \boldsymbol{v}_0 - gt\hat{\boldsymbol{j}} = (v_0\cos\theta)\hat{\boldsymbol{i}} + (v_0\sin\theta - gt)\hat{\boldsymbol{j}}$$

由速度定义式 $\boldsymbol{v}=\frac{\mathrm{d}\boldsymbol{r}}{\mathrm{d}t}$可推得质点的运动方程

$$\boldsymbol{r} = \int_0^t \boldsymbol{v}\mathrm{d}t = (v_0t\cos\theta)\hat{\boldsymbol{i}} + \left(v_0t\sin\theta - \frac{1}{2}gt^2\right)\hat{\boldsymbol{j}}$$

抛体运动的运动方程中沿 x 轴和 y 轴的分量表达式为

$$x = v_0t\cos\theta,\ y = v_0t\sin\theta - \frac{1}{2}gt^2$$

消去两个分量中的时间 t 即可得到抛体的运动轨迹方程

$$y = x\tan\theta - \frac{gx^2}{2v_0^2\cos^2\theta}$$

这是一个抛物线方程，即抛体运动的轨迹为一条抛物线。

（2）若令上式中 $y=0$，则可求得抛物线与 x 轴的另一交点的横坐标，即

$$X = \frac{v_0^2\sin2\theta}{g}$$

此即抛体的射程，质点的初速度 $\boldsymbol{v}_0$ 一定的情况下，$\sin2\theta=1$ 时，上式取最大值，即抛射角度 $\theta=45°$时，抛体的射程最大。

思考题

2-1 有人说“分子很小，可将其当作质点；地球很大，不能当作质点”，对吗？

2-2 人造地球卫星的轨迹形状近乎圆形，这是以什么为参考系的？若以太阳为参考系，人造地球卫星云的轨迹大体上是什么样子？

2-3 位移和路程有什么区别？有人说“速率等于速度的大小，则平均速率也等于平均速度的大小”，你觉得这种说法对吗？为什么？

2-4 已知质点的运动学方程为 $\boldsymbol{r}=x(t)\hat{\boldsymbol{i}}+y(t)\hat{\boldsymbol{j}}+z(t)\hat{\boldsymbol{k}}$，在求质点运动的速度和加速度的大小时，有人先求出位矢的大小 $r=\sqrt{x^2+y^2+z^2}$，再利用 $\boldsymbol{v}=\frac{\mathrm{d}\boldsymbol{r}}{\mathrm{d}t}$和 $\boldsymbol{a}=\frac{\mathrm{d}\boldsymbol{v}}{\mathrm{d}t}=\frac{\mathrm{d}^2\boldsymbol{r}}{\mathrm{d}t^2}$求得结果。你认为这种计算方法正确吗？你觉得应该如何计算？

2-5 如果一质点的加速度与时间的关系是线性的，那么该质点的速度和位矢与时间的关系是否也是线性的呢？

2-6 回答下列问题并举出实例：

（1）物体能够有一个不变的速率而有一变化的速度？

（2）速度为零的时刻，加速度是否一定为零？加速度为零的时刻，速度是否一定为零？

（3）物体的加速度不断减小，而速度却不断增大，可能吗？

（4）当物体的加速度大小、方向均不改变时，物体的速度方向能否改变？

第二节　圆周运动和一般曲线运动

一、切向加速度和法向加速度

一般情况下，物体的运动轨迹是一条曲线。质点一般在做曲线运动时，其速度大小和方向都在改变，所以存在加速度。当质点的运动轨迹在一个平面内且已知时，为了使加速度的物理意义更加清晰，常用自然坐标系来描述曲线运动。

在自然坐标系中假设质点的坐标为 s，当质点运动时有

$$s = s(t)$$

质点的瞬时速度可表示为

$$\boldsymbol{v} = \frac{\mathrm{d}s}{\mathrm{d}t}\boldsymbol{\tau}$$

$\boldsymbol{\tau}$ 为质点所在处切向单位矢量。其加速度为

$$\boldsymbol{a} = \frac{\mathrm{d}^2 s}{\mathrm{d}t^2}\boldsymbol{\tau} + \frac{\mathrm{d}s}{\mathrm{d}t}\frac{\mathrm{d}\boldsymbol{\tau}}{\mathrm{d}t} \tag{2-12}$$

上式中第一项 $\frac{\mathrm{d}^2 s}{\mathrm{d}t^2} = \frac{\mathrm{d}v}{\mathrm{d}t}$ 是质点运动速率的变化率，也就是代表速度大小的变化。那么第二项中 $\frac{\mathrm{d}\boldsymbol{\tau}}{\mathrm{d}t}$ 代表什么呢？

如图 2-8 所示，在自然坐标系中切向单位矢量 $\boldsymbol{\tau}$ 是随着质点位置变化的，在 t 到 $t+\Delta t$ 时间内，$\boldsymbol{\tau}$ 的增量为

$$\Delta\boldsymbol{\tau} = \boldsymbol{\tau}(t+\Delta t) - \boldsymbol{\tau}(t)$$

$\Delta\theta$ 为 P_1 和 P_2 两点切线间的夹角，在 $\Delta\theta$ 很小并趋于零时，

$$|\Delta\boldsymbol{\tau}| = |\boldsymbol{\tau}|\Delta\theta = \Delta\theta$$

而且 $\Delta\boldsymbol{\tau}$ 的方向趋近于法向 $\boldsymbol{n}$ 的方向，因此

$$\Delta\boldsymbol{\tau} = \Delta\theta\boldsymbol{n}$$

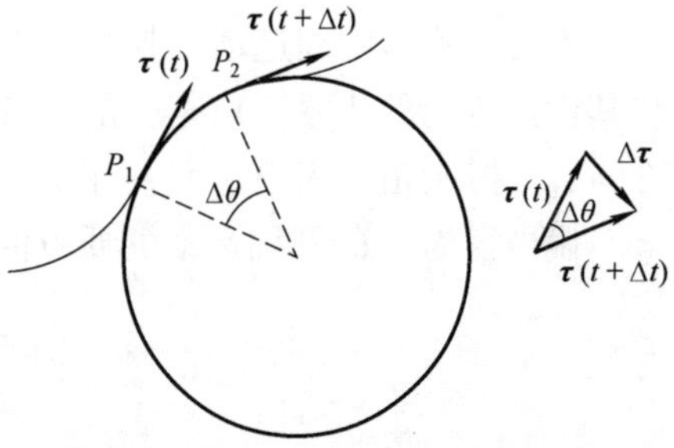

图 2-8　自然坐标系的加速度

由此可以得到

$$\frac{\mathrm{d}\boldsymbol{\tau}}{\mathrm{d}t} = \lim_{\Delta t\to 0}\frac{\Delta\boldsymbol{\tau}}{\Delta t} = \lim_{\Delta t\to 0}\frac{\Delta\theta}{\Delta t}\boldsymbol{n} = \frac{\mathrm{d}\theta}{\mathrm{d}t}\boldsymbol{n}$$

设轨道在 P_1 点处的曲率半径为 ρ，则 $\rho = \frac{\mathrm{d}s}{\mathrm{d}\theta}$，可得

$$\frac{\mathrm{d}\boldsymbol{\tau}}{\mathrm{d}t} = \frac{\mathrm{d}\theta}{\mathrm{d}s}\frac{\mathrm{d}s}{\mathrm{d}t}\boldsymbol{n} = \frac{1}{\rho}v\boldsymbol{n}$$

将上式代入式（2-12），可得

$$\begin{aligned}\boldsymbol{a} &= \frac{\mathrm{d}^2 s}{\mathrm{d}t^2}\boldsymbol{\tau} + \frac{1}{\rho}\left(\frac{\mathrm{d}s}{\mathrm{d}t}\right)^2\boldsymbol{n} \\ &= \frac{\mathrm{d}v}{\mathrm{d}t}\boldsymbol{\tau} + \frac{1}{\rho}v^2\boldsymbol{n}\end{aligned}$$

$$=a_t\boldsymbol{\tau}+a_n\boldsymbol{n}$$

其中 a_t 和 a_n 分别代表切向加速度和法向加速度的量值，分别为

$$a_t=\frac{dv}{dt} \tag{2-13a}$$

$$a_n=\frac{v^2}{\rho} \tag{2-13b}$$

可以看出，切向加速度 a_t 是由于速度大小的变化而引起的，法向加速度 a_n 是由于速度方向的变化而引起的。

二、圆周运动

一个质点在 Oxy 平面上做半径为 R 的圆周运动，则质点位矢大小恒定而方向变化，即位矢在做转动，这时可用质点位矢转动的快慢来描述质点在圆周上运动的快慢。假设 θ 为任一时刻位矢与 x 轴的夹角，$\Delta\theta$ 为位矢在 Δt 时间内转过的角位移，则质点做圆周运动的角速度为

$$\omega=\lim_{\Delta t\to 0}\frac{\Delta\theta}{\Delta t}=\frac{d\theta}{dt}$$

它描述质点运动位矢的转动快慢。ω 可正可负，当 θ 增加时，ω 为正；反之为负。由于圆周运动的质点与圆心的距离保持不变，因此其速率为

$$v=\frac{ds}{dt}=\frac{d}{dt}(R\theta)=R\frac{d\theta}{dt}=R\omega$$

若质点不做圆周运动，其位矢大小就要变化，则质点绕圆心 O 点的角速度仍然可以反映其位矢转动的快慢。角速度是矢量，其方向由右手螺旋法则确定，即右手四指顺质点运动方向，大拇指指向为角速度 $\boldsymbol{\omega}$ 的方向。角速度的单位为 rad/s。

做半径为 R 的圆周运动的质点的切向加速度 a_t 和法向加速度 a_n 分别为

$$a_t=\frac{dv}{dt}=R\frac{d\omega}{dt}$$

$$a_n=\frac{v^2}{\rho}=\frac{1}{R}(R\omega)^2=R\omega^2$$

在国际单位制中，加速度的单位是 m/s^2。匀速圆周运动是曲线运动的一种特例，即速率不变、曲率半径为 R 的圆平面曲线运动。于是有

$$\boldsymbol{a}=\frac{dv}{dt}\boldsymbol{\tau}+\frac{v^2}{R}\boldsymbol{n} \tag{2-14}$$

式中，第一项表示切向加速度（tangential acceleration）；第二项表示法向加速度（normal acceleration）或向心加速度（centripetal acceleration）。前者反映速率的改变率，后者反映速度方向的改变率。由此可以得到切向加速度和法向加速度的量值分别为

$$a_t=\frac{dv}{dt} \tag{2-15}$$

$$a_n=\frac{v^2}{R} \tag{2-16}$$

总之，质点圆周运动的加速度等于法向加速度和切向加速度的矢量和，即

$$\boldsymbol{a} = a_n \boldsymbol{n} + a_t \boldsymbol{\tau} = \frac{v^2}{R}\boldsymbol{n} + \frac{dv}{dt}\boldsymbol{\tau} \tag{2-17}$$

总加速度的大小为

$$a = \sqrt{a_n^2 + a_t^2}$$

总加速度与速度的夹角为

$$\tan\theta = \frac{a_n}{a_t}$$

例 2-4 一质点在水平面内以顺时针方向沿半径为 2m 的圆形轨道运动，该质点的角速度与运动时间平方成正比，即 $\omega = at^2$，其中 a 为常数。已知质点在第 2s 末的线速度为 16m/s，求 $t = 0.5$s 时质点的线速度和加速度。

解：质点做圆周运动有 $v = R\omega$，由题意 $\omega = at^2$，可得

$$a = \frac{\omega}{t^2} = \frac{v}{Rt^2} = \frac{16}{2\times 2^2}/\text{s}^3 = 2/\text{s}^3$$

将 $t = 0.5$s 代入，得

$$v = aRt^2 = 2\times 2\times 0.5^2 \text{m/s} = 1\text{m/s}$$

$$a_t = \frac{dv}{dt} = 2aRt = 2\times 2\times 2\times 0.5\text{m/s}^2 = 4\text{m/s}^2$$

$$a_n = \frac{v^2}{R} = \frac{1^2}{2}\text{m/s}^2 = 0.5\text{m/s}^2$$

加速度大小为

$$a = \sqrt{a_n^2 + a_t^2} = \sqrt{4^2 + 0.5^2}\text{m/s}^2 = 2.06\text{m/s}^2$$

加速度方向由它和速度间的夹角 θ 确定：

$$\theta = \arctan\frac{a_n}{a_t} = \arctan\frac{0.5}{4} = 7°8'$$

例 2-5 汽车在半径为 150m 的圆弧形公路上行驶，刹车时的运动学方程为 $s = 20t - 0.2t^3$ (SI)。求汽车在 $t = 2$s 时的加速度。

解：由 $\boldsymbol{a} = a_n\boldsymbol{n} + a_t\boldsymbol{\tau}$，$a_n = \frac{v^2}{R}$，$a_t = \frac{dv}{dt} = \frac{d^2s}{dt^2}$，得

$$v = ds/dt = 20 - 0.6\,t^2 = (20 - 0.6\times 2^2)\text{m/s} = 17.6\text{m/s}$$

$$a_n = v^2/R = (17.6^2/150)\text{m/s}^2 \approx 2.06\text{m/s}^2$$

$$a_t = -1.2t = -1.2\times 2\ \text{m/s}^2 = -2.4\text{m/s}^2$$

所以，汽车在 $t = 2$s 时的加速度大小为

$$a = \sqrt{a_n^2 + a_t^2} = \sqrt{(2.06)^2 + (-2.4)^2}\text{m/s}^2 \approx 3.16\text{m/s}^2$$

加速度的方向为

$$\tan\theta = a_n/\ a_t = 2.06\ /(-2.4) \approx -0.8583$$

$$\theta \approx 139°22'$$

思考题

2-7 圆周运动中质点的加速度是否一定和速度的方向垂直？如不一定，这加速度的方向在什么情况下偏向运动的前方？

2-8 某质点沿圆周运动，且速率随时间均匀增大，问 a_t、a_n、a 三者的大小是否随时间改变？总加速度 $\boldsymbol{a}$ 与速度 $\boldsymbol{v}$ 之间的夹角如何随时间改变？

2-9 对曲线运动的认识有下面两种说法，试判断其是否正确：

(1) 物体做曲线运动时必定有加速度，加速度的法向分量必不为零；

(2) 物体做曲线运动时速度方向必定沿着轨道的切线方向，速度的方向分量为零，因此其法向加速度也必定为零。

2-10 任意平面曲线运动的加速度的方向总指向曲线凹进那一侧，为什么？

2-11 已知质点沿平面螺旋线自内向外运动，质点的自然坐标与时间的一次方成正比，试问质点切向加速度和法向加速度是越来越大还是越来越小？

2-12 试求由于地球自转而引起的赤道上任意一点的加速度，考虑到这一加速度的影响，重力加速度 g 将随纬度的改变而改变，你认为从赤道算起 g 随纬度的增大而增大还是减小？若已知北极的重力加速度 $g=9.80\mathrm{m/s^2}$，试求赤道上的重力加速度。（设地球为均匀圆球）

第三节 相对运动

一、伽利略坐标变换

在飞机问题中选择一个物体作为基本参考系，如图 2-9 中的 $Oxyz$ 系，即 O 系，还需要

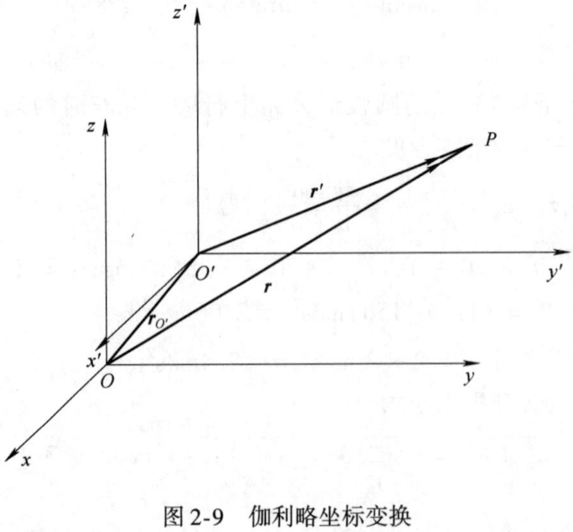

图 2-9 伽利略坐标变换

选择另一个相对于 $Oxyz$ 运动的参考系 $O'x'y'z'$，即 O'系，两坐标系的坐标轴始终保持平行，O'点在 $Oxyz$ 中以速度 $\boldsymbol{u}$ 做直线运动。P 点在 O 系中的位矢是 $\boldsymbol{r}$，在 O'系的位矢为 $\boldsymbol{r}'$，$\boldsymbol{r}_{O'}$ 表

示运动参考系 O'对基本参考系 O 的位矢。以两坐标原点重合时作为计时起点。由于 $t'=t$，则 $\overrightarrow{OO'}=\boldsymbol{r}_{O'}=\boldsymbol{u}t'=\boldsymbol{u}t$，由于 $\boldsymbol{r}=\boldsymbol{r}_{O'}+\boldsymbol{r}'$，有

$$\boldsymbol{r}'=\boldsymbol{r}-\boldsymbol{u}t,\ t'=t \tag{2-18a}$$

坐标形式为

$$x'=x-ut,\ y'=y,\ z'=z,\ t'=t \tag{2-18b}$$

这组关系式是 O 系至 O'系的时空坐标变换关系，即伽利略变换。其逆变换是

$$\boldsymbol{r}=\boldsymbol{r}'+\boldsymbol{u}t',\ t=t' \tag{2-19a}$$

坐标形式为

$$x=x'+ut',\ y=y',\ z=z',\ t=t' \tag{2-19b}$$

二、伽利略速度变换与加速度变换

如果设 $\boldsymbol{v}_{绝对}=\dfrac{\mathrm{d}\boldsymbol{r}(t)}{\mathrm{d}t}$，$\boldsymbol{v}_{牵连}=\dfrac{\mathrm{d}\boldsymbol{r}_{O'}(t)}{\mathrm{d}t}$，$\boldsymbol{v}_{相对}=\dfrac{\mathrm{d}\boldsymbol{r}'(t)}{\mathrm{d}t}$，分别称为绝对速度、牵连速度和相对速度。将 $\boldsymbol{r}'=\boldsymbol{r}-\boldsymbol{r}_{O'}$两边对 t 求导并注意到 $t'=t$ 得

$$\boldsymbol{v}_{相对}=\boldsymbol{v}_{绝对}-\boldsymbol{v}_{牵连} \tag{2-20}$$

即绝对速度等于牵连速度与相对速度的矢量和。这即是伽利略速度变换式，即

$$\boldsymbol{v}'=\boldsymbol{v}-\boldsymbol{u} \tag{2-21a}$$

同一质点相对于两个相对做平动的参考系的速度之间的这一关系称为伽利略速度变换。其逆变换是

$$\boldsymbol{v}=\boldsymbol{v}'+\boldsymbol{u} \tag{2-21b}$$

将式（2-21a）对 t'求导并注意到 $t'=t$ 得

$$\boldsymbol{a}'=\boldsymbol{a}-\boldsymbol{a}_0 \tag{2-22a}$$

这就是同一质点相对于两个相对做平动的参考系的加速度之间的变换关系。其逆变换是

$$\boldsymbol{a}=\boldsymbol{a}'+\boldsymbol{a}_0 \tag{2-22b}$$

如果两个参考系相对做匀速直线运动，即 $\boldsymbol{u}$ 为常量，则

$$\boldsymbol{a}_0=\frac{\mathrm{d}\boldsymbol{u}}{\mathrm{d}t'}=\frac{\mathrm{d}\boldsymbol{u}}{\mathrm{d}t}=0$$

于是有

$$\boldsymbol{a}'=\boldsymbol{a} \tag{2-23a}$$

或者

$$\boldsymbol{a}=\boldsymbol{a}' \tag{2-23b}$$

由此可见，在相对做匀速直线运动的参考系中观察同一质点的运动时，所测得的加速度是相同的，亦即伽利略变换下加速度保持不变。这就是伽利略加速度变换。

例 2-6 如图 2-10 所示，一汽车在雨中沿直线行驶，其速度为$\boldsymbol{v}_1$，雨滴下落的速度$\boldsymbol{v}_2$ 的方向与铅直方向夹角为 θ，偏向于汽车前进的方向，今在汽车后放一长方形物体（长为 L）。问，车速$\boldsymbol{v}_1$ 为多大时，此物体刚好不会被雨水淋着？

解：设地面为参考系 S 系，汽车为参考系 S'系，由速度变换公式 $\boldsymbol{v}_{相对}=\boldsymbol{v}_{绝对}-\boldsymbol{v}_{牵连}$，可得

$$\boldsymbol{v}' = \boldsymbol{v}_2 - \boldsymbol{v}_1$$

如图 2-11 所示，由速度矢量合成图可得

$$\begin{aligned}|\boldsymbol{v}_1| &= |\boldsymbol{v}_2|\sin\theta + |\boldsymbol{v}_2|\cos\theta \operatorname{ctan}\alpha \\ &= |\boldsymbol{v}_2|\sin\theta + |\boldsymbol{v}_2|\frac{L}{H}\cos\theta\end{aligned}$$

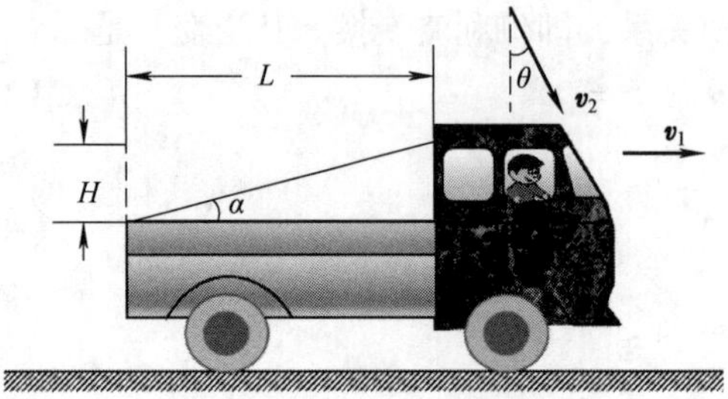

图 2-10　例 2-6 用图

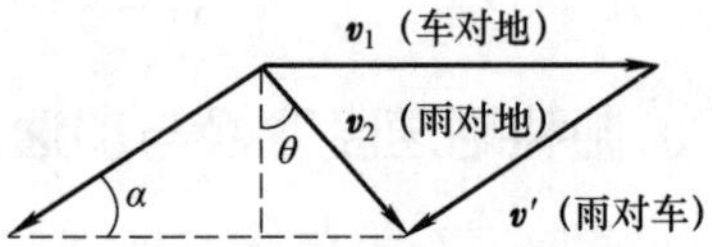

图 2-11　例 2-6 速度矢量合成图

车速至少满足上式时，货物刚好不会被雨水淋着。

思考题

2-13　水平路面上的火车车厢内有一光滑桌面，在上面放置一个小球，当火车速率增加时，路面上的观察者和车厢内的观察者看到小球的运动状态发生什么改变？

2-14　如果有两个质点分别以初速 $\boldsymbol{v}_{10}$ 和 $\boldsymbol{v}_{20}$ 抛出，$\boldsymbol{v}_{10}$ 和 $\boldsymbol{v}_{20}$ 在同一平面内且与水平面的夹角分别为 θ_{10} 和 θ_{20}。有人说，在任意时刻，两质点的相对速度是一常量，对吗？

2-15　把一小钢球放在大钢球的顶部，让两钢球自距地面高为 h 处由静止自由下落，与地面上钢板相碰撞。相碰后，小钢球可弹到 $9h$ 的高度。你能用相对运动的概念给予说明吗？设钢球间以及钢球与钢板间的碰撞均为完全弹性碰撞。

知识提要

1. 质点运动的描述

一个质点的运动，可以用位矢、位移、速度和加速度四个物理量进行描述。

位矢：$\boldsymbol{r} = \boldsymbol{r}(t)$

位移：$\Delta\boldsymbol{r} = \boldsymbol{r}(t+\Delta t) - \boldsymbol{r}(t)$

速度：$\boldsymbol{v} = \dfrac{\mathrm{d}\boldsymbol{r}}{\mathrm{d}t}$

加速度：$\boldsymbol{a} = \dfrac{\mathrm{d}^2\boldsymbol{r}}{\mathrm{d}t^2}$

2. 一般曲线运动加速度

$\boldsymbol{a} = a_t\boldsymbol{\tau} + a_n\boldsymbol{n}$ 其中，切向加速度大小 $a_t = \dfrac{\mathrm{d}v}{\mathrm{d}t}$；法向加速度大小 $a_n = \dfrac{v^2}{\rho}$，$\rho = \rho(t)$ 为曲线的曲率半径

特例　圆周运动：由于 $\rho=R$，$a_{\mathrm{n}}=\dfrac{v^2}{R}=R\omega^2$

直线运动：$a_{\mathrm{n}}=0$

3. 相对运动

伽利略速度变换：$\boldsymbol{v}_{绝对}=\boldsymbol{v}_{牵连}+\boldsymbol{v}_{相对}$

习　　题

一、基础练习

2-1　已知质点沿 x 轴做直线运动，其运动方程为 $x=2+6t^2-t^3$，其中 x 的单位为 m，t 的单位为 s。求：

（1）质点在运动开始后 4.0s 内的位移的大小；（答案：-32m）

（2）质点在该时间内所通过的路程；（答案：48m）

（3）$t=4$s 时质点的速度和加速度。（答案：-48m/s，-36m/s^2）

2-2　如习题 2-2 图所示，一质点沿 x 轴方向做直线运动，其速度与时间的关系如图所示。设 $t=0$ 时，$x=0$。试根据已知的 $v-t$ 图，画出 $a-t$ 图以及 $x-t$ 图。（答案：见习题 2-2 答案图）

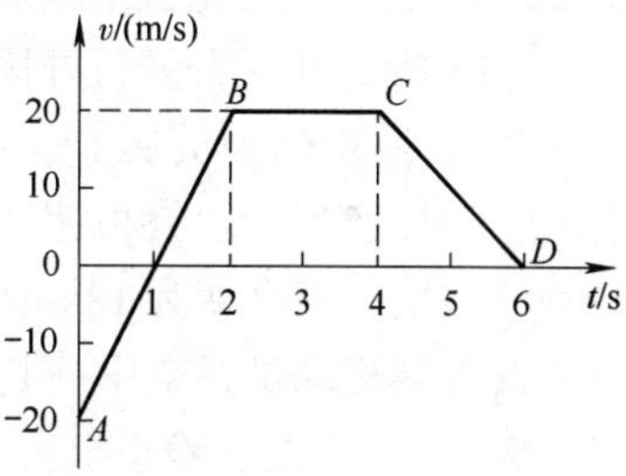

习题 2-2 图

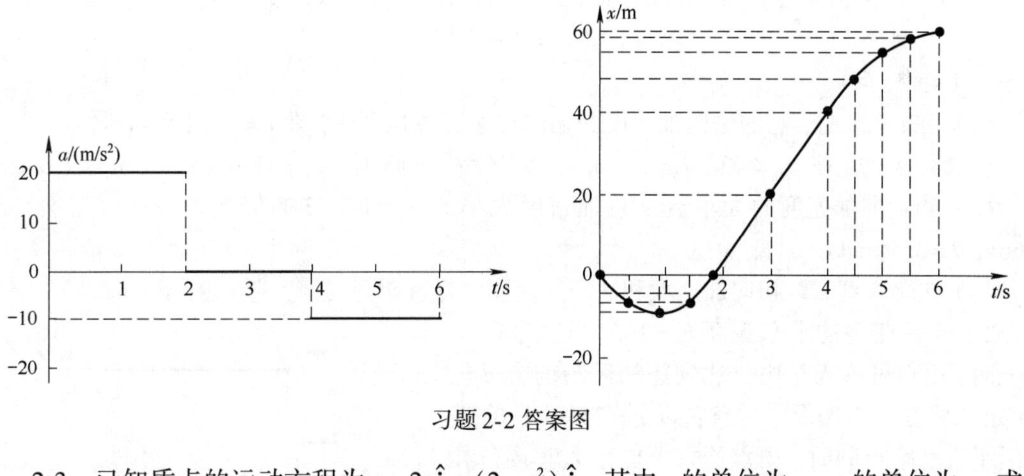

习题 2-2 答案图

2-3　已知质点的运动方程为 $\boldsymbol{r}=2t\hat{\boldsymbol{i}}+(2-t^2)\hat{\boldsymbol{j}}$，其中 r 的单位为 m，t 的单位为 s。求：

（1）质点的运动轨迹；（答案：$y=2.0-0.25x^2$）

（2）$t=0$ 及 $t=2$s 时，质点的位矢；［答案：$2\hat{\boldsymbol{i}}$m，$(4\hat{\boldsymbol{i}}-2\hat{\boldsymbol{j}})$m］

（3）由 $t=0$ 到 $t=2$s 内质点的位移 $\Delta\boldsymbol{r}$ 和径向增量 Δr；（答案：4m$\hat{\boldsymbol{i}}$ $-$4m$\hat{\boldsymbol{j}}$，2.47m）

*（4）2s 内质点所走过的路程 s。（答案：5.91m）

2-4　一石子从空中由静止下落，由于空气阻力的作用，石子并非做自由落体运动，现已

知加速度 $\boldsymbol{a}=A-B\boldsymbol{v}$，其中 A、B 为常量，试求石子的速度和运动方程。$\left(答案：v=\frac{A}{B}(1-e^{-Bt}),\ y=\frac{A}{B}t+\frac{A}{B^2}(e^{-Bt}-1)\right)$

2-5 一质点具有恒定加速度 $\boldsymbol{a}=6\hat{\boldsymbol{i}}+4\hat{\boldsymbol{j}}$，其中 a 的单位为 m/s^2。在 $t=0$ 时，其速度为零，位置矢量 $\boldsymbol{r}_0=10\hat{\boldsymbol{i}}m$。求：

（1）在任意时刻的速度和位置矢量；（答案：$6t\hat{\boldsymbol{i}}+4t\hat{\boldsymbol{j}}$，$(10+3t^2)\hat{\boldsymbol{i}}+2t^2\hat{\boldsymbol{j}}$）

（2）质点在 Oxy 平面上的轨迹方程，并画出轨迹的示意图。（答案：$3y=2x-20$（m），图略）

2-6 一升降机以加速度 $1.22m/s^2$ 上升，当上升速度为 2.44m/s 时，有一螺钉自升降机的天花板上松脱，天花板与升降机的底面相距 2.74m。计算：

（1）螺钉从天花板落到底面所需要的时间；（答案：0.705s）

（2）螺钉相对升降机外固定柱子的下降距离。（答案：0.716m）

2-7 跳空运动员从 1200m 高空下跳，起初不打开降落伞做加速运动。由于空气阻力的作用，会加速到一"终极速率"200km/h 而开始匀速下降。下降到离地面 50m 处时打开降落伞，很快速率会变为 18km/h 而匀速下降着地。若起初加速运动阶段的平均加速度按 $g/2$ 计，此跳空运动员在空中一共经历了多长时间？（答案：36.3s）

2-8 一质点从静止出发沿半径为 $R=3m$ 的圆周运动，切向加速度为 $a_t=3m/s^2$。

（1）经过多少时间它的总加速度 $\boldsymbol{a}$ 恰好与半径成 45°角？（答案：1s）

（2）在上述时间内，质点所经过的路程和角位移各为多少？（答案 $s=1.5m$，$\theta=0.5rad$）

2-9 一质点沿半径为 0.10m 的圆周运动，其角位置 θ（以弧度表示）可用下式表示：

$$\theta = 2 + 4t^3$$

其中 t 以 s 计，问：

（1）在 $t=2s$ 时，它的法向加速度和切向加速度各是多少？在 $t=4s$ 时又如何？

（答案：$t=2s$ 时，$a_n=230.4m/s^2$，$a_t=4.8m/s^2$；$t=4s$ 时，$a_n=3686.4m/s^2$，$a_t=9.6m/s^2$）

（2）当切向加速度的大小恰是总加速度大小的一半时，θ 的值是多少？（答案：$t=0.66s$，$\theta=3.15rad$）

（3）在哪一刻时，切向加速度和法向加速度恰好有相等的值？（答案：$t=0.55s$）

2-10 一带篷的卡车篷高 $h=2m$，当它停在马路上时，雨点可落入车内，达到篷的后沿前方 $d=1m$ 处（见习题 2-10 图）。当它以 $v=15km/h$ 的速率沿平直马路行驶时，雨点恰好不能落入车内，求雨滴速度。（答案：$v_{雨对地}=3.35\times10^4m/h$）

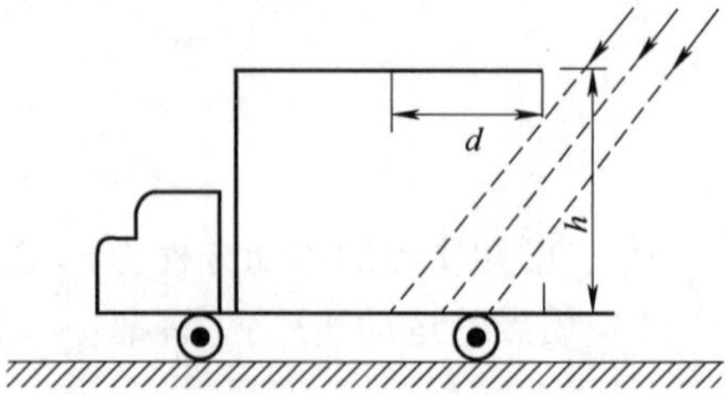

习题 2-10 图

2-11 已知质点的运动方程为 $\boldsymbol{r}=R\cos\omega t\boldsymbol{i}+R\sin\omega t\boldsymbol{j}$，$\omega$ 为一常数。求：

（1）求质点的轨迹及速度 $\boldsymbol{v}$；（答案：$x^2+y^2=R^2$，质点做圆周运动，$\boldsymbol{v}=-R\omega\sin\omega t\hat{\boldsymbol{i}}+R\omega\cos\omega t\hat{\boldsymbol{j}}$）

（2）求出 t 时刻的速度大小 v，并分析质点的转向；（答案：$v=R\omega$，质点逆时针方向旋转）

（3）求出质点的加速度 $\boldsymbol{a}$ 和位置矢量 $\boldsymbol{r}$ 的关系，来说明加速度恒指向圆心。（答案：$\boldsymbol{a}=-\omega^2\boldsymbol{r}$）

2-12　路灯距地面的高度为 h，一个身高为 l 的人在路上匀速运动，速度为 $\boldsymbol{v}_0$，如习题 2-12 图所示，求：

（1）人影中头顶的移动速度；$\left(答案：\dfrac{k}{k-l}v_0\right)$

（2）影子长度增长的速率。$\left(答案：\dfrac{l}{h-l}v_0\right)$

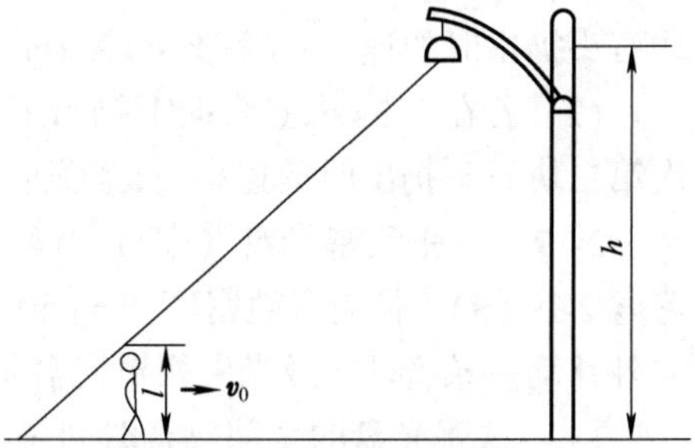

习题 2-12 图

2-13　甲乙两船同时航行，甲以 10km/h 的速度向东，乙以 5km/h 的速度向南。问：

（1）从乙船的人看来，甲的速度是多大？方向如何？（答案：11.2km/h，东偏北 26.6°）

（2）反之，从甲船的人看来，乙的速度又是多大？方向如何？（答案：南偏西 63.4°）

2-14　如习题 2-14 图所示，一汽车尾部敞开，顶篷只盖到 A 处，AB 连线与铅直方向成 30°角，汽车在平直公路上冒雨行驶，当其速率为 6km/h 时，C 点刚好不被雨打着，若其速率为 18km/h 时，则 B 点刚好不被雨点打着。求雨点的速度。（答案：$21.6\text{km}\cdot\text{h}^{-1}$，73°54′）

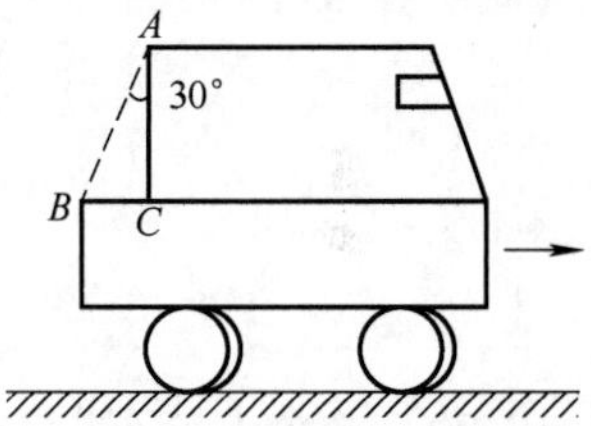

习题 2-14 图

二、综合提高

2-15　如习题 2-15 图所示，跨过滑轮 C 的绳子，一端挂有重物 B，另一端 A 被人拉着沿水平方向匀速运动，其速度大小为 $v_0=1\text{m/s}$；A 点离地面的距离保持着 $h=1.5\text{m}$。运动开始时，重物在地面上的 B_0 处，绳 AC 在铅直位置，滑轮离地面的高度 $H=10\text{m}$，其半径忽略不计。求：

（1）重物 B 上升的运动方程；（答案：$x=\sqrt{t^2+8.5^2}-8.5$）

（2）重物 B 在 t 时刻的速度和加速度及到达滑轮处所需的时间。$\left(答案：v=\dfrac{t}{\sqrt{t^2+8.5^2}}，a=\dfrac{1}{\sqrt{t^2+8.5^2}}-\dfrac{t^2}{\sqrt{(t^2+8.5^2)^3}}，t=16.4\text{s}\right)$

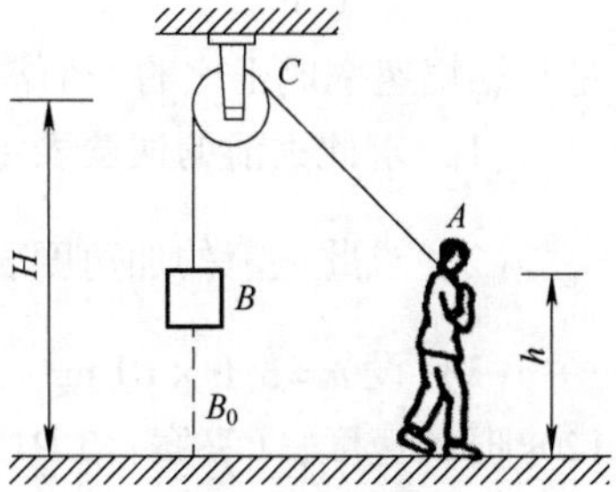

习题 2-15 图

2-16　在离水面高为 h 的岸边，有人用绳拉船靠岸，船在离岸边 s 处，当人以 v_0 的速率收绳时，试求船的速度和加速度的大小各为多少？$\left(答案：v=v_0\dfrac{\sqrt{h^2+s^2}}{s}，a=-\dfrac{h^2v_0^2}{s^3}\right)$

2-17　一子弹以水平速度 $\boldsymbol{v}_0$ 射出，忽略空气阻力。试求子弹在任一时刻的切向加速度、法向加速度及总加速度的大小。$\left(答案：a_t=\dfrac{g^2t}{\sqrt{v_0^2+g^2t^2}}，a_n=\dfrac{v_0g}{\sqrt{v_0^2+g^2t^2}}，a=g\right)$

2-18 在以初速率 $v=15.0\text{m/s}$ 竖直向上扔一块石头后，

（1）在 1.0s 末又竖直向上扔出第二块石头，后者在 $h=11.0\text{m}$ 高度处击中前者，求第二块石头扔出时的速率；（答案：17.2m/s 或 51.1m/s）

（2）若在 1.3s 末竖直向上扔出第二块石头，它仍在 $h=11.0\text{m}$ 高度处击中前者，求这一次第二块石头扔出时的速率。（答案：23.0m/s）

2-19 一张致密光盘（CD）音轨区域的内半径 $R_1=2.2\text{cm}$，外半径为 $R_2=5.6\text{cm}$（见习题 2-19 图），径向音轨密度 $N=650$ 条/mm。在 CD 唱机内，光盘每转一圈，激光头沿径向向外移动一条音轨，激光束相对光盘是以 $v=1.3\text{m/s}$ 的恒定线速度运动。

（1）这张光盘的全部放音时间是多少？（答案：69.4min）

（2）激光束到达离盘心 $r=5.0\text{cm}$ 处时，光盘转动的角速度和角加速度各是多少？（答案：26rad/s，$-3.31\times10^{-3}\text{rad/s}^2$）

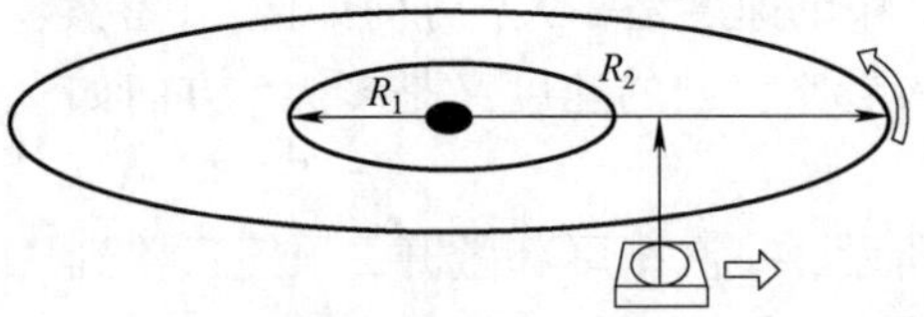

习题 2-19 图

2-20 一个人骑车以 18km/h 的速率自东向西行进时，看见雨点垂直下落，当他的速率增至 36km/h 时看见雨点与他前进的方向成 120°角下落，求雨点对地的速度。（答案：36km/h，竖直向下偏西 30°）

2-21 一只在星际空间飞行的火箭，当以恒定速率燃烧它的燃料时，其运动函数可表示为 $x=ut+u\left(\frac{1}{b}-t\right)\ln(1-bt)$，其中 u 是喷出气流相对于火箭体的喷射速度，是一个常量，b 是与燃烧速率成正比的一个常量。

（1）求此火箭的速度表示式；（答案：$-u\ln(1-bt)$）

（2）求此火箭的加速度表示式；$\left(\text{答案：}\dfrac{bu}{1-bt}\right)$

（3）设 $u=3.0\times10^3\text{m/s}$，$b=7.5\times10^{-3}/\text{s}$，并设燃料在 120s 内燃烧完，求 $t=0\text{s}$ 和 $t=120\text{s}$ 时的速度；（答案：$6.91\times10^3\text{m/s}$）

（4）求在 $t=0\text{s}$ 和 $t=120\text{s}$ 时的加速度。（答案：225m/s^2）

三、课外拓展小论文

2-22 结合质点模型总结一下建立理想模型的一般方法，并说明地球是否可以看成质点。

2-23 结合实例总结抛体运动的特点及抛体公式的适用范围。

2-24 试述电影中的武士一跃登上高墙的动作形象是利用了什么物理原理？如何实现的？

第三章　动力学基本定律

前面的章节给出的是描述质点的运动状态的一般方法，即质点运动学。本章起开始研究引起运动状态变化的原因：就是物体与物体之间的相互作用，称为力。这些问题就是质点动力学的主要任务。牛顿第二定律考虑的是力的瞬时作用，它的瞬时效应就是使质点产生加速度。力往往作用于物体持续一段时间或一段距离，那么力的过程效应则产生质点的动量、角动量和能量的变化。从力的时间累积效应引入冲量、动量定理和动量守恒定律。从力的空间累积效应，引入功、功能原理、机械能守恒定律和能量守恒定律。通过介绍质点系，给出质心的概念，并说明外力和质心运动的关系，然后把动量定理应用于质点系，导出动量守恒定律。最后介绍描述物体转动特征的物理量角动量，并导出角动量守恒定律。守恒定律不仅在宏观世界成立，在微观世界也经过严格检验，是自然界最基本、最普遍的规律。

第一节　牛顿定律

一、牛顿第一定律

17 世纪意大利物理学家伽利略对运动和力的关系进行了大量的实验研究。在伽利略研究的基础上，牛顿经过概括和总结，提出了**牛顿第一定律**：任何物体都保持静止或匀速直线运动的状态，直到其他物体所作用的力迫使它改变这种状态为止。

牛顿第一定律的重要意义主要体现在以下三个方面：

（1）它定性地说明了力和运动的关系。物体的运动并不需要力去维持，只有在物体的运动状态发生改变时，才需要力的作用。因此，从起源上看，由它可得到力的定性定义：力是物体间的作用。从效果上看，物体受到力的作用，其运动状态就要发生变化，即力是改变物体运动状态的原因。

（2）它指明了任何物体都具有惯性。所谓惯性，就是物体所具有的保持其原有运动状态不变的特性。因此，牛顿第一定律又称为惯性定律。由于物体具有惯性，要改变其运动状态，必须有力的作用。但是在自然界中，完全不受力的物体是不存在的，因此，第一定律不能简单地用实验验证。它是在实验的基础上加以合理推证得到的。

（3）由它提出了惯性参考系的概念。在牛顿第一定律中涉及物体的运动状态，而描述物体的运动是相对于某个参考系而言的。观察者可以从任意一个参考系对物体的运动进行物理观测，然而并非对所有的参考系惯性定律都成立。惯性定律在其中成立的参考系称为**惯性参考系**，简称惯性系，否则为非惯性系。

如果一个参考系相对于惯性系做匀速运动，这个参考系也是惯性系。如果某个参考系相对于惯性系做加速运动，这个参考系就是非惯性系。研究地球表面物体的运动时，经常以地球为参考系。地球有自转和公转，严格说来，地球不是理想的惯性系，但是其公转和自转的加速度较小，因此可以将地球近似看作惯性系。

二、牛顿第二定律

物体受到一个力作用后会改变其运动状态，即获得一个加速度。对同一个物体而言，受到的力越大，获得的加速度也越大。即

$$a \propto F$$

任何物体都具有惯性，以惯性质量 m 定量地描述物体的惯性。取两个质量不同的质点，先后受到同一个力的作用。显然，加速度大的物体惯性小，加速度小的物体惯性大。即

$$m \propto \frac{1}{a}$$

由以上两式得到

$$\boldsymbol{F} = km\boldsymbol{a}$$

在国际单位制中，$k=1$，于是

$$\boldsymbol{F} = m\boldsymbol{a} \tag{3-1}$$

即物体受到外力作用时，它所获得的加速度的大小与合外力的大小成正比，而与物体的质量成反比；加速度的方向与合外力的方向相同。这就是**牛顿第二定律**。这里应该注意，牛顿第二定律的原始表达式为

$$\boldsymbol{F} = \frac{\mathrm{d}\boldsymbol{p}}{\mathrm{d}t} \tag{3-2}$$

这就是牛顿第二定律的微分形式。其中，$\boldsymbol{p}=m\boldsymbol{v}$ 是物体的动量。在相对论力学中，式（3-1）不再成立，而式（3-2）仍然成立。

牛顿第二定律的重要意义主要体现在以下三个方面：

（1）它定量地说明了力的效果。它在第一定律的基础上对物体机械运动的规律做了定量的叙述，确定了力、质量和加速度之间的瞬时矢量关系。因此，它们也称为质点运动的动力学方程。

（2）它定量地量度了惯性的大小。物体的质量就是其惯性大小的量度。

（3）它概括了力的叠加原理。当几个外力同时作用在一个物体上时所产生的加速度，应该等于每个外力单独作用时所产生的加速度的叠加，这说明了力是矢量。

三、牛顿第三定律

当物体 A 以力 $\boldsymbol{F}$ 作用于物体 B 时，物体 B 也必定同时以力 $\boldsymbol{F}'$ 作用于物体 A，$\boldsymbol{F}$ 和 $\boldsymbol{F}'$ 在同一直线上，大小相等而方向相反，即

$$\boldsymbol{F} = -\boldsymbol{F}' \tag{3-3}$$

这就是**牛顿第三定律**。

牛顿第三定律的重要意义在于肯定了物体间的作用是相互的这一本质。两个物体相互作用时，受力的物体也是施力的物体，施力者也是受力者。如果把其中一个力称为作用力，另

一个则为反作用力，因此，牛顿第三定律又称为作用力与反作用力定律——作用力与反作用力在同一直线上，大小相等，方向相反。

牛顿的三个运动定律是一个完整的整体，它们各自有一定的物理意义，又有一定的内在联系。第一定律指明了任何物体都具有惯性，同时确定了力的含义，说明力是使物体改变运动状态即获得加速度的一种作用；第二定律则在第一定律的基础上对物体机械运动的规律进行了定量描述，确定了力、质量和加速度之间的瞬时矢量关系；第三定律则肯定了物体间的作用力具有相互作用的本质，因此，我们可以得出力的定义：力是物体间的相互作用。

四、常见力

力学中存在各种形式的力，对物体进行受力分析是解决动力学问题的关键。力学中常见的力有万有引力、弹性力、摩擦力等。为了研究方便，将力分为不同类型：摩擦力的大小方向取决于物体所受其他力的作用情况，称为被动力；而万有引力和弹性力是主动力。另外，也可以将弹性力和摩擦力称为接触力，而万有引力属于场力。

1. 万有引力

德国天文学家开普勒在研究第谷天文资料的基础上，于17世纪初提出了开普勒三定律，定量描述了行星绕太阳运转的椭圆轨道运动。牛顿总结了前人的研究成果，认为一切物体，不论星体之间，还是地球上的物体之间，都存在一种普适的吸引力，即**万有引力**，并提出了**万有引力定律**：在两个相距为 r，质量分别为 m_1、m_2 的质点之间有万有引力，其方向沿着它们的连线，其大小与它们的质量乘积成正比，与它们之间距离 r 的平方成反比，即

$$\boldsymbol{F}_G = -G\frac{m_1 m_2}{r^2}\hat{\boldsymbol{e}}_r \tag{3-4}$$

以 m_1 指向 m_2 的有向线段为 m_2 的位矢，单位矢量为$\hat{\boldsymbol{e}}_r$，式（3-4）中的负号表示 m_1 施于 m_2 的万有引力的方向始终与位矢的方向相反。G 是引力常量，最早由英国物理学家卡文迪什（Henry Cavendish，1731—1810）于1798年用扭秤实验测出。一般计算时取 $G=6.67\times10^{-11}\mathrm{N\cdot m^2/kg^2}$。

2. 重力

通常把地球对地面附近物体的万有引力叫作**重力** $\boldsymbol{F}_G$，其方向指向地球中心。重力的大小叫重量。在重力作用下，物体具有的加速度叫作重力加速度 $\boldsymbol{g}$，有

$$\boldsymbol{g} = \boldsymbol{F}_G/m \tag{3-5}$$

由万有引力定律可以求得

$$g = Gm_{地}/R^2 \tag{3-6}$$

式中，$m_{地}$ 是地球质量；R 是地球半径。

3. 弹性力

弹性力是力学问题中经常接触到的一类具体的力。两弹性固体相互接触时施加的作用力为**弹性力**，绳中的张力是弹性力，弹簧被拉伸或压缩时产生的弹簧弹性力，以及重物放在支撑面上产生的作用在支撑面上的正压力和作用在物体上的支持力也是弹性力。弹性力常用线性弹簧的弹性力来代表。一劲度系数为 k、自由长为 l_0的弹簧和物体相连，当弹簧处于自然长度时，物体不受弹性力作用，这一位置称为平衡位置。以平衡位置为坐标原点，则当弹簧伸长量为 x 时，物体所受的弹性作用力为

$$F = -kx \tag{3-7}$$

其中负号表示力的方向始终指向平衡位置。这一定律称为**胡克定律**。它反映了弹性力是一种线性恢复力。这一结论只有在弹性形变限度内成立。

4. 摩擦力

两个相互接触的物体间有相对滑动的趋势但还没有相对滑动时，在接触面势必产生阻碍发生相对滑动的力，这个力称为**静摩擦力**。静摩擦力的大小由外力决定。将物体放在水平面上，有一个外力水平作用在物体上，如果外力 F 较小，物体没有滑动，这时静摩擦力 F_{f0} 与外力 F 在数值上相等，方向相反。随着外力 F 的增大，静摩擦力 F_{f0} 也相应增大。直到 F 增大到某一数值，物体即将滑动，静摩擦力达到最大值，称为**最大静摩擦力** F_{f0m}。实验表明，最大静摩擦力的值与物体的正压力 F_N 成正比：

$$F_{f0m} = \mu_0 F_N \tag{3-8}$$

式中，μ_0 叫作**静摩擦因数**。静摩擦因数与两接触物体的材料性质及接触面的情况有关，而与接触面的大小无关。

物体在平面上滑动时所受到的摩擦力叫作**滑动摩擦力** F_f，其方向总是与物体相对运动的方向相反，其大小与物体的正压力 F_N 成正比：

$$F_f = \mu F_N \tag{3-9}$$

式中，μ 叫作**滑动摩擦因数**。μ 与两接触物体的材料性质、接触表面的情况、温度、湿度有关，还与两接触物体的相对速度有关。在相对速度不太大时，可以认为滑动摩擦因数 μ 略小于静摩擦因数 μ_0，一般计算时，则可以认为它们近似相等。摩擦有利有弊，机器的运动部分的摩擦一方面浪费能量，又使机器本身磨损。减小摩擦的方法一般是在摩擦部位加润滑油，或以滚动摩擦代替滑动摩擦，或者改善材料的摩擦性能。摩擦也有有利的一面。人走路、汽车的起动、传送带上物体的传送等，都是依靠摩擦力工作的。

5. 物理学中四种基本相互作用

目前的研究表明，物理学中存在四种基本相互作用，即万有引力相互作用、电磁相互作用、强相互作用和弱相互作用。我们遇到的各种力，如重力、摩擦力、弹性力、库仑力、安培力、分子力、原子力、核力等都可以归结为这四种相互作用。四种相互作用的力程和强度是不一样的，其中万有引力和电磁力是长程力，强相互作用和弱相互作用是短程力。从强度来看，强相互作用力最强，电磁力次之，引力最弱。理论物理的研究试图找到四种相互作用的联系，建立一个包括四种相互作用的大统一理论。

五、牛顿运动定律的应用举例

牛顿运动定律是物体做机械运动的基本定律，在实践中有广泛的应用。但在具体应用时还需注意以下几个问题：

（1）第一定律中的物体是指质点或只涉及平动的刚体；

（2）第二定律表示的是力的瞬时矢量作用规律，在具体应用时要用其标量式；

（3）第三定律中的作用力和反作用力是成对出现的、作用于不同物体的同一种性质的力；

（4）第一、第二定律仅适用于惯性系，而第三定律则与参考系无关，但不能将其推广到运动的带电粒子上，如果需要在非惯性系中使用牛顿运动定律，则应引入相应的惯性力的概念。

求解质点动力学问题一般分为两类，一类是已知物体的受力情况，由牛顿定律来求解其运动状态；另一类是已知物体的运动状态，求作用于物体上的力。

例 3-1 桌面上叠放着两块木板，质量分别为 m_1 和 m_2，如图 3-1a 所示，m_1 和 m_2 间的静摩擦因数为 μ_1，m_2 和桌面间的静摩擦因数为 μ_2，问沿水平方向用多大的力才能把下面的木板抽出来？

解：以桌面为参考系，将 m_1 和 m_2 作为研究对象，用隔离体法分别进行受力分析，并建立直角坐标系，如图 3-1b 所示。

如果要将 m_2 从 m_1 和桌面之间抽出来，需满足两个条件：一要克服 m_1 和桌面作用在 m_2 上的最大静摩擦力；二是 m_2 的加速度需要大于 m_1 可能具有的最大加速度。

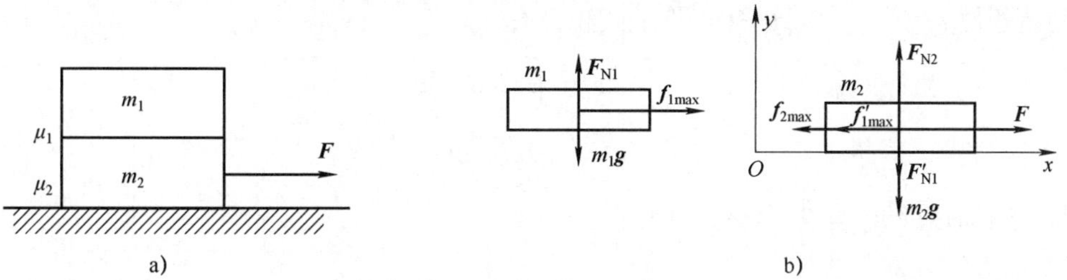

图 3-1 例 3-1 用图

根据牛顿运动定律，对 m_1 有

$$f_{1\max} = m_1 a_1$$
$$F_{N1} - m_1 g = 0$$
$$f_{1\max} = \mu_1 F_{N1}$$

对 m_2 有

$$F - f'_{1\max} - f_{2\max} = m_2 a_2$$
$$F_{N2} - F'_{N1} - m_2 g = 0$$
$$f_{2\max} = \mu_2 F_{N2}$$
$$f'_{1\max} = f_{1\max}$$
$$F'_{N1} = F_{N1}$$

为了求得能将 m_2 抽出时 F 的临界值，设 m_2 的加速度与 m_1 的加速度相等，即 $a_2 = a_1$。联立以上方程求解得

$$F = (\mu_1 + \mu_2)(m_1 + m_2)g$$

所以当 $F \geqslant (\mu_1 + \mu_2)(m_1 + m_2)g$ 时，可以将 m_2 从 m_1 和桌面之间抽出来。

例 3-2 一长为 l 的细绳一端系一质量为 m 的小球，另一端固定在 O 点，让小球由水平位置静止下落，小球在竖直平面内做圆周运动（变力自然坐标系）。求：绳与水平方向夹角为 θ 时，绳子的拉力 $\boldsymbol{F}_{\mathrm{T}}$ 和小球速度大小 v。

解：以小球为研究对象，受力分析如图 3-2 所示，根据牛顿第二定律，得

$$\boldsymbol{mg} + \boldsymbol{F}_{\mathrm{T}} = m\boldsymbol{a}$$

小球在竖直平面内做圆周运动，因此建立自然坐标系，法向和切向的分量式有

$$\text{法向} \quad -mg\sin\theta + F_{\mathrm{T}} = ma_{\mathrm{n}} = m\frac{v^2}{l} \quad ①$$

$$\text{切向} \quad mg\cos\theta = ma_{\mathrm{t}} = m\frac{\mathrm{d}v}{\mathrm{d}t} \quad ②$$

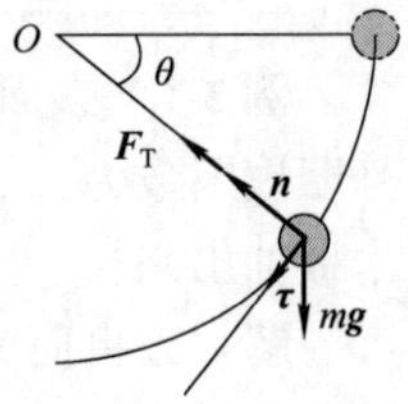

图 3-2 例 3-2 用图

将式②两边同乘以路程 ds，得

$$\mathrm{d}sg\cos\theta = \mathrm{d}s\frac{\mathrm{d}v}{\mathrm{d}t} = \mathrm{d}v\frac{\mathrm{d}s}{\mathrm{d}t}$$

将 $\mathrm{d}s = l\mathrm{d}\theta$ 代入，得

$$gl\cos\theta\mathrm{d}\theta = v\mathrm{d}v$$

根据初始条件 $t=0$，$v=0$，$\theta=0$，将上式积分有

$$\int_0^v v\mathrm{d}v = \int_0^v gl\cos\theta\mathrm{d}\theta$$

得

$$v = \sqrt{2gl\sin\theta}$$

将法向加速度 $a_{\mathrm{n}} = \frac{v^2}{l}$ 代入式①中，得

$$F_{\mathrm{T}} = ma_{\mathrm{n}} + mg\sin\theta = 3mg\sin\theta$$

本题中为了运算方便，需要做 $\frac{\mathrm{d}v}{\mathrm{d}t} = \frac{\mathrm{d}s}{\mathrm{d}s}\frac{\mathrm{d}v}{\mathrm{d}t} = \frac{v\mathrm{d}v}{l\mathrm{d}\theta}$ 变量替换，这是本题求解的一个关键。

例 3-3 如图 3-3 所示，一段长度为 l 的均匀绳子，总质量为 m，其一端固定于 O 点，在光滑水平面内沿逆时针方向围绕 O 点以角速度 ω 做整体转动，求：

（1）绳子内部距 O 点为 x 处的张力 $\boldsymbol{F}_{\mathrm{T}}$；

（2）如果绳子的另一端系一个质量为 m_0 的小球，求 x 处的张力 $\boldsymbol{F}_{\mathrm{T}}$。

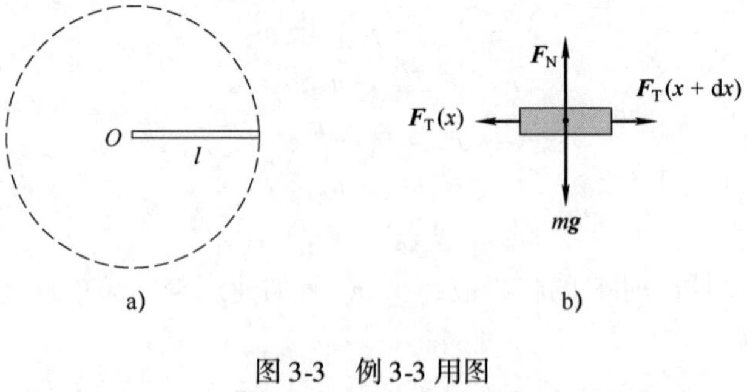

图 3-3 例 3-3 用图

解：（1）选地球为参考系，选 dx 段质元为研究对象，dx 段质量为

$$\mathrm{d}m = \frac{m}{l}\mathrm{d}x$$

在光滑水平面内绳子所受合外力

$$\mathrm{d}F_{\mathrm{T}} = F_{\mathrm{T}}(x + \mathrm{d}x) - F_{\mathrm{T}}(x)$$

$$-\mathrm{d}F_{\mathrm{T}} = \mathrm{d}m \cdot a_{\mathrm{n}} = \mathrm{d}m \cdot x\omega^2$$

$x = l$ 时，$F_{\mathrm{T}} = 0$，所以

$$-\int_{F_{\mathrm{T}}(x)}^{F_{\mathrm{T}}(l)} \mathrm{d}F_{\mathrm{T}} = \int_x^l \frac{m}{l}\omega^2 x\mathrm{d}x$$

$$F_{\mathrm{T}}(x) = m\omega^2(l^2 - x^2)/2L$$

（2）如果绳子的另一端系一个质量为 m_0 的小球，则 $x = l$ 处 $F_{\mathrm{T}}(l) = m_0 l\omega^2$，由此可以得到

$$-\int_{F_{\mathrm{T}}(x)}^{F_{\mathrm{T}}(l)} \mathrm{d}F_{\mathrm{T}} = \int_x^l \frac{m}{l}\omega^2 x\mathrm{d}x$$

$$F_{\mathrm{T}}(x) = \frac{m\omega^2(l^2 - x^2)}{2L} + m_0 l\omega^2$$

例 3-4　质量为 m 的子弹以初速率 v_0 射入沙土中，其所受阻力正比于速率 v，即 $f = -\alpha v(\alpha > 0)$。忽略重力的影响，求：以子弹开始射入沙土为 $t = 0$ 时刻，子弹入射的深度 x 与时间的关系式。

解：由牛顿定律得

$$-\alpha v = ma = m\frac{\mathrm{d}v}{\mathrm{d}t}$$

分离变量

$$\frac{\mathrm{d}v}{v} = -\frac{\alpha}{m}\mathrm{d}t$$

积分得

$$\int_{v_0}^{v} \frac{\mathrm{d}v}{v} = \int_0^t -\frac{\alpha}{m}\mathrm{d}t$$

$$v = v_0 \mathrm{e}^{-\frac{\alpha}{m}t}$$

由速度定义式 $v = \dfrac{\mathrm{d}x}{\mathrm{d}t}$ 得

$$\begin{aligned} x &= x_0 + \int_0^t v\mathrm{d}t \\ &= 0 + \int_0^t v_0 \mathrm{e}^{-\frac{\alpha}{m}t}\mathrm{d}t \\ &= \frac{m}{\alpha}v_0(1 - \mathrm{e}^{-\frac{\alpha}{m}t}) \end{aligned}$$

当 $t \to \infty$ 时，x 趋近于 $\dfrac{m}{\alpha}v_0$。

例 3-5　摩托快艇以速率 v_0 行驶，它受到的摩擦阻力与速率平方成正比，可表示为 $F = -kv^2$（k 为正常数）。设摩托快艇的质量为 m，当摩托快艇发动机关闭后，求：

（1）速率 v 随时间 t 的变化规律；

（2）路程 x 随时间 t 的变化规律。

解：（1）由牛顿运动定律 $\boldsymbol{F} = m\boldsymbol{a}$ 得

$$-kv^2 = m\frac{\mathrm{d}v}{\mathrm{d}t}$$

上式分离变量

$$-\frac{k}{m}\mathrm{d}t = \frac{\mathrm{d}v}{v^2}$$

两边积分得

$$\int_0^t -\frac{k}{m}\mathrm{d}t = \int_{v_0}^{v}\frac{\mathrm{d}v}{v^2}$$

速率 v 随时间 t 变化的规律为

$$v = \frac{1}{\dfrac{1}{v_0} + \dfrac{k}{m}t}$$

（2）由位移和速度的积分关系 $x = \int_0^t v\mathrm{d}t + x_0$，设 $x_0 = 0$，积分得

$$x = \int_0^t v\mathrm{d}t = \int_0^t \frac{1}{\dfrac{1}{v_0} + \dfrac{k}{m}t}\mathrm{d}t$$

$$= \frac{m}{k}\ln\left(\frac{1}{v_0} + \frac{k}{m}t\right) - \frac{m}{k}\ln\frac{1}{v_0}$$

即路程 x 随时间 t 变化的规律为

$$x = \frac{m}{k}\ln\left(1 + \frac{k}{m}v_0 t\right)$$

通过以上几个例题的讨论可以知道，求解力学问题的一般步骤如下。

（1）选取对象：根据题意，选取研究对象。在实际问题中，一般涉及多个相互作用着的物体，要把每个物体从总体中分离出来分别作为研究对象，这有利于问题的解决。这种方法叫作隔离体法，是解决力学问题的有效方法。

（2）分析情况：分析研究对象的受力情况和运动情况，并作出示力简图，要注意防止“漏力”或者“虚构力”。这种方法叫作力的图示法。

（3）列出方程：在选定的参考系上建立合适的坐标系（依问题的需要和计算的方便与否而定），根据有关的定律或定理，列出相应的方程。一般来说，有几个未知量就应列出几个方程，如果所列出的方程数目少于未知量的数目，则可由运动学和几何学的知识及题目中所含的关系、条件列出补充方程。

（4）求得答案：对所列方程进行联立求解，必要时对结果进行分析、检验、讨论，得出符合题意的答案。在实际中，一般先进行字母运算，然后再代入具体数据；做数值运算时，还应先统一各物理量的单位。

思考题

3-1　物体运动的速率不变，所受合外力是否为零？物体速度很大，所受到的合外力是否也很大？

3-2　物体所受摩擦力的方向是否一定和它的运动方向相反？试举例说明。

3-3　绳子的一端系着一金属小球，另一端用手握着使其在竖直平面内做匀速圆周运动，问球在哪一点时绳子的张力最小？在哪一点时绳子的张力最大？为什么？

3-4　有人认为牛顿第一定律是牛顿第二定律的特例，即合力为零的情形，那么为何还要单独的牛顿第一定律呢？

3-5　人推车的力和车推人的力是一对作用力和反作用力，为什么人可以推车前进呢？

3-6　当质点受到的力的合力为零时，质点能否沿曲线运动？为什么？

第二节　非惯性系　惯性力*

一、非惯性系

运动的描述是相对的，对于不同的参考系，同一物体的运动形式可以不同。因而如果问题只涉及运动的描述，可以根据研究问题的方便任意选择参考系。但是，如果涉及运动和力的关系问题，应用牛顿运动定律只能选择惯性系，因为牛顿定律对非惯性系是不成立的。

地面参考系一般认为就是惯性系，其他对地面参考系做匀速直线运动的物体都可以看作是惯性系。也就是说，对一个惯性系做匀速直线运动的一切物体都是惯性系。而对地面参考系做加速运动的物体，则是**非惯性系**。下面举例来说明一下。

如图 3-4 所示，在火车车厢的光滑桌面上放一个小球。小车由静止开始，相对于地面以加速度 $\boldsymbol{a}_0$ 做直线运动。从地面上观察，因桌面光滑，小球在水平方向不受力，相对于地面保持静止；以小车为参考系观察，小球水平方向不受力，却以加速度 $-\boldsymbol{a}_0$ 相对车身运动，不符合牛顿运动定律。由于车厢相对地面做加速运动，车厢为非惯性系，牛顿定律不适用。表明牛顿定律只适用于惯性系。

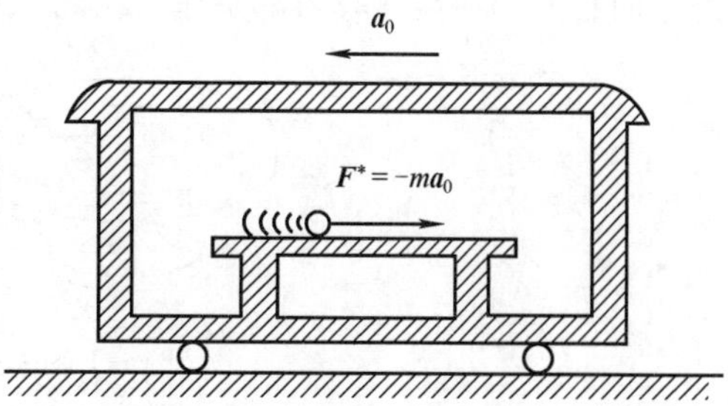

图 3-4　非惯性系中的惯性力

由于牛顿定律的应用十分广泛，人们希望解决在非惯性系中的力学问题时，也能够方便地运用牛顿定律求解，由此引入了惯性力的概念。通过采取适当的变换，保持质点动力学运动方程的形式不变。

二、惯性力*

在以加速运动的车厢为参考系时，假想有一个力 $\boldsymbol{F}^*$ 作用于小球，其方向与小车相对地

面的加速度 $\boldsymbol{a}_0$ 的方向相反，其大小等于小球质量 m 与加速度 a_0 的乘积，即 $\boldsymbol{F}^* = -m\boldsymbol{a}_0$，此时对于非惯性系，可沿用牛顿第二定律的形式，即小球相对于车身的加速度 $-\boldsymbol{a}_0$ 是**惯性力** $\boldsymbol{F}^*$ 作用的结果。一般来说，如果作用在物体上的力含有惯性力 $\boldsymbol{F}^*$，那么牛顿第二定律的数学表达式为

$$\boldsymbol{F} + \boldsymbol{F}^* = m\boldsymbol{a} \tag{3-10}$$

科里奥利力

或者

$$\boldsymbol{F} - m\boldsymbol{a}_0 = m\boldsymbol{a} \tag{3-11}$$

式中，$\boldsymbol{a}_0$ 是非惯性系相对惯性系的加速度；$\boldsymbol{a}$ 是物体相对非惯性系的加速度；$\boldsymbol{F}$ 是物体受到的除惯性力以外的合外力。

惯性力和相互作用力不同。首先，惯性力不是相互作用，不存在惯性力的反作用力；其次，不论在惯性系还是非惯性系，都能观察到作用力和反作用力，但只有在非惯性系才能观察到惯性力。

当取一个转动的物体作为参考系时，为了使牛顿定律能够应用，引入惯性离心力的概念。如图 3-5 所示，在水平放置的转台上，有一轻弹簧系在细绳中间，细绳的一端系在转台中心，另一端系一质量为 m 的小球，设转台平面非常光滑，它与小球和弹簧的摩擦力可略去不计。现让转台和小球绕垂直于转台中心的竖直轴以匀角速度 ω 转动。有两个观察者，一个站在地面上（处在惯性系中），另一个相对转台静止并随转台一起转动（处在非惯性系中）。当转台转动时，站在地面上的观察者观察到弹簧被拉长。这时，绳对小球作用的力为指向转台中心的向心力 $\boldsymbol{F}$。力 $\boldsymbol{F}$ 的大小为 $ml\omega^2$。从牛顿第二定律看，这时在向心力的作用下，小球做匀速率圆周运动。而相对转台静止的另一个观察者，虽也观察到弹簧被拉长，有力 $\boldsymbol{F}$ 沿向心方向作用在小球上，但小球却相对转台静止不动。出现了有力作用在小球上，小球却静止不动的矛盾。为了使转台上的观察者的观察事实遵守牛顿第二定律，必须想象有一个与向心力方向相反、大小相等的力作用在小球上，这个力 $\boldsymbol{F}^*$ 叫作惯性离心力。应当注意，向心力和惯性离心力都是作用在同一小球上，但它们不是作用力和反作用力。

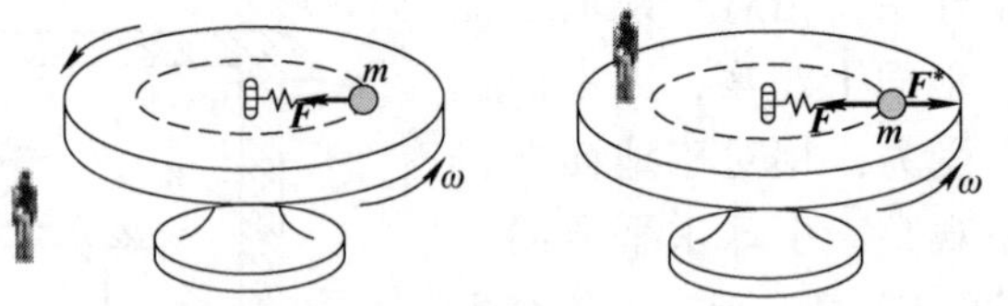

图 3-5　惯性离心力

例 3-6　如图 3-6 所示，在升降机天花板上拴有轻绳，其下端系一重物，当升降机以加速度 $\boldsymbol{a}_1$ 上升时，绳中的张力正好等于绳子所能承受的最大张力的一半，问升降机以多大的加速度上升时，绳子刚好被拉断？

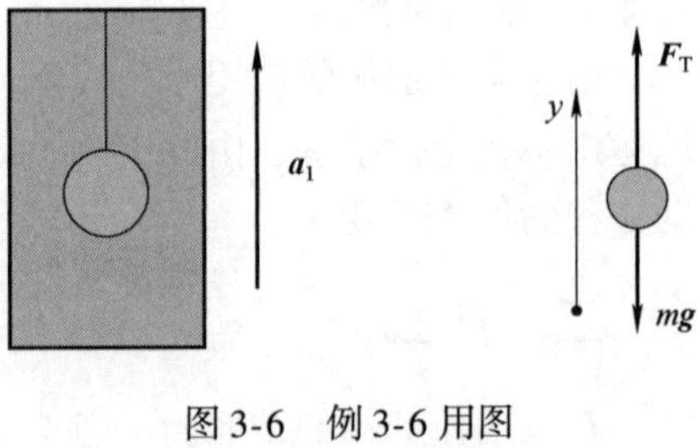

图 3-6　例 3-6 用图

解： 取升降机为参考系，以竖直向上为 y 轴的正方向。这个非惯性系以加速度 $\boldsymbol{a}$ 相对于地面参考系做加速直线运动，与之相应的惯性力 $\boldsymbol{F}_{惯} = -m\boldsymbol{a}$，从升

降机来看，重物受力平衡，有

$$\frac{1}{2}F_{\mathrm{T}} - mg - ma_1 = 0$$

$$F_{\mathrm{T}} - mg - ma = 0$$

解得

$$a = 2a_1 + g$$

思考题

3-7 质点相对于某参考系静止，该质点所受的合力是否一定为零？

3-8 在惯性系中质点受到的合力为零，该质点是否一定处于静止？

3-9 在升降机的天花板上固定一单摆，当升降机静止时，让摆球 B 从 θ 角处摆下。

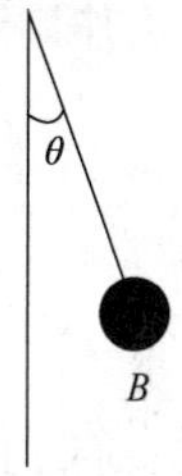

思考题 3-9 图

(1) 当摆球摆到最高点时，升降机以重力加速度 $\boldsymbol{g}$ 下落，问摆球相对于升降机如何运动？

(2) 当摆球摆到最低点时，升降机以 $\boldsymbol{g}$ 下落，问摆球相对于升降机如何运动？

(3) 若升降机以 $-\boldsymbol{g}$ 加速度上升，则摆球相对于升降机又如何运动？

3-10 在空间站中的宇航员“没有重量”，你怎么判断地球引力对它的影响呢？

3-11 在火车车厢中的光滑桌面上，放置一个钢制小球，当火车的速率增加时，车厢内的观察者和铁轨上的观察者看到小球的运动状态将会发生怎样的变化？如果火车的速率减小，情况又将怎样？你能对上述现象加以说明吗？

3-12 汽车急转弯时人往往要向外倾倒，有人说这是离心力作用的缘故，这种说法对吗？

第三节 冲量 动量 动量定理

一、冲量

在很多力学问题中，我们只讨论运动物体一段时间内的某些变化而无须考虑物体在每个时刻的运动，这时我们就会使用到力在这段时间内的积累——冲量。

设在 t_0 到 t 的时间内，恒力 $\boldsymbol{F}$ 持续作用于质点，则该恒力 $\boldsymbol{F}$ 的**冲量**用 $\boldsymbol{I}$ 表示，即

$$\boldsymbol{I} = \boldsymbol{F}(t - t_0) = \boldsymbol{F}\Delta t \tag{3-12}$$

若作用力是变力，先将所要计算的时间段进行微分（无限小分割），在每个时间微元 $\mathrm{d}t$ 内变力可以看成恒力，其冲量 $\mathrm{d}\boldsymbol{I}$ 称为**元冲量**，可表示为

$$\mathrm{d}\boldsymbol{I} = \boldsymbol{F}\mathrm{d}t$$

然后在 t_0 到 t 这段时间内积分，可得变力 $\boldsymbol{F}$ 在 t_0 到 t 时间间隔内的冲量

$$\boldsymbol{I} = \int_{t_0}^{t} \boldsymbol{F}\mathrm{d}t \tag{3-13}$$

在碰撞等问题中，物体间相互作用时间极短而且作用力很大，变化很快，通常把这种力称为**冲力**。冲力的变化很难测定，为了对冲力大小有个估计，通常引入**平均冲力**的概念：

$$\overline{\boldsymbol{F}} = \frac{\int_{t_0}^{t} \boldsymbol{F}\mathrm{d}t}{t - t_0} \tag{3-14}$$

$\overline{\boldsymbol{F}}$称为变力 $\boldsymbol{F}$ 在 t_0 到 t 时间内的平均冲力。在国际单位制中冲量的单位为牛顿秒，符号为 N · s。

二、质点动量定理

力作用到质点上持续一段时间会产生什么效果呢？由牛顿第二定律

$$\boldsymbol{F} = \frac{\mathrm{d}(m\boldsymbol{v})}{\mathrm{d}t} = \frac{\mathrm{d}\boldsymbol{p}}{\mathrm{d}t}$$

可得

$$\mathrm{d}\boldsymbol{I} = \boldsymbol{F}\mathrm{d}t = \mathrm{d}\boldsymbol{p} \tag{3-15}$$

若在 t_0 到 t 的作用时间内，质点的动量由 $\boldsymbol{p}_0$ 变为 $\boldsymbol{p}$，考虑力 $\boldsymbol{F}$ 在这段时间内的累积效应，将式（3-15）积分，可得

$$\boldsymbol{I} = \int_{t_0}^{t} \boldsymbol{F}\mathrm{d}t = \int_{\boldsymbol{p}_0}^{\boldsymbol{p}} \mathrm{d}\boldsymbol{p} = \boldsymbol{p} - \boldsymbol{p}_0 \tag{3-16}$$

式（3-16）表明，某段时间内作用在质点上合外力的冲量，等于在该时间内质点动量的增量，称为**质点的动量定理**。式（3-15）是动量定理的**微分形式**，式（3-16）则是动量定理的**积分形式**。

需要注意的是，冲量的方向一般与质点动量的方向不同，而与动量增量的方向相同。应用质点动量定理的方便之处在于它只注重过程始末态的动量变化，而与该时间内动量变化的细节无关。在碰撞、冲击等这类问题中，作用时间很短，冲力随时间的变化关系难以测定，但是很容易测出动量的增量。如果知道过程所经历的时间，即可求出平均冲力。

由于动量定理是矢量方程，可以利用矢量作图法求解，也常用分量式求解。在直角坐标系中，式（3-16）的分量式为

$$\begin{aligned} I_x &= \int_{t_0}^{t} F_x \mathrm{d}t = p_x - p_{0x} \\ I_y &= \int_{t_0}^{t} F_y \mathrm{d}t = p_y - p_{0y} \\ I_z &= \int_{t_0}^{t} F_z \mathrm{d}t = p_z - p_{0z} \end{aligned} \tag{3-17}$$

由式（3-17）可见，质点在某一方向上的动量增量等于它在此方向上所受合外力的冲量。

由动量定理可知，引起质点动量改变的原因是力对时间的累积作用。既可以用较大的力作用较短的时间，也可以用较小的力作用较长的时间，只要冲量相等，就会使质点的动量发生同样的增量，取得同样的效果。玻璃杯掉在草地上比掉在水泥地上不易破碎，就是因为前

一种情况作用时间长而冲力小，起到缓冲作用。而工厂中的冲床则是利用极短的作用时间以产生巨大的冲力来冲压钢板的。

三、质点系动量定理

由若干个质点组成的系统简称为质点系。质点系中各质点受到的系统外的物体的作用力称为**外力**，质点系中各质点彼此之间的相互作用力称为**内力**。为简便起见，先讨论由 m_1 和 m_2 两个质点组成的系统。如图 3-7 所示，作用于系统的外力为 $\boldsymbol{F}_1$ 和 $\boldsymbol{F}_2$，内力为 $\boldsymbol{f}_{12}$ 和 $\boldsymbol{f}_{21}$。以 $\boldsymbol{p}_1$ 和 $\boldsymbol{p}_2$ 表示两个质点的动量，对每一个质点分别应用动量定理，有

$$(\boldsymbol{F}_1+\boldsymbol{f}_{12})\mathrm{d}t=\mathrm{d}\boldsymbol{p}_1$$

$$(\boldsymbol{F}_2+\boldsymbol{f}_{21})\mathrm{d}t=\mathrm{d}\boldsymbol{p}_2$$

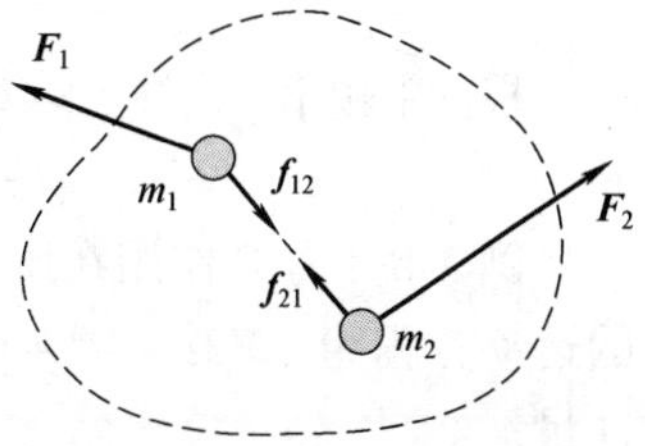

图 3-7　质点系动量定理推导

由于一对内力大小相等，方向相反，即 $\boldsymbol{f}_{12}=-\boldsymbol{f}_{21}$，因此，将以上两式相加可得

$$(\boldsymbol{F}_1+\boldsymbol{F}_2)\mathrm{d}t=\mathrm{d}(\boldsymbol{p}_1+\boldsymbol{p}_2) \tag{3-18}$$

下面推广一下由 N 个质点（m_1，m_2，…，m_N）组成的质点系统，由于系统的内力总是以作用力和反作用力的形式成对出现，因此，所有内力的矢量和等于零。于是式（3-18）可推广为

$$\sum_i \boldsymbol{F}_i\mathrm{d}t=\mathrm{d}\sum_i \boldsymbol{p}_i \tag{3-19}$$

式中，$\sum\limits_i \boldsymbol{F}_i\mathrm{d}t$ 是作用于系统的所有外力元冲量的矢量和；$\sum\limits_i \boldsymbol{p}_i$ 是系统内每个质点的动量的矢量和，称为系统的总动量。考虑到力对系统的持续作用，将式（3-19）两边积分，得

$$\begin{aligned}\sum_i\int_{t_0}^{t}\boldsymbol{F}_i\mathrm{d}t&=\sum_i\boldsymbol{p}_i-\sum_i\boldsymbol{p}_{i0}\\&=\boldsymbol{p}-\boldsymbol{p}_0\end{aligned} \tag{3-20}$$

式中，$\boldsymbol{p}_0$ 和 $\boldsymbol{p}$ 分别为系统在 t_0 和 t 时刻质点系的总动量。式（3-20）为**质点系的动量定理**，它表明质点系总动量的增量等于在某段时间内作用于质点系的所有外力冲量的矢量和。

由此可见，质点系的动量定理与质点的动量定理具有相同的形式。需要说明的是，由于动量定理是由牛顿定律导出的，因此只适用于惯性系。对不同的惯性系，物体的速度是不一样的，物体的动量是不同的。因此在应用动量定理时，物体的始末动量应由同一个惯性系来确定。对不同的惯性系，虽然物体的动量不相同，但动量的增量总是相同的，又因为力和时间都与参考系无关，所以在不同的惯性系中，同一个力的冲量是相同的。由此可知动量定理适用于所有惯性系。在非惯性系中只有添加了惯性力的冲量之后动量定理才能成立。

例 3-7　一篮球质量为 0.58kg，从 2m 高度自由下落，到达地面后，以同样速率反弹，接触时间仅 0.019s，求篮球对地的平均冲力。

解：由题意可知，篮球到达地面的速度为

$$v=\sqrt{2gh}=\sqrt{2\times9.8\times2}\,\mathrm{m/s}=6.3\,\mathrm{m/s}$$

由于篮球到达地面后以同样速率反弹，由动量定理可知篮球所受的冲量为

$$I=\Delta p=-mv-mv=-2mv$$
$$=-7.31\mathrm{N\cdot s}$$

接触时间为 0.019s，因此篮球所受的平均冲力

$$\overline{F}=\frac{I}{\Delta t}=\frac{-7.31}{0.019}\mathrm{N}\approx-3.8\times10^{2}\mathrm{N}$$

根据牛顿第三定律，球对地的平均冲力与 $\overline{F}$ 等值反向，即垂直向下，大小约为 3.8×10^{2}N。

例 3-8 力 F 作用在质量 $m=1$kg 的质点上，使之沿 Ox 轴运动。已知在此力作用下质点的运动方程为 $x=3t-4t^2+t^3$，其中 t 以 s 计，x 以 m 计。求在 0 到 4s 的时间间隔内力 F 的冲量。

解：由冲量定义，有

$$I=\int F\mathrm{d}t=\int ma\mathrm{d}t \qquad ①$$

式①中加速度为

$$a=\frac{\mathrm{d}^2x}{\mathrm{d}t^2}=\frac{\mathrm{d}^2(3t-4t^2+t^3)}{\mathrm{d}t^2}=-8+6t \qquad ②$$

将式②代入式①，积分并代入 $m=1$kg，得 F 的冲量大小为

$$I=\int_0^4 m(-8+6t)\mathrm{d}t=16\mathrm{N\cdot s}$$

例 3-9 如图 3-8 所示，质量 $m=140$g 的垒球以 $v=40$m/s 的速率沿水平方向飞向击球手，被击后它以相同的速率沿 60°仰角飞出，求垒球受棒的平均打击力。设球与棒的接触时间为 1.2ms。

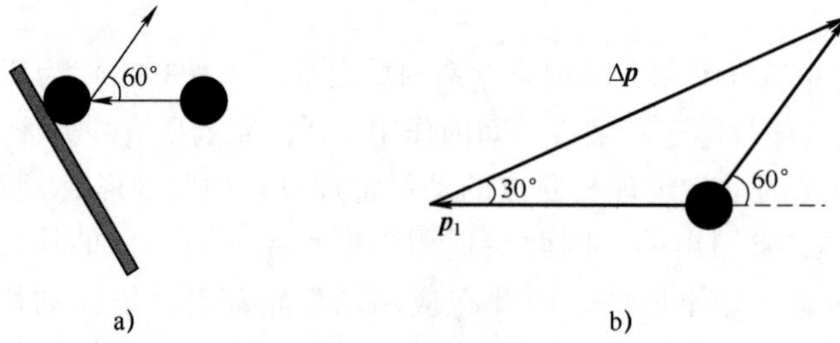

图 3-8 例 3-9 用图

解：采用矢量作图法求解

$$F=\frac{\Delta \boldsymbol{p}}{\Delta t}=\frac{\boldsymbol{p}_2-\boldsymbol{p}_1}{\Delta t}=\frac{m\boldsymbol{v}_2-m\boldsymbol{v}_1}{\Delta t}$$

如图中矢量三角形，$mv_2=mv_1=mv$，由此得垒球受到的平均冲力大小为

$$F=\frac{2mv\cos30°}{1.2\times10^{-3}\mathrm{s}}=8.1\times10^{3}\mathrm{N}$$

思考题

3-13　为什么钉子很容易用锤打进木块，却很难用锤压进木块？

3-14　一人在帆船上用鼓风机正对帆鼓风，企图使船前进。结果，船非但未能前进，反而缓慢后退。这是什么原因？

3-15　在大气中，打开充气气球下方的塞子，让空气从球中冲出，气球可在大气中上升。如果在真空中打开气球的塞子，气球也会上升吗？说明其道理。

3-16　如思考题3-16图所示，一重球的上下两面系同样的两根线，今用其中一根线将球吊起，而用手向下拉另一根线，如果向下猛一扽，则下面的线断而球未动。如果用力慢慢拉线，则上面的线断开，为什么？

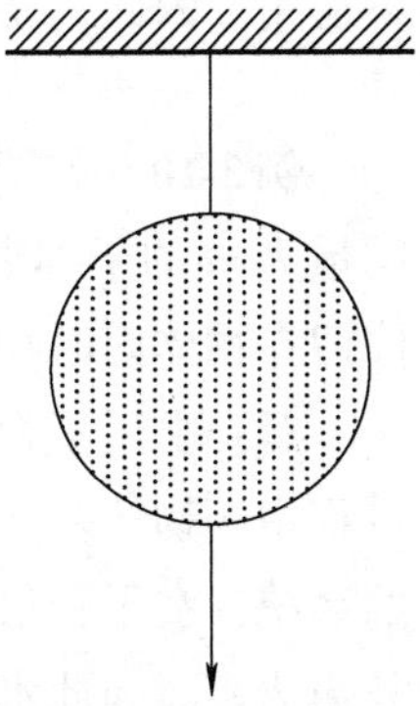

思考题3-16图

第四节　动量守恒定律

一、动量守恒定律

由动量定理可知，对于单个质点，若 $\boldsymbol{F}=\mathbf{0}$，则 $\dfrac{\mathrm{d}(m\boldsymbol{v})}{\mathrm{d}t}=\mathbf{0}$ 或 $m\boldsymbol{v}=m\boldsymbol{v}_0$，这就是惯性定律。若质点系所受合外力的矢量和为零，即 $\sum_i \boldsymbol{F}_i=\mathbf{0}$，则有

$$\sum_i m_i\boldsymbol{v}_i=\sum_i m_i\boldsymbol{v}_{i0} \tag{3-21}$$

这就是说，如果作用于质点系的合外力为零，那么该质点系的总动量保持不变。这一结论称为**动量守恒定律**。

由于动量守恒定律是矢量规律，只要某一方向（比如在直角坐标系中 x 轴方向）分力的矢量和为零，系统在此方向上的动量分量就守恒，可以表示为

$$\sum_i m_i v_{ix}=\sum_i m_i v_{ix0} \tag{3-22}$$

应用质点系动量守恒定律解决问题时需要注意以下几点。

(1) 质点系动量守恒的条件是系统所受合外力为零。这是一个严格意义上很难实现的条件，真实系统通常与外界或多或少地存在着某些作用。当外力远远小于质点系内力，或者外力不太大而作用时间很短促，以致形成的冲量很小的时候，外力对质点系总动量的相对影响就比较小，此时可以忽略外力的效果，质点组总动量近似地守恒。例如在空中爆炸的炸弹，各碎片间的作用力是内力，内力很强，外力是重力，相比之下，重力远远小于爆炸时的内力，因而重力可以忽略不计，炸弹系统动量守恒。

(2) 如果系统所受外力的矢量和不等于零，但合外力在某一方向上的分量为零，在这种情况下，虽然系统的总动量不守恒，但动量在该方向上的分量却是守恒的。

动量守恒定律应用非常广泛。在自然界中，大到天体间的相互作用，小到质子、中子、电子等微观粒子间的相互作用，都遵守动量守恒定律。例如光子和电子的碰撞过程，只要系

统不受外界影响，也符合动量守恒定律。而在原子、原子核等微观领域中，牛顿运动定律已不适用。因此，动量守恒定律是关于自然界一切物理过程的最基本的规律。

例 3-10 如图 3-9 所示，一质量为 M 的物体被静止悬挂着，今有一质量为 m 的子弹沿水平方向以速度 $\boldsymbol{v}$ 射中物体并停留在其中，求子弹刚停留在物体内时物体的速度。

解：由于子弹射入物体到停留在其中所经历的时间很短，因此在此过程中，物体基本未移动，而保持在平衡位置。于是由子弹和物体组成的系统，在子弹射入物体的这一短暂过程中，它们所受的水平方向的合外力为零，因此水平方向上动量守恒。

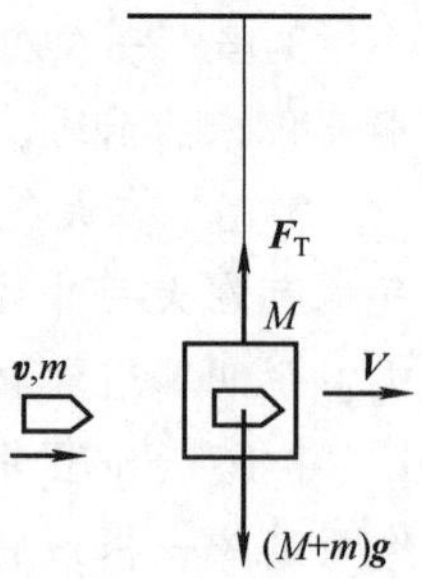

图 3-9 例 3-10 用图

当子弹刚停留在物体中时，物体和子弹的共同速度相同，设为 V，则由动量守恒定律，有

$$mv = (m + M)V$$

由此得

$$V = \frac{mv}{m + M}$$

例 3-11 如图 3-10 所示，一辆停在水平地面上的炮车以仰角 θ 发射一颗炮弹，炮弹的出膛速度相对于炮车为 $\boldsymbol{u}$，炮车和炮弹的质量分别为 M 和 m。忽略地面的摩擦，试求炮车的反冲速度。

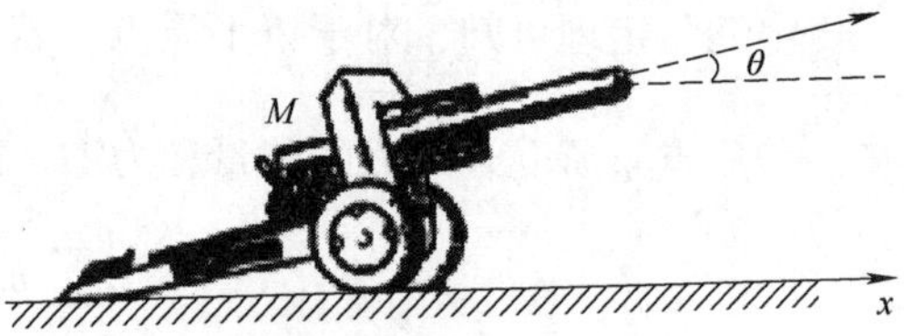

图 3-10 例 3-11 用图

解：选地面为参考系。以炮弹和炮车为系统，由于系统在水平方向无外力作用，系统在该方向上动量守恒。在水平方向建立 Ox 轴，并以炮弹前进的方向为正方向，可得

$$MV + mv_x = 0 \quad ①$$

设炮弹出膛时对地的速度为 $\boldsymbol{v}$，此时炮车相对于地面的速度为 $\boldsymbol{V}$，根据相对速度变换关系，可得

$$\boldsymbol{v} = \boldsymbol{u} + \boldsymbol{V} \quad ②$$

式②在 x 方向的分量式为

$$v_x = u\cos\theta + V \quad ③$$

将式③代入式①，可得炮车的反冲速度为

$$V = -\frac{m}{M + m}u\cos\theta$$

负号表示炮车后退。

从求解上面的例题过程中可以发现，应用动量守恒定律，只需考虑过程的始末状态，而不必考虑状态变化过程细节，这将给解题带来方便。因此在对系统进行受力分析时，根据动量守恒条件，判断系统是否满足动量守恒，或系统在哪个方向上动量守恒，这里需要注意的

是确定系统的动量时所求速度应该是相对同一惯性系的。

例 3-12　如图 3-11 所示，一个有 1/4 圆弧滑槽的大物体的质量为 M，停在光滑的水平面上，设圆弧形槽的半径为 R。另一质量为 m 的小物体自圆弧顶点由静止下滑。求当小物体 m 滑到底时，大物体 M 在水平面上移动的距离。

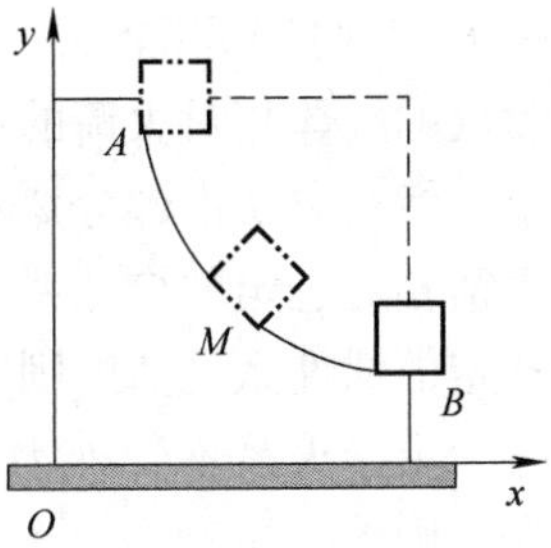

图 3-11　例 3-12 用图

解：选如图所示的坐标系，取 m 和 M 为系统。在 m 下滑过程中，在水平方向上系统所受的合外力为零，因此水平方向上的动量守恒。由于系统的初动量为零，设 v_x 和 V 分别表示下滑过程中任一时刻 m 和 M 在水平方向上的速度，则由动量守恒定律，得

$$mv_x + M(-V) = 0$$

就整个下落的时间 t 对上式积分，有

$$M\int_0^t V\mathrm{d}t = m\int_0^t v_x\mathrm{d}t$$

以 x_1 和 x_2 分别代表 M 和 m 水平方向移动的距离，得

$$Mx_1 = mx_2 \tag{①}$$

由题意可知

$$x_2 = R - x_1 \tag{②}$$

由式①、式②解得

$$x_1 = \frac{m}{M+m}R$$

这里需要注意的是，滑块移动的距离与弧形槽面是否光滑无关，只要 M 下面的水平面光滑就可以了。

二、火箭飞行

要发射航天器，必须使航天器具有非常大的发射速度。在漫长的航天征途中，人们在寻求这种发射装置的过程中，中国古代发明的火箭功不可没。我国是发明火箭最早的国家。随着火药的出现，约在公元 9~10 世纪，我国就开始把火箭应用到军事上。公元 1232 年，已在战争中使用了真正的火箭。明代人万户利用飞龙火箭做推动座椅升空的实验。现代火箭是指一种靠发动机喷射气体产生反冲力向前推进的飞行器，是实现卫星上天和航天飞行的运载工具，故又称为运载火箭。

火箭的工作原理就是动量守恒定律。火箭发动机点火以后，火箭推进剂（液体的或固体的燃烧剂加氧化剂）在发动机的燃烧室里燃烧，产生大量高压燃气，高压燃气从发动机喷管高速喷出，从尾部喷出的气体具有很大的动量（也就是对火箭的反作用力），火箭就获得等值反向的动量，因而发生连续的反冲现象，随着推进剂消耗，火箭质量不断减小，加速度不断增大，当推进剂燃尽时，火箭即以获得的速度沿着预定的空间轨道飞行。

为简单起见，一枚火箭在外层高空飞行，那里的空气阻力和重力的影响都可以忽略不

计。讨论如图 3-12 所示的情况。设在时刻 t，火箭–燃料系统（简称系统）的质量为 m，它相对某一选定的惯性系（如地球）的速度为$\boldsymbol{v}$；在 $t \to t+\mathrm{d}t$ 时间间隔内，火箭喷出质量为 $\mathrm{d}m$ 的气体，喷出的气体相对火箭的速度为$\boldsymbol{u}$，此时系统则包括火箭、燃料以及由部分燃料变成的气体。在时刻 $t+\mathrm{d}t$ 火箭相对选定的惯性系的速度为 $\boldsymbol{v}+\mathrm{d}\boldsymbol{v}$。而气体相对选定的惯性系的速度则为 $\boldsymbol{v}+\mathrm{d}\boldsymbol{v}+\boldsymbol{u}$。

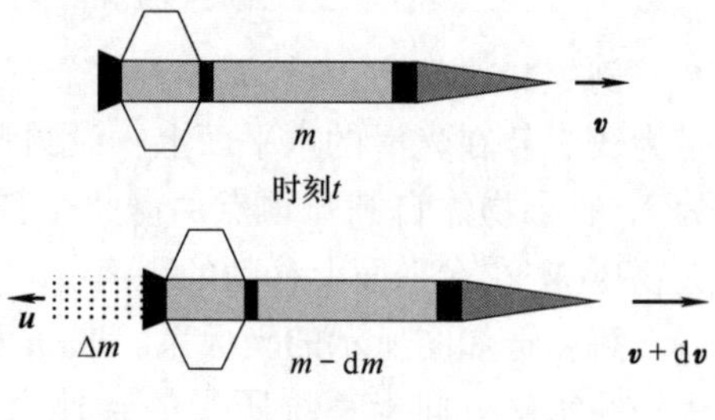

图 3-12 火箭飞行原理

由于火箭不受外力作用，系统的总动量保持不变，则

$$m\boldsymbol{v} = (m-\mathrm{d}m)(\boldsymbol{v}+\mathrm{d}\boldsymbol{v}) + \mathrm{d}m(\boldsymbol{v}+\mathrm{d}\boldsymbol{v}+\boldsymbol{u})$$

展开此式时如果略去二阶无穷小量，可以得到

$$m\mathrm{d}\boldsymbol{v} + \boldsymbol{u}\mathrm{d}m = 0$$

即

$$\mathrm{d}\boldsymbol{v} = -\boldsymbol{u}\frac{\mathrm{d}m}{m}$$

上式代表火箭每喷出质量为 $\mathrm{d}m$ 的气体时它的速度就增加 $\mathrm{d}v$。设燃气相对于火箭的喷气速率 u 是常量，则将上式积分

$$\int_{v_0}^{v}\mathrm{d}v = u\int_{m_0}^{m}\frac{\mathrm{d}m}{m}$$

可得

$$v - v_0 = u\ln\frac{m}{m_0} = -u\ln\frac{m_0}{m}$$

上式表示火箭质量从 m_0减少至 m 时火箭速度从 v_0 增加到 v。应当注意的是，气体相对火箭的喷射速度 $\boldsymbol{u}$ 与火箭相对惯性系的速度$\boldsymbol{v}$ 方向相反。若选取$\boldsymbol{v}$ 的方向为正向，上式可写为

$$v = v_0 + u\ln\frac{m_0}{m} \tag{3-23}$$

式中，$\frac{m_0}{m}$叫作质量比。由上面的结果可以看出火箭的质量比越大，气体的喷射速率越大，火箭获得的速度也越大。然而，仅靠增加单级火箭的质量比或增大气体喷射速率来提高火箭的飞行速度从目前的技术上来看是很难实现的。用液氢加液氧喷气速度可达到 4000m/s，由此求出的火箭速度 v 为 11000m/s。在地面发射时因受到地球引力和空气阻力的影响，v 只有 7000m/s。此外，由于单级火箭燃料的运载量有限，所以质量比也不能很大。而要把航天器发射上天成为人造卫星，火箭获得速度必须大于第一宇宙速度。单级火箭永远达不到这个速度，必须采用多级火箭来提高速度。

如果以 t 时刻喷出的燃气 $\mathrm{d}m$ 为研究对象，其速率与火箭的速率同为 v，在 $t+\mathrm{d}t$ 时刻燃气的速率为（$v+\mathrm{d}v-u$）。根据动量定理

$$F_{气}\mathrm{d}t = \mathrm{d}m(v+\mathrm{d}v-u) - v\mathrm{d}m$$

略去二阶无穷小量，可得

$$F_{气} = -u\frac{\mathrm{d}m}{\mathrm{d}t}$$

根据牛顿第二定律可知这等于喷出气体受火箭的推力，而这个力的反作用力就是喷出气体对

火箭的推力 F，即 $F=u\dfrac{\mathrm{d}m}{\mathrm{d}t}$就是火箭发动机的推力，大小正比于喷气速度和喷气质量流量 $\dfrac{\mathrm{d}m}{\mathrm{d}t}$。因此要使火箭获得大的推力，必须使气体具有较大的喷射速率 u 和较大的喷气质量流量 $\dfrac{\mathrm{d}m}{\mathrm{d}t}$。如气体喷射速率为 2000m/s，气体排出率为 300kg/s，则火箭的推力为 $6\times10^5\mathrm{N}$。

思考题

3-17　假使你处在摩擦可略去不计的覆盖着冰的湖面上，周围又无其他可资利用工具，你怎样依靠自身的努力返回湖岸呢？

3-18　在上升气球下方悬挂一梯子，梯上站一人。问人站在梯上不动或以加速度向上攀升，气球的加速度有无变化？

第五节　质心　质心运动定律

一、质心

在研究多个物体组成的系统时，质量中心（简称质心）是个非常重要的概念。比如投掷手榴弹时将看到它一面翻转，一面前进，其中各点的运动情况很复杂，但其上有一点严格按抛物线轨迹运动，就像质点系的总质量集中在该点的单个质点那样地运动。这点就是手榴弹的质心。跳水运动员在空中做各种优美翻滚伸缩动作，但他的质心的运动轨迹也是抛物线，如图 3-13 所示。下面引进质心的定义，然后再讨论质心的运动规律。

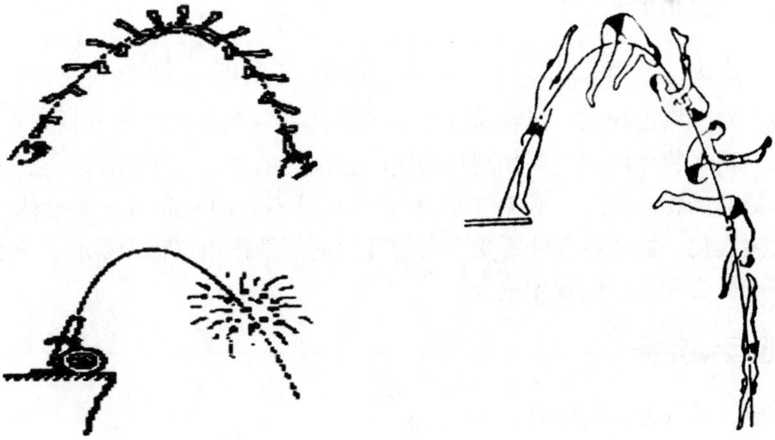

a)　　　　b)

图 3-13　质心

在如图 3-14 所示的直角坐标系中，有 n 个质点组成的质点系，其**质心**位置可由下式确定：

$$\boldsymbol{r}_c = \frac{\sum_{i=1}^{n} m_i \boldsymbol{r}_i}{\sum_{i=1}^{n} m_i} = \frac{\sum_{i=1}^{n} m_i \boldsymbol{r}_i}{m} \tag{3-24}$$

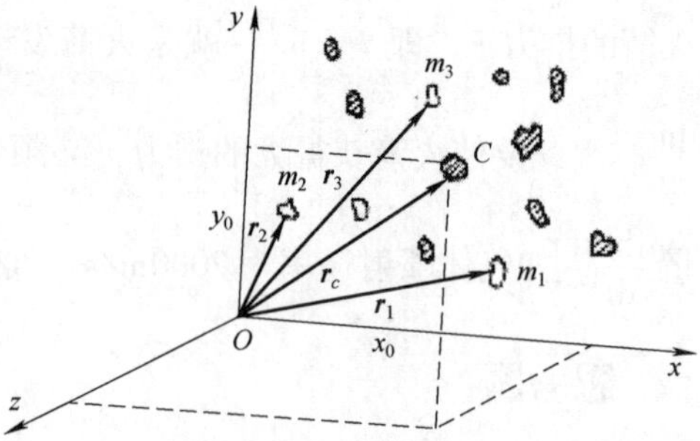

图 3-14 质心位置矢量

式中，m_i为第 i 个质点的质量；$m = \sum_{i=1}^{n} m_i$ 为质点系的总质量；$\boldsymbol{r}_c$ 为质心对圆点 O 的位置矢量，它在 Ox 轴、Oy 轴和 Oz 轴上的分量，即质心在 Ox 轴、Oy 轴和 Oz 轴上的坐标分别为

$$x_c = \frac{\sum_{i=1}^{n} m_i x_i}{m}$$

$$y_c = \frac{\sum_{i=1}^{n} m_i y_i}{m}$$

$$z_c = \frac{\sum_{i=1}^{n} m_i z_i}{m}$$

对于质量连续分布的物体，把物体可以看作是由许多质点（或叫质元）$\mathrm{d}m$ 组成的，可用积分 $\int \boldsymbol{r}\mathrm{d}m$ 来替代求和。于是质心坐标为

$$\boldsymbol{r}_c = \frac{1}{m}\int \boldsymbol{r}\mathrm{d}m$$

则质心位置的三个直角坐标应为

$$x_c = \frac{1}{m}\int x\mathrm{d}m, \quad y_c = \frac{1}{m}\int y\mathrm{d}m, \quad z_c = \frac{1}{m}\int z\mathrm{d}m \tag{3-25}$$

一般来说，对于密度均匀、形状对称分布的物体，其质心在它的几何对称中心位置处，当然质心并不一定在物体内部。例如圆环的质心在圆环的中心，球的质心在球心等。对于不变形的物体，质心的相对位置（相对于物体本身）是不变的；而对于变形体，它的质心相对位置可能发生变化。物体各部分所受重力的合力的等效作用点称为重心。只有处在均匀的重力场中，它的质心和重心位置才重合。

二、质心运动定律

在质点系中，式（3-24）可写成

$$m\boldsymbol{r}_c = \sum_{i=1}^{n} m_i \boldsymbol{r}_i$$

锥体上滚

质点系的质量总和 m 是一定的，因此上式对时间的一阶导数为

$$m\frac{\mathrm{d}\boldsymbol{r}_c}{\mathrm{d}t} = \sum_{i=1}^{n} m_i \frac{\mathrm{d}\boldsymbol{r}_i}{\mathrm{d}t}$$

式中，$\frac{\mathrm{d}\boldsymbol{r}_c}{\mathrm{d}t}$是质心的速度，用$\boldsymbol{v}_c$表示；$\frac{\mathrm{d}\boldsymbol{r}_i}{\mathrm{d}t}$是第 i 个质点的速度，用$\boldsymbol{v}_i$ 表示，故上式为

$$m\boldsymbol{v}_c = \sum_{i=1}^{n} m_i\boldsymbol{v}_i = \sum_{i=1}^{n}\boldsymbol{p}_i \tag{3-26}$$

上式表明，系统内各质点的动量的矢量和等于系统质心的速度乘以系统的质量。

因为系统内各质点间相互作用的内力的矢量和为零，因此，作用在系统上的合力就等于合外力。于是式（3-26）变为

$$\sum_{i=1}^{n}\frac{\mathrm{d}\boldsymbol{p}_i}{\mathrm{d}t} = \sum_{i=1}^{n}\boldsymbol{F}_{ie}$$

如用 $\boldsymbol{F}_e$ 代表作用于系统的合外力，即 $\boldsymbol{F}_e = \sum_{i=1}^{n}\boldsymbol{F}_{ie}$，那么上式可写成

$$\boldsymbol{F}_e = m\frac{\mathrm{d}\boldsymbol{v}_c}{\mathrm{d}t} = m\boldsymbol{a}_c \tag{3-27}$$

上式表明，质心的运动等同于一个质点的运动，这个质点具有质点系的总质量 m，它受到的外力为质点系所受的所有外力的矢量和。作用在系统上的合外力等于系统的总质量乘以系统质心的加速度。它与牛顿第二定律在形式上完全相同，就相当于系统的质量集中于质心，在合外力作用下，质心以加速度 $\boldsymbol{a}_c$ 运动。通常我们把式（3-27）作为质心运动定律的数学表达式。

例 3-13　求半径为 R、质量为 m 的均匀半圆环的质心。

解：以坐标原点为圆心，建立如图 3-15 所示的直角坐标系。由于半圆对 y 轴对称，所以质心在 y 轴上，即 $x_c=0$。任取一小段圆弧，其长度 $\mathrm{d}l=R\mathrm{d}\theta$，则圆弧质量

$$\mathrm{d}m = \rho\mathrm{d}l = \rho R\mathrm{d}\theta$$

其中圆弧的线密度 $\rho = \dfrac{m}{\pi R}$。

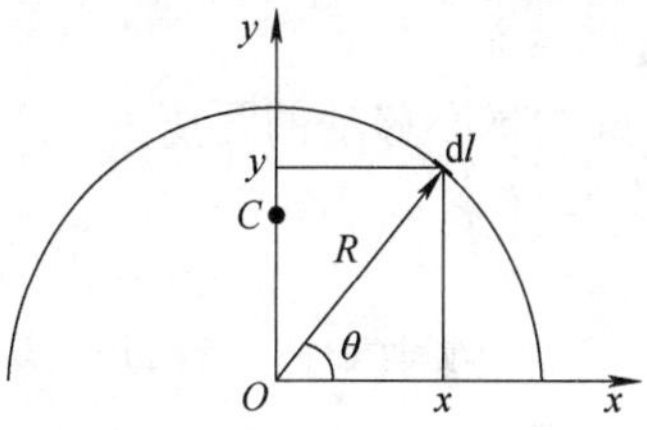

图 3-15　例 3-13 用图

由图可得

$$y = R\sin\theta$$

根据式（3-16）有

$$y_c = \frac{\int y\mathrm{d}m}{m} = \frac{\int y\rho\mathrm{d}l}{m} = \frac{\int_0^{\pi}R\sin\theta\rho R\mathrm{d}\theta}{m} = \frac{2\rho R^2}{m} = \frac{2R}{\pi}$$

即质心在 y 轴上、离圆心为 $2R/\pi$ 的位置。注意质心不在半圆环上，但质心的位置相对于半圆环的位置是确定的。

例 3-14　在光滑的水平面上，3 个质量均为 m 的小球由 3 段长为 a 的轻绳连在一个固定点 O 上，并整体绕该点匀速转动，角速度为 ω（见图 3-16），求 O 点处所受绳子的拉力 $\boldsymbol{F}_T$。

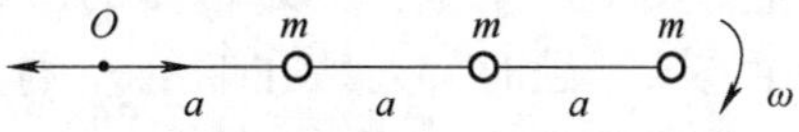

图 3-16　例 3-14 用图

解：考虑三个小球及轻绳组成的系统，O 点对绳的拉力 $\boldsymbol{F}_T$ 与 O 点所受绳子的拉力互为反作用力。

质心位置在系统决定的直线上，与 O 点相距为

$$L_c = (am + 2am + 3am)/3m = 2a$$

该质心 C 绕 O 点以角速度 ω 匀速转动。由质心运动定理得

$$F_T = 3m\omega^2 L_c = 6ma\omega^2$$

O 点处所受绳子的拉力 $\boldsymbol{F}'_T$ 与 O 点对绳的拉力 $\boldsymbol{F}_T$ 大小相等，方向相反，即沿绳子向外。

例 3-15 如图 3-17 所示，水平桌面上铺一张纸，纸上放一个均匀球，球的质量为 $m=0.5\text{kg}$，将纸向右拉时会有 $f=0.1\text{N}$ 的摩擦力作用在球上。求该球的质心加速度 a_c 以及从静止开始的 2s 内，球心相对桌面移动的距离 s_c。

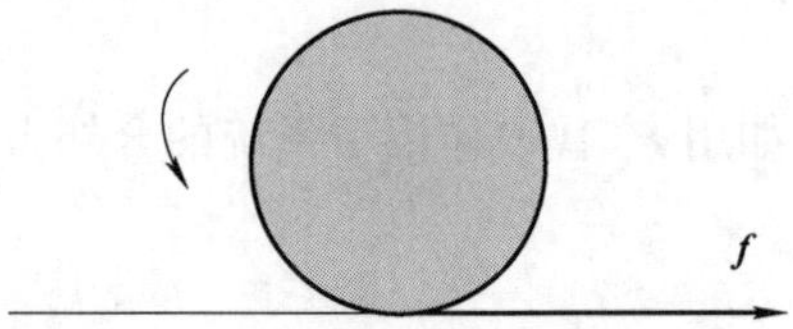

图 3-17 例 3-15 用图

解： 当拉动纸时球体除平动外还会转动。它的运动比一个质点的运动复杂。但它的质心的运动比较简单。可以用质心运动定理求解。均匀球体的质心就是它的球心。

水平方向 $$\boldsymbol{f} = m\boldsymbol{a}_c$$

可得球心的加速度

$$a_c = \frac{f}{m} = \frac{0.1}{0.5}\text{m/s}^2 = 0.2\text{m/s}^2$$

2s 内球心移动的距离为

$$s_c = \frac{1}{2}a_c t^2 = \frac{1}{2}\times 0.2\times 2^2\text{m} = 0.4\text{m}$$

本题中摩擦力移动的方向和球心位移的方向都和拉纸的方向相同。

例 3-16 质量为 $M=150\text{kg}$、长为 $L=4\text{m}$ 的木船浮在静止水面上，一质量为 $m=50\text{kg}$ 的人站在船尾。现在以时快时慢的不规则速率从船尾走到船头，问船相对于岸移动了多少距离？设船与水之间的摩擦可以忽略。

解： 以岸上某点为原点，如图 3-18 所示，建立平面直角坐标系。

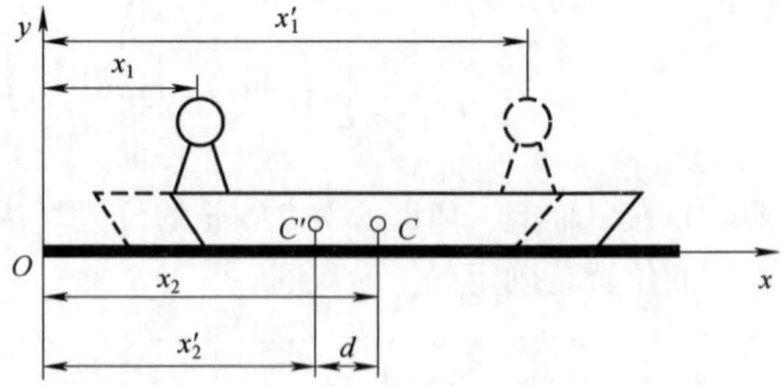

图 3-18 例 3-16 用图

由题意，对于船和人组成的系统，在水平方向上不受外力，因此在水平方向上质心速度不变。而质心原来静止，所以在人走动过程中，质心将始终保持静止，因而质心的坐标不变。图中，C 为船体的质心，即船的中心。开始时，人站在船的左端，这时船和人组成的系统的质心坐标为

$$x_c = \frac{mx_1 + Mx_2}{m + M}$$

当人走到船的右端时，船的质心如图中的 C'，它向左移动的距离为 d，这时整个系统的

质心坐标为
$$x'_c = \frac{mx'_1 + Mx'_2}{m + M}$$

由于在人走动过程中，质心将始终保持静止，所以 $x_c = x'_c$，这样，有
$$mx_1 + Mx_2 = mx'_1 + Mx'_2$$
由图知 $x_2 - x'_2 = d$，$x'_1 - x_1 = L - d$，代入上式得
$$d = \frac{m}{m + M}L = \frac{50}{50 + 150} \times 4\text{m} = 1\text{m}$$

思考题

3-19　一颗手榴弹沿一抛物线运动，在中途爆炸成碎片，碎片向四面八方飞散，问碎片系统的质心的轨迹是否还是原来的抛物线？

3-20　质心运动定理和牛顿第二定律在形式上相似，试比较它们所代表的意义有何不同？

3-21　质心和几何中心这两个概念有无关系？在什么情况下两者不重合？试举例说明。

3-22　在自行车后架的一边挂上重物，人骑上车后总要使自己向相反的方向倾斜，为什么？

第六节　角动量　角动量守恒定律

在质点运动学中，可用速度来描述质点的运动状态。当产生机械运动量的传递和转移时，又引进了动量来描述质点的运动状态，进而导出动量守恒定律。当讨论质点绕空间某定点转动时，将引进描述机械运动的又一个物理量——角动量。角动量是描写旋转运动的物理量。对于质点在中心力场中的运动，例如天体运动、原子中电子的运动，角动量都是非常重要的物理量。

一、质点角动量

天文观测发现，在行星绕太阳的运动中，行星在任一位置上对日位矢的大小与行星在该处的动量值，以及位矢和动量两矢量夹角的正弦，这三者的乘积总保持一个常数。图 3-19 正是哈雷彗星绕太阳的运行轨道，从图中可以发现彗星近日时其运行速度增大，远日时运行速度减小。从这些事实中发现了能够描述旋转运动规律的物理量，于是引进了角动量概念，角动量又称动量矩。

如图 3-20 所示，在惯性参考系中选择一个固定参考点 O，设一质量为 m 的质点以速度 $\boldsymbol{v}$（即动量为 $\boldsymbol{p} = m\boldsymbol{v}$）运动，其相对于 O 的位矢为 $\boldsymbol{r}$，可定义质点相对于参考点 O 的**角动量**为
$$\boldsymbol{L} = \boldsymbol{r} \times \boldsymbol{p} = \boldsymbol{r} \times m\boldsymbol{v} \tag{3-28}$$
质点的角动量 $\boldsymbol{L}$ 是矢量，它是 $\boldsymbol{r}$ 和 $\boldsymbol{p}$ 的矢积，因此，它垂直于 $\boldsymbol{r}$ 和 $\boldsymbol{v}$（或 $\boldsymbol{p}$）所组成的平面。其指向由右手定则决定。角动量 $\boldsymbol{L}$ 的大小为
$$L = rmv\sin\alpha \tag{3-29}$$
式中，α 为 $\boldsymbol{r}$ 和 $\boldsymbol{v}$（或 $\boldsymbol{p}$）间的夹角。当质点做圆周运动时，$\alpha = \frac{\pi}{2}$，这时质点对圆心 O 点的

角动量大小为

$$L = rmv = mr^2\omega \tag{3-30}$$

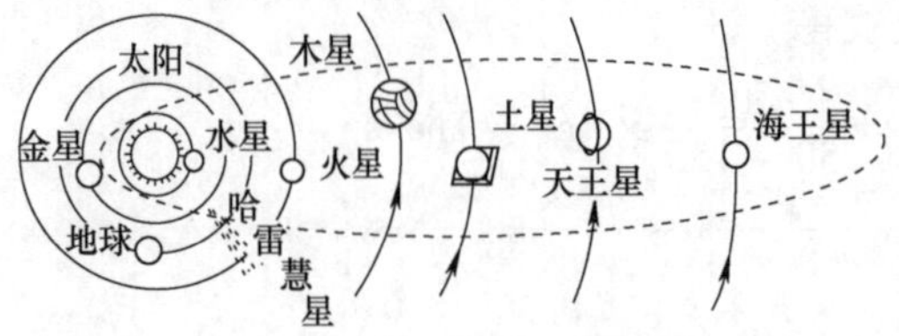

图 3-19　哈雷慧星绕太阳运行的轨道

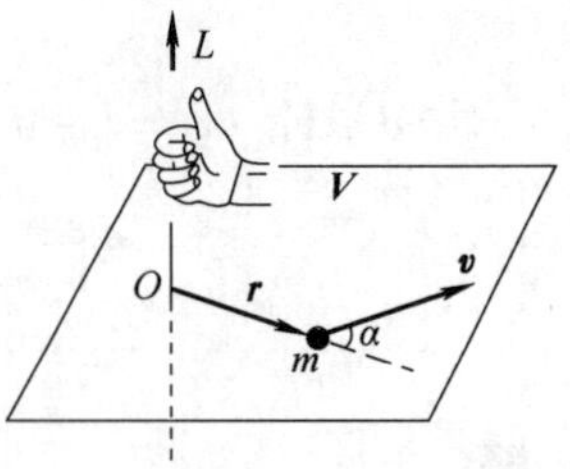

图 3-20　质点角动量

由角动量定义式（3-28）可知，质点的角动量与质点对参考点 O 的位矢 $\boldsymbol{r}$ 有关，也就是与参考点 O 的选取有关。同一质点，相对于不同的参考点，它的角动量有不同的值。因此在说明质点的角动量时，必须指明是对哪一点而言的。

在国际单位制中，角动量的单位是 $\mathrm{kg \cdot m^2/s}$。

二、力对参考点的力矩

一个物体在外力的作用下，可能会发生转动，也可能不发生转动，这就取决于外力是否对物体产生了力矩。从一般意义上讲，力矩是对某一参考点而言的。

如图 3-21 所示，若质点受到力 $\boldsymbol{F}$ 的作用，质点对固定参考点 O 的位矢为 $\boldsymbol{r}$，则力 $\boldsymbol{F}$ 对 O 的**力矩** $\boldsymbol{M}$ 定义式可表示为

$$\boldsymbol{M} = \boldsymbol{r} \times \boldsymbol{F} \tag{3-31}$$

式中，α 为 $\boldsymbol{r}$ 与 $\boldsymbol{F}$ 的夹角。力矩 $\boldsymbol{M}$ 的大小为

$$M = rF\sin\alpha \tag{3-32}$$

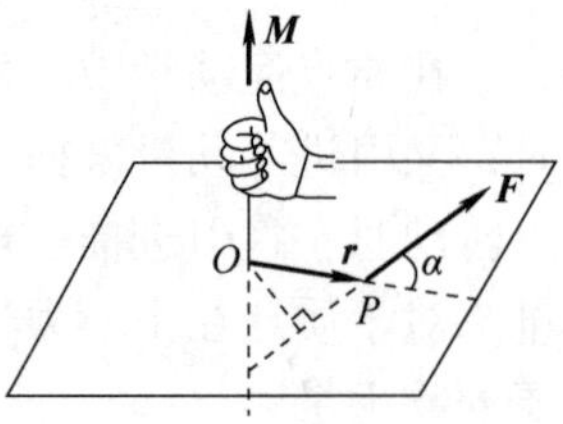

图 3-21　力矩的定义

力矩是矢量，其方向可用右手螺旋法则确定，即右手四指指向 $\boldsymbol{r}$ 方向经小于 180°的角 α 弯向 $\boldsymbol{F}$ 方向，则大拇指方向即为力矩 $\boldsymbol{M}$ 的方向，所以 $\boldsymbol{M}$ 的方向垂直于 $\boldsymbol{r}$ 和 $\boldsymbol{F}$ 所确定的平面。

在国际单位制中，力矩的单位是 $\mathrm{N \cdot m}$。

当力 $\boldsymbol{F}$ 的作用线与径矢 $\boldsymbol{r}$ 共线（即力 $\boldsymbol{F}$ 的作用线穿过 O 点），此时 $\sin\alpha = 0$，$M = 0$。如果一个物体所受的力指向或背离某一固定点，我们把这种力称为有心力，这个固定点叫作力心。显然有心力 $\boldsymbol{F}$ 与径矢 $\boldsymbol{r}$ 是共线的，因此，有心力对力心的力矩恒为零。

由力矩的定义式（3-31）可以看出，力矩 $\boldsymbol{M}$ 与径矢 $\boldsymbol{r}$ 有关，也就是与参考点 O 的选取有关。对于同样的力 $\boldsymbol{F}$，选取的参考点不同，力矩 $\boldsymbol{M}$ 的大小和方向都会不同，因此，一般在画图时总是把力矩 $\boldsymbol{M}$ 画在参考点 O 上，而不是质点 P 上。

三、质点的角动量定理

设某质量为 m 的质点对参考点 O 的角动量为 $\boldsymbol{L} = \boldsymbol{r} \times \boldsymbol{p} = \boldsymbol{r} \times m\boldsymbol{v}$，则其时间变化率为

$$\frac{\mathrm{d}\boldsymbol{L}}{\mathrm{d}t}=\frac{\mathrm{d}(\boldsymbol{r}\times m\boldsymbol{v})}{\mathrm{d}t}$$

$$=\boldsymbol{r}\times\frac{\mathrm{d}(m\boldsymbol{v})}{\mathrm{d}t}+\frac{\mathrm{d}\boldsymbol{r}}{\mathrm{d}t}\times m\boldsymbol{v} \tag{3-33}$$

由于

$$\boldsymbol{F}=\frac{\mathrm{d}(m\boldsymbol{v})}{\mathrm{d}t},\quad \boldsymbol{v}=\frac{\mathrm{d}\boldsymbol{r}}{\mathrm{d}t}$$

因此，式（3-33）可写成

$$\frac{\mathrm{d}\boldsymbol{L}}{\mathrm{d}t}=\boldsymbol{r}\times\boldsymbol{F}+\boldsymbol{v}\times m\boldsymbol{v} \tag{3-34}$$

根据矢积性质，$\boldsymbol{v}\times m\boldsymbol{v}=0$，而又因 $\boldsymbol{M}=\boldsymbol{r}\times\boldsymbol{F}$，于是式（3-34）又可写为

$$\boldsymbol{M}=\frac{\mathrm{d}\boldsymbol{L}}{\mathrm{d}t} \tag{3-35}$$

式（3-35）说明，质点对任一参考点的角动量的时间变化率等于合外力对该点的力矩。这就是**质点角动量定理**的微分形式。其积分形式为

$$\int_{t_0}^{t}\boldsymbol{M}\mathrm{d}t=\boldsymbol{L}-\boldsymbol{L}_0 \tag{3-36}$$

式中，$\int_{t_0}^{t}\boldsymbol{M}\mathrm{d}t$ 称为外力矩的**冲量矩**（也称角冲量），它等于相应时间段内质点的角动量的增量。

关于质点角动量定理的两点说明：

（1）质点角动量定理是从牛顿定律导出的，因而它只适用于惯性系；

（2）在质点角动量定理中，描述质点角动量的参考点必须固定在惯性系中，因为若参考点运动，则$\boldsymbol{v}\neq\frac{\mathrm{d}\boldsymbol{r}}{\mathrm{d}t}$，$\frac{\mathrm{d}\boldsymbol{r}}{\mathrm{d}t}\times\boldsymbol{p}\neq 0$，就得不到式（3-35）。

四、质点角动量守恒定律

由式（3-35）可知，若 $\boldsymbol{M}=0$，则

$$\boldsymbol{L}=\boldsymbol{r}\times\boldsymbol{p}=\boldsymbol{r}\times m\boldsymbol{v}=\text{常矢量} \tag{3-37}$$

也就是当作用在质点上的合外力对某固定参考点（简称定点）的力矩为零时，质点对该点的角动量保持不变，这就是**质点的角动量守恒定律**。

外力矩等于零有两种情况：一种可能是合力 $\boldsymbol{F}=\boldsymbol{0}$（注意，$\sum\boldsymbol{F}=\boldsymbol{0}$ 时 $\boldsymbol{M}$ 不一定为零）；另一种可能是合力 $\boldsymbol{F}$ 虽不为零，但作用线通过参考点 O。例如行星绕太阳转动时，也遵守角动量守恒定律。行星所受太阳的引力是有心力，外力矩为零，因此，行星对太阳的角动量保持不变。

由于角动量是矢量，当外力对定点的力矩不为零，但是其某一方向的分量为零时，则角动量在该方向上的分量恒定。

五、质点系的角动量定理和角动量守恒定律

1. 质点系角动量定理

质点系对定点的角动量等于体系内各质点对该定点的角动量的矢量和，即

$$\boldsymbol{L} = \sum_{i=1}^{n} \boldsymbol{L}_i = \sum_{i=1}^{n} \boldsymbol{r}_i \times \boldsymbol{p}_i \tag{3-38}$$

对上式求导，并利用质点的角动量定理，得

$$\frac{\mathrm{d}\boldsymbol{L}}{\mathrm{d}t} = \sum_{i=1}^{n} \frac{\mathrm{d}\boldsymbol{L}_i}{\mathrm{d}t} = \sum_{i=1}^{n} \boldsymbol{r}_i \times \left(\boldsymbol{F}_i + \sum_{j \neq i} \boldsymbol{f}_{ij}\right) \tag{3-39}$$

式中，$\boldsymbol{F}_i$ 为第 i 个质点受到的来自系统外的力；$\boldsymbol{f}_{ij}$ 为系统内第 j 个质点对该质点的内力。式（3-39）还可以写为

$$\frac{\mathrm{d}\boldsymbol{L}}{\mathrm{d}t} = \sum_{i=1}^{n} \boldsymbol{r}_i \times \boldsymbol{F}_i + \sum_{i=1}^{n} \left(\boldsymbol{r}_i \times \sum_{j \neq i} \boldsymbol{f}_{ij}\right) = \boldsymbol{M}_{外} + \boldsymbol{M}_{内} \tag{3-40}$$

其中

$$\sum_{i=1}^{n} \boldsymbol{r}_i \times \boldsymbol{F}_i = \boldsymbol{M}_{外} \tag{3-41}$$

表示质点系所受的合外力矩，即各质点所受的外力矩的矢量和，而

$$\sum_{i=1}^{n} \left(\boldsymbol{r}_i \times \sum_{j \neq i} \boldsymbol{f}_{ij}\right) = \boldsymbol{M}_{内} \tag{3-42}$$

表示各质点所受的内力矩的矢量和。在质点系内，由于 i 和 j 两个质点间的内力 $\boldsymbol{f}_{ij}$ 和 $\boldsymbol{f}_{ji}$ 总是成对出现的，而且大小相等、方向相反、内力沿两质点的连线方向，所以，它们之间相互作用的力矩之和

$$\boldsymbol{r}_i \times \boldsymbol{f}_{ij} + \boldsymbol{r}_j \times \boldsymbol{f}_{ji} = (\boldsymbol{r}_i - \boldsymbol{r}_j) \times \boldsymbol{f}_{ij} = 0 \tag{3-43}$$

因此由式（3-42）表示的所有内力矩之和 $\boldsymbol{M}_{内}$ 为零。于是由式（3-40）可得出

$$\frac{\mathrm{d}\boldsymbol{L}}{\mathrm{d}t} = \boldsymbol{M}_{外} \tag{3-44}$$

上式表明，质点系对定点的角动量的时间变化率等于作用在体系上所有外力对该点力矩之和。这就是**质点系角动量定理的微分形式**。对式（3-44）积分，可得**质点系角动量定理的积分形式**为

$$\boldsymbol{L} - \boldsymbol{L}_0 = \int_0^t \boldsymbol{M}_{外}\, \mathrm{d}t \tag{3-45}$$

质点系角动量定理指出，只有外力矩才会对体系的角动量变化有贡献。内力矩对体系角动量变化无贡献，但是对角动量在体系内部的分配是有作用的。

2. 质点系的角动量守恒定律

当 $\boldsymbol{M}_{外} = 0$ 时，由式（3-36）可得

$$\boldsymbol{L} = 常矢量 \tag{3-46}$$

即质点系对该定点的角动量守恒。这就是**质点系角动量守恒定律**。

$\boldsymbol{M}_{外} = 0$ 有以下三种情况：体系不受任何外力（即孤立体系）；所有的外力都通过参考点；每个外力的力矩不为零，但外力矩的矢量和为零。

必须明确，质点系角动量守恒的条件是质点系所受的外力矩的矢量和为零，但并不要求质点系所受的外力的矢量和为零。这说明质点系的角动量守恒时，质点系的动量却不一定守恒。

例 3-17 如图 3-22 所示，彗星绕太阳运转的轨道为一个椭圆，而太阳恰位于椭圆的一

个焦点处。已知彗星离太阳最远处的距离为 $r_1 = 5.26\times10^{12}\mathrm{m}$，此时速率为 $v_1 = 9.08\times10^2\mathrm{m/s}$；又知它离太阳最近处的距离为 $r_2 = 8.75\times10^{10}\mathrm{m}$。求离太阳最近时的速率 $v_2 = ?$

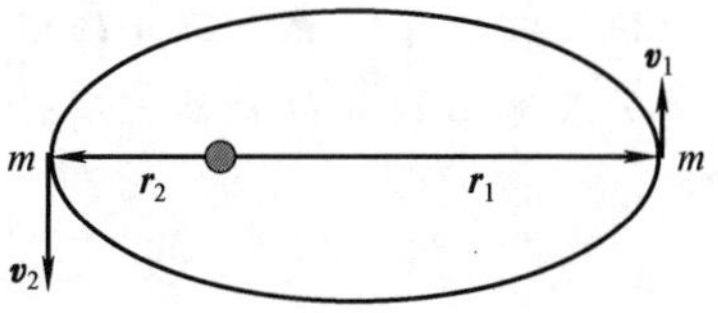

图 3-22　例 3-17 用图

解： 彗星在太阳引力作用下沿着椭圆轨道运动，引力方向与彗星对太阳的径矢方向反平行，所以彗星受到的引力对太阳的力矩等于零。因此角动量守恒，有

$$\boldsymbol{r}_1\times m\boldsymbol{v}_1 = \boldsymbol{r}_2\times m\boldsymbol{v}_2$$

彗星在近焦点和远焦点处时速度方向与彗星对太阳的径矢方向是垂直的，可得

$$\boldsymbol{r}_1 m\boldsymbol{v}_1 = \boldsymbol{r}_2 m\boldsymbol{v}_2$$

解得 $\boldsymbol{v}_2 = 5.46\times10^4\mathrm{m/s}$。

例 3-18　如图 3-23 所示，质量分别为 m_1、m_2 的两个小钢球固定在一个长为 a 的轻质硬杆的两端，杆的中点有一轴使杆可在水平面内自由转动，杆原来静止。另一小球质量为 m_3，以水平速度 $\boldsymbol{v}_0$ 沿垂直于杆的方向与 m_2 发生碰撞，碰后二者粘在一起。设 $m_1 = m_2 = m_3$，求杆转动的角速度。

解： 考虑为 m_1、m_2、m_3 三个质点组成的系统。相对于杆的中点，在碰撞过程中合外力矩为零，因此，系统对 O 点的角动量守恒。设碰撞后杆转动的角速度为 ω，则碰撞后 m_1、m_2、m_3 的速率 v_1'、v_2'、v_3' 为

$$v_1' = v_2' = v_3' = \frac{1}{2}a\omega$$

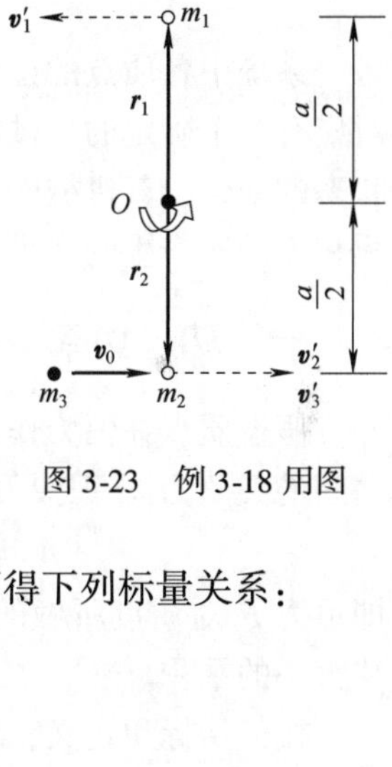

图 3-23　例 3-18 用图

碰撞前只有 m_3 以水平速度 $\boldsymbol{v}_0$ 运动，此系统的总角动量 $\boldsymbol{L}$ 为

$$\boldsymbol{L} = m_3\boldsymbol{r}_2\times\boldsymbol{v}_0$$

碰撞后，系统的总角动量 $\boldsymbol{L}'$ 为

$$\boldsymbol{L}' = m_3\boldsymbol{r}_2\times\boldsymbol{v}_3' + m_2\boldsymbol{r}_2\times\boldsymbol{v}_2' + m_1\boldsymbol{r}_1\times\boldsymbol{v}_1'$$

由于这些叉积的方向相同，碰撞前后系统角动量又是守恒的，可得下列标量关系：

$$m_3 r_2 v_0 = m_3 r_2 v_3' + m_2 r_2 v_2' + m_1 r_1 v_1'$$

又因为

$$m_1 = m_2 = m_3\ ,\ r_1 = r_2 = \frac{a}{2}\ ,\ v_1' = v_2' = v_3' = \frac{1}{2}a\omega$$

可求得

$$\omega = \frac{2v_0}{3a}$$

思考题

3-23　在匀速圆周运动中，质点的动量是否守恒？角动量是否守恒？

3-24　如果系统的动量守恒，角动量是否一定守恒？如果系统的角动量守恒，则动量是否一定守恒？

3-25 如思考题3-25图所示，人造地球卫星是沿着一个椭圆轨道运行的，地心 O 是这一轨道的一个焦点，卫星经过近地点 P 和远地点 A 时的速率一样吗？它们和地心到 P 的距离 r_1 及地心到 A 的距离 r_2 有什么关系？

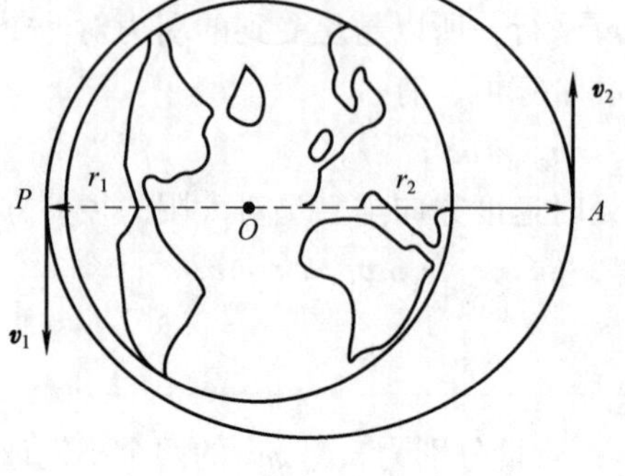

思考题3-25图

第七节 功和能

系统中各质点的位矢和速度确定该系统的机械运动状态，对于一个确定的机械运动状态对应有一个确定的机械能量，机械能量是系统机械运动状态的单值函数。因此系统机械运动状态的变化，其机械能一般会随之变化，而功是系统能量变化的量度。本节将研究力的空间累积作用所产生的效果，首先介绍功和能的概念，然后讨论功能定理和机械能守恒定律等。

一、功、功率

假设质点在恒力作用下沿着直线运动发生了一段位移 $\Delta\boldsymbol{r}$，如图3-24所示，若 $\boldsymbol{F}$ 与 $\Delta\boldsymbol{r}$ 之间的夹角为 θ，则力 $\boldsymbol{F}$ 对质点所做的**功**定义为

$$A = |\boldsymbol{F}||\Delta\boldsymbol{r}|\cos\theta \tag{3-47}$$

即恒力 $\boldsymbol{F}$ 对质点所做的功等于力在位移方向的分量与位移大小的乘积。

按矢量标积定义，式（3-47）可改写成

$$A = \boldsymbol{F}\cdot\Delta\boldsymbol{r} \tag{3-48}$$

上式表明，恒力对做直线运动的质点所做的功等于力和位移的标积。

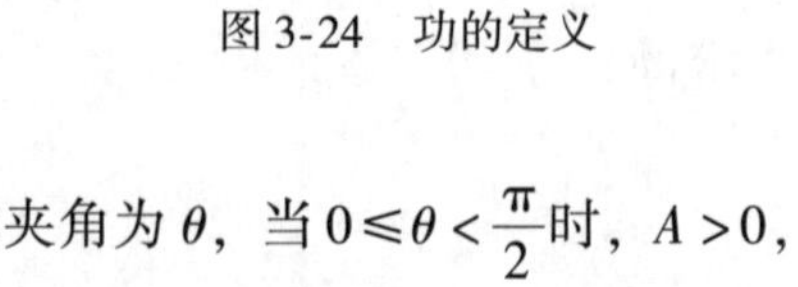

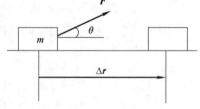

图3-24 功的定义

功是标量，没有方向，但是有正负。设力与位移方向的夹角为 θ，当 $0\leqslant\theta<\dfrac{\pi}{2}$时，$A>0$，我们说力 $\boldsymbol{F}$ 对质点做了正功；当$\dfrac{\pi}{2}<\theta\leqslant\pi$ 时，$A<0$，力 $\boldsymbol{F}$ 对质点做的是负功，习惯说成物体克服了外力做功；若 $\theta=\dfrac{\pi}{2}$，$A=0$，力 $\boldsymbol{F}$ 与位移 $\Delta\boldsymbol{r}$ 垂直，力 $\boldsymbol{F}$ 不做功，例如物体在水平方向移动时，重力就不做功。

变力是指其大小和方向至少有一个是随时间改变的力。在许多情况下，质点受到变力 $\boldsymbol{F}$

作用，沿曲线运动，为了计算功，我们把路径分成很多段的多个位移元。在曲线上任意取一个位移元 d$\boldsymbol{r}$，由于 d$\boldsymbol{r}\to\boldsymbol{0}$，因此在 d$\boldsymbol{r}$ 范围内，曲线可以做直线处理，且力 $\boldsymbol{F}$ 可以做恒力处理。这样，在元位移 d$\boldsymbol{r}$ 中，力做的功用 dA 表示，称为元功。由式（3-48）可得

$$\mathrm{d}A = \boldsymbol{F} \cdot \mathrm{d}\boldsymbol{r}$$

变力对做曲线运动的质点所做的功等于每段位移元上的元功加起来。当 d$\boldsymbol{r}$ 趋于零时，求和就变成了积分。因此，质点沿路径 L 从 a 到 b，力 $\boldsymbol{F}$ 对它做的功就是

$$A = \int_a^b \mathrm{d}A = \int_{r_a}^{r_b} \boldsymbol{F} \cdot \mathrm{d}\boldsymbol{r} \tag{3-49}$$

上式是功的普遍定义式。一般说来，线积分的值与路径有关。

计算变力的做功，常借助于直角坐标系进行计算。在直角坐标系中，若力和元位移表示为

$$\boldsymbol{F} = F_x \hat{\boldsymbol{i}} + F_y \hat{\boldsymbol{j}} + F_z \hat{\boldsymbol{k}}$$

$$\mathrm{d}\boldsymbol{r} = \mathrm{d}x \hat{\boldsymbol{i}} + \mathrm{d}y \hat{\boldsymbol{j}} + \mathrm{d}z \hat{\boldsymbol{k}}$$

可得

$$A = \int_a^b \boldsymbol{F} \cdot \mathrm{d}\boldsymbol{r} = \int_a^b (F_x \mathrm{d}x + F_y \mathrm{d}y + F_z \mathrm{d}z) \tag{3-50}$$

计算功的线积分可分为沿三个坐标轴的普通积分，在某些情况下还可以在其他坐标系中计算功。式（3-50）是求变力做功的另一个数学表达式，它与式（3-47）是等同的。

功可以用图示法来计算。如图 3-25 所示，以质点沿 x 方向的一维运动说明功的几何意义。设力 F 随位置 x 发生变化，$F = F(x)$，且 F 的方向沿 x 方向，则质点在力 $F(x)$ 的作用下由 x_1 运动到 x_2，力 F 的功应为此段曲线与横轴包围的面积，即图中的阴影部分，这是功的几何意义。在此面积为简单几何图形的时候，由面积计算功不失为一种简单有效的方法。需要注意：x 上方的面积取正值，x 下方的面积取负值。

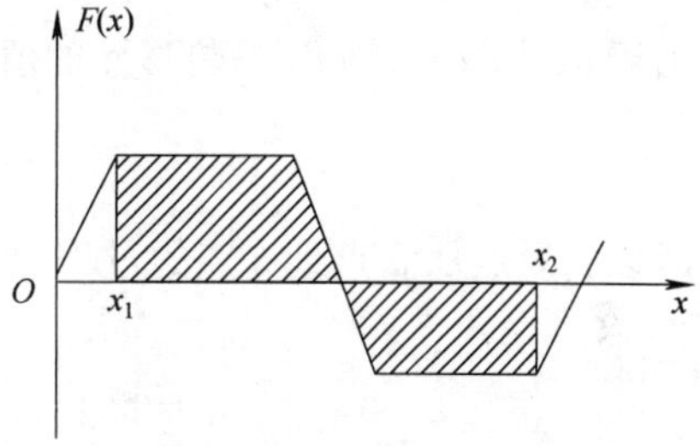

图 3-25　质点沿 x 方向一维运动

以上讨论了一个力对质点所做的功。如果有几个力 $\boldsymbol{F}_1$，$\boldsymbol{F}_2$，$\boldsymbol{F}_3$，…，$\boldsymbol{F}_N$ 同时作用在质点上，在质点沿路径 L 从 a 点到 b 点的过程中，合力 $\boldsymbol{F}$ 对质点做的功为

$$A = \int_a^b \boldsymbol{F} \cdot \mathrm{d}\boldsymbol{r} = \int_a^b \sum_{i=1}^{N} \boldsymbol{F}_i \cdot \mathrm{d}\boldsymbol{r} = \sum_{i=1}^{N} \int_a^b \boldsymbol{F}_i \cdot \mathrm{d}\boldsymbol{r} = \sum_{i=1}^{N} A_i \tag{3-51}$$

这一结果表明，合力对质点所做的功等于各分力沿同一路径做功的代数和。

在国际单位制中，力的单位是 N，位移的单位是 m，功的单位为焦耳，简称焦，符号为 J，1J = 1N · m。

在生产实践中，我们不仅需要知道力做功的多少，还要知道力做功的快慢，为此引入功率的概念。设在 Δt 时间间隔内力所做的功为 ΔA，则功率的表达式是

$$\overline{P} = \frac{\Delta A}{\Delta t}$$

$\overline{P}$ 称为力在 Δt 时间间隔内的平均功率。当时间间隔 Δt 趋于零时，力的平均功率的极限

值即为 t 时刻的瞬时功率 P:

$$P = \sum_{\lim \Delta t \to 0} \frac{\Delta A}{\Delta t} = \frac{\mathrm{d}A}{\mathrm{d}t}$$

根据元功的定义式, $\mathrm{d}A = \boldsymbol{F} \cdot \mathrm{d}\boldsymbol{r}$ ，因此由上式可得

$$P = \frac{\mathrm{d}A}{\mathrm{d}t} = \frac{\boldsymbol{F} \cdot \mathrm{d}\boldsymbol{r}}{\mathrm{d}t} = \boldsymbol{F} \cdot \boldsymbol{v} \tag{3-52}$$

这就是说，功率等于力和速度的标积。

在国际单位制中，功率的单位为瓦特，简称瓦，符号为 W，$1\mathrm{W} = 1\mathrm{J} \cdot \mathrm{s}^{-1}$。

二、动能定理

1. 质点的动能定理

下面我们讨论力对空间累积作用的效果。力对质点的瞬时作用使物体产生加速度，那么力的持续作用会产生什么效果呢？设质量为 m 的质点在合力 $\boldsymbol{F}$ 作用下沿曲线路径运动，通过 a 点和 b 点时的速率分别为 v_a 和 v_b。

合外力对质点所做的元功为

$$\mathrm{d}A = \boldsymbol{F} \cdot \mathrm{d}\boldsymbol{r} = F\cos\theta |\mathrm{d}\boldsymbol{r}|$$

根据牛顿第二定律，质点的切向加速度满足

$$F\cos\theta = ma_{\mathrm{t}} = m\frac{\mathrm{d}v}{\mathrm{d}t}$$

由于 $|\mathrm{d}\boldsymbol{r}| = \mathrm{d}s$，即 $\mathrm{d}s$ 是位移元的值，因此 $\mathrm{d}s = v\mathrm{d}t$，有

$$\mathrm{d}A = m\frac{\mathrm{d}v}{\mathrm{d}t}\mathrm{d}s = mv\mathrm{d}v$$

所以，质点从 a 点到 b 点的过程中，合外力 $\boldsymbol{F}$ 所做的功为

$$A = \int_{v_1}^{v_2} mv\mathrm{d}v = \frac{1}{2}mv_b^2 - \frac{1}{2}mv_a^2 \tag{3-53}$$

$\frac{1}{2}mv^2$ 这个量是由各时刻质点的速率决定的，是与质点的运动状态有关的参量，我们把 $\frac{1}{2}mv^2$ 叫作质点的动能，以 E_{k0} 和 E_{k} 分别表示质点的起始位置和终了位置的动能，即

$$E_{\mathrm{k0}} = \frac{1}{2}mv_a^2,\ E_{\mathrm{k}} = \frac{1}{2}mv_b^2$$

则有

$$A = E_{\mathrm{k}} - E_{\mathrm{k0}} = \Delta E_{\mathrm{k}} \tag{3-54}$$

结果表明，合外力对质点所做的功等于质点动能的增量。这一结论称为**质点的动能定理**。

由式（3-54）可以看出，动能定理只注重过程的始末状态，而不考虑过程中状态变化的细节，这就使力学问题的求解大为简化。

由质点的动能定理可知，合外力做正功时，质点的动能增大；合力做负功时，质点的动能减小；合力做功为零时，质点的动能保持不变。动能改变的量值是由功来量度的。

需要注意的是，动能定理是从牛顿运动定律导出的，因此它只适用于惯性系。因为速度具有相对性，所以动能的量值与参考系有关。

功和能的概念不能混淆。质点的运动状态确定了，速率就确定了，动能也就确定了，因

此动能是运动状态的单值函数，是反映质点运动状态的物理量。而功是与质点受力并经历位移这个过程相联系的，所以功不是描写状态的物理量，它是一个过程量。我们可以说处于一定运动状态的质点有多少动能，但如果说某质点具有多少功就没有任何意义，这是功和动能的根本区别。

2. 质点系的动能定理

为简单起见，先考虑两个质点组成的质点系统。设两个质点的质量分别为 m_1 和 m_2，它们所受到的内力和外力分别用 $\boldsymbol{f}_1$、$\boldsymbol{f}_2$ 和 $\boldsymbol{F}_1$、$\boldsymbol{F}_2$ 表示，两质点的初态和末态速度大小分别为 v_{1a}、v_{2a} 和 v_{1b}、v_{2b}。分别应用质点的动能定理

对 m_1，有 $$\int_{a_1}^{b_1}\boldsymbol{F}_1\cdot\mathrm{d}\boldsymbol{r}_1+\int_{a_1}^{b_1}\boldsymbol{f}_1\cdot\mathrm{d}\boldsymbol{r}_1=\frac{1}{2}m_1v_{1b}^2-\frac{1}{2}m_1v_{1a}^2$$

对 m_2，有 $$\int_{a_2}^{b_2}\boldsymbol{F}_2\cdot\mathrm{d}\boldsymbol{r}_2+\int_{a_2}^{b_2}\boldsymbol{f}_2\cdot\mathrm{d}\boldsymbol{r}_2=\frac{1}{2}m_2v_{2b}^2-\frac{1}{2}m_2v_{2a}^2$$

两式相加得

$$\begin{aligned}&\int_{a_1}^{b_1}\boldsymbol{F}_1\cdot\mathrm{d}\boldsymbol{r}_1+\int_{a_2}^{b_2}\boldsymbol{F}_2\cdot\mathrm{d}\boldsymbol{r}_2+\int_{a_1}^{b_1}\boldsymbol{f}_1\cdot\mathrm{d}\boldsymbol{r}_1+\int_{a_2}^{b_2}\boldsymbol{f}_2\cdot\mathrm{d}\boldsymbol{r}_2\\&=\frac{1}{2}m_1v_{1b}^2+\frac{1}{2}m_2v_{2b}^2-\left(\frac{1}{2}m_1v_{1a}^2+\frac{1}{2}m_2v_{2a}^2\right)\end{aligned}\tag{3-55}$$

式（3-55）等号左侧前两项是外力对质点系所做功之和，用 A_e 表示；左侧后两项是质点系内力所做功之和，用 A_i 表示。等号右侧前两项是质点系末态的总动能，用 $E_{\mathrm{k}b}$ 表示；右侧后两项是质点系初态的总动能，用 $E_{\mathrm{k}a}$ 表示。则式（3-55）可以写成

$$A_\mathrm{e}+A_\mathrm{i}=E_{\mathrm{k}b}-E_{\mathrm{k}a}\tag{3-56}$$

这里需要注意的是，系统中内力总是成对出现的，并且大小相等，方向相反，使得系统内所有内力的矢量和为零，但内力做功的总和 $A_{内总}$ 不一定为零。下面以一对内力做功为例进行讨论。如图 3-26 所示，$\boldsymbol{f}_{21}$ 为 m_1 对 m_2 的作用力，$\boldsymbol{f}_{12}$ 为其反作用力（未画出）。设 m_1 和 m_2 相对某一参考系的位矢分别为 $\boldsymbol{r}_1$ 和 $\boldsymbol{r}_2$，元位移分别为 $\mathrm{d}\boldsymbol{r}_1$ 和 $\mathrm{d}\boldsymbol{r}_2$，这一对力所做的元功为

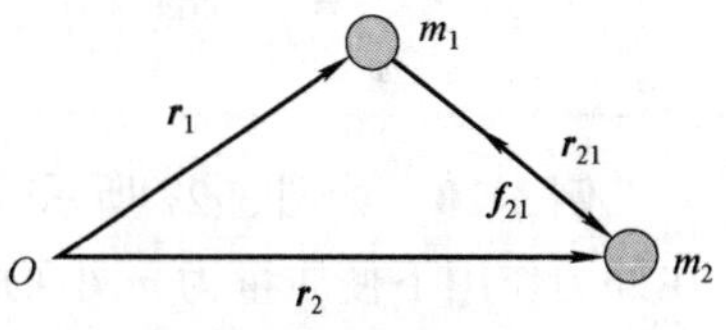

图 3-26　质点系动能定理

$$\begin{aligned}\mathrm{d}A&=\boldsymbol{f}_{12}\cdot\mathrm{d}\boldsymbol{r}_1+\boldsymbol{f}_{21}\cdot\mathrm{d}\boldsymbol{r}_2=\boldsymbol{f}_{21}\cdot(\mathrm{d}\boldsymbol{r}_2-\mathrm{d}\boldsymbol{r}_1)\\&=\boldsymbol{f}_{21}\cdot\mathrm{d}(\boldsymbol{r}_2-\boldsymbol{r}_1)=\boldsymbol{f}_{21}\cdot\mathrm{d}\boldsymbol{r}_{21}\end{aligned}$$

式中，$\boldsymbol{r}_{21}=\boldsymbol{r}_2-\boldsymbol{r}_1$，由图 3-26 可见，这是 m_2 相对 m_1 的位矢，而 $\mathrm{d}\boldsymbol{r}_{21}$ 则是 m_2 相对 m_1 的元位移。上式表明，一对内力所做的元功等于其中一个质点所受的内力和此质点相对于另一质点的元位移的标积。由于相对元位移 $\mathrm{d}\boldsymbol{r}_{21}$ 与参考系无关，一对内力做功也与参考系无关，这是任何一对作用力和反作用力所做的功之和的重要特点。$\boldsymbol{f}_{21}$ 与 $\mathrm{d}\boldsymbol{r}_{21}$ 相垂直，或 $\mathrm{d}\boldsymbol{r}_{21}=\boldsymbol{0}$，这一相互作用力所做的功为零，其他情况下一般不为零。由于 $\mathrm{d}\boldsymbol{r}_1$ 与 $\mathrm{d}\boldsymbol{r}_2$ 未必相同，$\mathrm{d}\boldsymbol{r}_{21}$ 一般不为零，因此这一对内力做的元功之和一般不为零，一对内力做功之和一般也不为零。例如，一个物体沿斜面下滑的时候它和斜面间相互作用的一对压力 $\boldsymbol{F}_\mathrm{N}$ 和 $\boldsymbol{F}'_\mathrm{N}$ 所做功之和等于零；一个物体在另一个物体表面滑动时，它们之间相互作用的一对摩擦力 $\boldsymbol{f}$ 和 $\boldsymbol{f}'$ 所做功之和就等于其中一个力和两个物体相对位移的乘积，其量值总为负值。

式（3-56）表明，由两个质点组成的质点系，其动能的增量等于一切外力所做功与一切内力所做功的代数和。这一结论可以推广到由任意多质点组成的质点系。

设一个质点系统由 N 个质点组成，作用于第 i 个质点的力所做的功为 $A_i(i=1,2,3,\cdots,N)$，该质点由初动能 E_{k0i} 改变为末动能 E_{ki}，有

$$\sum_{i=1}^{N} A_i = \sum_{i=1}^{N} E_{ki} - \sum_{i=1}^{N} E_{k0i} \tag{3-57}$$

等式左边是作用在系统内 N 个质点上的所有力做功的代数和，这些力既包括来自系统外的所有外力，还包括来自系统内所有质点的相互作用的内力。以 $A_{外}$ 和 $A_{内}$ 分别表示外力和内力所做的总功，则式（3-57）可写成

$$A_{外} + A_{内} = \sum_{i=1}^{N} E_{ki} - \sum_{i=1}^{N} E_{k0i} = \Delta E_k \tag{3-58}$$

上式表明，作用于质点系的所有外力与所有内力做功之和等于该质点系总动能的增量。这一结论称为**质点系的动能定理**。

例 3-19 求质点在力 $\boldsymbol{F} = 2x\hat{\boldsymbol{i}} + 2y\hat{\boldsymbol{j}}$ 作用下，由 $A(1,1)$ 点运动到 $B(5,5)$ 点，力 $\boldsymbol{F}$ 做的功。

解： 由题意可知 $\boldsymbol{F} = 2x\hat{\boldsymbol{i}} + 2y\hat{\boldsymbol{j}}$，设质点运动的元位移 $\mathrm{d}\boldsymbol{r} = \mathrm{d}x\hat{\boldsymbol{i}} + \mathrm{d}y\hat{\boldsymbol{j}}$，根据功的定义，可得

$$A = \int_A^B \boldsymbol{F}\cdot\mathrm{d}\boldsymbol{r} = \int_A^B (2x\hat{\boldsymbol{i}} + 2y\hat{\boldsymbol{j}})\cdot(\mathrm{d}x\hat{\boldsymbol{i}} + \mathrm{d}y\hat{\boldsymbol{j}}) = \int_A^B (2x\mathrm{d}x + 2y\mathrm{d}y)$$

$$= \int_1^5 2x\mathrm{d}x + \int_1^5 2y\mathrm{d}y = 48\mathrm{J}$$

例 3-20 如图 3-27 所示，光滑的水平桌面上有一环带，环带与物体间的摩擦因数为 μ，在外力作用下使质量为 m 小物体以速率 v 做匀速率圆周运动，求转一周摩擦力做的功。

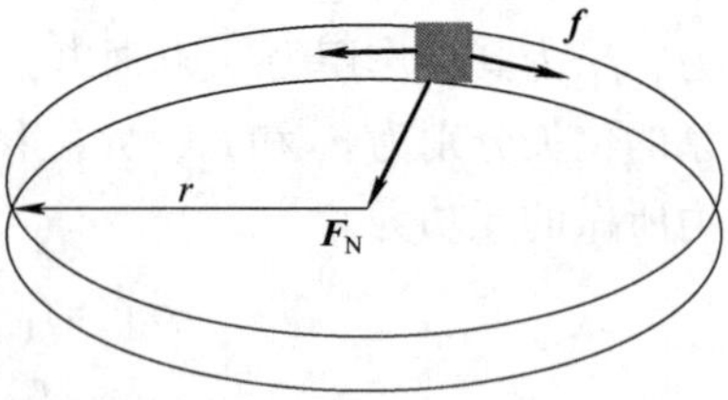

图 3-27 例 3-20 用图

解： 由题意可知环带所受的压力 $F_N = m\dfrac{v^2}{r}$，则滑动摩擦力

$$f = \mu F_N = \mu m \frac{v^2}{r}$$

因此摩擦力转动一周所做的功为

$$A = \oint \boldsymbol{f}\cdot\mathrm{d}\boldsymbol{r} = \int_0^{2\pi r}(-f)\mathrm{d}s = -\mu m\frac{v^2}{r}\cdot 2\pi r = -2\pi\mu m v^2$$

例 3-21 一长为 l 的细绳一端系一质量为 m 的小球，另一端固定在 O 点，让小球由水平位置静止下落，小球在竖直平面内做圆周运动。求绳与水平方向夹角为 θ 时，小球速度大小。

解： 小球受到重力和绳子的拉力作用，在竖直平面内做圆周运动，因此建立自然坐标系如图 3-28 所示，有

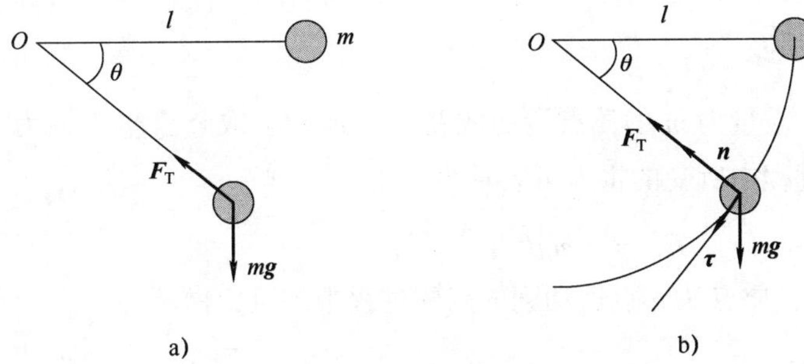

图 3-28 例 3-21 用图

$$A = \int_A^B (m\boldsymbol{g} + \boldsymbol{F}_T) \cdot d\boldsymbol{r} = \int_A^B mg\cos\alpha ds$$

因为 $ds = ld\alpha$，所以

$$A = mg\int_0^\theta l\cos\alpha d\alpha = mgl\sin\theta$$

根据动能定理以及初始条件 $t=0$ 时 $v_0=0$，有

$$A = \frac{1}{2}mv^2 - \frac{1}{2}mv_0^2 = \frac{1}{2}mv^2 = mgl\sin\theta$$

由此得

$$v = \sqrt{2gl\sin\theta}$$

思考题

3-26 两质量不等的物体具有相等的动能，哪个物体的动量较大？两质量不等的物体具有相等的动量，哪个物体的动能较大？

3-27 一个物体沿粗糙斜面下滑，试问在这一过程中哪些力做正功？哪些力做负功？哪些力不做功？

3-28 质点的动能是否与惯性系的选取有关？功是否与惯性系有关？质点的动能定理是否与惯性系有关？请用实例说明一下。

3-29 合外力对物体所做的功等于物体动能的增量，那么其中一个分力做功能否大于物体动能的增量？

3-30 关于质点系的动能定理，有人认为可以这样得到：即“在质点系内，由于各质点间相互作用的力（内力）总是成对出现的，它们大小相等方向相反，因而所有内力做功相互抵消，这样质点系的总动能增量等于外力对质点系做的功”。显然这与质点系动能定理不符。错误出在哪里呢？

第八节 保守力 势能

本节将计算几种常见的力如重力、弹性力以及万有引力对运动质点所做的功，并从这些力的做功特点出发，由此区分保守力和非保守力，然后介绍势能的概念。

一、几种力的功

设在地面附近，质量为 m 的质点沿曲线路径 L 运动，取竖直坐标轴为 z 轴，如图 3-29 所示，则质点运动过程中所受的重力可表示为

$$\boldsymbol{F}_G = -mg\hat{\boldsymbol{k}}$$

重力 $\boldsymbol{F}_G$ 是恒力，质点从 a 点运动到 b 点的过程中，重力做功为

$$A_{ab} = \int_a^b \boldsymbol{F}_G \cdot \mathrm{d}\boldsymbol{r} = mg\,\overline{ab}\cos\theta = -mg(h_b - h_a) \tag{3-59}$$

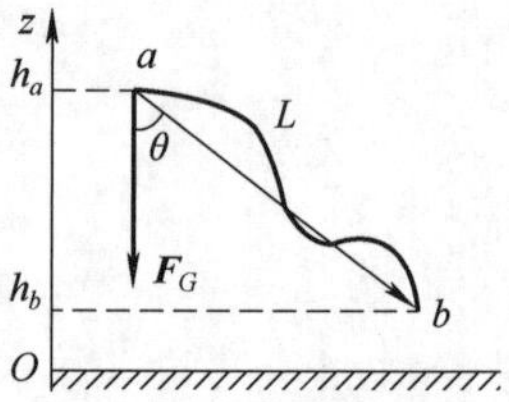

图 3-29 重力做功

式中，h_a 和 h_b 分别是 a 点和 b 点相对参考水平面的高度。可见无论选择哪条路径，重力所做的功只与质点的始末位置有关，其量值等于重力的大小与质点始末位置高度差的乘积。显然，选取不同的参考水平面不影响功的量值。

将一根劲度系数为 k 的轻弹簧一端固定，另一端与一质量为 m 的质点相连，置于光滑的水平面上，如图 3-30 所示。以弹簧无形变时质点的位置即平衡位置为坐标原点 O，建立 Ox 轴。在弹性限度内，质点于任意位置 x 处所受的弹性力可表示为 $\boldsymbol{F} = -kx\hat{\boldsymbol{i}}$。质点从初始位置 x_a 运动到末态位置 x_b 的过程中，弹性力所做的功为

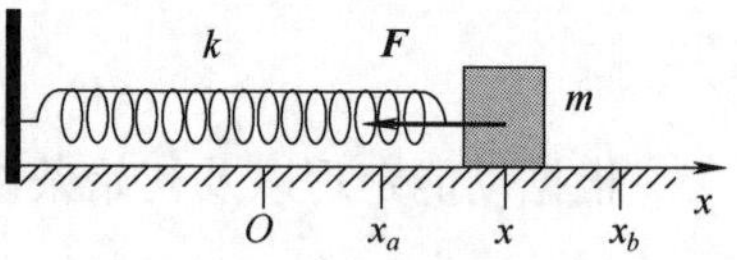

图 3-30 弹性力做功

$$A_{ab} = \int_a^b \boldsymbol{F} \cdot \mathrm{d}\boldsymbol{r} = \int_{x_a}^{x_b} -kx\hat{\boldsymbol{i}} \cdot \mathrm{d}x\hat{\boldsymbol{i}}$$

$$= \int_{x_a}^{x_b} (-kx)\,\mathrm{d}x = \frac{1}{2}kx_a^2 - \frac{1}{2}kx_b^2 \tag{3-60}$$

由上式可见，弹性力所做的功只与质点的始末位置有关，而与所经过的路径无关。

设一质量为 m' 的质点可视为静止，另有一质量为 m 的质点在 m' 的引力 $\boldsymbol{F}$ 作用下沿路径 L 运动，如图 3-31 所示。因为不论 m 运动到何处，$\boldsymbol{F}$ 的方向总是指向 m'，所以，若取 m' 作为原点建立坐标系，则 m' 对 m 的引力可表示为

$$\boldsymbol{F} = -G\frac{m'm}{r^3}\boldsymbol{r}$$

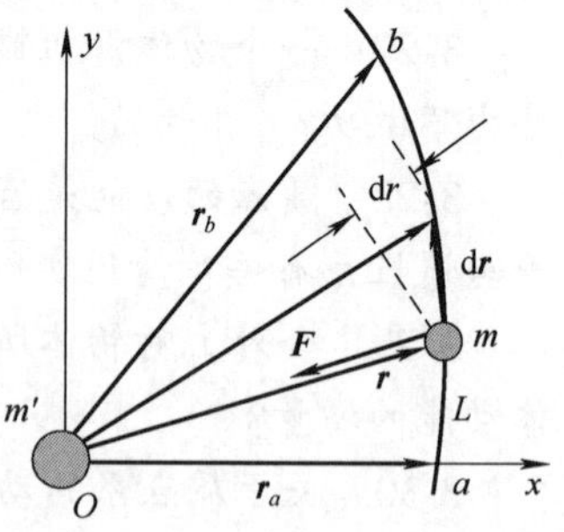

图 3-31 引力做功

式中，$\boldsymbol{r}$ 为由 m' 指向 m 的位矢。在 m 沿路径 L 从位置 $\boldsymbol{r}_a$ 运动到位置 $\boldsymbol{r}_b$ 的过程中，引力所做的功为

$$A_{ab} = \int_a^b \boldsymbol{F} \cdot \mathrm{d}\boldsymbol{r} = \int_{r_a}^{r_b} \left(-G\frac{m'm}{r^3}\boldsymbol{r}\right) \cdot \mathrm{d}\boldsymbol{r}$$

由于 $\boldsymbol{r} \cdot \mathrm{d}\boldsymbol{r} = |\boldsymbol{r}||\mathrm{d}\boldsymbol{r}|\cos\theta = r\mathrm{d}r$，故可得

$$A_{ab} = \int_{r_a}^{r_b} \left(-G\frac{m'm}{r^2}\right)\mathrm{d}r = \left(-G\frac{m'm}{r_a}\right) - \left(-G\frac{m'm}{r_b}\right) \tag{3-61}$$

可见万有引力所做的功只与质点的始末位置有关，而与所经过的路径无关。

二、保守力

通过计算可知，重力、弹性力和万有引力的功都只与质点的始末位置有关，而与所经过的路径无关。我们把具有这种特点的力称为**保守力**，用 $\boldsymbol{F}_{保}$ 表示，相应的力场叫作保守力场。不具有这种特点的力称为**非保守力**。重力、万有引力和弹性力都是保守力，摩擦力做功是与路径有关的，因此它是非保守力，而且摩擦力总是做负功，也把它叫作耗散力。以后要讨论到的静电场力也是保守力，而非静电力和磁力则是非保守力。

保守力也可以用另一种方式来定义。如图 3-32a 所示，设一物体在保守力作用下自 a 点沿任意闭合路径 $acbda$ 一周回到 a 点。我们把这段路径分成 acb 和 adb 两段，如图 3-32b 所示。由于保守力做功只是位置的函数，而与路径无关，因此从 a 点到 b 点，无论沿 acb 还是沿 adb，保守力所做的功都是相等的，即

$$\int_{acb} \boldsymbol{F}_{保} \cdot \mathrm{d}\boldsymbol{r} = \int_{adb} \boldsymbol{F}_{保} \cdot \mathrm{d}\boldsymbol{r}$$

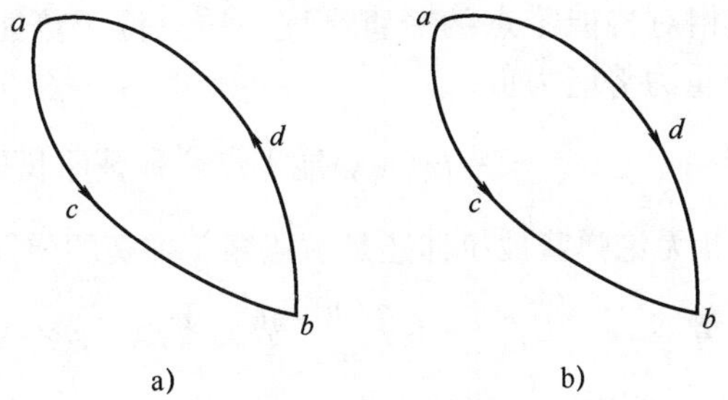

图 3-32　保守力做功

物体沿闭合路径 $acbda$ 一周，保守力做功为

$$\oint \boldsymbol{F}_{保} \cdot \mathrm{d}\boldsymbol{r} = \int_{acb} \boldsymbol{F}_{保} \cdot \mathrm{d}\boldsymbol{r} + \int_{bda} \boldsymbol{F}_{保} \cdot \mathrm{d}\boldsymbol{r}$$

由于

$$\int_{bda} \boldsymbol{F}_{保} \cdot \mathrm{d}\boldsymbol{r} = -\int_{adb} \boldsymbol{F}_{保} \cdot \mathrm{d}\boldsymbol{r}$$

因此有

$$\oint \boldsymbol{F}_{保} \cdot \mathrm{d}\boldsymbol{r} = 0 \tag{3-62}$$

上式表明，物体沿任意闭合路径运动一周时，保守力对它所做的功为零。式（3-62）就是反映保守力做功特点的数学表达式。

应当指出，保守力做功与路径无关的特点和保守力沿任意闭合路径一周做功为零的特点是等价的，都可作为保守力的判据。物理学中把保守力存在的空间称为**保守力场**，如重力场、引力场、静电场等。

三、势能

由于两个质点间的保守力做的功与路径无关，而只决定于两质点的始末相对位置，或者一般地说决定于系统的始末位形，所以对于这两质点系统，存在着一个由它们的相对位置决定的状态函数。当质点在保守力场中从一点移到另一点时，只要两点位置确定，不论其移动

的路径如何，保守力的做功总是确定的。因为功是能量变化的量度，所以能量的变化也是确定的。这种与质点在保守力场中的位置相关的能量称为**势能**，用 E_p 表示。

通常可以把保守力的功统一写成

$$A_{ab} = \int_a^b \boldsymbol{F}_{保} \cdot \mathrm{d}\boldsymbol{r} = E_{pa} - E_{pb} = -\Delta E_p \tag{3-63}$$

上式表明，势能的增量等于保守力做的负功。保守力做正功时势能减少，比如质点从 a 点移到 b 点时保守力做了正功，就有相应的一份势能释放出来转变为质点的动能。

若取 b 位置为势能零点，即令 $E_{pb}=0$，则质点在任意位置 a 的势能为

$$E_{pa} = \int_a^{势能零点} \boldsymbol{F}_{保} \cdot \mathrm{d}\boldsymbol{r} \tag{3-64}$$

上式表明，质点在某一位置所具有的势能，等于把质点从该位置沿任意路径移至势能零点的过程中保守力所做的功。势能的单位与功相同，也是J。

根据势能定义式（3-63），在选取了势能零点之后，可以得到如下势能公式。

重力势能 $E_p = mgh$（势能零点：某一水平面上的点）

式中，h 为质点所在位置相对势能零点的竖直高度。质点位于势能零点以上时重力势能为正；位于势能零点以下时重力势能为负。

弹性势能 $E_k = \dfrac{1}{2}kx^2$（势能零点：弹簧原长处）

式中，x 为弹簧的形变量。无论弹簧被拉伸还是被压缩，弹簧的弹性势能均为正值。

万有引力势能 $E_p = -G\dfrac{m'm}{r}$（势能零点：$r=\infty$ 处）

式中，r 为质点到引力中心的距离。由于选无穷远处为势能零点，使得质点在任意位置的引力势能均为负值。事实上重力势能是万有引力势能的一个特例。

在一维情况下，由式（3-63）可得

$$F_{保} = \frac{-\Delta E_p(x)}{\Delta x}$$

当 $\Delta x \to 0$ 的情况下，可得

$$F_{保} = -\frac{\mathrm{d}E_p(x)}{\mathrm{d}x} \tag{3-65}$$

上式表明，作用于质点上的在 x 轴上的保守力等于势能对坐标 x 的导数的负值。

关于势能需要注意的是：势能应属于以保守力相互作用着的整个质点系统，而不能说势能只属于某一质点。势能是由于系统内各物体间具有保守力作用而产生的，因此它属于系统的。单独谈单个物体的势能是没有意义的。例如重力势能就属于地球和物体组成的系统。如果没有地球对物体的作用，也就没有重力做功和重力势能的问题。一般情况下常说某物体具有多少势能，只是一种习惯上的简略说法。另外，势能的值与势能的零点选取是有关的，一般选地面的重力势能为零，引力势能的零点选在无穷远处，而水平放置的弹簧处于平衡位置时弹性势能为零。选择不同的参考点为势能零点，物体的势能将具有不同的值，但任意两点之间的势能差却是不变的。

四、势能曲线

势能是位置的函数，因此选定了坐标系和势能零点后，便可以将质点的势能与位置坐标

的关系用图线表示，称之为势能曲线。图 3-33a、b、c 分别为重力势能、弹性势能和万有引力势能的势能曲线。

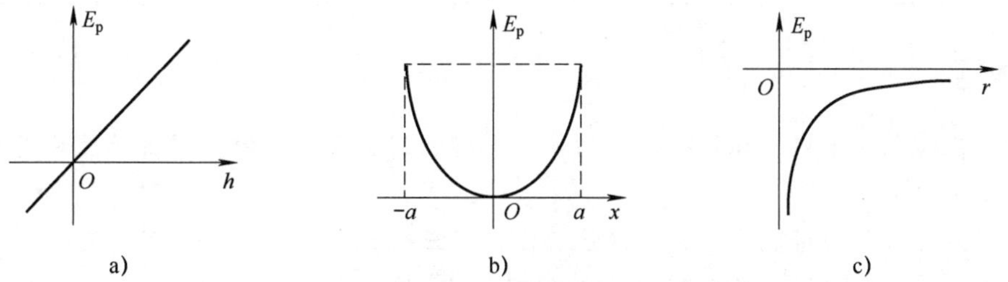

图 3-33　势能曲线

图 3-33a 是重力势能的函数曲线，是一条直线；图 3-33b 是弹簧的弹性势能曲线，是一条过原点的抛物线，其原点是平衡位置，原点对应的势能为零；图 3-33c 是万有引力势能曲线，是一条双曲线，当 $r\to\infty$ 时引力势能趋于零。$\mathrm{d}E_p/\mathrm{d}x$ 是曲线的斜率。由式（3-65）可知，如果知道了势能曲线上各点的斜率，就可求出质点在各相应点所受保守力的大小和方向。以图 3-33b 弹簧的弹性势能曲线为例，当质点相对 O 点的位移在 $-a<x<0$ 范围内时，$\mathrm{d}E_p/\mathrm{d}x<0$，则 $F_x>0$，表明弹性力指向 Ox 轴正方向；质点相对 O 点的位移在 $0<x<a$ 范围内时，$\mathrm{d}E_p/\mathrm{d}x>0$，则 $F_x<0$，表明弹性力指向 Ox 轴负方向；$x=0$ 处，$\mathrm{d}E_p/\mathrm{d}x=0$，则 $F_x=0$，该点称为平衡位置。当质点相对该位置稍有偏离时，都将受到指向平衡位置的弹性力，常把该位置称为稳定平衡位置。

利用势能曲线不仅可以求出质点在保守力场中各点所受保守力的大小和方向，而且还可以定性讨论质点在保守力场中的运动情况及平衡的稳定性等问题。

例 3-22　已知地球的质量为 M，半径为 R，一质量为 m 的质点与地心的距离为 r。选地面为零势能面，试求：(1) 势能函数；(2) 质点位于地面附近上空时，势能函数的近似式。

解：(1) 地球对质点的引力为

$$\boldsymbol{F} = -G\frac{Mm}{r^3}\boldsymbol{r}$$

根据势能定义式（3-64），可得势能函数为

$$E_p = \int_r^R\left(-G\frac{Mm}{r^3}\boldsymbol{r}\right)\cdot \mathrm{d}\boldsymbol{r} = \int_r^R\left(-G\frac{Mm}{r^2}\right)\mathrm{d}r = GMm\left(\frac{1}{R}-\frac{1}{r}\right)$$

(2) 设质点距地面高度为 h，则 $r=R+h$，地面附近上空的势能为

$$E_p = GMm\left(\frac{1}{R}-\frac{1}{R+h}\right) = G\frac{Mmh}{R(R+h)}$$

由于 $R\gg h$，所以 $R(R+h)\approx R^2$，因而有

$$E_p \approx \frac{GMmh}{R^2}$$

在地面附近，引力与重力相等，即 $\frac{GMm}{R^2}=mg$，可得势能函数的近似式为

$$E_p \approx mgh$$

结果表明，选取地面为零势能面时，质点在地面附近上空的引力势能可以用重力势能来代替。

思考题

3-31 在弹性限度内，如果将弹簧的伸长量增加到原来的两倍，那么弹性势能是否也增加为原来的两倍？

3-32 为什么重力势能有正负，弹性势能只有正值，而引力势能只有负值？

3-33 一质点沿如思考题3-33图所示的路径从 i 到 j 和从 k 到 j 保守力所做的功分别为 -30J 和 30J，试问当质点从 i 到 k 此保守力做的功是多少？

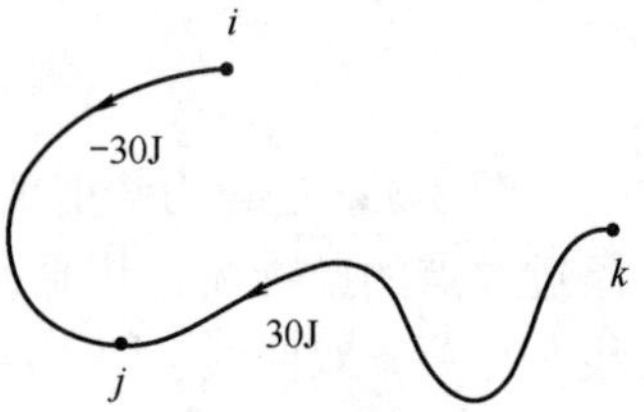

思考题3-33图

3-34 质点质量为 m，高出地面的距离为 h，平日说这一个质点的重力势能为 mgh，但是 $E_p = -\dfrac{GMm}{R+h}$ 表明，这个质点的引力势能为 $-\dfrac{GMm}{R+h}$。二者差别这么大，连符号也相反，如何解释？能不能由后者推出前者？

第九节 功能原理 机械能守恒定律

一、功能原理

根据质点系动能定理有

$$A_{外} + A_{内} = E_{k2} - E_{k1} = \Delta E_k$$

一般情况下，质点系内部既存在保守内力，也存在非保守内力。因此，内力所做功 $A_{内}$ 也可以分为保守内力所做的功 $A_{保内}$ 和非保守内力所做功 $A_{非保内}$ 两部分，于是上式可写成

$$A_{保内} + A_{非保内} + A_{外} = E_{k2} - E_{k1} \tag{3-66}$$

考虑到一切保守内力做功之和等于该质点系势能增量的负值，即

$$A_{保内} = E_{p1} - E_{p2} = -\Delta E_p$$

式中，E_{p1}、E_{p2} 分别为质点系处于始、末位置时的势能。将上式代入式（3-66）得

$$E_{p1} - E_{p2} + A_{非保内} + A_{外} = E_{k2} - E_{k1}$$

$$A_{非保内} + A_{外} = (E_{k2} + E_{p2}) - (E_{k1} + E_{p1}) = \Delta(E_k + E_p) = \Delta E \tag{3-67}$$

式中，$E_{k1} + E_{p1}$ 和 $E_{k2} + E_{p2}$ 分别表示质点系的始、末状态的机械能。式（3-67）表示外力和非保守内力所做功之和等于质点系机械能的增量，这就是**质点系的功能原理**。

需要注意的是质点系的动能定理和功能原理都给出系统的能量的改变和功的关系。前者给出的是动能的改变和功的关系，应当把所有的力的功都计算在内；后者给出的则是机械能的改变和功的关系，由于机械能中的势能的改变已经反映了保守内力的功，因而只需计算保守内力之外的其他力的功。如果在能量中引入重力势能或引力势能，应将地球包括在系统之内，也要将地球动能的变化考虑进去，但由于这一变化很小，通常可以不计在内，选择地球

作为参考系时，可把地球看作完全静止。

例 3-23　如图 3-34 所示，一链条总长为 l，质量为 m，置于桌面上，并使其下垂，下垂段的长度为 a，设链条与桌面之间的滑动摩擦因数为 μ，令链条从静止开始运动。求链条刚刚离开桌面时的速率 v。

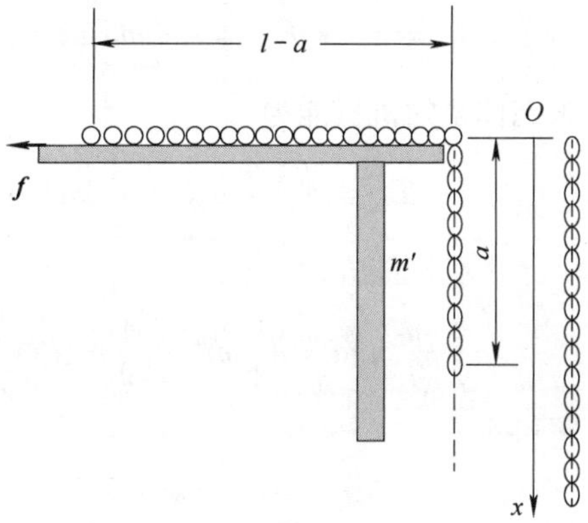

图 3-34　例 3-23 用图

解： 由链条与地球组成一个系统，以桌面高度为重力势能零点，可得初末状态的机械能：

初态　$E_1 = -\dfrac{1}{2}m'ga = -\dfrac{1}{2}\left(\dfrac{a}{l}m\right)ga$

末态　$E_2 = -\dfrac{1}{2}mgl + \dfrac{1}{2}mv^2$

末态与初态的机械能增量

$$\Delta E = -\frac{1}{2}\left(1 - \frac{a^2}{l^2}\right)mgl + \frac{1}{2}mv^2$$

摩擦力 $f = \dfrac{\mu mg}{l}(l - a - x)$，所以摩擦力做功

$$A_{摩擦} = \int_0^{l-a} -\frac{\mu mg}{l}(l - a - x)\,\mathrm{d}x = -\frac{1}{2l}\mu mg(l - a)^2$$

根据功能原理及题意，$A_{摩擦} = \Delta E$，解得

$$v = \sqrt{\frac{g}{l}[(l^2 - a^2) - \mu(l - a)^2]}$$

二、机械能守恒定律

对一质点系来说，如果外力对系统不做功，系统内部又没有非保守力做功，则由式（3-67）有若 $A_{外} + A_{非保内} = 0$，则有 $\Delta E = 0$，即

$$E_{k1} + E_{p1} = E_{k2} + E_{p2} \tag{3-68}$$

亦即质点系始末两态的总机械能保持不变。这就是**质点系的机械能守恒定律**。

机械能守恒的条件是外力和非保守内力都不做功。外力不做功意味着外界物体的能量与系统的机械能之间无能量的传递或转化；非保守内力不做功，表示没有发生机械能和其他形式能量的转化。质点系内的动能和势能之间的转化是通过质点系内的保守力做功来实现的。

需要特别指出的是，机械能守恒定律只适用于惯性参考系，且物体的位移、速度必须相对同一惯性参考系。

例 3-24　如图 3-35 所示，一链条总长为 l，质量为 m，置于桌面上，并使其下垂，下垂段的长度为 a，设链条与桌面之间无摩擦力，令链条从静止开始运动，求链条刚刚离开桌面时的速率 v。

解： 考虑链条和地球组成的系统，该系统中重力是内力，而且是保守内力。外力是桌面

对链条的支持力，支持力与链条位移方向垂直，外力做功为零。因此机械能守恒定律。

以桌面为重力势能的零点。设长度为 a 的链条质量为 m'，则初态体系的机械能为

$$E_1 = E_{k1} + E_{p1} = -\frac{1}{2}m'ga = -\frac{1}{2}\frac{a}{l}mga$$

末态体系的机械能为

$$E_2 = E_{k2} + E_{p2} = \frac{1}{2}mv^2 - \frac{1}{2}mgl$$

由机械能守恒，有

$$-\frac{1}{2}\frac{a}{l}mga = \frac{1}{2}mv^2 - \frac{1}{2}mgl$$

解得

$$v = \sqrt{\frac{g}{l}(l^2 - a^2)}$$

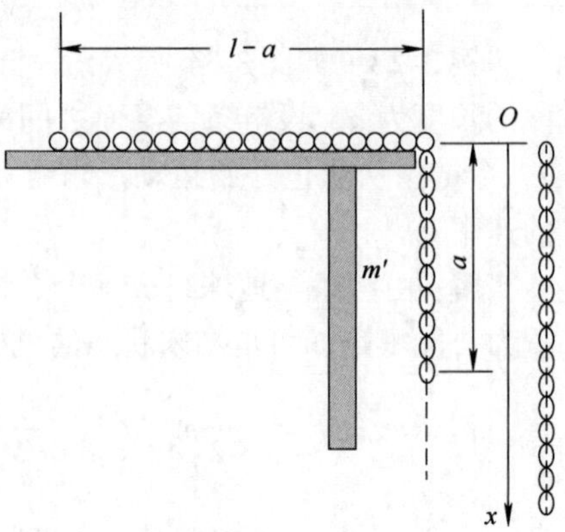

图 3-35 例 3-24 用图

例 3-25 质量为 M、半径为 R 的 1/4 圆周的光滑弧形滑块静止于光滑桌面上，今有质量为 m 的物体由弧的上端 A 点由静止滑下，试求当 m 滑到最低点 B 时，(1) m 相对于 M 的速度 v，及 M 相对于地的速度 V；(2) M 对 m 的作用力 F_N。

解：(1) 设 m 在 B 点时相对 M 的速度为 v，M 对地的速度为 V，对 m、M 系统水平方向动量守恒，对 m、M 和地组成的系统机械能守恒：

$$m(v - V) - MV = 0$$

$$\frac{1}{2}m(v - V)^2 + \frac{1}{2}MV^2 = mgR$$

解得

$$V = m\sqrt{\frac{2Rg}{M(M + m)}}$$

$$v = \sqrt{\frac{2(M + m)Rg}{M}}$$

(2) 当 m 到达 B 点时 M 在水平方向不受外力，可看成惯性系，以 M 为参考系有

$$F_N - mg = m\frac{v^2}{R}$$

$$F_N = \frac{3M + 2m}{M}mg$$

例 3-26 如图 3-36 所示，质量为 m 的物块自 A 点由静止开始沿 1/4 圆轨道下滑，过 B 点时速率为 v_B。圆轨道半径为 R。试分别用：(1) 功的定义；(2) 动能定理和势能定理；(3) 功能原理三种方法求摩擦力对滑块所做的功。

解：(1) 用功的定义求摩擦力的功，需要知道摩擦力的表达式。如图 3-36 所示，物块下滑时，作用于物块上的切向合力为

$$m\frac{\mathrm{d}v}{\mathrm{d}t}=mg\cos\theta-f$$

所以，摩擦力为

$$f=-m\frac{\mathrm{d}v}{\mathrm{d}t}+mg\cos\theta$$

摩擦力的功

$$A=-\int_A^B f\mathrm{d}s=\int_A^B\left(m\frac{\mathrm{d}v}{\mathrm{d}t}-mg\cos\theta\right)\mathrm{d}s$$

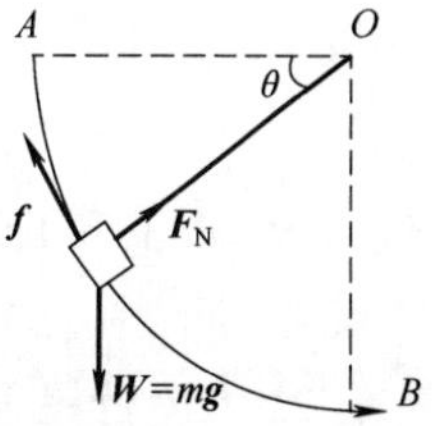

图 3-36　例 3-26 用图

因为 $\mathrm{d}s=v\mathrm{d}t=R\mathrm{d}\theta$，得

$$A=m\int_0^{v_B}v\mathrm{d}v-mgR\int_0^{\frac{\pi}{2}}\cos\theta\mathrm{d}\theta=\frac{1}{2}mv_B^2-mgR$$

（2）取图 3-36 中的 B 点为重力势能零点，据动能定理，有

$$A_f+A_W=\frac{1}{2}mv_B^2$$

据势能定理，重力做功为

$$A_W=-\Delta E_p=mgR$$

所以摩擦力的功为

$$A_f=\frac{1}{2}mv_B^2-mgR$$

（3）据功能原理，取 B 点为重力势能零点，摩擦力的功为

$$A_f=\frac{1}{2}mv_B^2-mgR$$

下面讨论宇宙航行所需要的三种宇宙速度。

1. 环绕速度

卫星绕着地球在半径为 r 的圆轨道上飞行所具有的速度称为环绕速度。在地面上发射物体使其环绕地球运转所需的最小发射速度称为第一宇宙速度，用 v_1 表示，这时物体成为人造地球卫星。

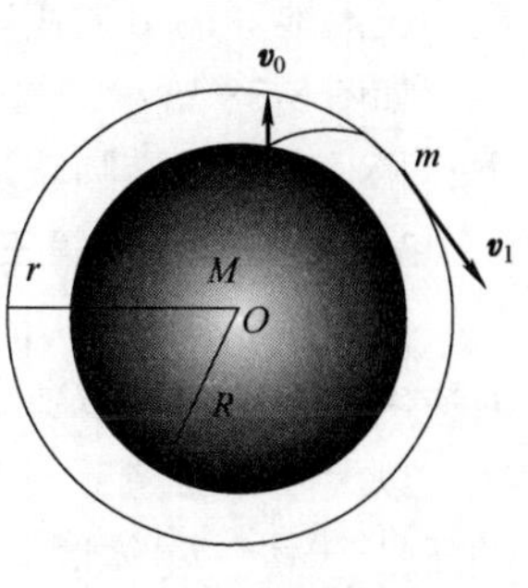

图 3-37　卫星轨道

设 M 和 m 分别为地球和卫星的质量，R 为地球半径，如图 3-37 所示。要把卫星送入半径为 r 的圆形轨道，必须使它具有较大的初动能，以克服地球的引力做功。先计算从地球表面发射卫星，使其进入圆形轨道所需要的发射速度 v_1。

卫星以速度 v_1 环绕地球做圆周运动，所需的向心力由万有引力提供，即

$$m\frac{v_1^2}{r}=G\frac{Mm}{r^2}$$

由此得

$$v_1=\sqrt{G\frac{M}{r}} \qquad ①$$

卫星在地面所受的万有引力等于重力，即

$$mg = G\frac{Mm}{R^2} \quad ②$$

将式②代入式①，解得卫星的环绕速度为

$$v_1 = \sqrt{\frac{gR^2}{r}}$$

上式表明，轨道半径 r 越小，发射速度 v_1 越小。因此卫星在地面附近时，令 $r = R$，其发射速度最小，就是第一宇宙速度 v_1，即

$$v_1 = \sqrt{Rg}$$

代入 $R = 6.37\times10^6\text{m}$，$g = 9.80\text{m/s}^2$，得

$$v_1 = 7.9\times10^3\text{m/s}$$

2. 人造行星 第二宇宙速度

发射速度从 $7.9\times10^3\text{m/s}$ 增大时轨道由椭圆逐渐拉长变大。当速度达到某一程度时，物体将挣脱地球束缚而一去不复返。能使地面上的物体挣脱地球引力束缚的最小发射速度称为第二宇宙速度，用 v_2 表示。

以物体和地球为系统，忽略大气阻力，系统的机械能守恒。在 $r = \infty$ 处，物体脱离地球的引力范围，引力势能为零，动能至少也为零。此时系统的机械能 $E = 0$。因此，在地面发射物体时系统的机械能为

$$\frac{1}{2}mv_2^2 - G\frac{Mm}{R} = 0$$

将式 ② 代入上式，解得第二宇宙速度为

$$v_2 = \sqrt{2Rg}$$

代入 $R = 6.37\times10^6\text{m}$，$g = 9.80\text{m/s}^2$，得

$$v_2 = 11.2\times10^3\text{m/s}$$

显然，只要物体具有不小于 $11.2\times10^3\text{m/s}$ 的发射速度，就能脱离地球的引力作用。这个速度也叫逃逸速度。

如图 3-38 所示，物体逃离地球后，将在太阳引力的作用下，相对太阳沿椭圆轨道运动，成为人造行星。

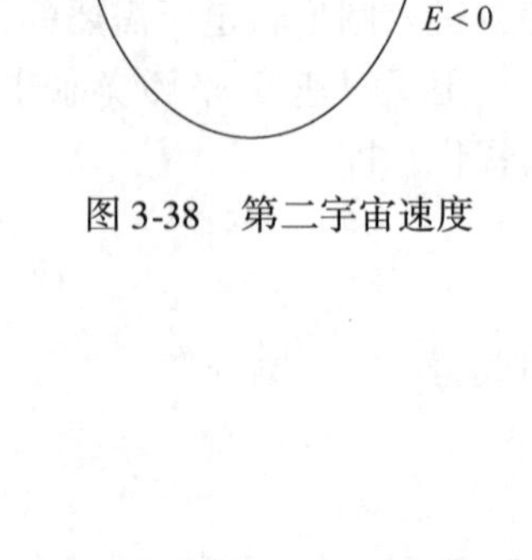

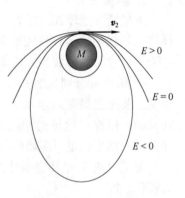

图 3-38 第二宇宙速度

3. 飞出太阳系 第三宇宙速度

使物体脱离太阳引力的束缚而飞出太阳系所需的最小发射速度称为第三宇宙速度，用 v_3 表示。

以太阳为参考系。物体在太阳引力作用下飞行。设太阳的质量为 M_s，物体脱离地球引力时，相对太阳的速度为 v_3'，与太阳之间的距离可近似为地球与太阳之间的距离 R_s。要想脱离太阳引力作用，物体的速度 v_3' 至少应为

$$\frac{1}{2}mv_3'^2 - G\frac{M_s m}{R_s} = 0$$

由此得

$$v_3' = \sqrt{\frac{2GM_s}{R_s}} = 42.2 \times 10^3 \mathrm{m/s}$$

根据速度变换公式，物体相对太阳的速度$\boldsymbol{v}_3'$等于物体相对地球的速度$\boldsymbol{v}'$与地球相对太阳的速度$\boldsymbol{v}_{es}$之矢量和，即$\boldsymbol{v}_3' = \boldsymbol{v}' + \boldsymbol{v}_{es}$。如果$\boldsymbol{v}'$与$\boldsymbol{v}_{es}$同方向，则$\boldsymbol{v}_3'$最大，此时$v_3' = v' + v_{es}$。物体位于地球上，而地球相对太阳的公转速度为$29.8 \times 10^3 \mathrm{m/s}$，可得

$$v' = v_3' - v_{es} = 12.4 \times 10^3 \mathrm{m/s}$$

在以上计算中，忽略了地球的引力，物体在脱离太阳引力的同时必须脱离地球引力，所以发射能量应满足

$$\frac{1}{2}mv_3^2 = \frac{1}{2}mv_2^2 + \frac{1}{2}mv_3'^2$$

由此得第三宇宙速度为

$$v_3 = \sqrt{v_2^2 + v_3'^2} = 16.7 \times 10^3 \mathrm{m/s}$$

三、碰撞

两物体或粒子之间的碰撞是彼此由远及近发生相互作用，从而改变运动状态、改变形状或转化为其他粒子的过程。碰撞泛指强烈而短暂的相互作用过程，如撞击、锻压、爆炸、投掷、喷射等都可以视为广义的碰撞。微观粒子如分子、原子、原子核等相互接近时，由于双方有很强的斥力，迫使它们在接触前就偏离了原来的运动方向而分开，这种碰撞通常称为散射。若将发生碰撞的所有物体看作一个系统，由于作用时间短暂，而且相互冲力远比一般的作用力大，外力的冲量一般可以忽略不计，可认为碰撞物体系统的动量守恒。

如图3-39所示，以小球的直接接触为例来研究碰撞。若两小球在碰撞前后的速度都在两球的连心线上，这种碰撞则称为对心碰撞，也称正碰。假设质量分别为m_1和m_2两球体发生对心碰撞，碰撞前它们速度分别为$\boldsymbol{v}_{10}$和$\boldsymbol{v}_{20}$，碰撞后的速度分别为$\boldsymbol{v}_1$和$\boldsymbol{v}_2$，应用动量守恒定律，有

$$m_1v_{10} + m_2v_{20} = m_1v_1 + m_2v_2 \tag{3-69}$$

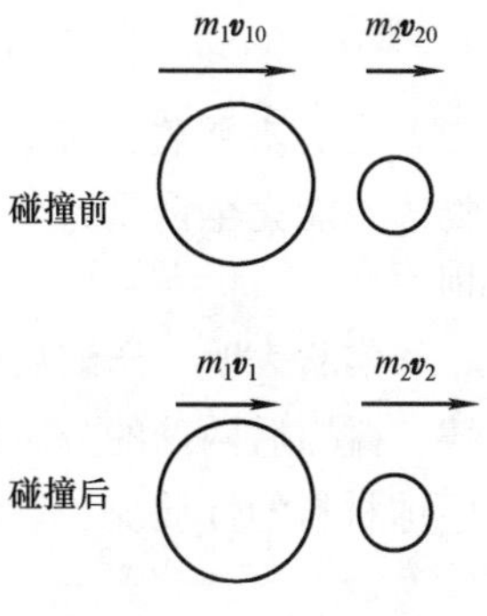

图3-39　碰撞

（1）完全弹性碰撞。在碰撞压缩阶段，两球的部分动能转变为弹性势能，在恢复阶段，弹性势能又完全转变为动能，两球恢复原状。因此，在完全弹性碰撞中，除了碰撞系统的动量守恒外，碰撞过程始末系统动能也保持不变。因此有

$$\frac{1}{2}m_1v_{10}^2 + \frac{1}{2}m_2v_{20}^2 = \frac{1}{2}m_1v_1^2 + \frac{1}{2}m_2v_2^2 \tag{3-70}$$

联立两式解得

$$v_2 - v_1 = v_{10} - v_{20} \tag{3-71}$$

$v_{10} - v_{20}$代表两球接近速度，$v_2 - v_1$代表两球分离速度。

由式（3-70）和式（3-71）可解得

$$v_1 = \frac{(m_1 - m_2)v_{10} + 2m_2v_{20}}{m_1 + m_2}$$

$$v_2 = \frac{(m_2 - m_1)v_{20} + 2m_1v_{10}}{m_1 + m_2}$$

有如下几种弹性碰撞的特例。

① 若两球质量相等，即 $m_1 = m_2$，则有 $v_1 = v_{20}$，$v_2 = v_{10}$，表明两球碰后彼此交换速度。若 m_2 原来静止，则碰后 m_1 静止，m_2 以 m_1 碰前的速度前进。

② 若质量为 m_2 的球在碰前静止，即 $v_{20} = 0$，且 $m_2 \gg m_1$，则有 $v_1 \approx -v_{10}$，$v_2 \approx 0$。结果表明，一个原来静止且质量很大的球在碰后仍然静止，质量很小的球以原速率被弹回。

③ 若 $m_1 \gg m_2$，且 $v_{20} = 0$，则有 $v_1 \approx v_{10}$，$v_2 \approx 2v_{10}$。结果表明，质量很大的球与质量很小的静止球碰撞后，大质量球的速度几乎不变，而小质量球的速度约为大质量球速度的 2 倍。

（2）完全非弹性碰撞。完全非弹性碰撞的特点是，碰撞后两物体不再分开，而以相同的速度运动。子弹射入沙箱后陷入其中，就属于这种碰撞。在这种碰撞过程中，系统的动量仍守恒，但系统的动能要损失，所损失的动能一般转变为热能和其他形式的能。

由动量守恒可解出碰撞后的速度为

$$v = \frac{m_1v_{10} + m_2v_{20}}{m_1 + m_2} \tag{3-72}$$

系统损失的动能

$$\Delta E_k = \left(\frac{1}{2}m_1v_{10}^2 + \frac{1}{2}m_2v_{20}^2\right) - \frac{1}{2}(m_1 + m_2)v^2$$

即

$$E_{k0} - E_k = \frac{m_1m_2(v_{10} - v_{20})^2}{2(m_1 + m_2)} \tag{3-73}$$

（3）非弹性碰撞。在这种碰撞过程中，虽然碰撞后两物体彼此分开，但由于压缩后的物体不能完全恢复原状而有部分形变被保留下来，因此，系统也只是动量守恒，而动能有损失。

实验表明，压缩后的恢复程度取决于碰撞物体的材料。牛顿总结实验结果，提出碰撞定律：碰撞后两球的分离速度 $v_2 - v_1$ 与碰撞前两球的接近速度 $v_{10} - v_{20}$ 之比为一定值，比值由两球材料的性质决定。该比值称为恢复系数，用 e 表示，即

$$e = \left|\frac{v_2 - v_1}{v_{10} - v_{20}}\right| \tag{3-74}$$

由上式可见：若 $e = 0$，则 $v_2 = v_1$，为完全非弹性碰撞；若 $e = 1$，则 $v_2 - v_1 = v_{10} - v_{20}$，为完全弹性碰撞；若 $0 < e < 1$，则为一般碰撞。e 值可以由实验测定。因此，动量守恒定律和碰撞定律是研究正碰的两个基本方程。

例 3-27 如图 3-40 所示，一竖直弹簧一端与质量为 M 的水平板相连接，另一端固定在地面，其劲度系数为 k，一质量为 m 的泥球自板 M 上方 h 处自由下落到板上，求以后泥球与平板一起向下运动的最大位移？

解：本题分为三个过程进行分析。

第一过程，泥球自由下落，视泥块与地球为系统，仅受重力作用，重力是保守力，故机械能守恒，有

$$mgh = \frac{1}{2}mv^2$$

第二过程，取泥块与板为系统，因二者之间的冲力远大于它们所受的外力（包括弹力和重力），所以可以认为系统的动量守恒。设 V 为泥块和板碰撞后的共同速度，则由动量守恒，有

$$mv = (m + M)V$$

第三过程，取泥块、板、弹簧和地球为系统，取板在最初位置时的势能为零，取弹簧自由状态时的弹性势能为零，设由碰撞使弹簧的最大压缩量为 x，板的重量使弹簧的压缩量为 x_0，由机械能守恒有

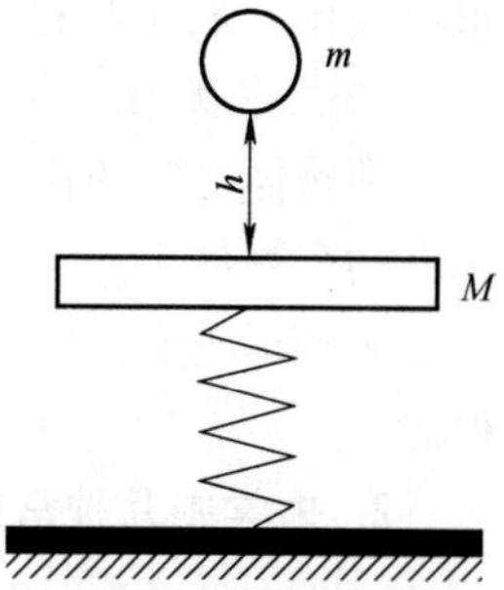

图 3-40　例 3-27 用图

$$\frac{1}{2}kx_0^2 + \frac{1}{2}(m + M)V^2 = \frac{1}{2}k(x_0 + x)^2 - (m + M)gx$$

又由平板最初的平衡条件

$$Mg = kx_0$$

联立上述四个方程，解得

$$x = \frac{mg}{k}\left[1 + \sqrt{1 + \frac{2kh}{(M + m)g}}\right]$$

思考题

3-35　功能原理与动能定理的区别是什么？

3-36　一物体在粗糙的水平面上，用力 F 拉它做匀速直线运动，问物体的运动是否满足机械能守恒的条件？

3-37　举例说明用能量方法和用牛顿定律各自求解哪些力学问题较方便，哪些力学问题不方便？

3-38　有人说，质点系在某一运动过程中，如果机械能守恒，则动量也一定守恒；或者如果动量守恒，则机械能一定也守恒。这个看法对吗？你能举出同一运动过程中机械能守恒但动量不守恒，或动量守恒但机械能不守恒的例子吗？

3-39　为什么在碰撞、爆炸、打击等过程中可以近似地应用动量守恒定律？

3-40　“两物体做非弹性碰撞，它们的总动量是守恒的，而总动能不守恒。”这种说法对吗？为什么？

知 识 提 要

1. 牛顿运动定律

（1）牛顿第一定律：$\boldsymbol{F} = \boldsymbol{0}$，$\boldsymbol{v}$ = 恒矢量

任何物体都将保持其静止或匀速直线运动状态，直到外力迫使它改变状态为止。

（2）牛顿第二定律：$\boldsymbol{F}=m\boldsymbol{a}$

物体受到外力作用时，它所获得的加速度的大小与合外力的大小成正比，而与物体的质量成反比；加速度的方向与合外力的方向相同，并发生在所加力的直线方向上。

（3）牛顿第三定律：$\boldsymbol{F}=-\boldsymbol{F}'$

两物体之间的作用力 $\boldsymbol{F}$ 和反作用力 $\boldsymbol{F}'$ 总是大小相等，方向相反，沿同一直线，分别作用在两个物体上。

牛顿运动定律在惯性系中成立，如果需要在非惯性系中使用，则应引入相应的惯性力的概念。

2. 力学中几种常见的力

（1）万有引力定律：$\boldsymbol{F}_G=-G\dfrac{m_1m_2}{r^2}\hat{\boldsymbol{e}}_r$

（2）地球表面物体重力：$G\dfrac{Mm}{R^2}=mg$

（3）胡克定律：$F=-kx$

（4）摩擦定律：$F_{\mathrm{f0m}}=\mu_0F_{\mathrm{N}}$，$F_{\mathrm{f}}=\mu F_{\mathrm{N}}$

3. 惯性力

（1）平动加速系中的惯性力：$\boldsymbol{F}^*=-m\boldsymbol{a}_0$

（2）惯性离心力：$\boldsymbol{F}^*=-mR\omega^2\boldsymbol{n}$

4. 功和能

（1）功：$A=\int_a^b\boldsymbol{F}\cdot\mathrm{d}\boldsymbol{r}$

（2）功率：$P=\dfrac{\mathrm{d}A}{\mathrm{d}t}$

（3）功在直角坐标系中表达式：$A=\int_a^b\boldsymbol{F}\cdot\mathrm{d}\boldsymbol{r}=\int_a^b(F_x\mathrm{d}x+F_y\mathrm{d}y+F_z\mathrm{d}z)$

功在自然坐标系中表达式：$A=\int_a^b\boldsymbol{F}\cdot\mathrm{d}\boldsymbol{r}=\int_{s_a}^{s_b}F_{\mathrm{t}}\mathrm{d}s$

（4）质点动能定理：$A=E_{\mathrm{k}}-E_{\mathrm{k0}}=\Delta E_{\mathrm{k}}$

质点系动能定理：$A_{外}+A_{内}=E_{\mathrm{k}}-E_{\mathrm{k0}}=\Delta E_{\mathrm{k}}$

5. 保守力 势能

保守力做功表达式：$\oint\boldsymbol{F}_{保}\cdot\mathrm{d}\boldsymbol{r}=0$

重力势能：$E_{\mathrm{p}}=mgh$（势能零点：某一水平面上的点）

弹性势能：$E_{\mathrm{k}}=\dfrac{1}{2}kx^2$（势能零点：弹簧原长处）

万有引力势能：$E_{\mathrm{p}}=-G\dfrac{m'm}{r}$（势能零点：$r=\infty$ 处）

6. 功能原理 机械能守恒定律

质点系功能原理：$A_{外}+A_{非保内}=\Delta E$

机械能守恒定律：仅当外力和非保守内力都不做功或其元功的代数和为零时，质点系内各质点间动能和势能可以相互转换，但它们的总和（即总机械能）保持不变。

能量守恒定律：对一个封闭系统来说，系统内的各种形式的能量可以相互转换，也可以从系统的一部分转移到另一部分，但无论发生何种变化，能量既不能凭空地产生也不能凭空地消失，能量总和总是一个常量。

7. 宇宙速度

第一宇宙速度：$v_1 = \sqrt{Rg} = 7.9 \times 10^3 \mathrm{m/s}$

第二宇宙速度：$v_2 = \sqrt{2Rg} = 11.2 \times 10^3 \mathrm{m/s}$

第三宇宙速度：$v_3 = 16.7 \times 10^3 \mathrm{m/s}$

8. 动量与冲量

质心公式：$\boldsymbol{r}_c = \dfrac{m_1\boldsymbol{r}_1 + m_2\boldsymbol{r}_2 + \cdots + m_i\boldsymbol{r}_i + \cdots}{m_1 + m_2 + \cdots + m_i + \cdots} = \dfrac{\sum\limits_{i=1}^{n} m_i\boldsymbol{r}_i}{m}$

质心坐标：$x_c = \dfrac{\sum\limits_{i=1}^{n} m_i x_i}{m}, \quad y_c = \dfrac{\sum\limits_{i=1}^{n} m_i y_i}{m}, \quad z_c = \dfrac{\sum\limits_{i=1}^{n} m_i z_i}{m}$

质量连续分布质心坐标：$x_c = \dfrac{1}{m}\int x\mathrm{d}m, \quad y_c = \dfrac{1}{m}\int y\mathrm{d}m, \quad z_c = \dfrac{1}{m}\int z\mathrm{d}m$

质心运动定律：$\boldsymbol{F}_\mathrm{e} = m\dfrac{\mathrm{d}v_c}{\mathrm{d}t} = m\boldsymbol{a}_c$

变力冲量：$\boldsymbol{I} = \int_{t_0}^{t} \boldsymbol{F}\mathrm{d}t = \overline{\boldsymbol{F}}(t - t_0) = \overline{\boldsymbol{F}}\Delta t$

合力冲量：$\boldsymbol{I} = \int_{t_0}^{t}\left(\sum_i \boldsymbol{F}_i\right)\mathrm{d}t = \sum_i \int_{t_0}^{t} \boldsymbol{F}_i \mathrm{d}t = \sum_i \boldsymbol{I}_i$

质点动量定理积分形式：$\boldsymbol{I} = \int_{t_0}^{t} \boldsymbol{F}\mathrm{d}t = \int_{p_0}^{p} \mathrm{d}\boldsymbol{p} = \boldsymbol{p} - \boldsymbol{p}_0$

质点动量定理分量式：$\begin{cases} I_x = \int_{t_0}^{t} F_x \mathrm{d}t = p_x - p_{0x} \\ I_y = \int_{t_0}^{t} F_y \mathrm{d}t = p_y - p_{0y} \\ I_z = \int_{t_0}^{t} F_z \mathrm{d}t = p_z - p_{0z} \end{cases}$

质点系动量定理：$\boldsymbol{I} = \sum_i \boldsymbol{I}_i = \boldsymbol{p} - \boldsymbol{p}_0$

动量守恒定律：若 $\sum_i \boldsymbol{F}_i = 0$，则有 $\sum_i \boldsymbol{p}_i = \sum_i m_i\boldsymbol{v}_i =$ 常矢量

动量守恒定律分量式：$\begin{cases} \sum_i m_i v_{ix} = C_1 \\ \sum_i m_i v_{iy} = C_2 \\ \sum_i m_i v_{iz} = C_3 \end{cases}$

9. 角动量 角动量守恒定律

力对参考点的力矩：$\boldsymbol{M}=\boldsymbol{r}\times\boldsymbol{F}$

质点对参考点的角动量：$\boldsymbol{L}=\boldsymbol{r}\times\boldsymbol{p}=\boldsymbol{r}\times m\boldsymbol{v}$

质点角动量定理微分形式：$\boldsymbol{M}=\dfrac{\mathrm{d}\boldsymbol{L}}{\mathrm{d}t}$

质点角动量定理积分形式：$\int_{t_0}^{t}\boldsymbol{M}\mathrm{d}t=\boldsymbol{L}-\boldsymbol{L}_0$

质点角动量守恒定律：若 $\boldsymbol{M}=\boldsymbol{0}$，则 $\boldsymbol{L}=\boldsymbol{r}\times\boldsymbol{p}=\boldsymbol{r}\times m\boldsymbol{v}=$ 常矢量

质点系角动量定理微分形式：$\dfrac{\mathrm{d}\boldsymbol{L}}{\mathrm{d}t}=\boldsymbol{M}_{外}$

质点系角动量定理积分形式：$\boldsymbol{L}-\boldsymbol{L}_0=\int_0^t\boldsymbol{M}_{外}\mathrm{d}t$

质点系角动量守恒定律：当 $\boldsymbol{M}_{外}=\boldsymbol{0}$ 时，$\boldsymbol{L}=$ 常矢量

10. 变质量系统问题

火箭方程：$m'\dfrac{\mathrm{d}\boldsymbol{v}}{\mathrm{d}t}=\boldsymbol{F}+\boldsymbol{u}\dfrac{\mathrm{d}m'}{\mathrm{d}t}$，$\boldsymbol{u}\dfrac{\mathrm{d}m'}{\mathrm{d}t}$ 叫作火箭发动机推力。

11. 碰撞

正碰：若 $e=1$，为完全弹性碰撞

若 $e=0$，为完全非弹性碰撞

若 $0<e<1$，为非完全弹性碰撞

$$e=\left|\frac{v_2-v_1}{v_{10}-v_{20}}\right|$$

习　题

一、基础练习

3-1　工地上有一吊车，将甲、乙两块混凝土预制板吊起送至高空。甲块质量为 $m_1=2.00\times10^2\mathrm{kg}$，乙块质量为 $m_2=1.00\times10^2\mathrm{kg}$。设吊车、框架和钢丝绳的质量不计。试求下述两种情况下，钢丝绳所受的张力以及乙块对甲块的作用力：

（1）两物块以 $10.0\mathrm{m/s^2}$ 的加速度上升；（答案：$5.94\times10^3\mathrm{N}$，$-1.98\times10^3\ \mathrm{N}$）

（2）两物块以 $1.0\mathrm{m/s^2}$ 的加速度上升。从本题的结果，你能体会到起吊重物时必须缓慢加速的道理吗？（答案：$3.24\times10^3\ \mathrm{N}$，$-1.08\times10^3\mathrm{N}$）

3-2　在一只半径为 R 的半球形碗内，有一粒质量为 m 的小钢球，当小球以角速度 ω 在水平面内沿碗内壁做匀速圆周运动时，它距碗底有多高？$\left(\text{答案：}R-\dfrac{g}{\omega^2}\right)$

3-3　质量为 m 的跳水运动员，从 10.0m 高台上由静止跳下落入水中。高台距水面距离为 h。把跳水运动员视为质点，并略去空气阻力。运动员入水后垂直下沉，水对其阻力为 bv^2，其中 b 为常量。若以水面上一点为坐标原点 O，竖直向下为 Oy 轴，求：（1）运动员在水中的速率 v 与 y 的函数关系；（答案：$\sqrt{2gh}\mathrm{e}^{-by/m}$）

（2）若 $b/m=0.40/\mathrm{m}$，跳水运动员在水中下沉多少距离才能使其速率 v 减少到落水速率 v_0 的 1/10？假定跳水运动员在水中的浮力与所受的重力大小恰好相等。（答案：5.76m）

3-4　质量为 m' 的长平板 A 以速度 v' 在光滑平面上做直线运动，现将质量为 m 的木块轻轻平稳地放在长平板上，板与木块之间的动摩擦因数为 μ，求木块在长平板上滑行多远才能与板取得共同速度？$\left(\text{答案：}\dfrac{m'v'^2}{2\mu g\ (m'+m)}\right)$

3-5　一质点沿 x 轴运动，其所受的力如习题 3-5 图所示，设 $t=0$ 时，$v_0=5\mathrm{m/s}$，$x_0=2\mathrm{m}$，质点质量 $m=1\mathrm{kg}$，试求该质点 7s 末的速度和位置坐标。（答案：40m/s，142m）

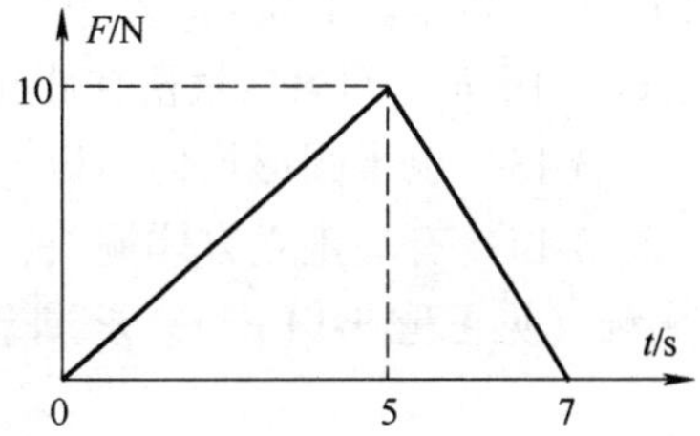

习题 3-5 图

3-6　一质量为 10kg 的质点在力 F 的作用下沿 x 轴做直线运动，已知 $F=120t+40$，其中 F 的单位为 N，t 的单位为 s。在 $t=0$ 时，质点位于 $x=5.0\mathrm{m}$ 处，其速度 $v_0=6.0\mathrm{m/s}$。求质点在任意时刻的速度和位置。（答案：$6.0+4.0t+6.0t^2$，$5.0+6.0t+2.0t^2+2.0t^3$）

3-7　用力 $\boldsymbol{F}$ 推水平地面上一质量为 M 的木箱（见习题 3-7 图）。设力 $\boldsymbol{F}$ 与水平面的夹角为 θ，木箱与地面间的滑动摩擦因数和静摩擦因数分别为 μ_k 和 μ_s。

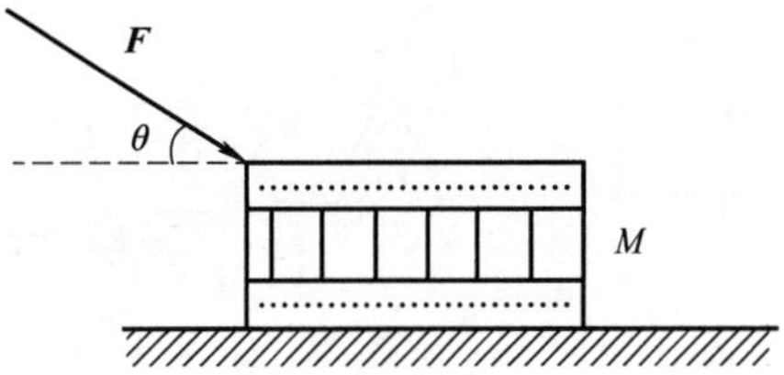

习题 3-7 图

（1）要推动木箱，$\boldsymbol{F}$ 至少应多大？此后维持木箱匀速前进，$\boldsymbol{F}$ 应需多大？$\left(\text{答案：}\dfrac{\mu_s Mg}{\cos\theta-\mu_s\sin\theta},\ \dfrac{\mu_k Mg}{\cos\theta-\mu_k\sin\theta}\right)$

（2）证明当 θ 角大于某一值时，无论用多大的力 $\boldsymbol{F}$ 也不能推动木箱。此时 θ 角是多大？$\left(\text{答案：}\arctan\dfrac{1}{\mu_s}\right)$

3-8　习题 3-8 图中 A 为定滑轮，B 为动滑轮，物体的质量分别 $m_1=200\mathrm{g}$，$m_2=100\mathrm{g}$，$m_3=50\mathrm{g}$。

（1）求每个物体的加速度。（答案：$a_1=1.96\mathrm{m/s^2}$，向下；$a_2=1.96\mathrm{m/s^2}$，向下；$a_3=5.88\mathrm{m/s^2}$，向上）

（2）求两根绳中的张力 F_{T1} 和 F_{T2}。假定滑轮和绳的质量以及绳的伸长和摩擦力均可忽略。（答案：1.57N，0.784N）

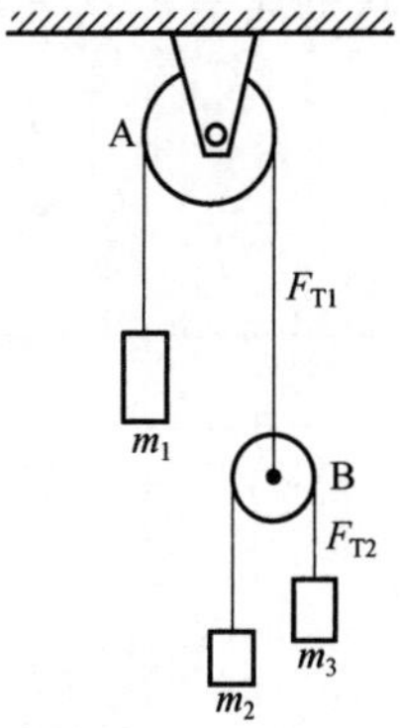

习题 3-8 图

3-9　质量为 m 的物体，由水平面上点 O 以初速度 $\boldsymbol{v}_0$ 抛出，$\boldsymbol{v}_0$ 与水平面成仰角 α。若不计空气阻力，求：

（1）物体从发射点 O 到最高点的过程中，重力的冲量；（答案：$-mv_0\sin\alpha\boldsymbol{j}$）

（2）物体从发射点到落回至同一水平面的过程中，重力的冲量。（答案：$-2mv_0\sin\alpha\boldsymbol{j}$）

3-10　质量为 m 的小球，在力 $F=-kx$ 作用下运动，已知 $x=A\cos\omega t$，其中 k、ω、A 均

为正常量。求在 $t=0$ 到 $t=\frac{\pi}{2\omega}$ 时间内小球动量的增量。$\left(答案：-\frac{kA}{\omega}\right)$

3-11 如习题 3-11 图所示，在水平地面上，有一横截面 $S=0.20\text{m}^2$ 的直角弯管，管中有流速为 $v=3.0\text{m/s}$ 的水通过，求弯管所受力的大小和方向。(答案：$2.5\times10^3\text{N}$，作用力的方向则沿直角平分线指向弯管外侧)

3-12 一做斜抛运动的物体，在最高点炸裂为质量相等的两块，最高点距离地面为 19.6m。爆炸后 1.00s，第一块落到爆炸点正下方的地面上，此处距抛出点的水平距离为 $1.00\times10^2\text{m}$。问第二块落在距抛出点多远的地面上？设空气的阻力不计。(答案：500m)

3-13 求半圆形均匀薄板的质心。(答案：对称半径上距圆心 $4/3\pi$ 半径处)

3-14 有一正立方体铜块，边长为 a。今在其下半部中央挖去一截面半径为 $a/4$ 的圆柱形洞（见习题 3-14 图）。求剩余铜块的质心位置。(答案：立方体中心上方 $0.061a$ 处)

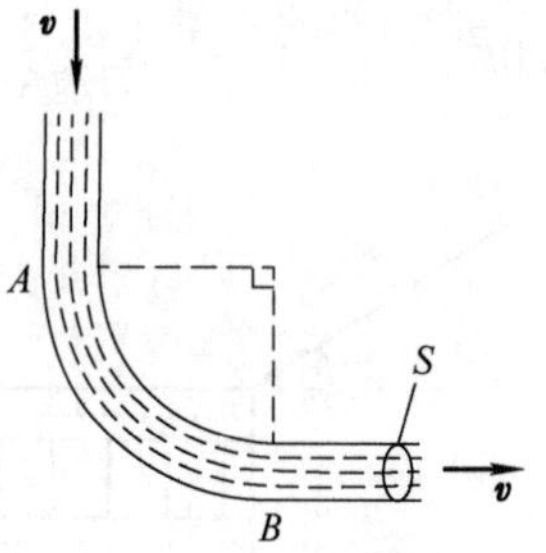

习题 3-11 图

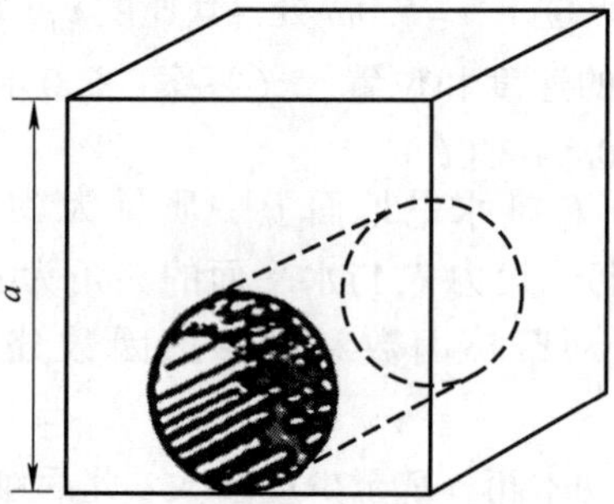

习题 3-14 图

3-15 哈雷彗星绕太阳运动的轨道是一个椭圆。它离太阳最近距离是 $r_1=8.75\times10^{10}\text{m}$，此时它的速率是 $v_1=5.46\times10^4\text{m/s}$。它离太阳最远时的速率是 $v_2=9.08\times10^2\text{m/s}$，这时它离太阳的距离 r_2 是多少？(答案：$5.26\times10^{12}\text{m}$)

3-16 用绳系一小物块使之在光滑水平面上做圆周运动（见习题 3-16 图），圆半径为 r_0，速率为 v_0。今缓慢地拉下绳的另一端，使圆半径逐渐减小。求圆半径缩短至 r 时，小物块的速率 v。(答案：v_0r_0/r)

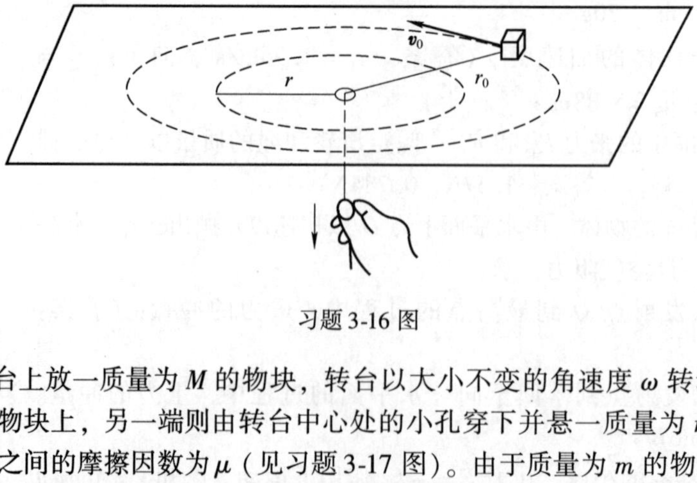

习题 3-16 图

3-17 在转台上放一质量为 M 的物块，转台以大小不变的角速度 ω 转动，一条光滑的绳子，一端系在物块上，另一端则由转台中心处的小孔穿下并悬一质量为 m 的物块。设 M 物块和转台平面之间的摩擦因数为 μ（见习题 3-17 图）。由于质量为 m 的物块向下拉绳，求

M 物块与转台平面相对静止时半径 r 的最大值和最小值。$\left(答案：r_{\max}=\dfrac{1}{M\omega^2}(mg+\mu Mg),\ r_{\min}=\dfrac{1}{M\omega^2}(mg-\mu Mg)\right)$

3-18 一匹马拉着雪橇沿着冰雪覆盖的圆弧形路面极缓慢地匀速移动。设圆弧路面的半径为 R（见习题 3-18 图），马对雪橇的拉力总是平行于路面，雪橇的质量为 m，与路面的滑动摩擦因数为 μ_k。当把雪橇由底端拉上 45°圆弧时，马对雪橇做功多少？重力和摩擦力各做功多少？（答案：$mgR[(1-\sqrt{2}/2)+\sqrt{2}\mu_k/2]$；$mgR(\sqrt{2}/2-1)$，$-\sqrt{2}mgR\mu_k/2$）

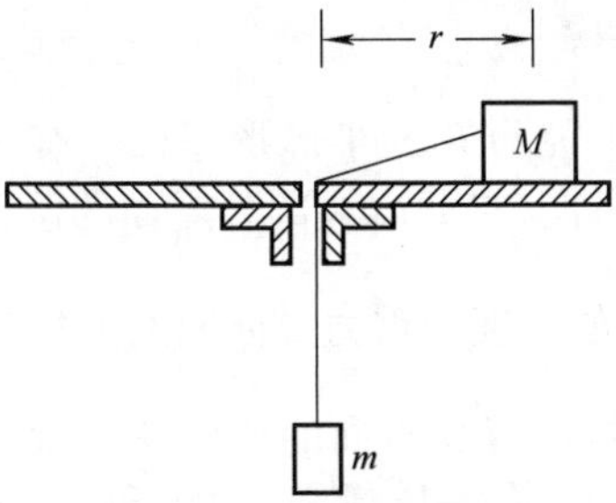

习题 3-17 图

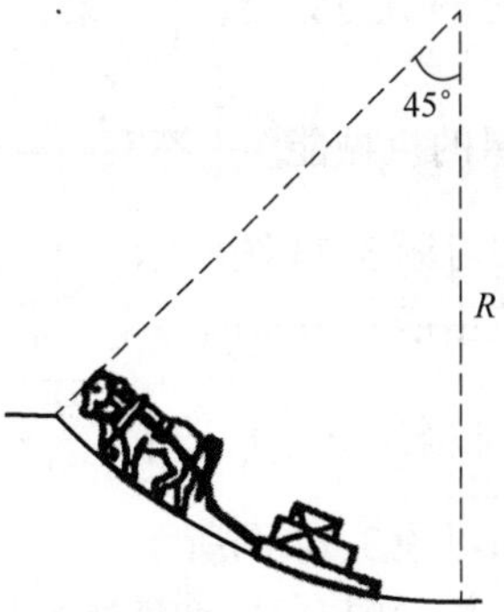

习题 3-18 图

3-19 如习题 3-19 图所示，一木块 M 静止在光滑水平面上。一子弹 m 沿水平方向以速度 $\boldsymbol{v}$ 射入木块内一段距离 s' 而停在木块内。

（1）在这一过程中子弹和木块的动能变化各是多少？子弹和木块间的摩擦力对子弹和木块各做了多少功？$\left(答案：\dfrac{1}{2}mv^2\left[\left(\dfrac{m}{m+M}\right)^2-1\right],\ \dfrac{1}{2}M\left(\dfrac{mv}{m+M}\right)^2\right)$

（2）证明子弹和木块的总机械能的增量等于一对摩擦力之一沿相对位移 s' 做的功。（答案略）

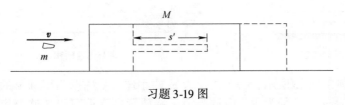

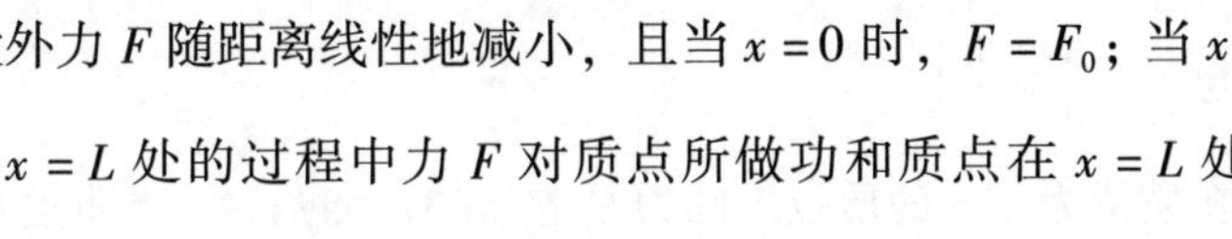

习题 3-19 图

3-20 质量为 m 的质点在外力 F 的作用下沿 Ox 轴运动，已知 $t=0$ 时质点位于原点，且初始速度为零。设外力 F 随距离线性地减小，且当 $x=0$ 时，$F=F_0$；当 $x=L$ 时，$F=0$。试求质点从 $x=0$ 到 $x=L$ 处的过程中力 F 对质点所做功和质点在 $x=L$ 处的速率。$\left(答案：\dfrac{F_0L}{2},\ \left(\dfrac{F_0L}{m}\right)^{1/2}\right)$

3-21 一端固定的细绳，跨过动滑轮 B 和定滑轮 A，其另一端拴一个与动滑轮 B 的质量相等的重物 C，设其质量为 m。如习题 3-21 图所示，动滑轮 B 与一固定于地面的铅直弹簧

(其劲度系数为 k) 相连接。当 $x=h$ 时，整个装置处于静止状态。当重物 C 被拉到地面（即 $x=0$）时，弹簧的弹性势能、动滑轮 B 和重物 C 的重力势能各改变多少？（答案：$\Delta E_{p弹}=mgh/2+kh^2/8$，$\Delta E_{pB}=mgh/2$，$\Delta E_{pC}=-mgh$）

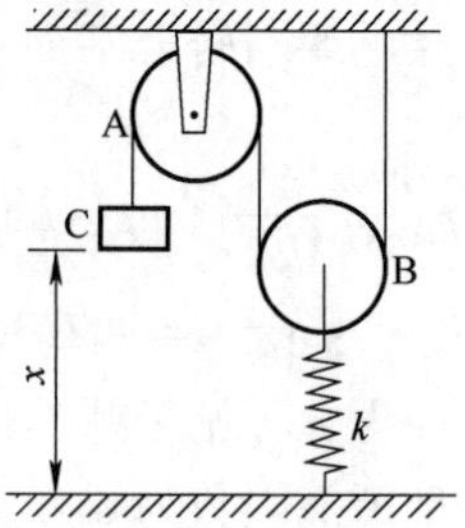

习题 3-21 图

3-22　一质量为 m 的地球卫星，沿半径为 $3R_E$ 的圆轨道运动，R_E 为地球的半径。已知地球的质量为 m_E。求：

（1）卫星的动能；$\left(答案：G\dfrac{m_E m}{6R_E}\right)$；

（2）卫星的引力势能；$\left(答案：-G\dfrac{m_E m}{3R_E}\right)$

（3）卫星的机械能。$\left(答案：-G\dfrac{m_E m}{6R_E}\right)$

3-23　如习题 3-23 图所示，天文观测台有一半径为 R 的半球形屋面，有一冰块从光滑屋面的最高点由静止沿屋面滑下，若摩擦力略去不计，求此冰块离开屋面的位置以及在该位置的速度。$\left(答案：\theta=48.2°；\sqrt{\dfrac{2Rg}{3}}，离开屋面时的速度与重力方向间的夹角为 41.8°\right)$

3-24　如习题 3-24 图所示，一质量为 m' 的物块放置在斜面的最底端 A 处，斜面的倾角为 α，高度为 h，物块与斜面的滑动摩擦因数为 μ，今有一质量为 m 的子弹以速度 $\boldsymbol{v}_0$ 沿水平方向射入物块并留在其中，且使物块沿斜面向上滑动，求物块滑出顶端时的速度大小。$\left(答案：\sqrt{\left(\dfrac{m}{m'+m}v_0\cos\alpha\right)^2-2hg\ (\mu\cot\alpha+1)}\right)$

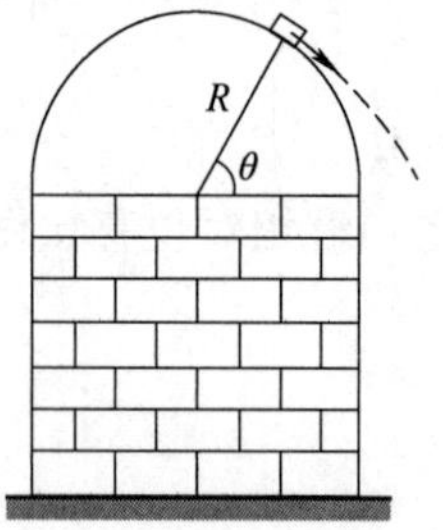

习题 3-23 图

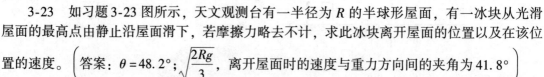

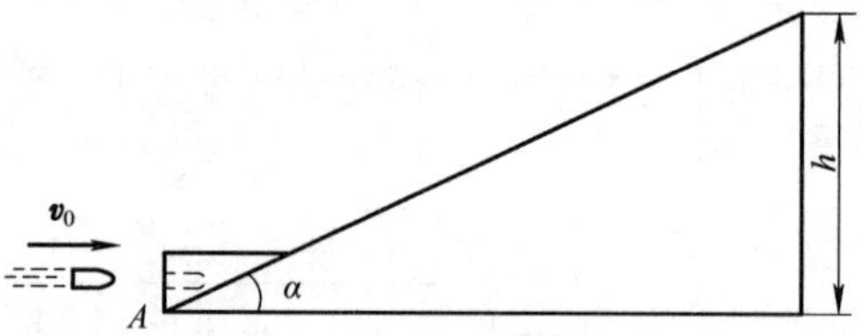

习题 3-24 图

3-25　如习题 3-25 图所示，一个质量为 m 的小球，从内壁为半球形的容器边缘点 A 滑下。设容器质量为 m'，半径为 R，内壁光滑，并放置在摩擦可以忽略的水平桌面上。开始时小球和容器都处于静止状态。当小球沿内壁滑到容器底部的点 B 时，受到向上的支持力为多大？$\left(答案：mg\left(3+\dfrac{2m}{m'}\right)\right)$

3-26　设作用在质量为 2kg 的质点上的力是 $\boldsymbol{F}=(3\hat{\boldsymbol{i}}+5\hat{\boldsymbol{j}})$ N。当质点从原点移动到位矢为 $\boldsymbol{r}=(2\hat{\boldsymbol{i}}-3\hat{\boldsymbol{j}})$ m 处时，此力所做的功有多大？它与路径有无关系？如果此力是作用在质点上唯一的力，则质点的动能将变化多少？(答案：-9J)

3-27　质量 $m=6\times10^{-3}$kg 的小球，系于绳的一端，绳的另一端固结在 O 点，绳长为 1m（见习题 3-27 图）。今将小球拉升至水平位置 A，然后放手，求当小球经过圆弧上 B、

C、D 点时的：

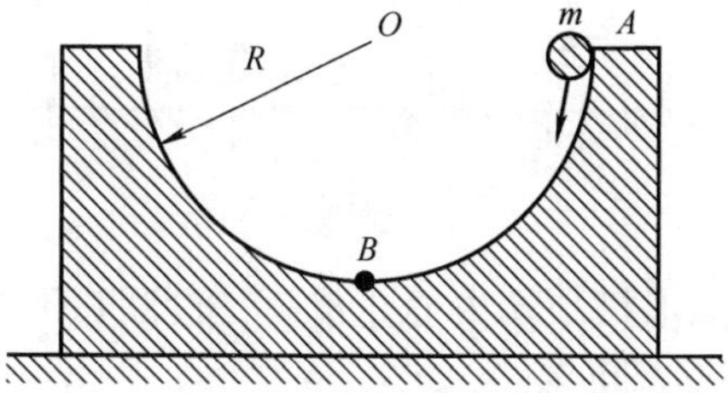

习题 3-25 图

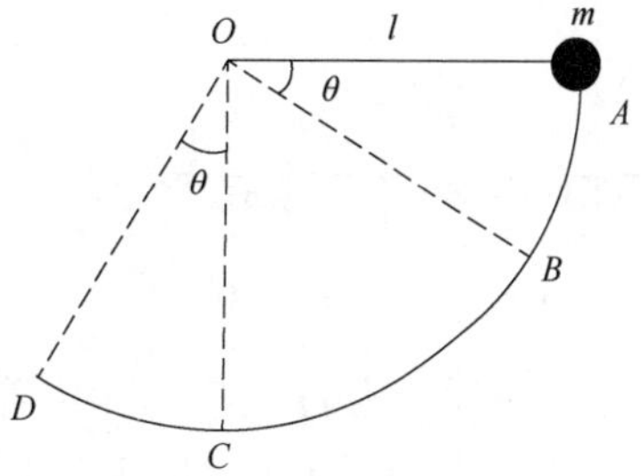

习题 3-27 图

（1）速度；（答案：3.13m/s，4.43m/s，4.12m/s）

（2）加速度；（答案：13.8m/s^2，与切向夹角为 $49°6'$；19.6m/s^2，沿法向；17.7m/s^2，与切向夹角为 $16°6'$）

（3）绳中的张力。假定空气阻力不计，$\theta = 30°$。（答案：8.82×10^{-2}N，0.176N，0.153N）

3-28　有一保守力 $\boldsymbol{F} = (-Ax + Bx^2)\hat{\boldsymbol{i}}$，沿 x 轴作用于质点上，其中 A、B 为常量，x 以 m 计，F 以 N 计。

（1）取 $x=0$ 时 $E_p=0$，试计算与此力相应的势能；$\left(\text{答案：}\dfrac{A}{2}x^2-\dfrac{B}{3}x^3\right)$

（2）求质点从 $x=2$m 运动到 $x=3$m 时势能的变化。$\left(\text{答案：}\dfrac{5}{2}A-\dfrac{19}{3}B\right)$

3-29　一质量为 m 的质点做平面运动，其位矢为 $\boldsymbol{r}=a\cos\omega t\hat{\boldsymbol{i}}+b\sin\omega t\hat{\boldsymbol{j}}$，其中 a、b 为正值常量，且 $a>b$。问：

（1）此质点做的是什么运动？其轨迹方程怎样？$\left(\text{答案：椭圆，}\left(\dfrac{x}{a}\right)^2+\left(\dfrac{y}{b}\right)^2=1\right)$

（2）质点在 A 点 $(a,0)$ 和 B 点 $(0,b)$ 时的动能有多大？$\left(\text{答案：}\dfrac{1}{2}mb^2\omega^2,\ \dfrac{1}{2}ma^2\omega^2\right)$

（3）质点所受作用力 $\boldsymbol{F}$ 多大？当质点从 A 点运动到 B 点时，求 $\boldsymbol{F}$ 的分力 $F_x\hat{\boldsymbol{i}}$ 和 $F_y\hat{\boldsymbol{j}}$ 所做的功；$\left(\text{答案：}-m\omega^2 r,\ \dfrac{1}{2}m\omega^2a^2,\ -\dfrac{1}{2}m\omega^2b^2\right)$

（4）$\boldsymbol{F}$ 是保守力吗？为什么？（答案：略）

3-30　习题 3-30 图是一种测定子弹速度的方法。子弹水平地射入一端固定在弹簧上的木块内，由弹簧压缩的距离求出子弹的速度。已知子弹质量是 0.02kg，木块质量是 8.98kg，弹簧的劲度系数是 100N/m，子弹射入木块后，弹簧被压缩 10cm。设木块与平面间的动摩擦因数为 0.2，求子弹的速度。（答案：319m/s）

3-31　如习题 3-31 图所示，一轻质弹簧劲度系数为 k，两端各固定一质量均为 M 的物块 A 和 B，放在水平光滑桌面上静止。今有一质量为 m 的子弹沿弹簧的轴线方向以速度 $\boldsymbol{v}_0$ 射入一物块而不复出，求此后弹簧的最大压缩长度。$\left(\text{答案：}mv_0\left[\dfrac{M}{k(M+m)(2M+m)}\right]^{1/2}\right)$

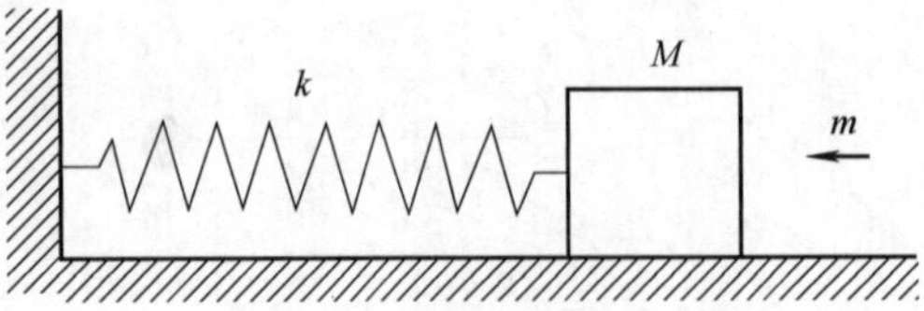

习题 3-30 图

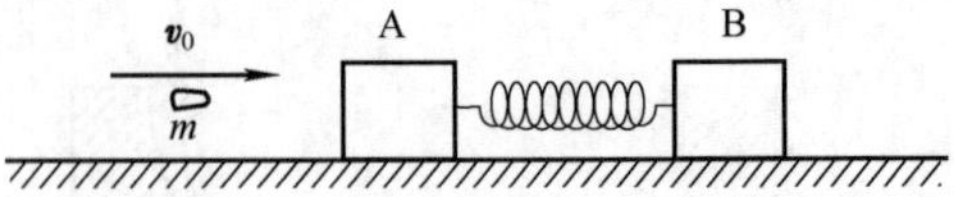

习题 3-31 图

3-32 一质量为 m 的物体，从质量为 M 的圆弧形槽顶端由静止滑下，设圆弧形槽的半径为 R，张角为 $\pi/2$（见习题 3-32 图）。如所有摩擦都可忽略，求：

（1）物体刚离开槽底端时，物体和槽的速度各是多少？$\left(答案：\sqrt{\dfrac{2MgR}{M+m}}，-m\sqrt{\dfrac{2gR}{M(M+m)}}\right)$

（2）在物体从 A 滑到 B 的过程中，物体对槽所做的功；$\left(答案：\dfrac{m^2gR}{M+m}\right)$

（3）物体到达 B 时对槽的压力。$\left(答案：\left(3+\dfrac{2m}{M}\right)mg\right)$

3-33 如习题 3-33 图所示，在水平光滑平面上有一轻质弹簧，一端固定，另一端系一质量为 m 的小球。弹簧劲度系数为 k，最初静止于其自然长度 l_0。今有一质量为 m_1 的子弹沿水平方向垂直于弹簧轴线以速度 $\boldsymbol{v}_0$ 射中小球而不复出。求此后当弹簧长度为 l 时，小球速度 $\boldsymbol{v}$ 的大小和它的方向与弹簧轴线的夹角 θ。$\left(答案：\left[\dfrac{m_1^2v_0^2}{(m+m_1)^2}-\dfrac{k}{m+m_1}(l-l_0)^2\right]^{1/2}，\arcsin\left[\dfrac{m_1v_0l_0}{(m+m_1)vl}\right]\right)$

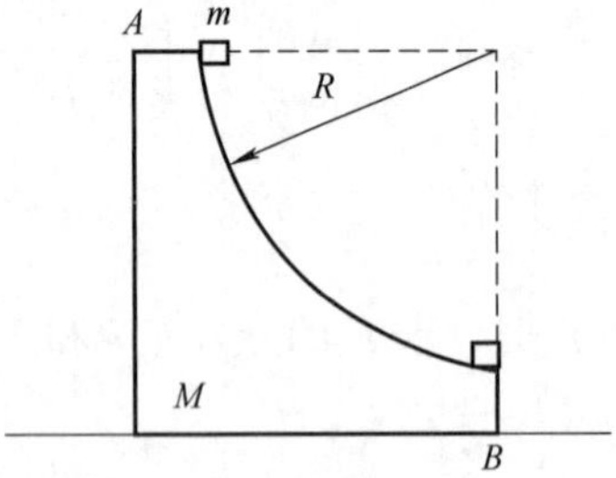

习题 3-32 图

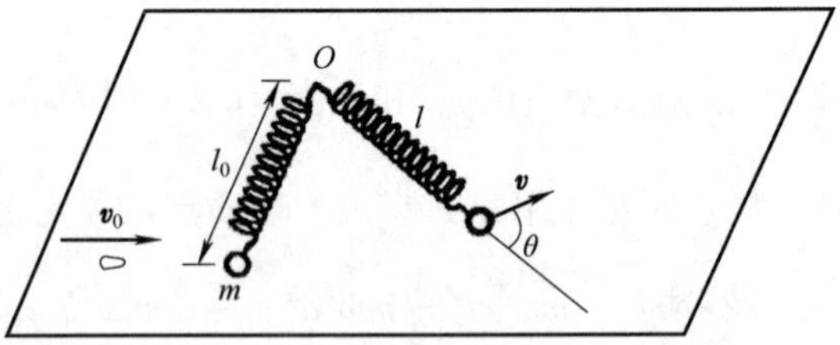

习题 3-33 图

二、综合提高

3-34 直升机的螺旋桨由两个对称的叶片组成，每一叶片的质量 $m=136\text{kg}$，长 $l=3.66\text{m}$。求当它的转速 $n=320\text{r/min}$ 时，两个叶片根部的张力。（设叶片是宽度一定、厚度均匀的薄片）（答案：$-2.79\times10^5\text{N}$）

3-35 一质量为 m 的石块，以初速度 $\boldsymbol{v}_0$ 垂直上抛，设空气阻力为 $f_r=kv$（k 为比例常数），试求石块上升到最高点所需的时间。$\left(答案：t=\dfrac{m}{k}\ln\left(1+\dfrac{kv_0}{mg}\right)\right)$

3-36　摩托快艇以初速率 v_0 行驶，它受到的摩擦阻力与速率平方成正比，设比例系数为常数 k，则可表示为 $F=-kv^2$。设摩托快艇的质量为 m，当摩托快艇发动机关闭后，

（1）求速率 v 对时间的变化规律；$\left(\text{答案：}v=\dfrac{v_0}{1+v_0k't}\right)$

（2）求路程 x 对时间的变化规律；$\left(\text{答案：}x=\dfrac{1}{k}\ln(1+v_0k't)\right)$

（3）证明速率 v 与路程 x 之间有如下关系：

$$v=v_0\mathrm{e}^{-k'x}$$

式中的 $k'=k/m$。（证明略）

（4）如果 $v_0=20\text{m/s}$，经 15s 后，速度降为 $v_t=10\text{m/s}$，求 k'。$\left(\text{答案：}\dfrac{1}{300}/\text{m}\right)$

（5）画出 x、v、a 随时间变化的图形。（图略）

3-37　飞机降落时，以 $\boldsymbol{v}_0$ 的水平速度着落后自由滑行，滑行期间飞机受到的空气阻力 $F_1=-k_1v^2$，升力 $F_2=k_2v^2$，其中 v 为飞机的滑行速度，两个系数之比 k_1/k_2 称为飞机的升阻比。实验表明，物体在流体中运动时，所受阻力与速度的关系与多种因素有关，如速度大小、流体性质、物体形状等。在速度较小或流体密度较小时有 $F\propto v$，而在速度较大或流体密度较大时有 $F\propto v^2$，需要精确计算时则应由实验测定。本题中由于飞机速率较大，故取 $F\propto v^2$ 作为计算依据。设飞机与跑道间的滑动摩擦因数为 μ，试求飞机从触地到静止所滑行的距离。以上计算实际上已成为飞机跑道长度设计的依据之一。$\left(\text{答案：}x=\dfrac{k_2v_0^2}{2g(k_1-\mu k_2)}\ln\left(\dfrac{k_1}{\mu k_2}\right)\right)$

3-38　如习题 3-38 图所示，电梯相对地面以加速度 $\boldsymbol{a}$ 竖直向上运动。电梯中有一滑轮固定在电梯顶部，滑轮两侧用轻绳悬挂着质量分别为 m_1 和 m_2 的物体 A 和 B。设滑轮的质量和滑轮与绳索间的摩擦均略去不计。已知 $m_1>m_2$，如以加速度运动的电梯为参考系，求物体相对地面的加速度和绳的张力。$\left(\text{答案：}F_{T1}=F_{T2}=\dfrac{2m_1m_2}{m_1+m_2}(g+a),\ a_1=\dfrac{(m_1-m_2)g-2m_2a}{m_1+m_2},\ a_2=-\dfrac{2m_1a+(m_1-m_2)g}{m_1+m_2}\right)$

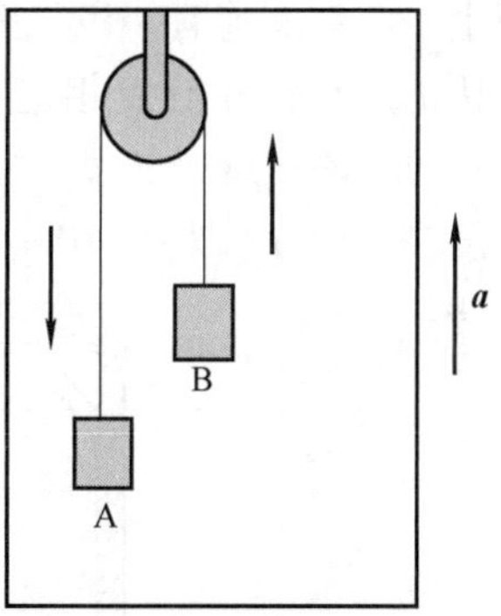

习题 3-38 图

3-39　如习题 3-39 图所示，一根匀质绳子，其单位长度上的质量为 λ，盘绕在一张光滑的水平桌面上。

（1）设 $t=0$ 时，$y=0$，$v=0$. 今以一恒定的加速度 $\boldsymbol{a}$ 竖直向上提绳，当提起的高度为 y 时，作用在绳端的力 F 为多少？（答案：$F=\lambda y(3a+g)$）

（2）以一恒定的速度 $\boldsymbol{v}$ 竖直向上提绳，当提起的高度为 y 时，作用在绳端的力 F 又是多少？（答案：$F=\lambda(v^2+yg)$）

（3）以一恒定的力 $\boldsymbol{F}$ 竖直向上提绳，当提起的高度为 y 时，绳端的速度 v 为多少（设 $t=0$，$y=0$，$v=0$）？（答案：$v=$

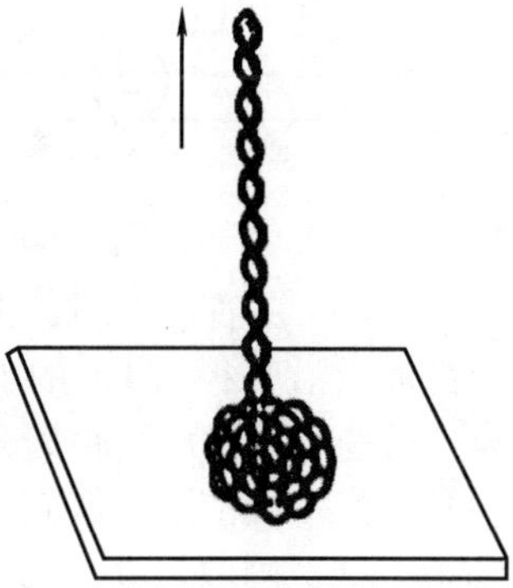

习题 3-39 图

$\sqrt{\frac{F}{y}-\frac{2}{3}gy}\Big)$

3-40 质量为 m 的摆悬于架上，架固定于小车上，如习题 3-40 图所示。在下述各情况中，求摆线的方向（即摆线与竖直线所成的角 θ）及线中的张力 F_T：

（1）小车沿水平面做匀速运动；（答案：$\theta=0°$，$F_T=mg$）

（2）小车以加速度 a 沿水平方向运动；$\left(\text{答案：}\theta=\arctan\frac{a}{g}，F_T=m\sqrt{a^2+g^2}\right)$

（3）小车自由地从倾斜平面上滑下，斜面与水平面成 φ 角；（答案：$\theta=-\varphi$，$F_T=mg\cos\varphi$）

（4）用与斜面平行的加速度 b 把小车沿斜面往上推；$\left(\text{答案：}\tan\theta=\frac{b\cos\varphi}{g+b\sin\varphi}，F_T=m\sqrt{b^2+g^2+2bg\sin\varphi}\right)$

（5）以同样大小的加速度 b，把小车从斜面上推下来。$\left(\text{答案：}\tan\theta=\frac{b\cos\varphi}{g-b\sin\varphi}，F_T=m\sqrt{b^2+g^2-2bg\sin\varphi}\right)$

3-41 三个物体 A、B、C，每个物体的质量均为 M，B、C 靠在一起，放在光滑水平桌面上，两者间连有一段长度为 0.4m 的细绳，原先放松着，B 的另一侧则连有另一细绳跨过桌边的定滑轮并与 A 相连（见习题 3-41 图）。已知滑轮和绳子的质量不计，滑轮轴上的摩擦也可忽略，绳子长度一定。问 A、B 起动后，经多长时间 C 也开始运动？C 开始运动时的速度是多少？（取 $g=10\text{m/s}^2$ 计算）（答案：$t=0.4\text{s}$，$v=1.33\text{m/s}$）

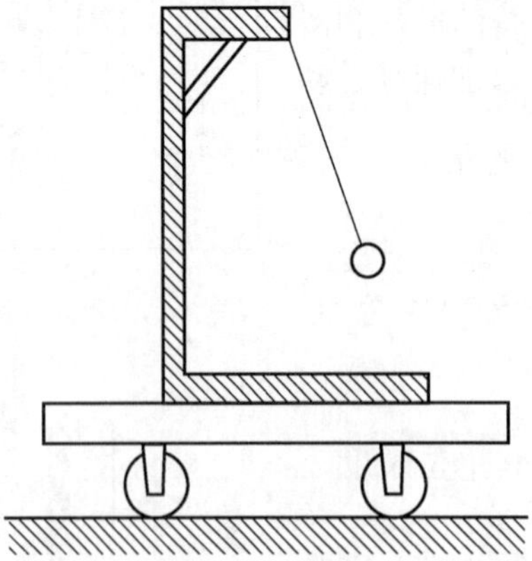

习题 3-40 图

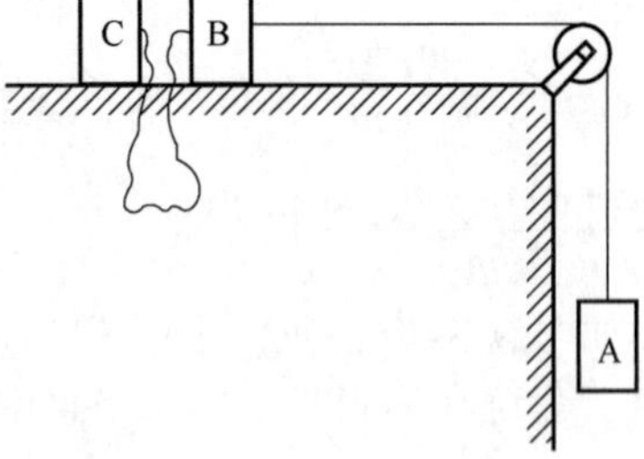

习题 3-41 图

3-42 一质量为 2kg 的物体，在竖直平面内由 A 点沿半径为 1m 的 1/4 圆弧轨道滑到 B 点，又经过一段水平距离 $s_{BC}=3\text{m}$ 后停了下来（见习题 3-42 图）。假定在 B 点时的速度为 4m/s，摩擦因数处处相同。

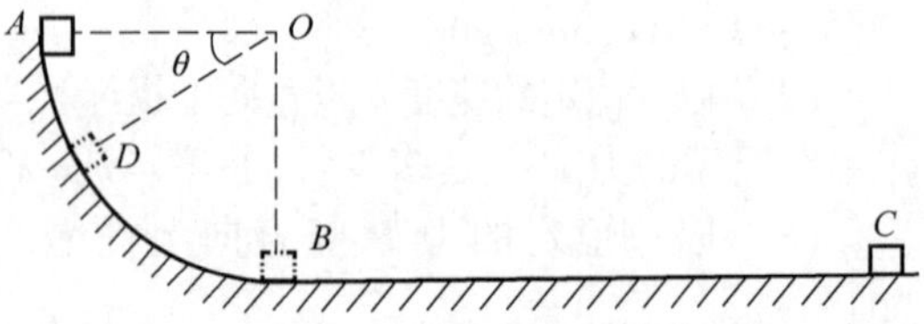

习题 3-42 图

（1）问从 A 点滑到 B 点和从 B 点滑到 C

点过程中，摩擦阻力各做了多少功？(答案：$A \to B$ 段：-3.6J；$B \to C$ 段：-16J)

(2) BC 段路面摩擦因数是多少？(答案：$\mu = 0.27$)

(3) 如果圆弧轨道 AB 是光滑的，那么物体在 D 点处的速度、加速度和物体对圆弧轨道的正压力各是多少？(圆心角 $\angle AOD = \theta = 30°$)(答案：$v_D = 3.13\text{m/s}$，方向沿圆弧 D 点切线方向，与 x 轴成 $-60°$ 角；$a = 12.94\text{m/s}^2$，方向为 $\alpha = \arctan\dfrac{a_t}{a_n} = 40°52'$；压力 $F_N = 29.4\text{N}$)

3-43　一绳跨过一定滑轮，两端分别拴有质量为 m 及 M 的物体，如习题 3-43 图所示，M 大于 m，M 静止在地面上，当 m 自由下落 h 距离后，绳子才被拉紧。求绳子刚被拉紧时，两物体的速度及 M 能上升的最大高度。$\left(\text{答案：} v = \dfrac{m\sqrt{2gh}}{M+m},\ H_{\max} = \dfrac{m^2 h}{M^2 - m^2}\right)$

3-44　如习题 3-44 图所示，一链条总长为 l，放在光滑的桌面上，其中一端下垂，长度为 a。假定开始时链条静止，求链条刚刚离开桌边时的速度。$\left(\text{答案：} v = \sqrt{\dfrac{g}{l}(l^2 - a^2)}\right)$

3-45　如习题 3-45 图所示，一轻质弹簧，其劲度系数为 k，竖直地固定在地面上。

(1) 在弹簧上放一块质量为 M 的钢板，当它们静止后，弹簧被压缩了多少？系统弹性势能为多少？$\left(\text{答案：} \dfrac{Mg}{k},\ \dfrac{m^2 g^2}{2k}\right)$

(2) 质量为 $m(m<M)$ 的小球从钢板正上方 h_0 处自由落下，与钢板发生弹性碰撞，则小球从原来钢板的位置上升的最大高度为多少？弹簧能再压缩的长度为多少？$\left(\text{答案：} h_{\max} = \dfrac{v_1^2}{2g} = \left(\dfrac{M-m}{M+m}\right)^2 h_0,\ x_1 = \dfrac{2m}{M+m}\sqrt{\dfrac{2Mg\,h_0}{k}}\right)$

(3) 当 (2) 中的碰撞为完全非弹性碰撞时，那么弹簧再压缩的长度为多少？若 $m = M/2$，小球与钢板碰撞后，小球与钢板的动能和小球刚要碰撞前动能之比为多少？$\left(\text{答案：} x_2 = \dfrac{mg}{k}\left[1 + \sqrt{1 + \dfrac{2kh_0}{(m+M)g}}\right],\ E_1/E_2 = 33\%\right)$

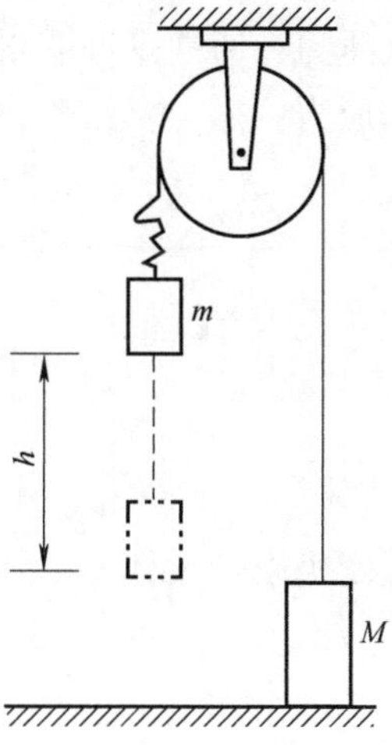

习题 3-43 图

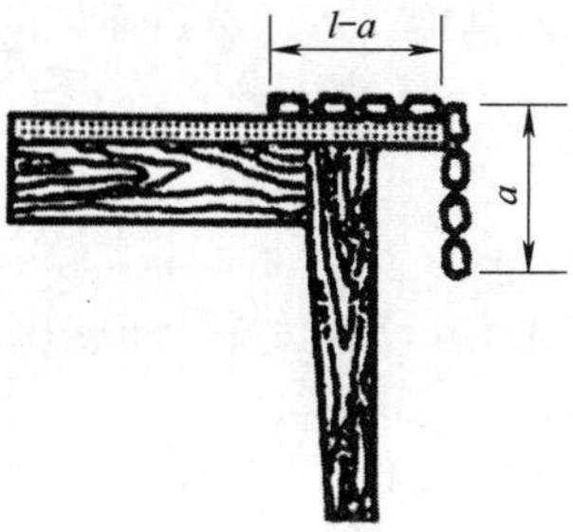

习题 3-44 图

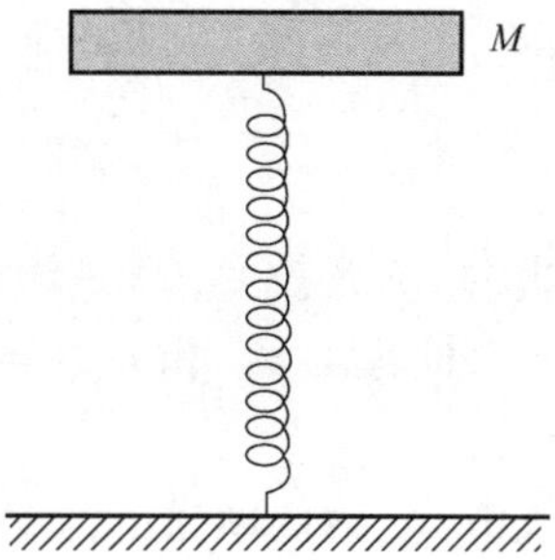

习题 3-45 图

3-46 一质量均匀柔软的绳竖直悬挂着，绳的下端刚好触到水平桌面上，如果把绳的上端放开，绳将落在桌面上。试证明：在绳下落的过程中的任意时刻，作用于桌面上的压力等于已落到桌面上绳的重量的3倍。（答案：略）

3-47 一质量为 m 的弹丸，穿过如习题3-47图所示的摆锤后，速率由 v 减少到 $v/2$。已知摆锤的质量为 m'，摆线长度为 l，如果摆锤能在垂直平面内完成一个完全的圆周运动，弹丸的速度的最小值应为多少？$\left(答案：\dfrac{2m'}{m}\sqrt{5gl}\right)$

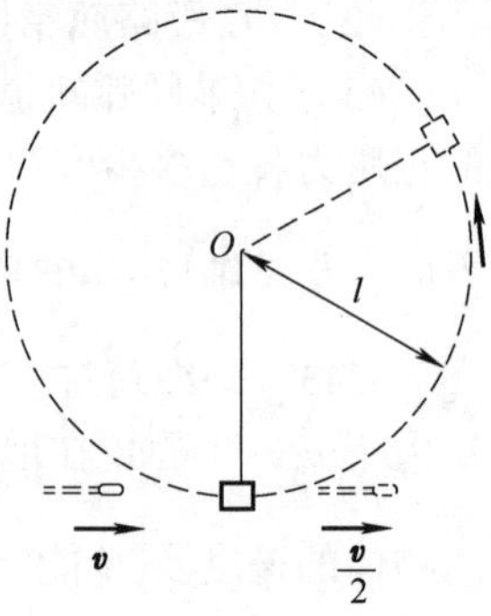

习题3-47图

3-48 一架喷气式飞机以210m/s的速度飞行，它的发动机每秒钟吸入75kg空气，在体内与3.0kg燃料燃烧后以相对于飞机490m/s的速度向后喷出。求发动机对飞机的推力。（答案：2.25×10^4N）

三、课外拓展小论文

3-49 试述摩擦力在科学技术中的应用。

3-50 试探究“船工能行八面风”力学解释。

3-51 查阅文献分析总结加速度计的工作原理及其应用。

3-52 试用非惯性系原理解释地球由于自转而产生的影响。

物理学原理在能源领域中的应用
——利用岩石力学参数识别岩石岩性

一、力学参数

用于研究岩石的力学参数众多，包括抗压强度（σ_{bc}）、抗拉强度（σ_b）、抗剪强度（τ）、弹性模量（E）、泊松比（μ）、体积模量（K）、切变模量（G）等。

抗压强度　岩石的抗压强度是指在无侧束状态下所能承受的最大压力，通常以每平方厘米多少千克表示其大小。换言之，它指把岩石加压至破裂所需要的应力：

$$\sigma_{bc} = P \times A$$

式中，P 是压力；A 是横截面积。

抗拉强度　又称拉伸强度，扯断强度，表示单位面积的破碎力，符号为 σ_b。

$$\sigma_b = \frac{F}{A}$$

式中，F 是拉力；A 是横截面积。

抗剪强度　指外力与材料轴线垂直，并对材料呈剪切作用时的强度极限：

$$\tau = \sigma\tan\varphi + c$$

式中，φ 为内摩擦角；c 为土的黏聚力。

弹性模量　材料在弹性变形阶段，其应力和应变成正比例关系（即符合胡克定律），其比例系数称为弹性模量，又称杨氏模量。弹性模量可视为衡量材料产生弹性变形难易程度的指标，其值越大，使材料发生一定弹性变形的应力也越大，即材料刚度越大，亦即在一定应力作用下，发生弹性变形越小：

$$E = \frac{F \times L}{\Delta L \times A}$$

式中，F 是力；L 是长度；ΔL 是长度改变量；A 是横截面积。

泊松比　泊松比是指材料在单向受拉或受压时，横向正应变与轴向正应变的绝对值的比值，也叫横向变形系数，它是反映材料横向变形的弹性常数：

$$\mu = \left|\frac{\varepsilon_y}{\varepsilon_x}\right|$$

式中，ε_y是横向应变；ε_x 是纵向应变。

体积模量　物体在 p_0的压强下体积为 V_0，若压强增加 dp，则体积减小 dV。则有

$$K = \frac{\mathrm{d}p}{\left(\frac{-\mathrm{d}V}{V_0}\right)}$$

式中，K 被称为该物体的体积模量。体积模量是一个比较稳定的材料常数。因为在各向均压下材料的体积总是变小的，故 K 值永为正值，单位 MPa。体积模量的倒数称为体积柔量。体积模量 K 和弹性模量 E、泊松比 μ 之间有关系：

$$E = 3K(1 - \mu)$$

切变模量　是材料在剪切应力作用下，在弹性变形比例极限范围内，切应力与切应变的比值，又称剪切模量。它表征材料抵抗切应变的能力。切变模量大，则表示材料的刚性强。切变模量的倒数称为切变柔量，是单位剪切力作用下发生切应变的量度，可表示材料剪切变形的难易程度：

$$G = \frac{E}{2(1 + \mu)}$$

二、力学参数在岩性分析及矿物脆性研究中的应用

目前在石油地质研究中应用较多的力学参数主要包括弹性模量、泊松比、体积模量等。根据弹性模量、泊松比计算数学模型，需提取少量的测井纵、横波曲线与密度测井曲线，利用这些数据计算得到泊松比、弹性模量数据（见附表 3-1、附表 3-2）。根据计算结果对比不同岩性岩石力学参数变化范围可以对岩石岩性进行有效判别。

附表 3-1　不同岩性岩石泊松比变化范围

岩石名称	泊松比 μ	岩石名称	泊松比 μ
花岗岩	0.10～0.30	页岩	0.20～0.40
流纹岩	0.10～0.25	石灰岩	0.20～0.35
闪长岩	0.10～0.30	白云岩	0.15～0.35
安山岩	0.20～0.30	石英岩	0.08～0.25
辉长岩	0.10～0.30	片麻岩	0.10～0.35
玄武岩	0.10～0.35	片岩	0.20～0.40
砂岩	0.20～0.30	板岩	0.20～0.30

附表 3-2 不同岩性岩石弹性模量变化范围

岩 石 名 称	弹性模量 E/GPa	岩 石 名 称	弹性模量 E/GPa
花岗岩	50 ~ 100	页岩	20 ~ 80
流纹岩	50 ~ 100	石灰岩	50 ~ 100
闪长岩	70 ~ 100	白云岩	50 ~ 94
安山岩	50 ~ 120	石英岩	60 ~ 200
辉长岩	70 ~ 150	片麻岩	10 ~ 100
玄武岩	60 ~ 120	片岩	10 ~ 80
砂岩	10 ~ 100	板岩	20 ~ 80

此外随石英含量增加，弹性模量增加，泊松比减小，表明岩石脆性越来越强；随黏土含量增加，弹性模量减小，泊松比增加，表明脆性越来越弱。岩石破裂时，体积变化量随弹性模量的增加而减小，即岩石脆性随弹性模量增加而增加，而泊松比与岩石脆性关系恰好相反。由于泊松比和弹性模量的单位有很大的不同，为了评价每个参数对岩石脆性的影响，应该将单位进行均一化处理，然后平均产生百分数表示脆性系数。Rickman 在文章中提出基于北美泥页岩数据统计的基础上，认为泥页岩的弹性模量分布在 1 ~ 8GPa，泊松比分布在 0.15 ~ 0.4 以内。

材料参考文献

[1] 刘振，吴耕宇，潘懋，等．岩石力学参数标定系统关键技术研究［J］．地学前缘，2017，24（03）：301-308.

[2] 刘之的．利用岩石力学参数法识别火山岩岩性［J］．西南石油大学学报（自然科学版），2010，32（04）：12-15 + 194.

第四章　刚体的转动

前面研究物体的平动时，经常可以利用质点的理想模型对其简化，忽略物体的大小和形状。但是在研究物体的转动时，物体的大小和形状不可忽略。物理学上为了使问题简化，在任何外力作用下，形状、大小均不发生改变的物体就常用刚体这个理想模型。刚体可以看成由许多质点组成，每一个质点叫作刚体的一个质元。刚体是特殊质点系，无论在多大外力作用下，系统内任意两质元间的距离始终保持不变。

本章将以刚体这种理想模型为研究对象，在质点动力学的基础之上推演出刚体的运动规律，重点讨论刚体定轴转动所遵循的规律：转动定律和角动量守恒定律。

第一节　刚体定轴转动的运动学描述

一、刚体的运动形式

刚体是受力以后形变可以忽略的物体。例如同样是飞轮，在研究飞轮的转动规律时，可以忽略飞轮内部的形变，把它看成是刚体；而要研究高速运转下飞轮内部的应力分布，就必须研究它的形变，此时就不能把它视为刚体。在实际情况中，任何坚硬的物体在力的作用下都会发生形变，但在许多情况下这种形变可以忽略，故可把它看作是刚体。实际上并不存在真正的刚体。刚体和质点一样，只是一种理想化的物理模型。

刚体最简单的运动形式是平动和转动。如图 4-1 所示，在刚体的运动过程中，如果其中任意两质元（可看作质点）A 和 B 之间的连线在各个时刻都保持平行，则称这种运动形式为刚体的平动. 根据这个定义，在平动中刚体上所有点的运动轨迹都完全相同，所以描述刚体的平动，可以用一点的运动来代表，通常选择质心来代表整个刚体的运动。因此，刚体的平动可用质点动力学规律来加以描述。

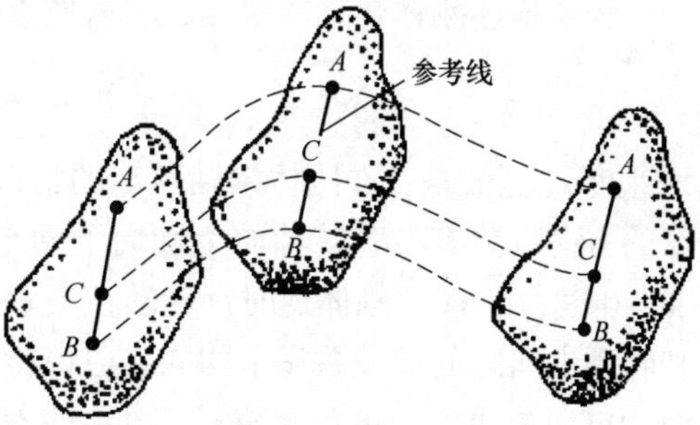

图 4-1　刚体的平动

转动是刚体的基本运动形式之一，而刚体的转动包括定轴转动和定点转动两种形式。如果刚体上各质元都绕着同一直线做圆周运动，这种运动称为转动，该直线称为转轴。如果转轴固定于某惯性参考系的情况就称为定轴转动。例如门窗的转动、钟表的指针转动、电机中转子的转动等属于定轴转动。如果转轴上有一点静止于参考系，而转轴的方向在变动，这种转动称为定点转动，如陀螺的运动就属于定点转动。

二、刚体定轴转动

转动中最普遍且基本的情况就是刚体的定轴转动。刚体任何复杂的运动都可以分解为平动和转动的叠加。如图 4-2 所示，刚体做定轴转动时其上各点都绕同一转轴做不同半径的圆周运动，所以各质点的速度和加速度不同，但它们在相同时间内转过的角度完全相同，各质点的角位移、角速度和角加速度都相同，所以通常用角量来描述刚体的转动更为方便。

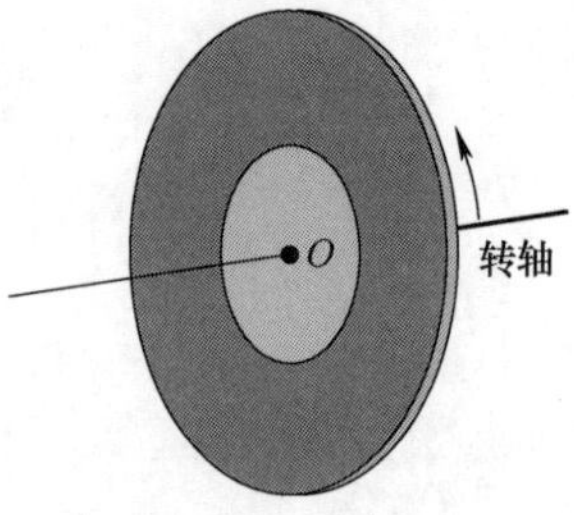

图 4-2 刚体的转动

三、刚体转动的角位移 角速度 角加速度

刚体定轴转动时，过刚体上任意一点并垂直于转轴的平面称为转动平面。刚体上所有的质点都在各自的转动平面上绕轴做圆周运动。如图 4-3 所示，取刚体中垂直于转轴的任意平面作为转动平面，转轴与转动平面的交点作为原点 O，Ox 轴为参考方向，取该平面上任一质元 P 为研究对象，则 P 点在该平面内绕点 O 做圆周运动，P 点的矢径 $\boldsymbol{r}$ 与 Ox 间的夹角 θ 即为刚体的角位置（角坐标）。刚体转动时，在 $\Delta t = t_1 - t_0$ 时间内，刚体空间方位的改变用角坐标 θ 的增量 $\Delta\theta = \theta_1 - \theta_0$ 来描述，$\Delta\theta$ 描述的是整个刚体转动的角度，因此称为刚体转动的角位移。

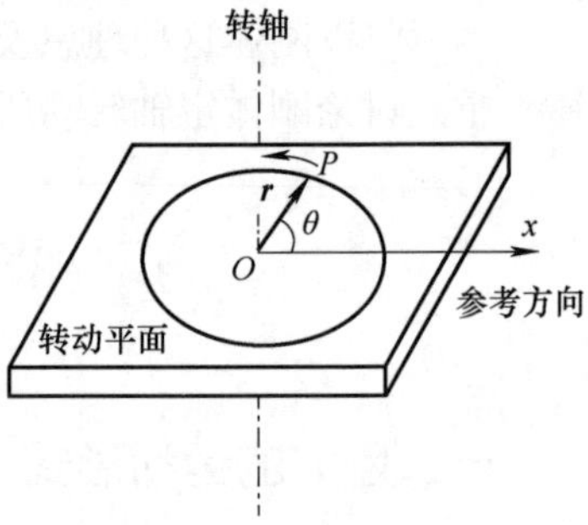

图 4-3 刚体的定轴转动

这里需要注意的是，一般规定自坐标轴 Ox 逆时针方向转动时，角坐标 θ 为正值；顺时针方向为负方向，θ 随时间增大而减小。刚体转动的角位移 $\Delta\theta > 0$ 时，刚体逆时针转动；当 $\Delta\theta < 0$ 时，刚体顺时针转动。

通常角位移的单位用弧度表示，符号为 rad。

为了描述刚体转动的快慢，引入质点做圆周运动的角速度 $\boldsymbol{\omega}$，大小为

$$\omega = \lim_{\Delta t \to 0} \frac{\Delta\theta}{\Delta t} = \frac{\mathrm{d}\theta}{\mathrm{d}t} \tag{4-1}$$

角速度 $\boldsymbol{\omega}$ 是矢量，在刚体定轴转动的情况下，由于其转动方向只有顺时针和逆时针，因此 $\boldsymbol{\omega}$ 的方向也只有沿着转轴向上和向下两个方向，此时可以用代数量来表示。一般规定，当 $\mathrm{d}\theta > 0$ 时，$\omega > 0$，刚体逆时针转动；当 $\mathrm{d}\theta < 0$ 时，$\omega < 0$，刚体顺时针转动，这与前面角位移和转动方向之间的关系完全相同。应该指出的是，只有刚体在定轴转动的情况下，其转动方向才可用角速度的正负来表示。在一般情况下，刚体的转轴在空间的方位是可能变动的，这时刚体转动方向就不能用角速度的正负来表示了，而需要用角速度矢量 $\boldsymbol{\omega}$ 来描述。

角速度矢量 $\boldsymbol{\omega}$ 的方向可由右手螺旋定则判定：如图 4-4 所示，四指弯曲的方向沿刚体转动方向，则竖直的拇指所

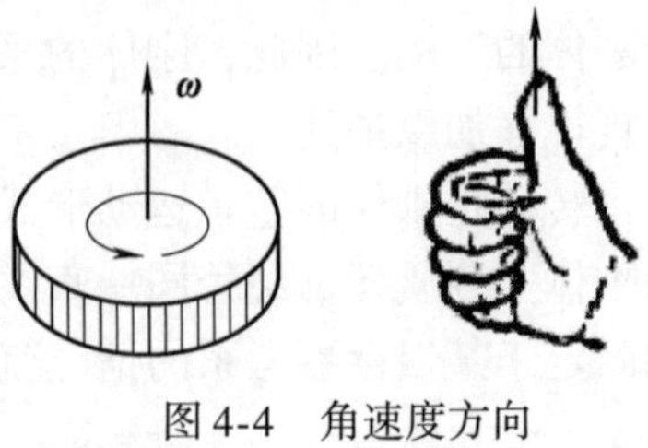

图 4-4 角速度方向

指方向即为 $\boldsymbol{\omega}$ 的方向。刚体转动时其内部某质元 P 在某时刻的角速度 $\boldsymbol{\omega}$、线速度 $\boldsymbol{v}$ 及矢径 $\boldsymbol{r}$ 之间存在如下矢量关系：

$$\boldsymbol{v} = \boldsymbol{\omega} \times \boldsymbol{r} \tag{4-2}$$

线速度、角速度的数值关系为

$$v = r\omega \tag{4-3}$$

角速度的单位是弧度每秒，符号为 rad/s。

刚体绕定轴转动时，如果角速度发生了变化，则刚体就具有了角加速度。设在时刻 t_0，角速度为 ω_0；在时刻 t_1，角速度为 ω_1。则在时间间隔 $\Delta t = t_1 - t_0$ 内，此刚体角速度的增量为 $\Delta\omega = \omega_1 - \omega_0$，当 Δt 趋近于零时，$\Delta\omega/\Delta t$ 趋近于某一极限值，称为瞬时角加速度，简称角加速度，用 α 表示，即

$$\alpha = \lim_{\Delta t \to 0} \frac{\Delta\omega}{\Delta t} = \frac{\mathrm{d}\omega}{\mathrm{d}t} = \frac{\mathrm{d}^2\theta}{\mathrm{d}t^2} \tag{4-4}$$

绕定轴转动的刚体，当其角加速度 α 与角速度 ω 的符号相同时，刚体做加速运动；当角加速度 α 与角速度 ω 的符号相反时，刚体做减速运动。由于绕定轴转动的刚体，其角加速度方向只有沿转轴的两个方向，所以常做标量处理计算。

角加速度的单位是弧度每二次方秒，符号为 rad/s^2。

刚体上任意一点 P 的切向加速度 a_t 与刚体的角加速度 α 有下列关系：

$$a_\mathrm{t} = \frac{\mathrm{d}v}{\mathrm{d}t} = r\frac{\mathrm{d}\omega}{\mathrm{d}t} = r\alpha \tag{4-5}$$

质元 P 的法向加速度为

$$a_\mathrm{n} = \frac{v^2}{r} = \omega^2 r \tag{4-6}$$

当刚体做匀变速定轴转动时，角加速度为常量，角速度、角位移的相应公式为

$$\omega = \omega_0 + \alpha t$$

$$\theta = \theta_0 + \omega_0 t + \frac{1}{2}\alpha t^2$$

$$\omega^2 = \omega_0^2 + 2\alpha(\theta - \theta_0) \tag{4-7}$$

式中，ω_0 和 θ_0 是 $t=0$ 时刚体的角速度和角位置。这组公式同质点力学中的质点做匀变速直线运动的公式相似。虽然刚体中不同质元运动的线速度、线加速度各不相同，但是各个质元的角位移 $\Delta\theta$、角速度 ω 和角加速度 α 都相同，因此在描述刚体定轴转动的运动状态时，用角量描述比用线量描述更方便。

思考题

4-1 火车在转弯时所做的运动是不是平动？

4-2 地球自西向东自转，它的自转角速度矢量指向什么方向？

4-3 以恒定角速度转动的飞轮上有两个点，一个点在飞轮的边缘，另一个点在转轴与边缘之间的一半处。试问：在 Δt 时间内哪一个点运动的路程较长？哪一个点转过的角度较大？哪一个点具有较大的线速度、角速度、线加速度、角加速度？

第二节 定轴转动定律 转动惯量

一、刚体定轴转动时的力矩

在经典力学范围内，牛顿第二定律是质点动力学中的基本原理，因此对质点的平动非常适用。而作为特殊质点系的刚体，其转动效果，不仅与外力的方向、大小有关，还与外力的作用点和外力的作用线有关。例如，当我们用垂直于转轴的推力去推门的时候，作用点位置离转轴越远，越容易将门推开；作用点位于转轴上时，用力再大也无法将门推开。也就是说力的大小、方向及作用点诸因素组成的物理量，即力矩，就是改变刚体转动状态的原因。

刚体绕定轴转动时，需要考虑力对给定转轴的力矩。设刚体中某质元在外力 $\boldsymbol{F}$ 作用下做定轴转动，如图 4-5 所示，$\boldsymbol{F}$ 沿转动平面并与矢径 $\boldsymbol{r}$ 的夹角为 θ，力矩 $\boldsymbol{M}$ 可用 $\boldsymbol{r}$ 和 $\boldsymbol{F}$ 的矢积来表示：

$$\boldsymbol{M} = \boldsymbol{r} \times \boldsymbol{F} \tag{4-8}$$

力矩大小为

$$M = rF\sin\theta = Fd$$

式中，$d = r\sin\theta$ 是轴到力 F 作用线的垂直距离，即力臂。力矩的方向与 $\boldsymbol{r}$ 和 $\boldsymbol{F}$ 构成右手螺旋关系，垂直于 $\boldsymbol{r}$ 和 $\boldsymbol{F}$ 所确定的平面。

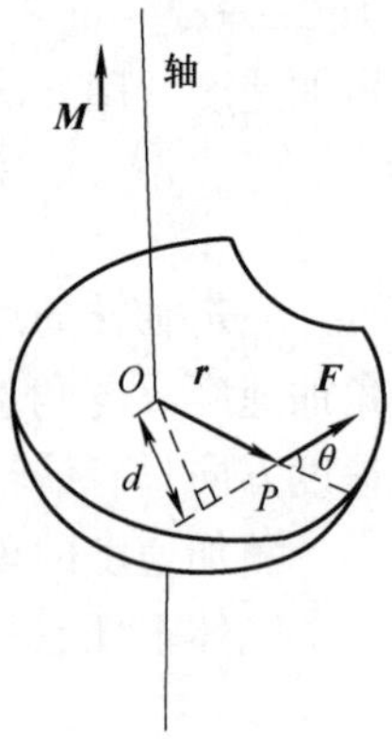

图 4-5 刚体定轴转动时力矩

关于力矩需要注意的是，即便是有力 $\boldsymbol{F}$ 的作用，未必产生使刚体绕定轴转动的有效力矩：当 $\boldsymbol{F}$ 作用线经过转轴时，由于矢径 $\boldsymbol{r}$ 为零，因此此时的力矩 $\boldsymbol{M}$ 为零；当 $\boldsymbol{F}$ 平行于转轴时，由于 $\boldsymbol{F}$ 所产生的力矩方向与刚体绕定轴转动所需要的力矩方向（沿着该转轴）相互垂直，因而不会产生改变刚体定轴转动的力矩，即对刚体定轴转动状态没有贡献。因此当力 $\boldsymbol{F}$ 不平行于转动平面也不平行于转轴时（见图 4-6），可分解为沿转动平面并垂直于转轴的分力 $\boldsymbol{F}_{\perp}$ 和平行于转轴的分力 $\boldsymbol{F}_{/\!/}$，其中只有 $\boldsymbol{F}_{\perp}$ 对刚体定轴转动的力矩是有贡献的。

因此，在描述刚体定轴转动力矩时需要给出确定的转轴，在同样力的作用下，如果转轴不同，该力对刚体转动的贡献大小也是不相同的。

当刚体沿转动平面的多个力的作用下做定轴转动时，其合力矩等于每个力所产生力矩的代数和，即

$$M = M_1 + M_2 + \cdots + M_n = \sum_i M_i \tag{4-9}$$

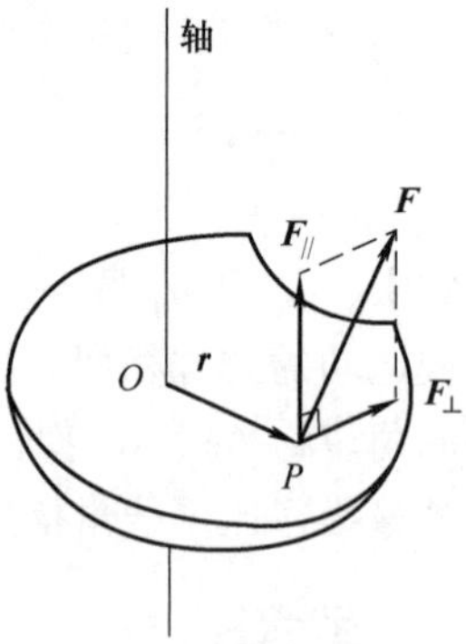

图 4-6 力的分解

如果刚体内部各质元之间存在相互作用的内力，由于它们总是成对出现且遵守牛顿第三定律，其合内力矩为零，对刚体的定轴转动没有贡献。因此刚体定轴转动时只需考虑合外力矩即可。

二、刚体定轴转动的转动定律

刚体绕定轴转动的状态可以采用角动量来描述。刚体作为一类特殊的质点系，应该服从

质点系的角动量定理的一般形式，即

$$M = \frac{\mathrm{d}\boldsymbol{L}}{\mathrm{d}t}$$

对于绕定轴转动的刚体，它的轴固定在惯性系中，我们就取该转轴为 z 轴。假设刚体只能绕 z 轴转动，则能引起转动的力矩分量只有 M_z，因此转动的动力学方程沿 z 轴的分量式为

$$M_z = \frac{\mathrm{d}L_z}{\mathrm{d}t}$$

式中，M_z 和 L_z 分别为质点系所受的合外力矩和它的总角动量沿 z 轴的分量。

如图 4-7 所示，质元的质量为 Δm_i，距转轴的垂直距离为 r_i，其线速度为 $\boldsymbol{v}_\mathrm{i}$，该质元对参考点 O 的角动量为

$$\boldsymbol{L}_i = \boldsymbol{R}_i \times \Delta m_i \boldsymbol{v}_i$$

由于 $\boldsymbol{R}_i$ 垂直于 $\boldsymbol{v}_\mathrm{i}$，所以

$$L_i = R_i \Delta m_i v_i$$

而

$$L_{iz} = R_i \Delta m_i v_i \sin\varphi_i = r_i \Delta m_i v_i$$

对整个刚体有

$$L_z = \sum_i L_{iz} = \sum_i r_i \Delta m_i v_i = \sum_i \Delta m_i r_i^2 \omega = J\omega$$

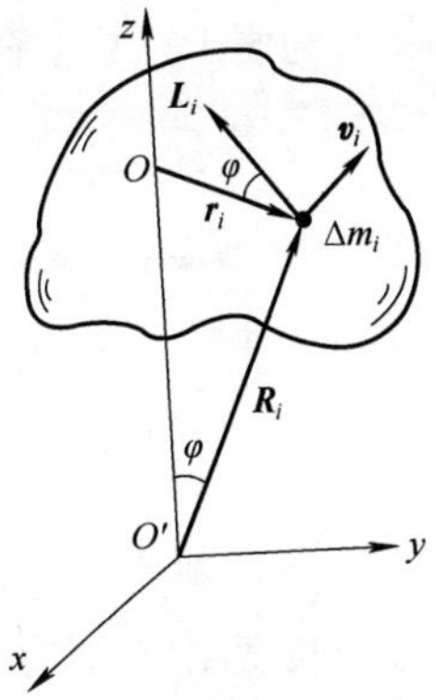

图 4-7　推导转动定律用图

令 $J = \sum_i \Delta m_i r_i^2$，称为刚体对 z 轴的转动惯量。

在约定固定轴为 z 轴的情况下，常略去下标 z，定轴转动方程可以写为

$$M = \frac{\mathrm{d}(J\omega)}{\mathrm{d}t}$$

式中，J 为刚体的转动惯量，是常量，故上式又可写成

$$M = J\frac{\mathrm{d}\omega}{\mathrm{d}t} = J\alpha \tag{4-10}$$

由上式可见，外力矩是产生刚体转动的角加速度并改变刚体的转动状态的根本原因。刚体做定轴转动时，其角加速度与其所受合总外力矩成正比，与刚体的转动惯量成反比，这就是刚体的**定轴转动定律**。它的地位与描述质点运动的牛顿第二定律相当。需要注意的是，M、J、α 均对同一轴而言，且具有瞬时性；比较转动定律 $M = J\alpha$ 和牛顿第二定律 $\boldsymbol{F} = m\boldsymbol{a}$，可知改变刚体转动状态的是合外力矩，前者的外力矩相当于后者的外力，前者的角加速度相当于后者的加速度，前者的转动惯量相当于后者的惯性质量。由转动定律可知，在同样大小的外力矩的作用下，刚体的转动惯量越大，其获得的角加速度越小，越难改变其角速度。因此，质量是描述质点惯性的量度，刚体的转动惯量是描述刚体转动惯性的量度。

三、刚体定轴转动的转动惯量

根据前文所述，刚体定轴转动的转动惯量定义式为

$$J = \sum_i \Delta m_i r_i^2$$

式中，Δm_i 是组成刚体的质元，在实际计算时，如果刚体为分立质点的不连续结构，可用分立质点质量 m_i 代替质元质量 Δm_i，则转动惯量可表示为

$$J = \sum_i m_i r_i^2 \tag{4-11}$$

若刚体的质量为连续分布的，则上式可写成积分形式

$$J = \int_m r^2 \mathrm{d}m \tag{4-12}$$

式中，dm 表示刚体中任意质元的质量；r 为该质元到转轴的垂直距离。式（4-11）或式（4-12）表明，刚体对于固定转轴的转动惯量等于刚体上各质元的质量与其到转轴的距离的平方乘积之总和。

为便于计算，在研究刚体力学时常采用以下几类刚体的理想化模型，如图 4-8 所示。

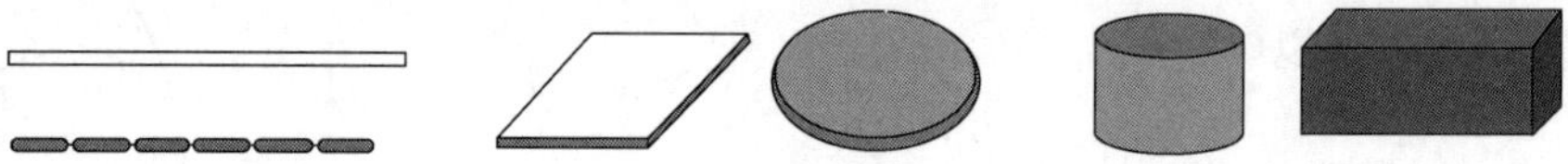

a）线分布　　b）面分布　　c）体分布

图 4-8　质量的分布

（1）刚体质量分布为连续的线分布（一维形状，见图 4-8a），设刚体的质量线密度（即单位长度刚体的质量）为 λ，刚体中任一质元的长度为 dl，则质元质量 $\mathrm{d}m = \lambda \mathrm{d}l$，其转动惯量为

$$J = \int_m r^2 \mathrm{d}m = \int_L r^2 \lambda \mathrm{d}l$$

（2）刚体质量分布为连续的面分布（二维形状，见图 4-8b），设刚体的质量面密度（即单位面积刚体的质量）为 σ，刚体中任一质元的面积为 dS，则质元质量 $\mathrm{d}m = \sigma \mathrm{d}S$，其转动惯量为

$$J = \int_m r^2 \mathrm{d}m = \int_S r^2 \sigma \mathrm{d}S$$

（3）刚体质量分布为连续的体分布（三维形状，见图 4-8c），设刚体的质量密度为 ρ，刚体中任一质元的体积为 dV，则质元质量 $\mathrm{d}m = \rho \mathrm{d}V$，其转动惯量为

$$J = \int_m r^2 \mathrm{d}m = \int_V r^2 \rho \mathrm{d}V$$

在国际单位制中，转动惯量的单位为 kg · m^2。

这里需要注意的是，刚体定轴转动的转动惯量是相对于某一固定转轴来定义的，对于不同的转轴，同一刚体的转动惯量会有所不同。决定转动惯量的大小因素有刚体的总质量、给定转轴的位置及刚体的质量分布（比如刚体的形状、大小及密度）。其他条件相同的情况下，刚体质量越大，转动惯量越大；对于同一刚体，转轴通过刚体质心时转动惯量最小，转轴离质心越远，相应的转动惯量越大；刚体的质量分布离转轴越远，转动惯量越大。

四、平行轴定理

如图 4-9 所示，设通过刚体质心的轴线为 I_C 轴，J_C 为刚体对该质心转轴的转动惯量，J 为刚体对另一平行轴 I 的转动惯量。m 为刚体质量，d 为两平行轴间的垂直距离，则

$$J = J_C + md^2 \tag{4-13}$$

上式关系叫作平行轴定理。证明如下。

由图4-9的矢量关系可知

$$\boldsymbol{r}_i = \boldsymbol{r}_i' - \boldsymbol{d}$$

则

$$\begin{aligned}\boldsymbol{r}_i^{\,2} &= \boldsymbol{r}_i \cdot \boldsymbol{r}_i = (\boldsymbol{r}_i' - \boldsymbol{d}) \cdot (\boldsymbol{r}_i' - \boldsymbol{d}) \\ &= r_i'^{\,2} + d^2 - 2\boldsymbol{r}_i' \cdot \boldsymbol{d}\end{aligned}$$

故有

$$J = \sum_i m_i r_i^2 = \sum_i m_i r_i'^2 + \sum_i m_i d^2 - 2\sum_i (m_i \boldsymbol{r}_i') \cdot \boldsymbol{d}$$

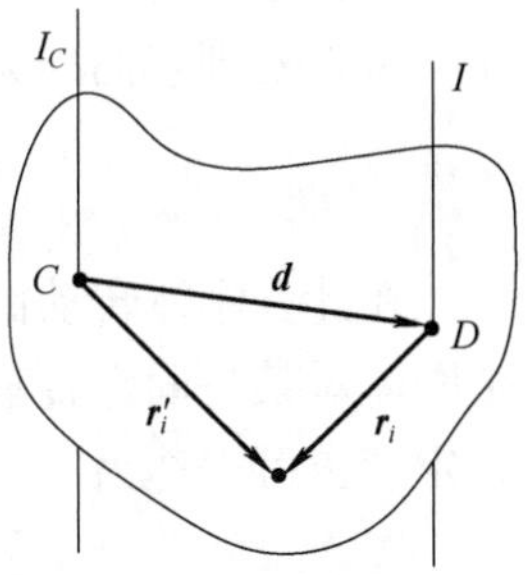

图4-9　平行轴定理

这里需要注意的是，$\boldsymbol{r}_i'$ 为任一质元相对于质心的位置矢量，上式右端第一项为整个刚体相对于质心轴的转动惯量 J_C，第二项中的 $\sum\limits_i m_i = m$，第三项中的 $\sum\limits_i (m_i \boldsymbol{r}_i') = 0$。则上式可写为

$$J = J_C + md^2$$

平行轴定理得证。由此可见，在刚体对各平行轴的不同转动惯量中，对质心轴的转动惯量最小。

下面通过计算几个简单形状的刚体的转动惯量来说明转动惯量的主要计算方法。

例4-1　如图4-10所示，求质量为 m、长为 l 的均质细棒 AB 对下面两种转轴的转动惯量：(1) 转轴通过棒的中心并与棒垂直；(2) 转轴通过棒的一端并与棒垂直。

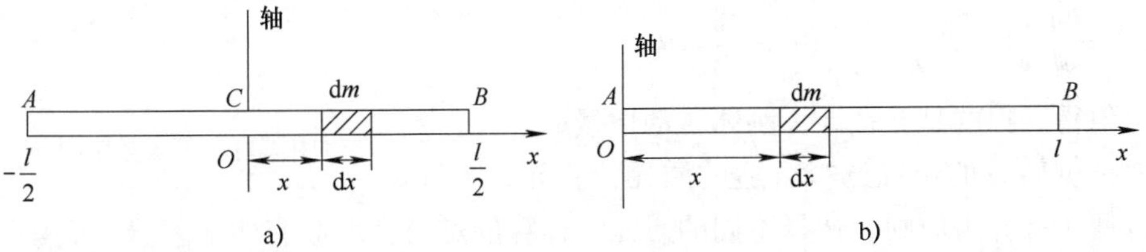

图4-10　例4-1用图

解：(1) 设棒的质量线密度为 $\lambda = \frac{m}{l}$，如图4-10a所示，取棒的中心位置为原点，建立一维坐标轴 Ox，在位置坐标为 x 处取一质元 $\mathrm{d}x$，则该质元的质量为

$$\mathrm{d}m = \lambda \mathrm{d}x = \frac{m}{l}\mathrm{d}x$$

由转动惯量的定义，此时棒的转动惯量为

$$J_C = \int_{-\frac{l}{2}}^{\frac{l}{2}} x^2 \lambda \mathrm{d}x = 2\int_0^{\frac{l}{2}} x^2 \frac{m}{l}\mathrm{d}x = \frac{1}{12}ml^2$$

(2) 如图4-10b所示，坐标原点取为棒的端点，当转轴通过棒的一端并与棒垂直时，棒的转动惯量为

$$J = \int_0^l x^2 \frac{m}{l}\mathrm{d}x = \frac{1}{3}ml^2$$

由上面的例子可以看出，同一刚体对于不同的转轴，转动惯量不同，也就是说转动惯量是与转轴位置有关的，转轴离质心越远，转动惯量越大。我们还可将以上结果进行如下对比，可以发现它们的关系可以验证平行轴定理。

$$J - J_C = \frac{1}{3}ml^2 - \frac{1}{12}ml^2 = \frac{1}{4}ml^2 = m\left(\frac{l}{2}\right)^2$$

在计算刚体转动惯量时，为方便计算，常可将某一刚体切割成几部分进行分别计算，整个刚体对某一固定转轴的转动惯量等于每个切割部分对于该转轴的转动惯量的总和，此即组合定理，可表达为

$$J = \sum_i J_i \tag{4-14}$$

例 4-2　质量为 m、半径为 R 的均质薄圆盘如图 4-11a 所示，试求圆盘对通过圆心并垂直于圆盘平面的转轴的转动惯量。

解： 设圆盘的质量面密度为 σ，如图 4-11b 所示，取一与圆盘同心的圆环带，其半径为 r，宽度为 $\mathrm{d}r$，则圆环带的面积为 $\mathrm{d}S = 2\pi r\mathrm{d}r$，由此得其质量为

$$\mathrm{d}m = \sigma \mathrm{d}S = \frac{m}{\pi R^2} 2\pi r \mathrm{d}r = \frac{2mr}{R^2}\mathrm{d}r$$

故该圆环相对于转轴 z 的转动惯量为

$$\mathrm{d}I = r^2 \mathrm{d}m = \frac{2m}{R^2} r^3 \mathrm{d}r$$

对上式积分可得整个圆盘相对于转轴 z 的转动惯量为

$$J = \int r^2 \mathrm{d}m = \frac{2m}{R^2}\int_0^R r^3 \mathrm{d}r = \frac{1}{2}mR^2$$

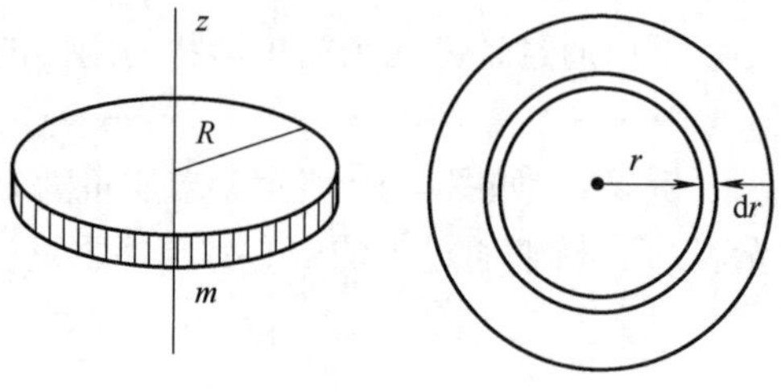

a)　　b)

图 4-11　例 4-2 用图

这里值得一提的是，在计算刚体转动惯量时，首先需要根据转轴的位置选择合适的质元，质元的选取以便于计算为原则，选择不同的质元，计算的难易程度会有明显差异。表 4-1 列出了常见的几种形状规则的刚体相对某一固定转轴的转动惯量大小，其计算方法可因质元选取方法不同而有所差异，读者可尝试通过不同方法加以计算。

表 4-1　常见的几种形状规则的刚体的转动惯量

刚　体	转 动 惯 量	刚　体	转 动 惯 量
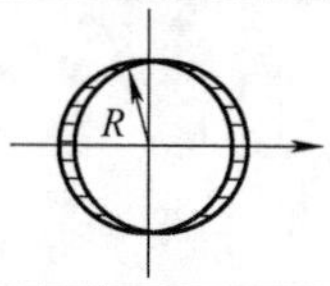	薄圆环对中心轴线 $I = mR^2$	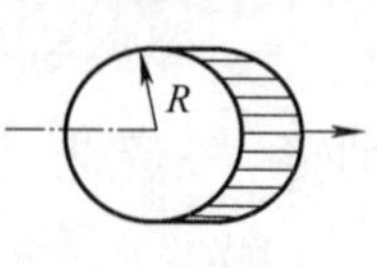	圆柱体对柱体轴线 $I = \frac{1}{2}mR^2$
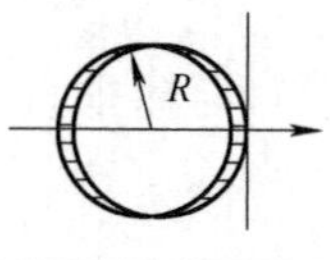	细圆环对任意切线 $I = \frac{3}{2}mR^2$		圆柱环对柱体轴线 $I = \frac{1}{2}m\ (R_1^2 + R_2^2)$

（续）

刚　　体	转动惯量	刚　　体	转动惯量
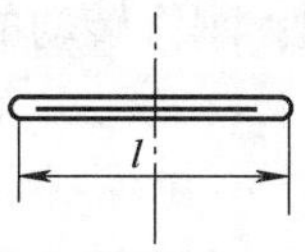	细杆对过中心且与杆垂直的轴线 $I=\frac{1}{12}ml^2$	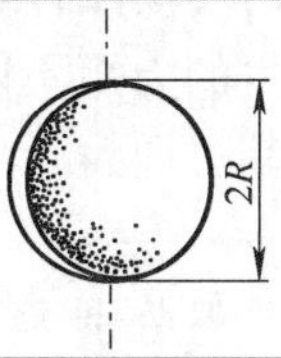	实球体对任意直径 $I=\frac{2}{5}mR^2$
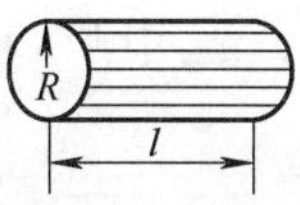	实圆柱体对中心直径 $I=\frac{1}{4}mR^2+\frac{1}{12}ml^2$	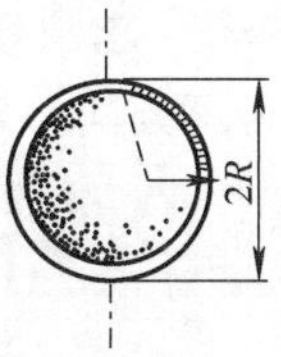	薄球壳对任意直径 $I=\frac{2}{3}mR^2$

五、转动定律的应用举例

与前面所学牛顿第二定律类似，刚体的转动定律在刚体定轴转动中起着桥梁和纽带的作用，人们正是通过转动定律建立起刚体力学参量与刚体运动学参量之间的联系，下面主要通过一些典型例题来总结在实际应用中应该注意的问题。

例 4-3　如图 4-12a 所示，有一质量为 m、半径为 R 的飞轮正以 ω_0 的均匀转速顺时针旋转，现欲通过一闸瓦的制动使其在时间 t 内停止旋转，试求闸杆一端所加制动力 $\boldsymbol{F}$ 的大小。

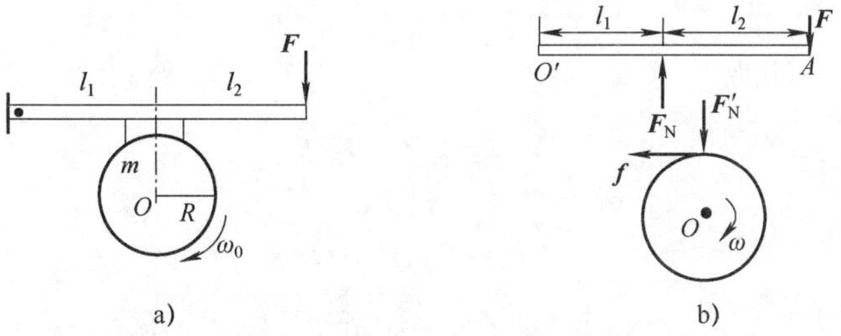

图 4-12　例 4-3 用图

假定已知闸瓦与飞轮间的摩擦因数为 μ，飞轮的质量全分布在圆周上。

解： 首先分析闸瓦和飞轮的受力情况，如图 4-12b 所示，由于通过支点 O 的力所产生力矩为零，故图中未画出。闸瓦在制动过程中处于平衡状态，则其所受合外力矩为零，即

$$F_N l_1 - F(l_1 + l_2) = 0$$

由于闸瓦与飞轮间作用力 F_N 对飞轮转动所产生力矩为零，飞轮所受外力矩只有闸瓦作用于其的摩擦力所产生的力矩，对飞轮应用转动定律可得

$$M = fR = \mu F_N R = J\alpha = mR^2\alpha$$

式中，α 为飞轮转动的角加速度。根据题设条件可知飞轮的终了速度 $\omega=0$，可得

$$\omega - \omega_0 = \alpha t$$

联立以上各式，可解得闸瓦一端所加制动力的大小为

$$F = \frac{l_1 mR^2(\omega - \omega_0)}{\mu(l_1 + l_2)Rt} = -\frac{l_1 mR\omega_0}{\mu(l_1 + l_2)t}$$

通过求解该题可以发现：对转动刚体进行受力分析时，要特别注意力的作用点，同样的作用力，作用点不同，其所产生的力矩不同，对转动刚体的作用效果也不同；刚体转动的角速度和角加速度的正负值代表其方向。

例 4-4　如图 4-13 所示，质量分别为 m_1、m_2 的两物体用一细绳挂在定滑轮两侧，滑轮质量为 M，半径为 R，且 $m_1 > m_2$。求滑轮受到的拉力 $\boldsymbol{F}_{T1}$、$\boldsymbol{F}_{T2}$ 及角加速度。

解：选择滑轮逆时针旋转为正方向，对刚体的受力分析如图 4-14a 所示，运用刚体转动定律可得

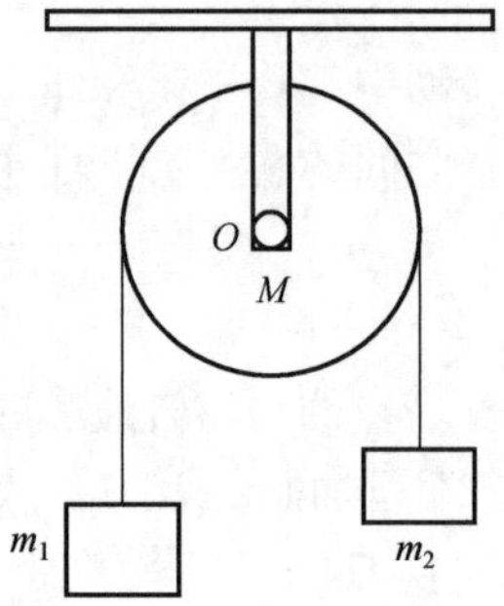

图 4-13　例 4-4 用图

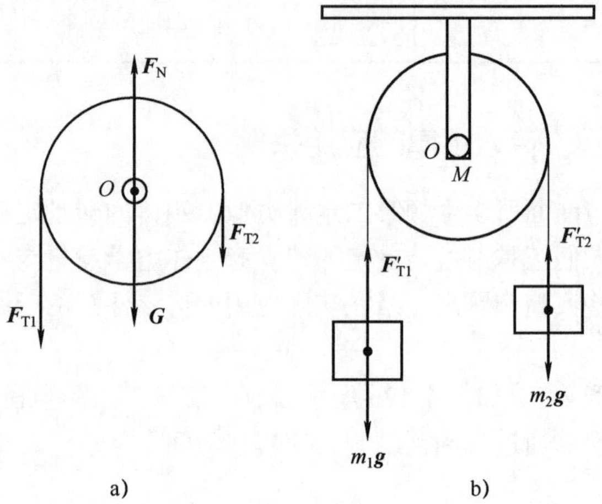

图 4-14　例 4-4 受力分析

$$M = F_{T1}R - F_{T2}R$$

$$M = J\alpha$$

$$(T_1 - T_2)R = J\alpha$$

$$J = \frac{1}{2}MR^2$$

分别选 m_1、m_2 为研究对象，对其受力分析如图 4-14b 所示，忽略细绳的质量，有

$$m_1 g - F'_{T1} = m_1 a_1$$

$$m_2 g - F'_{T2} = -m_2 a_2$$

$$F_{T1} = F'_{T1} \quad F_{T2} = F'_{T2}$$

$$a_1 a_2 = R\alpha$$

联立以上各式可求得

$$F_{T1} = \frac{2m_1(m_1 - m_2)g}{M + 2(m_1 - m_2)} + m_1 g$$

$$F_{T2} = \frac{2m_2(m_1 - m_2)g}{M + 2(m_1 - m_2)} + m_2 g$$

$$\alpha = \frac{2(m_1 - m_2)g}{M + 2(m_1 - m_2)}\frac{1}{R}$$

由该题我们可以总结出应用转动定律求解定轴转动问题时的一般步骤：

（1）将系统中的平动物体和转动物体分别进行受力或受力矩分析；

（2）对平动物体运用牛顿第二定律并列出方程，对转动物体运用转动定律并列出方程；

（3）根据线量与角量的关系建立平动与转动之间的联系，列出方程；

（4）最后，联立各方程求解。

例 4-5　如图 4-15 所示，一质量为 m、长度为 l 的均质细杆可绕垂直于杆一端的固定水平轴 O 在铅直平面内无摩擦地转动。现将细杆从水平位置由静止释放，试求细杆转过角度为 θ 时的角速度。

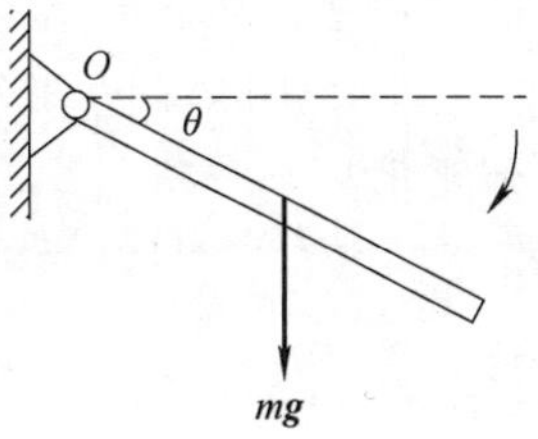

图 4-15　例 4-5 用图

解：棒的下摆运动就是棒绕轴 O 的定轴转动，规定细棒顺时针转动的方向为正方向，细杆转动过程中受到重力和转轴的作用力，其中转轴对细杆的作用力过转轴 O 点，该力矩为零，故其所受合外力矩等于重力矩。在细棒上距轴 r 处取一质元 $\mathrm{d}m$，质量为 $\mathrm{d}m=\frac{m}{L}\mathrm{d}r$。

质元在转过角度为 θ 时所受的重力矩可表示为

$$\mathrm{d}M = \frac{m}{L}g\cos\theta r\mathrm{d}r$$

则整个均质细杆转过角度 θ 时受到的重力矩可利用积分求得

$$M = \int \mathrm{d}M = \int_0^L \frac{m}{L}g\cos\theta r\mathrm{d}r = \frac{1}{2}mgL\cos\theta$$

又 $J=\frac{1}{3}mL^2$，由定轴转动刚体的转动定理 $M=J\alpha$ 可得

$$M = \frac{1}{3}mL^2\alpha = \frac{1}{2}mgL\cos\theta$$

所以

$$\alpha = \frac{\mathrm{d}\omega}{\mathrm{d}t} = \frac{3}{2L}g\cos\theta$$

两边同乘以 $\mathrm{d}\theta$，得

$$\frac{3}{2L}g\cos\theta\mathrm{d}\theta = \mathrm{d}\omega\frac{\mathrm{d}\theta}{\mathrm{d}t}$$

$$\frac{3}{2L}g\cos\theta\mathrm{d}\theta = \omega\mathrm{d}\omega$$

两边积分

$$\int_0^\theta \frac{3}{2L}g\cos\theta\mathrm{d}\theta = \int_0^\omega \omega\mathrm{d}\omega$$

从而可得角速度

$$\omega = \sqrt{\frac{3g\sin\theta}{L}}$$

思考题

4-4　在某一瞬时，物体在力矩作用下，其角速度可以为零吗？其角加速度可以为零吗？

4-5 两个半径和质量均相同的轮子，其中一个轮子的质量聚集在轮子的边缘附近，而另一个轮子的质量分布比较均匀，试问：

(1) 如果他们的角动量相同，哪个轮子转得较快？

(2) 如果它们的角速度相同，哪个轮子的角动量较大？

4-6 如果刚体转动的角速度很大，那么作用在它上面的力是否一定很大？作用在它上面的力矩是否一定很大？

4-7 假定时钟的指针是质量均匀的矩形薄片，分针长而细，时针短而粗，两者具有相等的质量。哪个指针有较大的转动惯量？哪个有较大的角动量？

4-8 刚体在力矩作用下绕定轴转动，当力矩增大或减小时，其角速度和角加速度将如何变化？

第三节 刚体定轴转动的功能关系

一、力矩的功和功率

质点在外力的作用下发生位移时，我们就说该作用力对质点做了功。在刚体转动中作用力可以作用在刚体的不同质元上，各个质元的位移也不相同。力对刚体做功应该是各个力对各个相应质元做功的总和。由于刚体的质元相对位置固定，成对出现的内力不做功，即 $A_{内}=0$，因此只需要考虑外力的功。刚体在外力矩作用下绕定轴转动时发生角位移，我们就说该力矩对刚体做了功。对于刚体这种特殊的质点系，作用在刚体上的力矩做功该如何表示呢？

如图 4-16 所示，假设刚体在切向力 $\boldsymbol{F}_t$ 作用下绕固定转轴 OO'转过的角位移为 $d\theta$。这时，力 $\boldsymbol{F}_t$作用点的位移大小为 $ds=rd\theta$。在该段位移内切向力 $\boldsymbol{F}_t$ 所做的功可表示为

$$dA = F_t ds = F_t r d\theta$$

由于力 $\boldsymbol{F}_t$ 对转轴的力矩为 $M=F_t r$，因此

$$dA = Md\theta$$

故力矩所做的元功等于力矩大小与角位移的乘积。如果刚体在该力矩的作用下绕定轴转过 θ 角，则在此过程中力矩对刚体所做功应为

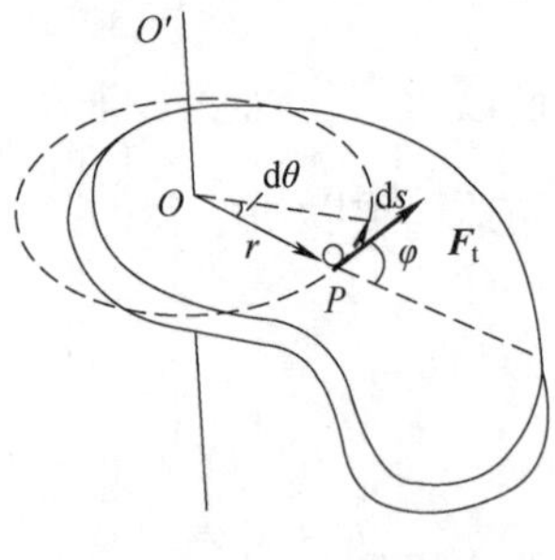

图 4-16 力矩的功

$$A = \int_0^\theta M d\theta \tag{4-15}$$

这里，如果力矩的大小和方向在刚体转动过程中始终保持不变，则式（4-15）可写为

$$A = M\int_0^\theta d\theta = M\theta \tag{4-16}$$

即恒力矩对绕定轴转动的刚体所做的功等于力矩的大小与刚体转过角度的乘积。

这里需要指出的是，力矩做功本质上仍然是力做功，并非新概念，是力做功在刚体转动时的一种更为方便的表达形式。M 是作用在绕定轴转动的刚体上的合外力矩，因此式（4-16）应该理解为合外力矩对刚体所做的功。

根据功率的定义，力矩的瞬时功率应为

$$P = \frac{\mathrm{d}A}{\mathrm{d}t} = \frac{M\mathrm{d}\theta}{\mathrm{d}t} = M\omega \tag{4-17}$$

即力矩对定轴转动刚体的瞬时功率等于力矩大小与其角速度大小的乘积。功率一定时，转速越低，力矩越大。反之，转速越高，力矩越小。

二、转动动能和动能定理

刚体在外力矩的作用下绕定轴转动时，在任意时刻，其中各质元做不同半径的圆周运动，因此它们的线速度不同。假设刚体中第 i 个质元的质量为 Δm_i，其距转轴的距离为 r_i，则此刻第 i 个质元的动能可表示为

$$E_{ki} = \frac{1}{2}\Delta m_i v_i^2 = \frac{1}{2}\Delta m_i r_i^2 \omega^2$$

则整个刚体的转动动能等于所有质元的动能之和，即

$$E_k = \sum_i E_{ki} = \sum_i \frac{1}{2}\Delta m_i r_i^2 \omega^2 = \frac{1}{2}\left(\sum_i \Delta m_i r_i^2\right)\omega^2$$

又由于刚体的转动惯量为 $J = \sum\limits_i \Delta m_i r_i^2$，则上式可写为

$$E_k = \frac{1}{2}J\omega^2 \tag{4-18}$$

也就是说，刚体绕定轴转动的转动动能等于刚体绕该转轴的转动惯量与角速度平方的乘积的一半。刚体转动动能的表达式在形式上类似于物体平动的动能表达式。

在国际单位制中刚体转动动能的单位是 J。

由转动动能的表达式中可以看出，刚体的转动动能是与刚体的角速度相关的，而造成转动角速度变化的原因是力矩，也就是转动动能和力矩必然存在着关联。因此下面我们从反映力矩与角加速度关系的转动定律出发来推导转动动能与力矩的功的关系。

假设某刚体在合外力矩 M 的作用下绕定轴转动并产生一个微小的角位移 $\mathrm{d}\theta$，则合外力矩所做的功为

$$\mathrm{d}A = M\mathrm{d}\theta$$

又由转动定律可知，$M = J\alpha$，将其代入上式可得

$$\mathrm{d}A = J\alpha\mathrm{d}\theta = J\frac{\mathrm{d}\omega}{\mathrm{d}t}\mathrm{d}\theta = J\omega\mathrm{d}\omega$$

设在某段时间内，在合外力矩的作用下，刚体的角速度由初始状态的 ω_1 变为末状态的 ω_2，则整个过程中合外力矩所做总功为

$$A = \int \mathrm{d}A = \int_{\omega_1}^{\omega_2} J\omega\mathrm{d}\omega = \frac{1}{2}J\omega_2^2 - \frac{1}{2}J\omega_1^2$$

很显然，上式等号右边两项对应的分别是刚体初、末状态的转动动能，则上式可写为

$$A = E_{k2} - E_{k1} \tag{4-19}$$

也就是说，合外力矩对一绕定轴转动的刚体所做的功等于刚体转动过程中转动动能的增量。式（4-19）称为**刚体定轴转动的动能定理**，它表示合外力矩对绕定轴转动的刚体所做的功等于刚体转动动能的增量。

三、刚体的势能

刚体定轴转动中涉及的势能主要是重力势能。刚体的重力势能指的是刚体与地球共有的重力势能，等于其内部各质元与地球共有势能之和。若以地面为势能零点位置，设刚体总质量为 m，刚体上质量为 Δm_i 的质元距地面的高度为 h_i，如图 4-17 所示，其重力势能为

$$E_{\mathrm{p}} = \sum_i \Delta m_i g h_i = g \sum_i \Delta m_i h_i$$

又由质心的定义可知，刚体的质心的高度应为

$$h_C = \frac{\sum_i \Delta m_i h_i}{m}$$

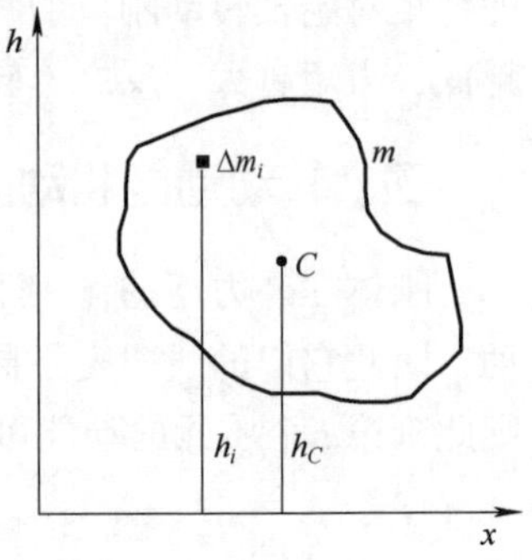

图 4-17 刚体的势能

故刚体的重力势能可写为

$$E_{\mathrm{p}} = mgh_C \tag{4-20}$$

由此可见，对于一个不太大的刚体来说，其重力势能取决于刚体的质量和其质心距离势能零点的高度，相当于刚体的质量全部集中于质心时所具有的势能，与刚体本身的方位无关。

四、刚体的机械能守恒定律

刚体作为一种特殊的质点系，也要遵守一般质点系所要遵守的功能原理和机械能守恒定律，其中所涉及的动能和势能在这里应为刚体的转动动能和重力势能，即

$$E_{\mathrm{k}} + E_{\mathrm{p}} = \frac{1}{2}J\omega^2 + mgh_C = \text{恒量} \tag{4-21}$$

刚体的机械能守恒定律与质点系的机械能守恒定律在前提条件上还存在差别。对于质点系，满足机械能守恒的条件为合外力做功为零和非保守内力做功为零；而对于刚体，其满足机械能守恒的条件为合外力矩做功为零，因为刚体内力矩的总和为零，故其做功亦为零。

例 4-6 利用机械能守恒定律重解例 4-5。

解： 由题意可知，细杆转动过程中受到重力和转轴的作用力，其中转轴对细杆的作用力的力矩为零，故其所受合外力矩等于重力矩，细杆转动过程中只有重力做功。选择地球和细杆为一个系统，其所受重力为保守力，故系统满足机械能守恒定律。设细杆转动初始时刻的水平位置为重力势能零点，则

$$0 = \frac{1}{2}J\omega^2 - mg\frac{l}{2}\sin\theta$$

又细杆的转动惯量为

$$J = \frac{1}{3}ml^2$$

则细杆转过角度为 θ 时的角速度为

$$\omega = \sqrt{\frac{3g\sin\theta}{l}}$$

例 4-7 如图 4-18 所示，有一质量为 m_1、半径为 R 的滑轮（可视为均质圆盘），绕在滑轮上的轻绳的一端系一质量为 m_2 的物体。在重力作用下，物体加速下落。设初始时刻系统处于静止状态，试求物体下落距离为 h 时，滑轮的角速度和角加速度。

解： 绳子的拉力使滑轮加速转动，重力和绳子的拉力共同作用使物体加速下落。

设物体下落距离为 h 时，滑轮的角速度为 ω，绳子的拉力所做的功为 A，则此时物体的速度为 $v=\omega R$，重力对物体做功为 m_2gh。由动能定理可求解。

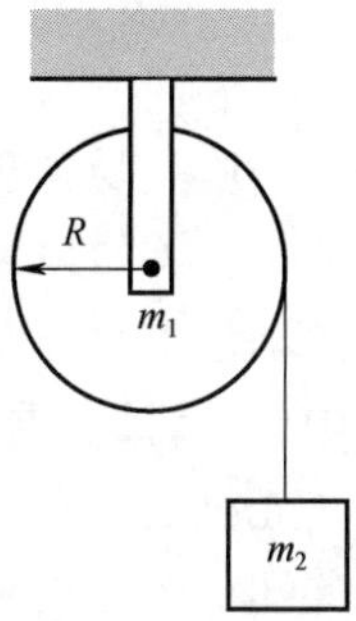

图 4-18 例 4-7 用图

对滑轮有

$$A = \frac{1}{2}J\omega^2 - 0 = \frac{1}{2}\left(\frac{1}{2}m_1R^2\right)\omega^2 = \frac{1}{4}m_1R^2\omega^2$$

对物体有

$$m_2gh - A = \frac{1}{2}m_2v^2$$

联立两式解得滑轮的角速度为

$$\omega = \frac{2}{R}\sqrt{\frac{m_2gh}{2m_2+m_1}}$$

将上式对时间求导，利用 $v=\frac{\mathrm{d}h}{\mathrm{d}t}=R\omega$ 可得滑轮的角加速度为

$$\alpha = \frac{\mathrm{d}\omega}{\mathrm{d}t} = \frac{2}{R}\sqrt{\frac{m_2g}{2m_2+m_1}}\frac{1}{2\sqrt{h}}\frac{\mathrm{d}h}{\mathrm{d}t} = \frac{2m_2g}{(m_1+2m_2)R}$$

本题目中如果将滑轮和物体看作一个系统，则该系统只有重力做功，系统机械能守恒，将物体下落距离为 h 时所处位置设为重力势能零点，由机械能守恒定律可以求解：

$$m_2gh = \frac{1}{2}m_2v^2 + \frac{1}{2}J\omega^2 = \frac{1}{2}m_2v^2 + \frac{1}{4}m_1R^2\omega^2$$

在解决刚体力学问题时，我们可根据需要选择动能定理或者机械能守恒定律，通过比较上述例题的两种方法可以发现，采用机械能守恒定律相对于利用动能定理来解题，过程要明显简捷，因此，在解决问题之前需要选择合适的解题方法。

思考题

4-9 刚体做定轴转动时，其动能的增量只取决于外力对它做的功，而与内力的作用无关。对于非刚体是否也是这样？为什么？

4-10 一根均质细棒绕一端在竖直平面内转动，如从水平位置转到竖直位置时，其势能变化多少？

4-11 有两个飞轮，一个是木制的，周围镶上铁制的轮缘；另一个是铁制的，周围镶上木制的轮缘。若这两个飞轮的半径相同，总质量相等，以相同的角速度绕通过飞轮中心的轴转动，哪一个飞轮的动能较大？

第四节 刚体定轴转动的角动量守恒

当质点受到合外力的作用时，其运动状态会因外力作用而发生改变，质点的动量因而发生变化；类似地，当刚体做定轴转动时，由于合外力矩的作用刚体的转动状态会发生改变，其角动量也因而发生变化。有关质点的角动量、角动量定理及角动量守恒定律的内容在第2章中已做讨论，这里，在介绍刚体的角动量、角动量定理及角动量守恒定律时，我们同样可以首先将刚体看作由大量微小的质元（可看作质点）所组成，再由前面所学质点角动量的相关知识推导出刚体定轴转动过程中角动量的变化规律。

一、刚体定轴转动的角动量

如图4-19所示，某刚体绕定轴z轴转动，其中质量为m_i的任一质元对坐标原点O的位置矢量为$\boldsymbol{R}_i$，其转动的线速度和角速度分别为$\boldsymbol{v}_i$和$\boldsymbol{\omega}$，则根据质点的角动量定义可知该质元对坐标原点O的角动量可表示为

$$\boldsymbol{L}_i = \boldsymbol{R}_i \times \boldsymbol{P}_i = \boldsymbol{R}_i \times (m_i\boldsymbol{v}_i) = m_i\boldsymbol{R}_i \times \boldsymbol{v}_i$$

这里很容易证明$\boldsymbol{R}_i$垂直于$\boldsymbol{v}_i$，故$\boldsymbol{L}_i$的大小为

$$L_i = m_iR_iv_i$$

方向如图4-19所示。质元对转轴z的角动量L_{iz}即为$\boldsymbol{L}_i$沿转轴的分量（在转轴上的投影），由于$\boldsymbol{v}_i$与$\boldsymbol{R}_i$、z轴及$\boldsymbol{L}_i$都垂直，故$\boldsymbol{R}_i$、z轴及$\boldsymbol{L}_i$三者处于同一平面内，由此可知，$\boldsymbol{L}_i$与z轴之间的夹角为$\left(\frac{\pi}{2}-\gamma\right)$，则$L_{iz}$可表示为

$$L_{iz} = L_i\cos\left(\frac{\pi}{2}-\gamma\right) = m_iR_iv_i\sin\gamma = m_ir_iv_i = m_ir_i^2\omega$$

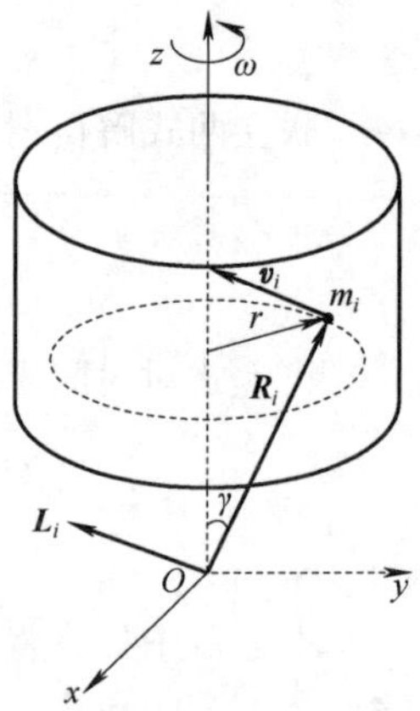

图4-19 刚体的角动量

由于刚体定轴转动的角速度等于其中每个质元的角速度，故上式中质元的角速度可用刚体的角速度来表示。整个刚体对转轴z的角动量即为所有质元对转轴z的角动量之和，故可表示为

$$L_z = \sum_i L_{iz} = \sum_i m_ir_i^2\omega$$

又刚体对转轴z的转动惯量为

$$J_z = \sum_i m_ir_i^2$$

则刚体对转轴z的角动量又可表示为

$$L_z = J_z\omega \tag{4-22}$$

也就是说，刚体定轴转动过程中，任意时刻刚体对转轴的角动量等于其对该轴的转动惯量与该时刻所具有的角速度的乘积。

二、角动量定理

将式（4-22）等号两边同时对时间t求导则有

$$\frac{\mathrm{d}L_z}{\mathrm{d}t} = \frac{\mathrm{d}(J_z\omega)}{\mathrm{d}t} = J_z\frac{\mathrm{d}\omega}{\mathrm{d}t} = J_z\alpha$$

根据刚体定轴转动的转动定律，上式可写成

$$M = \frac{\mathrm{d}L_z}{\mathrm{d}t} \tag{4-23}$$

式（4-23）表明，刚体定轴转动时，其对转轴的角动量随时间的变化率等于作用于刚体的合外力矩，这就是**定轴转动刚体的角动量定理的微分形式**。

式（4-23）还可写成

$$M\mathrm{d}t = \mathrm{d}L_z \tag{4-24}$$

再将式（4-24）等号两边进行积分可得

$$\int_{t_1}^{t_2} M\mathrm{d}t = L_{z2} - L_{z1} = J_z\omega_2 - J_z\omega_1 \tag{4-25}$$

式（4-25）表明，在某一段时间内作用于刚体的外力的冲量矩等于刚体在该段时间内的角动量增量，这就是**定轴转动刚体的角动量定理的积分形式**。

由前面所学质点力学我们知道，牛顿第二定律与动量定理的适用范围有所不同，牛顿第二定律只适用于宏观低速运动的物体（即质量在运动过程中为常量），但动量定理对于质量在运动过程中随时间变化的物体同样适用。定轴转动的转动定律同样只适用于绕定轴转动的刚体，而对固定转轴的角动量定理的适用范围则更为广泛，包括刚体和非刚体（或由多个刚体组成的系统）。当系统由几个物体组成时，这几个物体对于同一转轴的角动量分别为 $J_{z1}\omega_1$，$J_{z2}\omega_2$，…，$J_{zi}\omega_i$，…，则系统对该转轴的角动量为

$$L_z = \sum_i J_{zi}\omega_i \tag{4-26}$$

对于该系统同样有

$$M = \frac{\mathrm{d}L_z}{\mathrm{d}t} = \frac{\mathrm{d}\left(\sum_i J_{zi}\omega_i\right)}{\mathrm{d}t} \tag{4-27}$$

三、角动量守恒定律

由式（4-27）可知，当 $M=0$ 时，有 $\frac{\mathrm{d}L_z}{\mathrm{d}t}=0$，即 $L_z=J_z\omega=$ 恒量。也就是说，对于做定轴转动的刚体，如果其所受合外力矩为零，则刚体对该转轴的角动量保持不变，这就是**刚体定轴转动的角动量守恒定律**。同样，这里的角动量守恒定律不仅适用于刚体，对于非刚体（或由多个物体组成的系统）同样适用，常见的情况大致可分为以下几类。

（1）对于定轴转动的刚体，由于转动过程中刚体的转动惯量始终保持不变，故当刚体所受合外力矩为零时刚体以恒定的角速度转动。例如一个正在转动的飞轮，当其所受的摩擦阻力矩可以略去不计时，其转动过程中所受合外力矩为零，则转动过程中其转动惯量和角速度都保持不变。

（2）对于转动过程中转动惯量可变的物体（由于有形变，不再是刚体了），如果转动惯量发生变化，则物体的角速度也随之改变，两者的乘积始终保持恒定。这种情况在体育项目中应用较多。例如，花样滑冰运动员常通过收拢或张开他们的双臂或双腿来改变自身旋转的

角速度。如果略去冰面对其产生的摩擦力矩，其转动过程中满足角动量守恒，如图 4-20 所示：当运动员张开双臂时，因其双臂离转轴较远，故其转动惯量较大，转动角速度变小；当运动员收拢双臂后，其转动惯量变小，故其转动角速度变大。

（3）对于由多个物体所组成的系统，转动过程中当系统内某个物体的角动量发生变化时，必然存在另一个物体的角动量（或多个物体的总角动量）发生了与之等值异号的改变，从而使系统总角动量保持不变。

转动惯量演示仪

图 4-20 角动量守恒

例 4-8 如图 4-21 所示，一根长 l、质量为 m 的均质细直棒，其一端挂在水平光滑轴 O 上，细棒可以在竖直平面内转动，最初细棒静止在竖直位置。现有一质量为 m_0 的子弹以水平速度 $\boldsymbol{v}_0$ 从 A 点射入棒中，A 点与 O 点的距离为 $\frac{3}{4}l$，如图 4-21 所示。求：（1）棒开始运动时的角速度；（2）棒的最大偏转角 θ。

解：（1）由于从子弹射入细棒到二者一起运动所经过的时间极短，在这一过程中细棒的位置基本保持不变，即仍然保持竖直。将均质细直棒和子弹看作一个系统，系统所受外力为 F_N、mg、m_0g。子弹射入细棒过程中，它们对轴 O 的合外力矩为零，系统的角动量守恒。选逆时针方向为正方向，细棒对 O 点的转动惯量为$\frac{1}{3}Ml^2$，可得

$$mv \cdot \frac{3}{4}l = \frac{1}{3}Ml^2\omega + m\left(\frac{3}{4}l\right)^2\omega$$

由此解得

$$\omega = \frac{\frac{3}{4}mv}{\left(\frac{1}{3}M + \frac{9}{16}m\right)l}$$

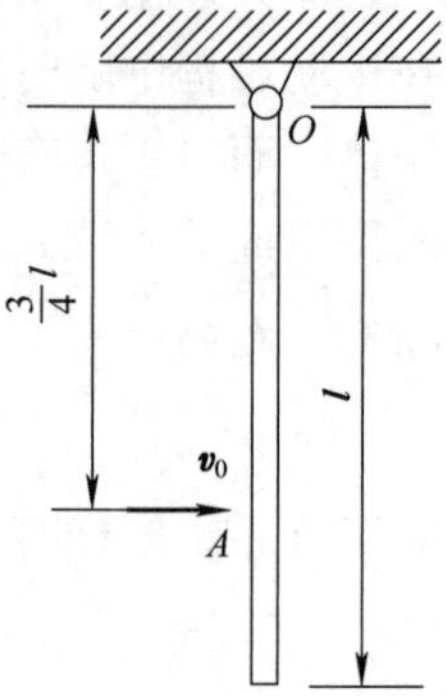

图 4-21 例 4-8 用图

（2）由于系统在转动过程中只有重力矩做功，因此系统的机械能守恒，设棒在水平位置的势能为零，则

$$\frac{1}{2}\left[\frac{1}{3}Ml^2 + m\left(\frac{3}{4}l\right)^2\right]\omega^2 - Mg\frac{l}{2} - mg\frac{3l}{4} = -Mg\frac{l}{2}\cos\theta - mg\frac{3l}{4}\cos\theta$$

因此可以得到

$$\theta = \arccos\left(1 - \frac{\frac{2}{3}M + \frac{9}{8}m}{2M + 3m} \cdot \frac{l}{g}\omega\right)$$

例 4-9 如图 4-22 所示，一均质细棒质量为 M，长为 $2l$，可绕通过其中心的水平轴自由转动，开始时静止于水平位置。然后有一个小球 m 以速度 $\boldsymbol{u}$ 垂直落于棒端，与棒做完全弹性碰撞，以速度$\boldsymbol{v}$ 弹回。求：（1）棒获得的角速度；（2）棒端受到的冲量大小。

解：(1) 取细棒和小球为研究对象，考虑相对于 O 点的角动量和外力矩，碰撞过程中，因作用于小球的重力矩可以忽略，故可认为系统所受合外力矩为 0，因而角动量守恒，有

$$mul = J\omega - mvl$$

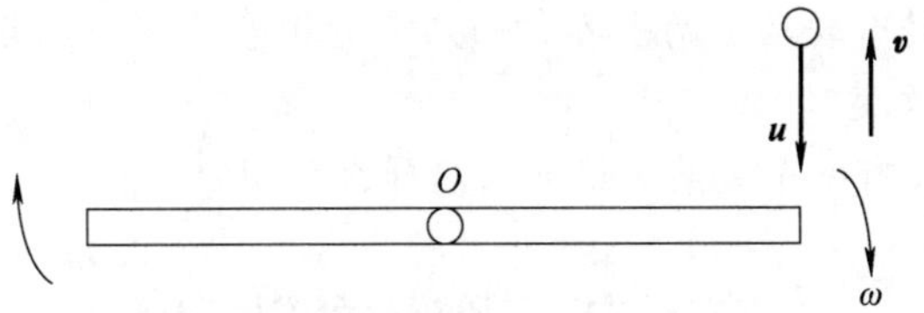

图 4-22　例 4-9 用图

且动能守恒：

$$\frac{1}{2}mu^2 = \frac{1}{2}J\omega^2 + \frac{1}{2}mv^2$$

又因绕着一端转动的细棒的转动惯量为

$$J = \frac{1}{3}Ml^2$$

解得

$$\omega = \frac{2m}{M/3 + m}\frac{u}{l}$$

(2) 设棒端所受平均冲力大小为 F，作用时间为 Δt，应用角动量定理，棒端所受冲量矩为

$$Fl\Delta t = \Delta L = \frac{1}{3}Ml^2\frac{2m}{M/3 + m}\frac{u}{l}$$

由此解得

$$I = \frac{\Delta L}{l} = \frac{2mM}{M + 3m}u$$

例 4-10　在自由旋转的水平圆盘上，站一质量为 m 的人。圆盘的半径为 R，转动惯量为 J，角速度为 ω。如果这人由盘边走到盘心，求角速度的变化及此系统动能的变化。

解：把圆盘和人看作一个系统，系统所受到的合外力矩为零，系统的角动量守恒，即

$$J\omega + mR^2\omega = J\omega'$$

解得

$$\omega' = \omega\left(1 + \frac{mR^2}{J}\right)$$

则角速度的变化

$$\Delta\omega = \omega' - \omega = \omega\frac{mR^2}{J}$$

系统动能的变化

$$\Delta E_k = \frac{1}{2}J\omega'^2 - \frac{1}{2}(J + mR^2)\omega^2 = \frac{1}{2}mR^2\omega^2\left(\frac{mR^2}{J} + 1\right)$$

思考题

4-12　下面几个物理量中，哪些与原点的选择有关，哪些与原点的选择无关：(1) 位

矢；(2) 位移；(3) 速度；(4) 角动量。

4-13　如果作用在质点上的总力矩垂直于质点的角动量，那么质点角动量的大小和方向会发生变化吗？

4-14　一个人随着转台转动，两手各拿一只重量相等的哑铃，当他将两臂伸平时，他和转台的转动角速度是否改变？

4-15　直升机尾部装有一个尾桨，试问它起什么作用？

第五节　刚体的进动

前面我们重点讨论了刚体的定轴运动，也介绍了刚体的平面平行运动，而一般刚体的运动相对较为复杂。本节主要介绍日常生活中较为常见的一种刚体转轴不固定的运动，即进动。一个自转的物体由于受到外力矩的作用，其自转轴绕某一中心旋转，这种现象被称作**进动**，通常也被称作旋进。陀螺的运动是日常生活中有关进动现象的典型例子，下面我们主要以陀螺的运动为例来介绍进动。

陀螺

进动这种运动形式实际上是物体机械运动矢量性的一种表现。质点在外力作用下运动的过程中，其运动方向并不一定会沿着外力的方向，如果质点原有的运动方向（初速度方向）与外力的方向不一致，则质点随后的运动方向既不是沿着原有的运动方向，也不会与外力的方向相同，其实际运动方向则由两者共同决定。类似地，在刚体转动过程中，如果刚体受到与其转动方向不同的外力矩的作用，其转动方向不会沿着原来的方向，也不会与外力矩的方向相同，而是出现进动现象。如图 4-23 所示，以陀螺在水平面上的运动为例，陀螺对支撑点 O 的角动量可由两部分组成，其一是陀螺绕自身中心轴 OB 转动的自转角动量 $\boldsymbol{L}_s$，其二为陀螺质心绕竖直轴 Oz 转动的角动量 $\boldsymbol{L}_p$，则陀螺对 O 点的角动量可表示为

$$\boldsymbol{L}=\boldsymbol{L}_s+\boldsymbol{L}_p$$

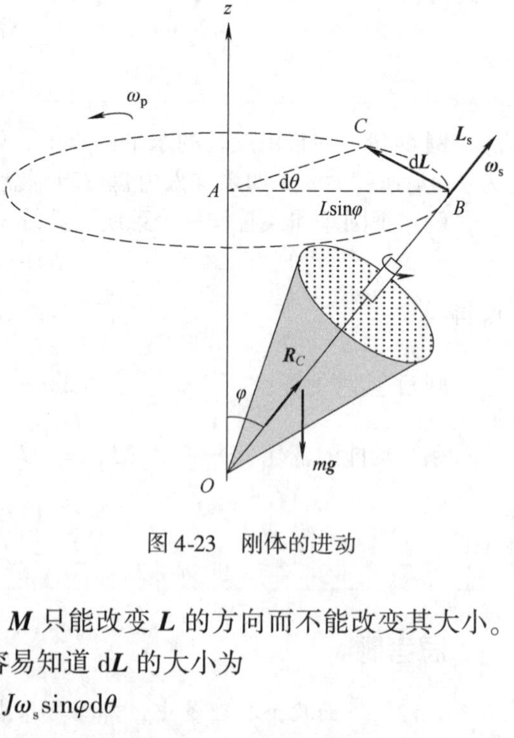

图 4-23　刚体的进动

当陀螺高速转动时，由于其自转角速度 $\boldsymbol{\omega}_s$ 远大于进动角速度 ω_p，$\boldsymbol{L}_p$ 可略去不计，则陀螺对 O 点的角动量 $\boldsymbol{L}$ 可看作等于其自转角动量，即

$$\boldsymbol{L}\approx\boldsymbol{L}_s=J\boldsymbol{\omega}_s$$

陀螺运动过程中所受外力矩（重力矩）为

$$\boldsymbol{M}=\boldsymbol{R}_C\times m\boldsymbol{g}=\frac{\mathrm{d}\boldsymbol{L}}{\mathrm{d}t}\approx\frac{\mathrm{d}(J\boldsymbol{\omega}_s)}{\mathrm{d}t}$$

式中，$\boldsymbol{R}_C$ 为陀螺对 O 点的质心位矢。当将陀螺静止竖直放置时，$\boldsymbol{L}=\boldsymbol{0}$，由于外力矩的作用陀螺将向某方向倾倒；当陀螺高速转动时，$\boldsymbol{L}\approx\boldsymbol{L}_s$，即 $\boldsymbol{L}$ 与 $\boldsymbol{\omega}_s$ 或 $\boldsymbol{R}_C$ 方向相同，由于 $\boldsymbol{M}$ 垂直于 $\boldsymbol{R}_C$，也就是 $\boldsymbol{M}$ 亦垂直于 $\boldsymbol{L}$，故在陀螺转动过程中 $\boldsymbol{M}$ 只能改变 $\boldsymbol{L}$ 的方向而不能改变其大小。现设 $\mathrm{d}t$ 时间内 $\boldsymbol{L}$ 的改变量为 $\mathrm{d}\boldsymbol{L}$，由几何关系很容易知道 $\mathrm{d}\boldsymbol{L}$ 的大小为

$$\mathrm{d}L=L\sin\varphi\mathrm{d}\theta=J\omega_s\sin\varphi\mathrm{d}\theta$$

又有

$$dL = M dt$$

故有

$$M dt = J\omega_s \sin\varphi d\theta$$

又由进动角速度的定义有 $\omega_p = \frac{d\theta}{dt}$，与上式联立可得

$$\omega_p = \frac{M}{J\omega_s \sin\varphi} \tag{4-28}$$

可见，当陀螺高速转动时，其进动角速度大小与其所受外力矩大小成正比，与其自转角动量（角速度）大小成反比，其自转角速度越大，则其进动角速度越小；反之，其自转角速度越小，则其进动角速度越大。

现代技术上利用进动的一个实例是炮弹在空中的飞行。当炮弹飞行时，空气阻力的合力一般不通过炮弹的质心，炮弹就要受到对其质心的外力矩，使炮弹绕质心发生不断翻转，从而降低炮弹的射击精度。为了避免这种现象，通常在炮筒内刻出螺旋线。这种螺旋线叫作来复线。这样使炮弹在射出时获得绕轴的高速自转，它在飞行中受到的空气阻力的力矩将不能使它翻转，而只是使它绕着质心前进的方向进动。从而它的轴线将会始终只与前进方向有不大的偏离，而弹头总是大致指向前方，如图 4-24 所示。又如船舶上涡轮转子在高速旋转时，要使它的转轴改变方向，必须由船体通过轴承对它施加力矩。因此，当船改变航向时，轴承在向涡轮转轴施加力矩的同时，也会受到极大的反作用力。

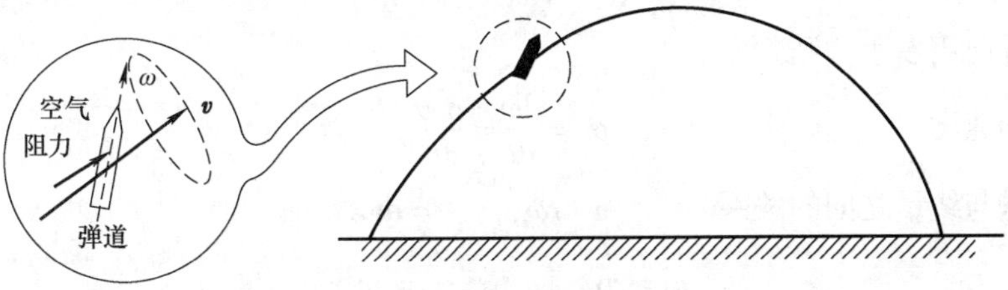

图 4-24 炮弹飞行时的进动

当陀螺自转角速度较小时，则它的自转轴与竖直轴的夹角大小还会有周期性变化，这一现象叫章动。按上面的近似分析是无法说明这一现象的。关于陀螺运动的严密理论已超出本书范围。

思考题

4-16 如思考题 4-16 图所示的回旋仪，A 和 B 是两个相同的旋转体，可绕自转轴自由转动，推力 $\boldsymbol{F}$ 可以通过 C、D 连杆机构支撑 A、B 旋转体的自转轴，并能改变自转轴的方向，整个系统可以绕竖直轴自由转动，开始时两旋转体的自转轴在水平位置，两旋转体以量值相同的角速度绕各自的转轴反向旋转。

（1）若以力 $\boldsymbol{F}$ 向上推，系统将如何运动？为什么？

（2）若以力 $\boldsymbol{F}$ 向下拉，系统将如何运动？为什么？

4-17 如思考题 4-17 图所示为一船中的高速旋转体，若船带着旋转体绕 z 轴做逆时针转动，则轴承将受到巨大压力，试指出其压力的方向，为什么？

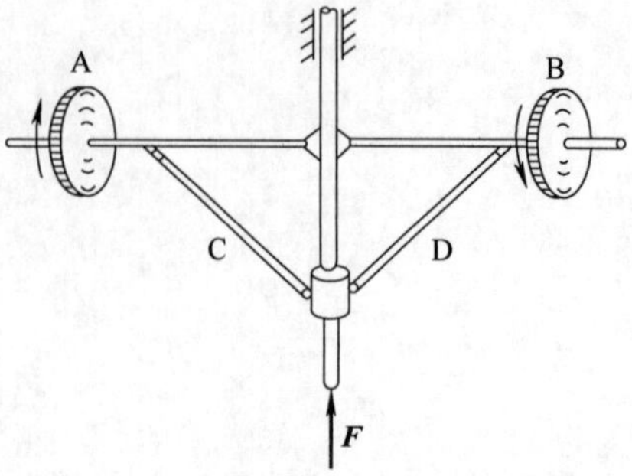

思考题 4-16 图

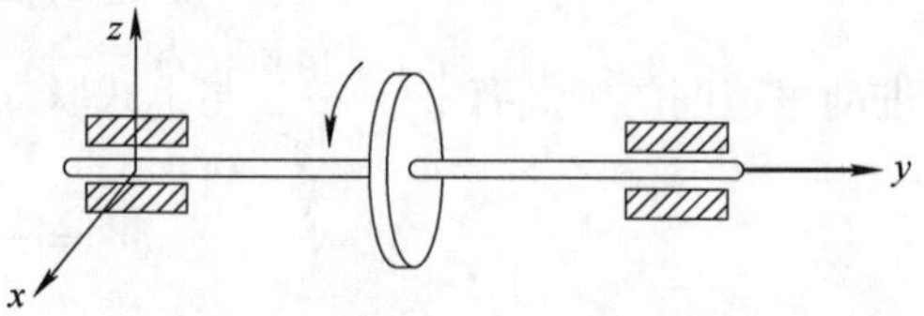

思考题 4-17 图

4-18 你骑车前进时，车轮的角动量指向什么方向？你身体向左倾斜时，对轮子加了什么方向的力矩？试根据进动的原理说明这时你的车要向左转弯。

知识提要

1. 刚体定轴转动的运动学描述

（1）角坐标（角位置） $\theta=\theta(t)$

（2）角位移 $\Delta\theta=\theta_1-\theta_0$

（3）角速度 $\omega=\dfrac{\mathrm{d}\theta}{\mathrm{d}t}$

角速度 $\boldsymbol{\omega}$ 的方向用右手法则判定。

（4）角加速度 $\alpha=\dfrac{\mathrm{d}\omega}{\mathrm{d}t}=\dfrac{\mathrm{d}^2\theta}{\mathrm{d}t^2}$

（5）角量与线量之间的关系 $v=r\omega,\quad \boldsymbol{v}=\boldsymbol{\omega}\times\boldsymbol{r}$

$$a_{\mathrm{t}}=r\alpha,\quad a_{\mathrm{n}}=\frac{v^2}{r}=\omega^2 r$$

（6）当刚体做匀变速圆周运动时，角加速度为常量，角速度、角位移的相应公式为

$$\omega=\omega_0+\alpha t$$

$$\theta=\theta_0+\omega_0 t+\frac{1}{2}\alpha t^2$$

$$\omega^2=\omega_0^2+2\alpha(\theta-\theta_0)$$

2. 刚体定轴转动的转动定律

$$M=J\alpha$$

M、J、α 均相对于同一转轴。

（1）转动惯量

$$J=\sum_i m_i r_i^2$$

对于质量连续分布的刚体，有

$$J=\int_m r^2\mathrm{d}m$$

转动惯量是描述做定轴转动的刚体转动惯性大小的物理量，它与刚体的总质量、转轴的

位置及刚体的质量分布有关。

（2）平行轴定理　　$J = J_C + md^2$

3. 力矩的空间累积效应

（1）力矩的功　　$A = \int_0^{\theta} M\mathrm{d}\theta$

（2）转动动能　　$E_\mathrm{k} = \frac{1}{2}J\omega^2$

（3）动能定理　　$A = E_{\mathrm{k}2} - E_{\mathrm{k}1} = \frac{1}{2}J\omega_2^2 - \frac{1}{2}J\omega_1^2$

（4）重力势能　　$E_\mathrm{p} = mgh_C$

（5）机械能守恒定律。合外力矩做功为零，则刚体满足机械能守恒：

$$E_\mathrm{k} + E_\mathrm{p} = \frac{1}{2}J\omega^2 + mgh_C = 恒量$$

4. 力矩的时间累积效应

（1）刚体对转轴 z 的角动量　　$L_z = J_z\omega$

J_z 和 ω 必须是相对于同一转轴。

（2）角动量定理　　$\int_{t_1}^{t_2} M\mathrm{d}t = L_{z2} - L_{z1} = J_z\omega_2 - J_z\omega_1$

（3）角动量守恒定律。若 $M=0$，则$\frac{\mathrm{d}L_z}{\mathrm{d}t}=0$，即

$$L_z = J_z\omega = 恒量$$

习　　题

一、基础练习

4-1　一个哑铃由两个质量均为 m、半径均为 R 的铁球和中间一根长 l 的连杆组成（见习题4-1图）。和铁球的质量相比，连杆的质量可以忽略。求此哑铃对于通过连杆中心并和它垂直的轴的转动惯量。它对于通过两球的连心线的轴的转动惯量又是多大？$\left(答案：m\left(\frac{14}{5}R^2+2Rl+\frac{l^2}{2}\right),\ \frac{4}{5}mR^2\right)$

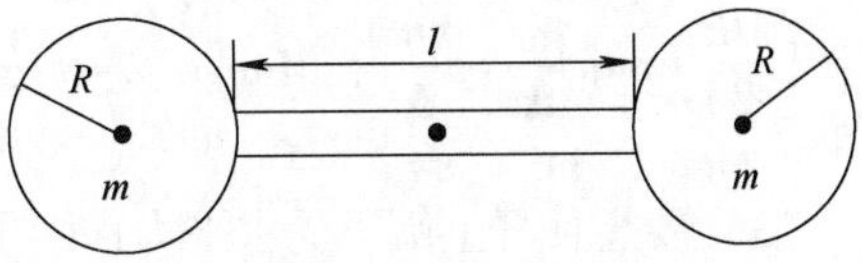

习题4-1图

4-2　从一个半径为 R 的均质薄板上挖去一个直径为 R 的圆板，所形成的圆洞中心在距原薄板中心 $R/2$ 处（见习题4-2图），所剩薄板的质量为 m。求此时薄板对于通过原中心而与板面垂直的轴的转动惯量。$\left(答案：\frac{13}{24}mR^2\right)$

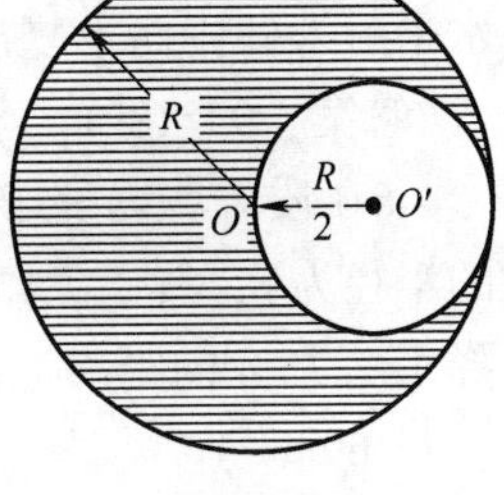

习题4-2图

4-3　如习题4-3图所示，两物体质量分别为 m_1 和 m_2，定滑轮的质量为 m，半径为 r，可视作均质圆盘。已知 m_2 与桌面间的滑动摩擦因数为 μ_k，求 m_1 下落的加速度和两段绳子中的张力各是

多少？设绳子和滑轮间无相对滑动，滑轮轴受的摩擦力忽略不计。$\left(\text{答案：}\dfrac{m_1-\mu_k m_2}{m_1+m_2+m/2}g,\ \dfrac{(1+\mu_k)m_2+m/2}{m_1+m_2+m/2}m_1 g,\ \dfrac{(1+\mu_k)m_1+\mu_k m/2}{m_1+m_2+m/2}m_2 g\right)$

4-4　一个轻质弹簧的劲度系数为 $k=2.0\text{N/m}$，它一端固定，另一端通过一条细线绕过一个定滑轮和一个质量为 $m_1=80\text{g}$ 的物体相连（见习题 4-4 图）。定滑轮可看作均质圆盘，它的半径 $r=0.05\text{m}$，质量 $m=100\text{g}$。先用手托住物体 m，使弹簧处于其自然长度，然后松手。求物体 m_1 下降 $h=0.5\text{m}$ 时的速度多大？忽略滑轮轴上的摩擦，并认为绳在滑轮边缘上不打滑。（答案：1.48m/s）

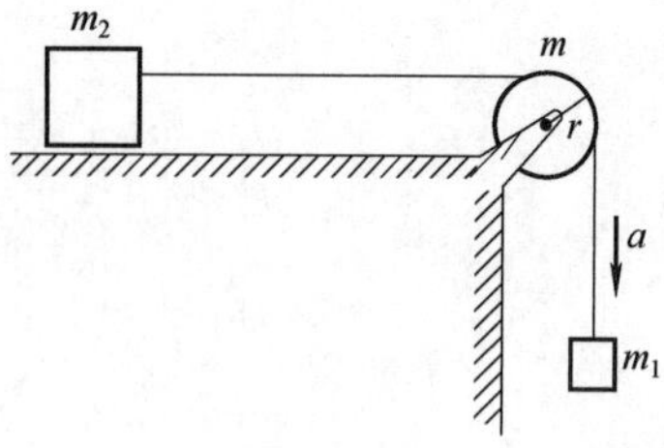

习题 4-3 图

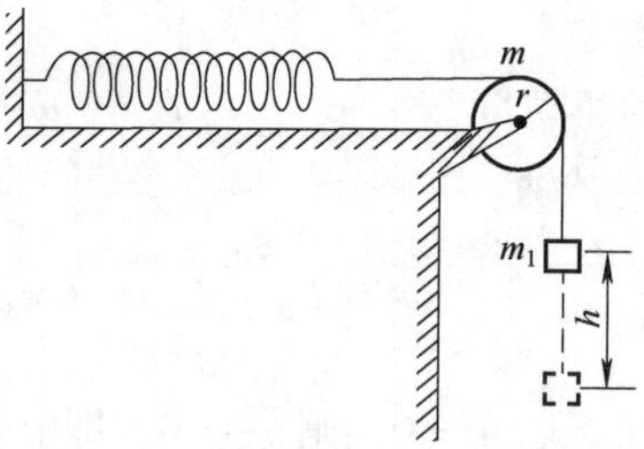

习题 4-4 图

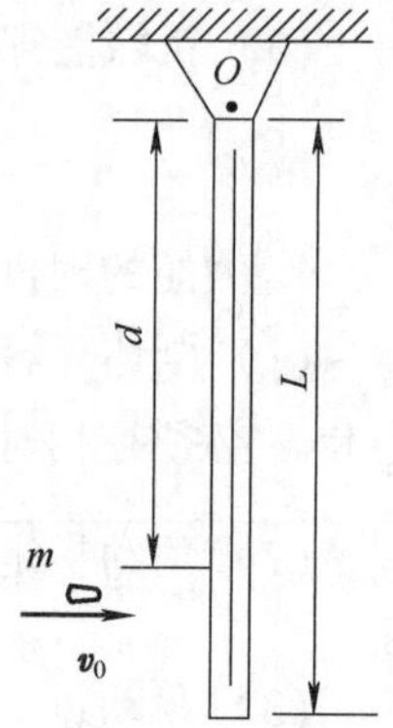

习题 4-5 图

4-5　如习题 4-5 图所示，长为 L 的均质直杆其质量为 M，上端用光滑水平轴吊起而静止下垂。今有一子弹质量为 m，以水平速度 $\boldsymbol{v}_0$ 射入杆的悬点下距离为 d 处而不复出。

（1）子弹刚停在杆中时杆的角速度多大？$\left(\text{答案：}\dfrac{3mdv_0}{3md^2+ML^2}\right)$

（2）子弹射入杆的过程中（经历时间 Δt），杆上端受轴的水平和竖直分力各多大？$\left(\text{答案：}\left(\dfrac{ML}{2}+md\right)\dfrac{\omega}{\Delta t}-\dfrac{mv_0}{\Delta t},\ M\omega^2 L/2+Mg\right)$

（3）要想使杆上端不受水平力，则子弹应在何处击中杆？$\left(\text{答案：}\dfrac{2L}{3}\right)$

（4）若图中均质杆长 $L=0.40\text{m}$，质量 $M=1.0\text{kg}$，由其上端的光滑水平轴吊起而处于静止。今有一质量 $m=8.0\text{g}$ 的子弹以 $v=200\text{m/s}$ 的速率水平射入杆中而不复出，射入点在轴下 $d=3L/4$ 处。求杆的最大偏转角。（答案：94°18′）

4-6　质量为 m 的物体悬于绳，绳绕在轮轴上，如习题 4-6 图所示，轴的半径为 r，置于无摩擦的固定轴承，当物体由静止释放后，在 5s 内下降了 1.75m 的距离，试求轮和轴杆的转动惯量，用 m 和 r 表示。（答案：$J=69mr^2$）

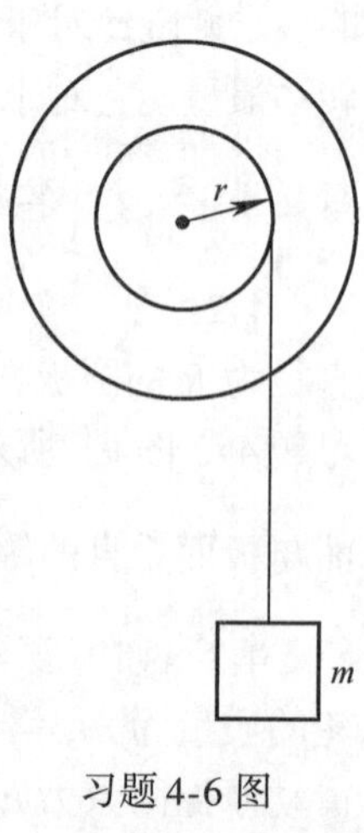

习题 4-6 图

4-7　完成以下计算：

（1）习题4-7 图中是一块均匀的长方形薄板，边长为 a、b，中心 O 取为原点，坐标系 $Oxyz$ 如图所示，设薄板的质量为 M，则薄板对 Ox 轴和 Oy 轴的转动惯量各为多少？$\left(答案：I_{Ox}=\frac{1}{12}Mb^2，I_{Oy}=\frac{1}{12}Ma^2\right)$

（2）薄板对 Oz 轴的转动惯量为多少？$\left(答案：\frac{1}{12}M(a^2+b^2)\right)$

4-8　一物块质量 $m=5\text{kg}$，沿一和水平面成37°角的斜面下滑，如习题4-8 图所示，滑动摩擦因数为0.25，一绳绕在固定轴在 O 点的飞轮上，物块则系于绳的一端，飞轮的质量 $M=20\text{kg}$，外半径 $R=0.2\text{m}$，对其轴的回转半径 $K_0=0.1\text{m}$。求：

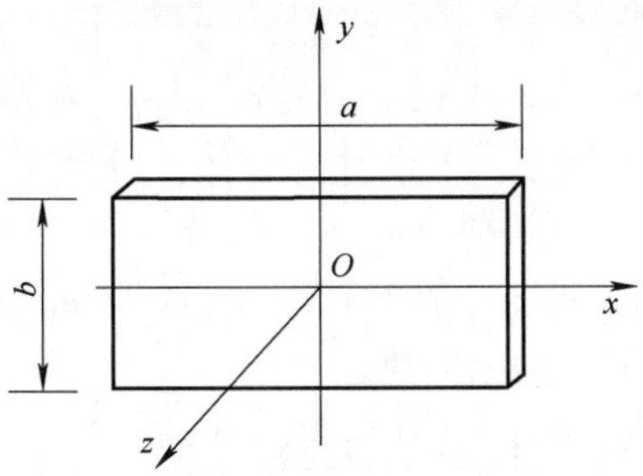

习题4-7 图

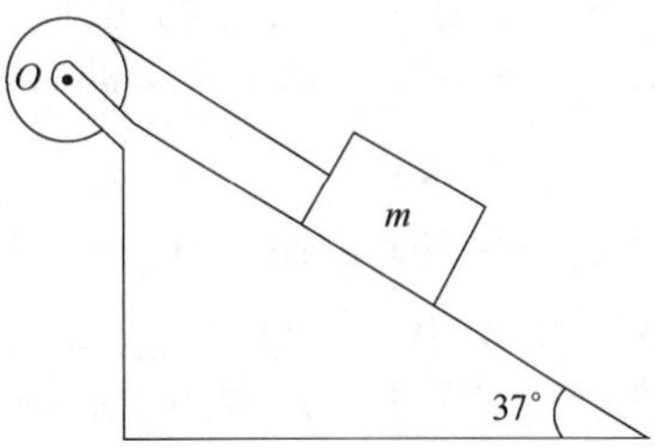

习题4-8 图

（1）物块在斜面上下滑的加速度是多少？（答案：$a=2\text{m/s}^2$）

（2）绳中的张力是多少？（答案：$F_T=10\text{N}$）

4-9　一均质圆环，质量为 m，半径为 R，如习题4-9 图所示，求圆环对 Oy 轴的转动惯量。$\left(答案：I_{Oy}=\frac{1}{2}mR^2\right)$

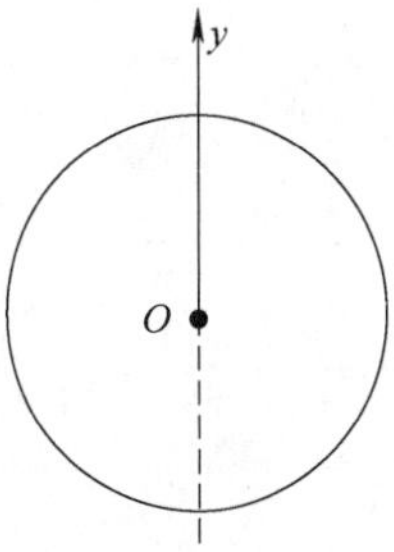

习题4-9 图

4-10　一质量为 m'、半径为 R 的均质圆盘，通过其中心且与盘面垂直的水平轴以角速度 ω 转动，若在某时刻，一质量为 m 的小碎块从盘边缘裂开，且恰好沿垂直方向上抛，问它可能达到的高度是多少？破裂后圆盘的角动量为多大？$\left(答案：\frac{\omega^2R^2}{2g}，\left(\frac{1}{2}m'-m\right)R^2\omega\right)$

4-11　在光滑的水平面上有一木杆，其质量 $m_1=1.0\text{kg}$，长 $l=40\text{cm}$，可绕通过其中点并与之垂直的轴转动。一质量为 $m_2=10\text{g}$ 的子弹，以 $v=2.0\times10^2\text{m/s}$ 的速度射入杆端，其方向与杆及轴正交。若子弹陷入杆中，试求所得到的角速度。（答案：29.1rad/s）

4-12　如习题4-12 图所示，在光滑的水平面上有一轻质弹簧（其劲度系数为 k），它的一端固定，另一端系一质量为 m'的滑块。最初滑块静止时，弹簧呈自然长度 l_0，今有一质量为 m 的子弹以速度 $\boldsymbol{v}_0$ 沿水平方向并垂直于弹簧轴线射向滑块且留在其中，滑块在水平面内滑动，当弹簧被拉

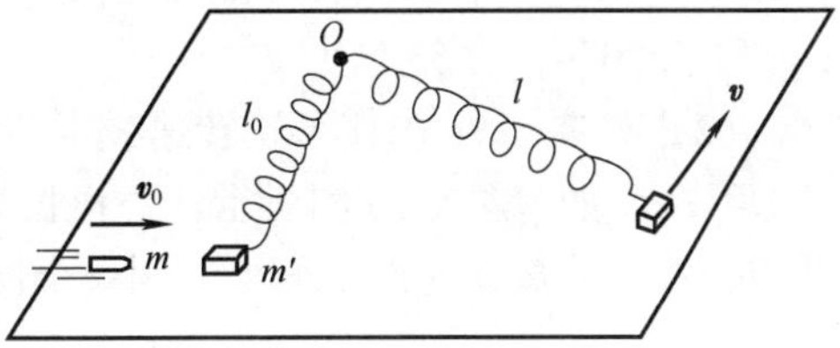

习题4-12 图

伸至长度 l 时，求滑块速度的大小和方向（用已知量和 v_0 表示）。$\left(\text{答案：} v = \sqrt{\left(\frac{m}{m'+m}\right)^2 v_0^2 - \frac{k\ (l-l_0)^2}{m'+m}},\ \theta = \arcsin \frac{ml_0v_0}{l\ (m'+m)v},\ \theta \text{为滑块速度方向与弹簧连线间的夹角}\right)$

4-13　质量为0.50kg、长为0.40m的均质细棒，可绕垂直于棒一端的水平轴转动。如将此棒放在水平位置，然后任其落下。求：

（1）当棒转过60°时的角加速度和角速度；（答案：18.4rad/s²，7.98rad/s）

（2）下落到竖直位置时的动能；（答案：0.98J）

（3）下落到竖直位置时的角速度。（答案：8.57rad/s）

二、综合提高

4-14　有质量为 m_A 和 m_B 的两圆盘同心粘在一起，半径分别为 r_A 和 r_B，小圆盘边缘绕有绳子，上端固定在天花板上，大圆盘边缘也绕有绳子，下端挂一物体，质量为 m_C，如习题4-14图所示，试求：

（1）要使圆盘向上加速、静止或匀速运动的条件；（答案：$F_T-(m_A+m_B+m_C)g=0$ 时，静止或匀速运动，$F_T-(M_A+M_B+M_C)g>0$ 时，向上加速运动）

（2）在静止情况下，两段绳子的张力。（答案：m_Cg，$(M_A+M_B+M_C)\ g$）

4-15　飞轮的质量 $m=60$kg，半径 $R=0.25$m，绕其水平中心轴 O 转动，转速为900r/min，现利用一制动用的闸杆，在闸杆的一端加一竖直方向的制动力 $\boldsymbol{F}$，可使飞轮减速，已知闸杆的尺寸如习题4-15图所示，闸瓦与飞轮间的摩擦因数 $\mu=0.4$，飞轮的转动惯量可按均质圆盘计算。

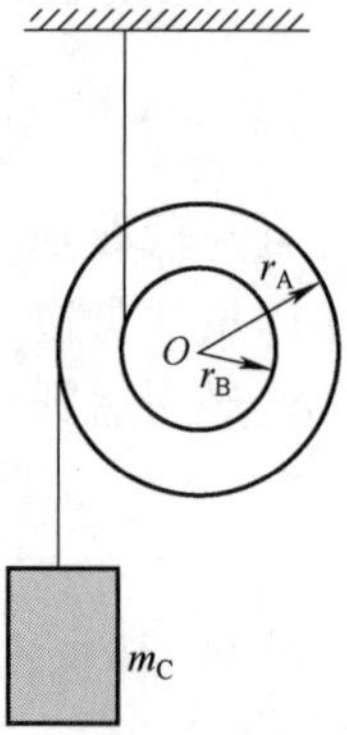

习题4-14图

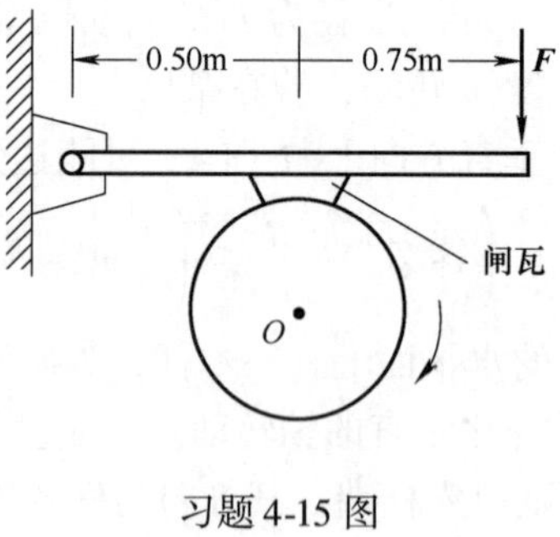

习题4-15图

（1）设 $F=100$N，问可使飞轮在多长时间内停止转动，在这段时间内，飞轮转了几转？（答案：7.07s，约53转）

（2）如要在2s内使飞轮转速减半，需加多大的制动力 F？（答案：177N）

4-16　如习题4-16图所示，一根长为 L 的轻质刚性棒，其两端连着两个质量均为 m 的质点，将此棒放在光滑桌面上，用一个质量为 m、速度为 $\boldsymbol{v}_0$ 的质点与棒端的一个质点相碰，碰撞之后，质点沿原直线返回，求碰撞之后棒的角速度。设碰撞为弹性碰撞。（答案：$\boldsymbol{\omega}=$

$\left.\dfrac{4\sqrt{2}}{7L}v_0\right)$

4-17　如习题4-17图所示，一质量均匀分布的圆盘，质量为M，半径为R，放在一粗糙水平面上，圆盘可绕通过其中心O的竖直固定光滑轴转动。开始时，圆盘静止，一质量为m的子弹以水平速度$\boldsymbol{v}_0$垂直于圆盘半径打入圆盘边缘并嵌在盘边上。

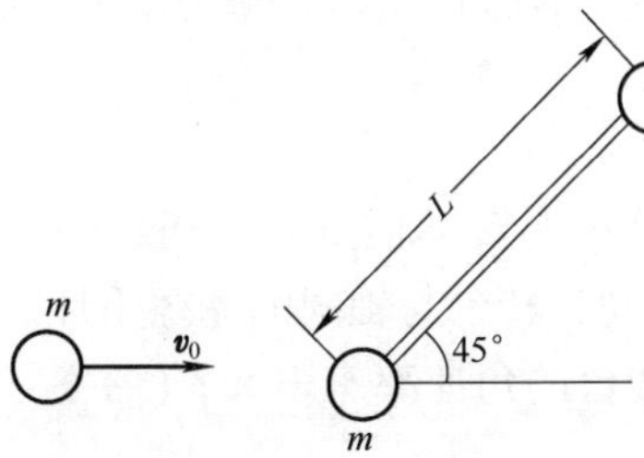

习题4-16图

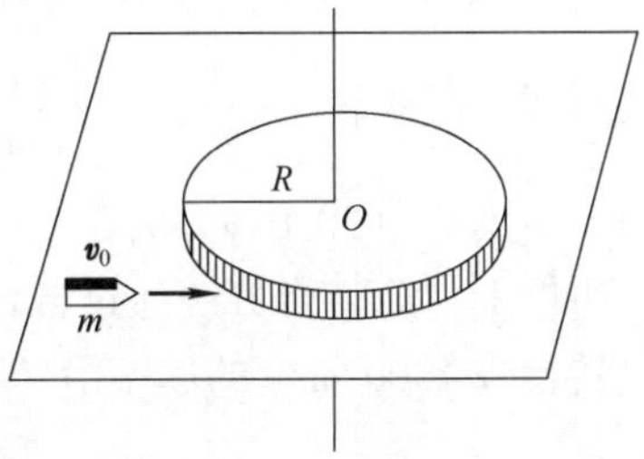

习题4-17图

（1）求子弹击中圆盘后盘所获得的角速度；$\left(\text{答案：}\omega=\dfrac{mv_0}{\left(\dfrac{1}{2}M+m\right)R}\right)$

（2）经过多少时间后，圆盘停止转动？$\left(\text{答案：}\Delta t=\dfrac{3mv_0}{2\mu Mg}\right)$

（圆盘绕通过B的竖直轴的转动惯量为$\dfrac{1}{2}MR^2$，忽略子弹重力造成的摩擦阻力矩。）

4-18　半径为R、质量为m的均质圆盘，以角速度ω_0绕通过盘心O的水平轴做定轴转动，圆盘边缘上绕有轻绳，绳下端系一质量为$m/2$的、放在地面上的物体（见习题4-18图），起初绳是松弛的，求绳被盘拉紧后物体上升的最大高度h。$\left(\text{答案：}h=\dfrac{R^2\omega_0^2}{4g}\right)$

4-19　如习题4-19图所示，物体的质量m_1、m_2，定滑轮的质量M_1、M_2，半径R_1、R_2都已知，且$m_1>m_2$，设绳子的长度不变，质量不计，绳子与滑轮间不打滑，而滑轮的质量均匀分布，其转动惯量可按均质圆盘计算，滑轮轴承无摩擦，试应用牛顿定律和转动定律写出这一系统的运动方程。

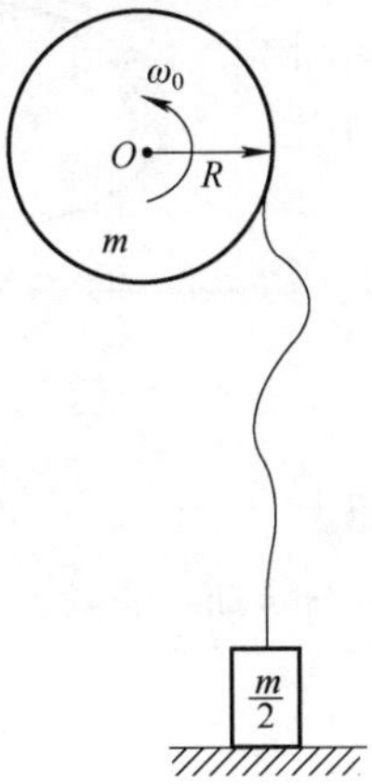

习题4-18图

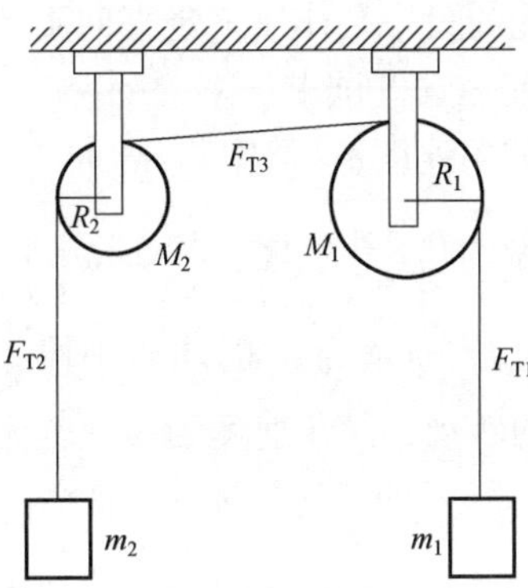

习题4-19图

求：(1) 物体 m_2 的加速度和绳的张力 F_{T1}、F_{T2}、F_{T3}。$\left(答案：a=\dfrac{2(m_1-m_2)g}{2(m_1+m_2)+M_1+M_2};\right.$ $\left.F_{T1}=\dfrac{m_1(4m_2+M_1+M_2)g}{2(m_1+m_2)+M_1+M_2},\ F_{T2}=\dfrac{m_2(4m_1+M_1+M_2)g}{2(m_1+m_2)+M_1+M_2};\ F_{T3}=\dfrac{(4m_1m_2+m_1M_2+m_2M_1)g}{2(m_1+m_2)+M_1+M_2}\right)$

(2) 这一系统的机械能守恒吗？试从能量方面考虑，求出物体 m_1 的速度与其降距离 x 之间的关系式。$\left(答案：v^2=\dfrac{4(m_1-m_2)gx}{2(m_1+m_2)+M_1+M_2}\right)$

4-20 一质量为20.0kg的小孩，站在一半径为3.00m、转动惯量为450kg·m^{2}的静止水平转台边缘上，此转台可绕通过转台中心的竖直轴转动，转台与轴间的摩擦不计。如果此小孩相对转台以1.00 m/s的速率沿转台边缘行走，问转台的角速率有多大？(答案：9.52×10^{-2} rad/s)

4-21 如习题4-21图所示，有一空心圆环可绕竖直轴 OO' 自由转动，转动惯量为 J_0，环的半径为 R，初始的角速度为 ω_0。今有一质量为 m 的小球静止在环内 A 点，由于微小扰动使小球向下滑动。问小球到达 B、C 点时，环的角速度与小球相对于环的速度各为多少？(假设环内壁光滑) $\left(答案：\omega_B=\dfrac{J_0\omega_0}{\omega_0+mR^2},\ v_B=\sqrt{2gR+\dfrac{J_0\omega_0^2R^2}{J_0+mR^2}},\ \omega_C=\omega_0,\ v_C=\sqrt{2gh}=\sqrt{4gR}\right)$

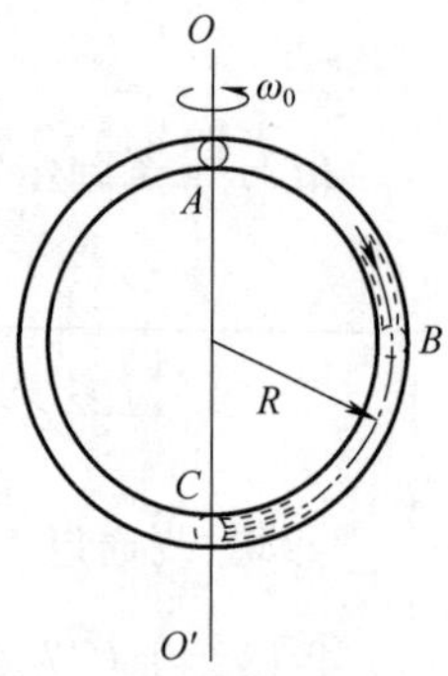

习题4-21图

4-22 一质量为 m'、半径为 R 的转台，以角速度 ω_a 转动，转轴的摩擦略去不计，有一质量为 m 的蜘蛛垂直地落在转台边缘上，此时，

(1) 转台的角速度 ω'_a 为多少？$\left(答案：\dfrac{m'}{m'+2m}\omega_a\right)$

(2) 若蜘蛛随后慢慢地爬向转台中心，当它离转台中心的距离为 r 时，转台的角速度 ω''_a 为多少？设蜘蛛下落前距离转台很近。$\left(答案：\dfrac{m'R^2}{m'R^2+2mr^2}\omega_a\right)$

4-23 如习题4-23图所示，一质量为 m 的小球由一绳索系着，以角速度 ω_0 在无摩擦的水平面上，绕以半径为 r_0 的圆周运动。如果在绳的另一端作用一竖直向下的拉力，小球则以半径为 $r_0/2$ 的圆周运动。试求：

(1) 小球新的角速度；(答案：$4\omega_0$)

(2) 拉力所做的功。$\left(答案：\dfrac{3}{2}mr_0^2\omega_0^2\right)$

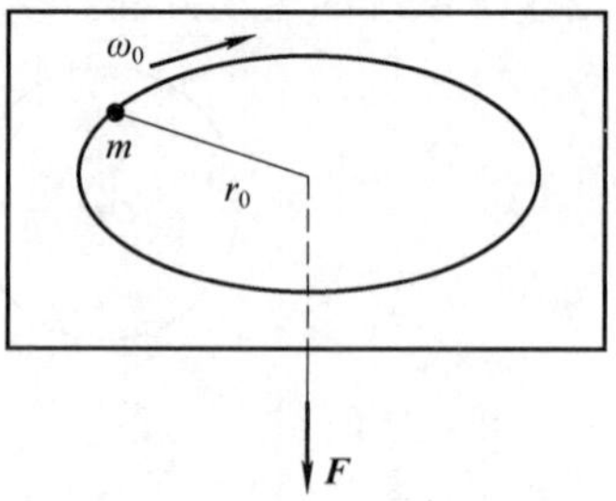

习题4-23图

4-24 一长为 l、质量为 m 的均质细棒，在光滑的平面上绕质心做无滑动的转动，其角速度为 ω，若棒突然改绕其一端转动；求：

(1) 以端点为转轴的角速度 ω'；(答案：$\omega/4$)

(2) 在此过程中转动动能的改变。$\left(答案：-\dfrac{1}{32}ml^2\omega^2\right)$

4-25　如习题 4-25 图所示，一绕有细绳的大木轴放置在水平面上，木轴质量为 m，外轮半径为 R_1，内柱半径为 R_2，木轴对中心轴 O 的转动惯量为 J_C。现用一恒定外力 $\boldsymbol{F}$ 拉细绳一端，设细绳与水平面夹角 θ 保持不变，木轴滚动时与地面无相对滑动。求木轴滚动时的质心加速度 a_C 和木轴绕中心轴 O 的角加速度 α。$\left(\text{答案：} a_C = \dfrac{R_1^2\cos\theta + R_1R_2}{J_C + mR_1^2}F,\ \alpha = \dfrac{R_1\cos\theta + R_2}{J_C + mR_1^2}F\right)$

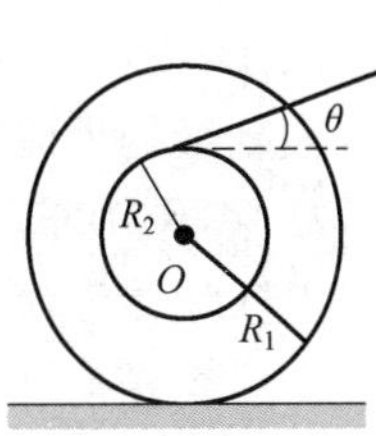

习题 4-25 图

三、课外拓展小论文

4-26　总结惯性导航仪工作原理及其在科学、技术及军事等领域的应用。

4-27　试分析设计惯性轮及风力发电的叶片时需要考虑的因素。

4-28　分析进动原理在实际中的应用。

物理学原理在能源领域中的应用
——渗流力学在油藏开采中的应用

一、渗流力学原理

渗流力学是流体力学的一个分支，主要研究流体在多孔介质内的运动规律。目前共分为三大类，即地下渗流力学、工程渗流力学以及生物渗流力学。

渗流力学当前比较成熟的内容有单相渗流理论、多相渗流理论、双重介质渗流理论、渗流基本定律和多孔介质理论。单相渗流理论包括液体渗流理论、带自由面渗流理论和气体渗流理论。当具有不同物理性质的多种流体在多孔介质内混流时，称为多相渗流。多相渗流理论与许多工程技术有密切关系。例如，油层内的流动大多是油、气、水多相渗流，非饱水土中的渗流是水和气的多相渗流；在地热开发过程中也存在热水和气的多相渗流。迄今比较成熟的多相渗流理论为混气液体渗流理论、二相液体渗流理论和非饱水土渗流理论。

1. 单相渗流理论

液体渗流理论：研究承压条件下均质液体的渗流规律。根据是否考虑多孔介质和流体的弹性又分为弹性渗流和刚性渗流。早期的地下水和石油开发工程以及水工建筑等工程都需要了解地下液体渗流规律和计算方法，刚性渗流理论因而得到发展。后来发现地层岩石和液体的弹性对流体运动和生产状况产生不可忽视的影响，弹性渗流理论得到不断发展。

带自由面渗流理论：研究非承压条件下均质液体的渗流规律。当液体的最上部不受隔水顶板的限制，存在一个其上任意一点的压强为大气压强的自由液面时，多孔介质中的液体流动称带自由面渗流或无压渗流。含水层中的潜水向开采井方向汇集，河道或水库里的水透过河堤或土坝向下游渗流以及石油在地层中向生产井自由渗流等均属无压渗流。水文地质、水利工程和石油开采等生产部门的需要，促使无压渗流理论不断发展。

气体渗流理论：研究气体在多孔介质中的流动规律。气体的组成可能是单一的，也可能是组分恒定的多组分混合物。气体渗流理论的出现是由于天然气开采等工程的需要。气体渗流具有压缩性特强、渗流定律非线性、渗流过程非等温性以及存在滑脱效应等特点，是比较复杂的渗流问题。

2. 多相渗流理论

混气液体渗流理论：研究相互掺混的液体与气体在多孔介质中的运动规律。混气液的液体为连续相，气体为离散相。这一理论是低于饱和压力下开发油田的理论基础，也是地下热能开发工业和与土壤水运动有关的部门所需要的理论。

二相液体渗流理论：研究一相液体驱替另一相不同于前者混溶的液体的流动规律。这一理论是天然水力驱动油田的开发工程和广泛应用的人工注水开发油田技术的理论基础。

非饱水土渗流理论：研究土壤孔隙未被水充满的条件下的流体运动规律。灌溉排水条件下或作物根系吸水作用下的土壤水运动，入渗、蒸发和地下水位变动条件下潜水面以上土层（包气带）内的水分运动均属非饱水土渗流。这一理论是农田水利和水文地质等部门的一项理论基础。

3. 双重介质渗流理论

双重介质渗流理论研究流体在裂缝-孔隙介质中的运动规律。双重介质系由裂缝系统和岩块孔隙系统组成的特殊多孔介质。双重介质渗流理论的建立主要是由于在世界范围内发现和开发一系列裂缝性油气田，它是这种类型的油田、天然气田和地下水层的储量计算和合理开发的理论基础。

4. 渗流基本定律

渗流基本定律描述流体在多孔介质内运动的基本规律，亦即渗流过程的宏观统计规律，它是研究渗流力学的基础。在一定的雷诺数范围内，牛顿流体在不可变形多孔介质内的运动遵循达西渗流定律。

达西渗流定律为在某一时段 t 内，水从砂土中流过的渗流量 Q 与过水断面 A 和土体两端测压管中的水位差 Δh 成正比，与土体在测压管间的距离 L 成反比，即

$$q = \frac{Q}{t} = \frac{K \times \Delta h \times A}{L} = K \times A \times i$$

$$v = \frac{q}{A} = K \times i$$

q 是单位时间渗流量，v 是渗流速度，i 是水力坡度，K 是渗流系数。当水运动的速度和加速度很小时，其生产的惯性力远远小于由液体黏滞性产生的摩擦阻力，这时黏滞力占优势，水的运动是层流，渗流服从达西渗流定律；当水运动速度达到一定程度，惯性力占优势时，由于惯性力与速度的平方成正比，达西渗流定律就不再适用了。当雷诺数 $Re < 10$ 时，渗流服从达西渗流定律。附图 4-1 为达西渗流定律模式图。

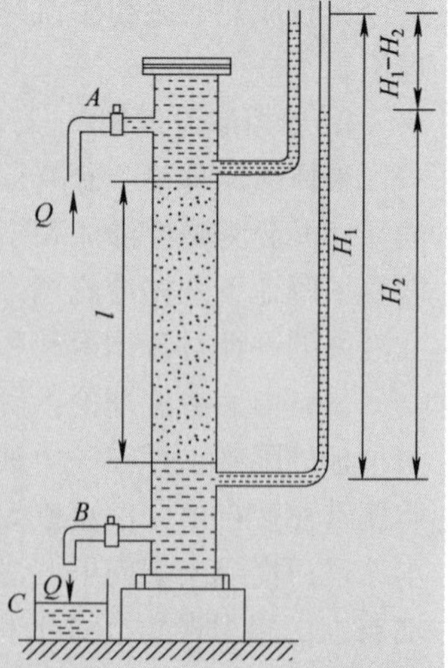

附图 4-1　达西渗流定律模式图

5. 多孔介质理论

渗流是多孔介质内的流体运动，研究渗流力学涉及的多孔介质的物理-力学性质的理论就成为渗流力学的基本组成部分。多孔介质是指一种带有连通孔隙的固体骨架，孔隙由一

种或多种流体饱和、各相之间由界面分开但可以发生相互作用。多孔介质理论包括多孔介质的孔隙率、润湿性，毛细管压力和渗透率等内容。

二、渗流力学在油藏开采中的应用

油气渗流是油气藏开采的科学核心问题，以连续介质假设和达西方程为基础的传统渗流力学在常规油气资源开发中发挥了重要作用。近年来，非常规油气藏成为油气行业勘探开发的主要阵地，非常规油气藏其岩石多孔介质具有明显的多尺度特征，尺度差异达到6个数量级之多，而且采用大规模的水平井分段压裂开发模式，储层应力作用强烈。实质上，非常规油气资源的开发过程是一个典型的多场作用下的多流动模式的多相流体（油气水）在多尺度多孔介质的流动过程。

目前对于油气渗流的研究主要应用于确定油田边界，确定地层性质及能量变化，提高采收率等方面。这里简要介绍多孔介质理论中润湿性对油田采收率的影响。油藏岩石的润湿性与岩石矿物成分及所接触的流体性质有关。在原油聚集成藏的初期，石油侵入孔隙时，孔隙周围的固体表面吸附着一层水膜。石油的侵入破坏了这一平衡，水膜破裂，原油与孔隙壁直接接触，原油中的表面活性成分沉积在固体表面，岩石开始变得亲油，使得油气难以开采。注入蒸汽或热水，提高储层温度，岩石在热力作用下发生润湿性反转，变亲油为亲水，从而提高原油产量和采收率。

材料参考文献

[1] 韦昌富. 多孔介质力学理论及其应用［C］//中国力学会岩土力学专业委员会. 第九届全国岩土力学数值分析与解析方法讨论会特邀报告. 2007：60.

[2] 姚军，孙海，李爱芬，等. 现代油气渗流力学体系及其发展趋势［J］. 科学通报，2018. 63（04）：425-451.

第五章　真空中的静电场

相对于观察者是静止的电荷或者带电体在其周围所激发的电场称为静电场。本章简单介绍电荷的基本性质之后，就介绍静电学的基本实验定律——库仑定律。本章着重研究真空中静电场的基本特性，一方面从电荷在电场中受力出发，引入描述电场的物理量——电场强度，在电通量概念的基础上重点介绍描述静电场有源性的高斯定理，并着重介绍了用场强叠加原理和高斯定理求解电场的这两种方法。另一方面，从电荷在电场中移动时电场力将对电荷做功出发，得到环路定理，反映了静电场的保守性，引入描述电场的另一物理量——电势。电势梯度的概念进一步明确了静电场的电场强度和电势的微积分关系。

第一节　电荷　库仑定律

一、电荷

1. 电荷的种类

物体能够产生电磁现象，归根结底是因为这些物体带上了电荷及这些电荷的运动。电荷有两种。1747 年，美国物理学家富兰克林（1705—1790）以正电荷、负电荷来区分两种电荷：丝绸摩擦过的玻璃棒所带电荷为正电荷；毛皮摩擦过的橡胶棒所带电荷为负电荷。电荷之间有相互作用力，同种电荷相斥，异种电荷相吸。这种相互作用力称为电力，根据带电体之间相互作用力的大小，能够确定物体所带电荷的多少。

2. 电荷的量子化

物体所带电荷的多少称为电量，常用 Q 或 q 表示。电量的单位为库仑，简称库，符号为 C。电荷的电量有一最小值，就是一个电子或质子所带电量的绝对值，以 e 表示，经测定

$$e = 1.60217733 \times 10^{-19}\mathrm{C}$$

任何粒子和物体所带电量都是 e 的整数倍，电荷的这种离散特性称为电荷的量子化。1905—1917 年，密立根用液滴法首先从实验上证实了电荷的量子化，最早完成了基元电荷量的测量工作。近代物理从理论上预言基本粒子由若干夸克或反夸克组成，每一个夸克或反夸克可能带有 $\pm\frac{1}{3}e$ 或 $\pm\frac{2}{3}e$ 的电荷。然而，单独存在的夸克至今还未在公认的实验中发现，即便夸克存在也并不改变电荷的量子化特性，而仅是改变基元电荷的电量。

3. 电荷守恒定律

任何带电过程，都是电荷从一个物体（或物体的一部分）转移到另一个物体（或同一

物体的另一部分）的过程。实验指出，在一个孤立系统内，无论进行怎样的物理过程，系统所具有的正负电荷的电量的代数和总是保持不变，这个规律称为**电荷守恒定律**。

电荷守恒定律是物理学中最基本的定律之一。它不仅在一切宏观过程中成立，近代科学实验证明，它也是一切微观过程（如核反应、基本粒子的相互作用过程）所普遍遵守的。例如一个高能光子与一个重原子核作用时，该光子可以转化为一个正电子和一个负电子（这叫电子对的“产生”），而一个正电子和一个负电子在一定条件下相遇，又会同时消失而产生两个或三个光子（这叫电子对的“湮灭”）。这些过程中，电荷的产生和消灭并不改变系统中电荷的代数和。

4. 电荷的运动不变性

在不同的参考系中观察，同一个电荷的运动状态不同，实验证明，一个电荷其电量与它的运动速度和加速度无关，所以在不同的参考系中观察，同一带电粒子的电量是不变的，即电荷具有相对论不变性。

二、库仑定律

法国科学家库仑按万有引力的模式研究电荷作用力，在1785年通过扭秤实验总结出来了库仑定律。它是静电场的理论基础，是基本定律之一。正像牛顿在研究物体运动时引入质点一样，库仑在研究电荷间的作用时引入了点电荷。所谓的点电荷是指当带电体尺度远小于带电体之间的距离时，这种带电体的大小和形状对研究问题没有影响或可忽略不计时，我们就把它抽象成一个带电的点，叫**点电荷**。点电荷是个相对的概念，也是理想化模型，可以使问题的研究大为简化。

库仑定律的文字表述为：

真空中两个静止的点电荷之间的相互作用力的大小与这两个电荷所带电量的乘积成正比，与它们之间距离的平方成反比。作用力的方向沿着两个点电荷的连线，同号电荷相斥，异号电荷相吸。

这一规律可用矢量式表示为

$$\boldsymbol{F}_{21} = k\frac{q_1 q_2}{r_{21}^2}\cdot \hat{\boldsymbol{e}}_{r_{21}} \tag{5-1}$$

式中，$\boldsymbol{F}_{21}$表示电荷q_2受电荷q_1的作用力；r_{21}是两个点电荷之间的距离；$\hat{\boldsymbol{e}}_{r_{21}}$是电荷$q_1$指向电荷$q_2$的单位矢量，如图5-1所示。当两个点电荷$q_1$、$q_2$同号，即$q_1q_2>0$时，表示$\boldsymbol{F}_{12}$与$\boldsymbol{r}_{12}$、$\boldsymbol{F}_{21}$与$\boldsymbol{r}_{21}$同向，即同号电荷相斥；当两个点电荷$q_1$、$q_2$异号，即$q_1q_2<0$时，表示$\boldsymbol{F}_{12}$与$\boldsymbol{r}_{12}$、$\boldsymbol{F}_{21}$与$\boldsymbol{r}_{21}$反向，即异号电荷相吸。从式（5-1）可以看出$\boldsymbol{F}_{12}=-\boldsymbol{F}_{21}$，这符合牛顿第三定律。

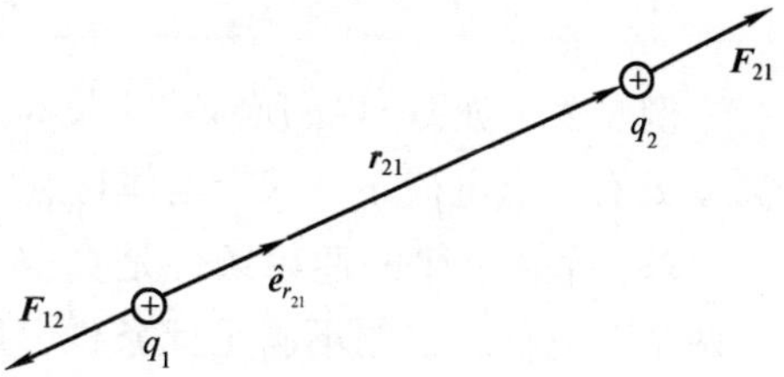

图5-1 库仑定律

在国际单位制中，F是力，单位为N；q是电荷，单位为C；k是比例系数，实验测定其数值和单位为

$$k = 8.9880\times10^9\,\mathrm{N\cdot m^2/C^2} \approx 9.0\times10^9\,\mathrm{N\cdot m^2/C^2}$$

引入真空介电常量（或真空电容率）ε_0，在国际单位制中它的数值和单位是

$$\varepsilon_0 = \frac{1}{4\pi k} \approx 8.8538 \times 10^{-12}\ \mathrm{C^2/(N \cdot m^2)}$$

用 ε_0 来代替 k，真空中库仑定律的形式可以写成

$$\boldsymbol{F}_{21} = \frac{q_2 q_1}{4\pi\varepsilon_0 r_{21}^2}\hat{\boldsymbol{e}}_{r_{21}}$$

这样做虽然使库仑定律的形式变得复杂，但却使以后经常用到的电磁学规律的表达式不出现“4π”因子而变得简单。

库仑定律只讨论了两个静止的点电荷之间的相互作用力，当空间中存在多个点电荷时，两个点电荷之间的作用力并不因第三个点电荷的存在而改变，所以某个点电荷受到来自其他点电荷的总电力应等于所有其他点电荷单独作用时的电力的矢量和，这个结论叫**电力叠加原理**：

$$\boldsymbol{F} = \sum_{i=1}^{n}\boldsymbol{F}_i = \sum_{i=1}^{n}\frac{qq_i}{4\pi\varepsilon_0 r_i^2}\hat{\boldsymbol{e}}_{ri} \tag{5-2}$$

例 5-1 氢原子核中的质子与核外电子之间的距离为 0.53×10^{-10}m，求氢原子内电子和质子之间的静电力和万有引力，并比较两者的大小。引力常量为 $G = 6.7\times10^{-11}\mathrm{N\cdot m^2/kg^2}$。

解：按库仑定律计算，电子和质子之间的静电力为

$$F_{\mathrm{e}} = \frac{e^2}{4\pi\varepsilon_0 r^2} = 9.0\times10^9\times\frac{(1.6\times10^{-19})^2}{(0.53\times10^{-10})^2}\mathrm{N} \approx 8.1\times10^{-8}\mathrm{N}$$

应用万有引力定律，电子和质子之间的万有引力为

$$F_{\mathrm{g}} = G\frac{m_1 m_2}{r^2} = 6.7\times10^{-11}\times\frac{9.1\times10^{-31}\times1.7\times10^{-27}}{(0.53\times10^{-10})^2}\mathrm{N} \approx 3.7\times10^{-47}\mathrm{N}$$

由此得静电力与万有引力的比值为

$$\frac{F_{\mathrm{e}}}{F_{\mathrm{g}}} \approx 2.7\times10^{39}$$

可见在原子中，电子和质子之间的静电力远比万有引力大。由此，在处理电子和质子之间的相互作用时，只需考虑静电力，万有引力可以略去不计。而在原子结合成分子，原子或分子组成液体或固体时，它们的结合力在本质上也都属于电磁力。

例 5-2 如图 5-2a 所示，一长为 l 带电体，带电量为 q，沿 l 长度方向距带电体一端距离 a 处有一点电荷 q_0，求带电体与点电荷之间的静电力。

解：库仑定律的适用条件是真空中的两个点电荷，本题不满足此条件，所以不能直接使用。设电荷线密度为 λ，$\lambda = \frac{q}{l}$。在带电体上距离 q_0 为 r 处选取长度为 dr 的电荷元，如图 5-2b 所示，其带电量 dq 为

图 5-2 例 5-2 用图

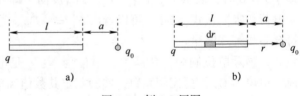

$$dq = \lambda dr$$

电荷元与点电荷 q_0之间的静电力利用库仑定律求得

$$dF = \frac{q_0 dq}{4\pi\varepsilon_0 r^2} = \frac{q_0 \lambda dr}{4\pi\varepsilon_0 r^2}$$

整个带电体与点电荷之间的总静电力利用积分求得

$$F = \int_a^{l+a} \frac{\lambda q_0 dr}{4\pi\varepsilon_0 r^2} = \frac{\lambda q_0}{4\pi\varepsilon_0}\left[\frac{1}{a} - \frac{1}{l+a}\right] = \frac{qq_0}{4\pi\varepsilon_0}\frac{1}{a(l+a)}$$

如果 $a \gg l$，则 $F = \frac{qq_0}{4\pi\varepsilon_0 a^2}$，与利用库仑定律求解的结果相同。

思考题

5-1　怎样理解电荷的量子化和宏观带电体电量的连续分布？

5-2　两个完全相同的均匀带电小球，分别带电量 q_1 = 2C 正电荷，q_2 = 4C 负电荷，在真空中相距为 r 且静止，相互作用的静电力为 F。

（1）今将 q_1、q_2、r 都加倍，相互作用力如何改变？

（2）只改变两电荷电性，相互作用力如何改变？

（3）只将 r 增大 4 倍，相互作用力如何改变？

第二节　电场　电场强度

一、电场

电荷间的静电力是如何传递的？力是物体之间的相互作用，它不能脱离物体而存在。两个物体彼此不相互接触时，其相互作用必须依赖中间物质作为介质传递，例如听到声音。库仑定律表明，真空中的两个相互隔开的点电荷也可以发生相互作用。说明电荷之间相互作用的传递不需要由分子、原子构成的物质作介质。在法拉第之前，人们认为两个电荷之间的相互作用力和两个质点之间的万有引力一样，都是一种超距作用。该理论认为相互作用不通过媒介物来传递，不需要时间。

在 19 世纪 30 年代，法拉第提出近距作用学说，并且被近代物理学的理论和实验证实是正确的。该理论认为不相接触的物体间的相互作用通过中间媒介场来传递，传递以有限的速度进行，跨越空间的传递则需要一定的时间。该观点认为任何电荷都在其周围空间激发电场，而电场的基本特征是对处在其中的任何电荷都有作用力，电荷与电荷之间是通过电场这种特殊物质而相互作用的。

电场的另一基本特征是在电场中移动其他带电体时，电场力要对它做功，这也表明电场具有能量。电场也是一种客观存在的物质形态，它与分子、原子等组成的实物一样，具有质量、能量和动量。在场源电荷是静止的参考系中观察到的电场叫作**静电场**，是电磁场的一种特殊形态，本章主要研究静电场。静电场对电荷的作用力叫作**静电力**。

二、电场强度及计算

1. 电场强度

如何描述电场？为了定量地研究电场中各点的性质，从电场对电荷有作用力这种特性出发定义一个描述电场性质的物理量。这个物理量必须是空间坐标的函数，反映空间各点电场的性质，满足场的广延性；必须是矢量，满足力学特性；且只反映电场本身的性质。

具体方法是利用试验正电荷 q_0 来做实验，测量其在空间各点电场力的情况。试验电荷是一个足够小的点电荷。首先，试验电荷所带的电量必须很小，以至于把试验电荷引入电场后，在实验精确度的范围内，不会对原有电场有任何显著的影响。其次，试验电荷的线度也必须充分小，即可以把它看作是点电荷，能用来确定场中每一点的性质。一般情况下，把一个试验电荷 q_0 放在电场中不同场点时，q_0 所受力的大小和方向是各不相同的。但在电场中任一给定点处，不同量值 q_0 的试验电荷所受电场力的方向是确定不变的，但电场力的大小却和 q_0 的量值成正比。实验发现，比值 $\boldsymbol{F}/q_0$ 的大小和方向在不同场点不同，与试验电荷 q_0 的量值无关，并且是矢量。因此，可以用 $\boldsymbol{F}/q_0$ 来描述电场性质，并把它定义为**电场强度**，简称**场强**，用 $\boldsymbol{E}$ 表示：

$$\boldsymbol{E}=\frac{\boldsymbol{F}}{q_0} \tag{5-3}$$

式中，$\boldsymbol{E}$ 是电场强度，单位为 N/C 或 V/m；$\boldsymbol{F}$ 是力，单位为 N；q_0 是电荷，单位为 C。当 $q_0=+1$ 时，由式（5-3）得 $\boldsymbol{E}=\boldsymbol{F}$。可见电场中某点的电场强度等于单位正电荷在该点所受电场力。场强是矢量，其方向与正试验电荷在该处所受电场力的方向相同。电场强度是描述电场强弱的物理量，电场强度大的地方，电荷在该点受到的电场力就大；电场强度小的地方，电荷在该点受到的电场力就小。正电荷在某点受到的电场力的方向与电场强度的方向相同，负电荷在某点受到的电场力的方向与电场强度的方向相反。$\boldsymbol{E}=\boldsymbol{E}(x,y,z)$ 是空间坐标的函数，电场是一个矢量场，如果已知场强空间分布，就可以计算电荷所受电场力。如何知道场强的分布呢？通常已知电荷分布，能否根据电荷分布计算场强分布呢？根据点电荷的场强公式，以及场强叠加原理可以计算出任何电荷分布所激发电场的场强。

2. 电场强度的计算

设在真空中有一个静止的点电荷 q，则在其周围电场中，距离 q 为 r 的 P 点处的场强可计算如下：设想将试验电荷 q_0 置于 P 点，则作用于 q_0 的电场力为

$$\boldsymbol{F}=\frac{qq_0}{4\pi\varepsilon_0 r^2}\hat{\boldsymbol{e}}_r$$

式中，$\hat{\boldsymbol{e}}_r$ 是从源电荷指向场点的单位矢量。根据场强定义，P 点的场强为

$$\boldsymbol{E}=\frac{\boldsymbol{F}}{q_0}=\frac{q}{4\pi\varepsilon_0 r^2}\hat{\boldsymbol{e}}_r \tag{5-4}$$

这就是点电荷场强分布公式。如果 q 为正电荷，可知 $\boldsymbol{E}$ 的方向与 $\boldsymbol{r}$ 的方向一致，是背向 q 的；如果 q 为负电荷，可知 $\boldsymbol{E}$ 的方向与 $\boldsymbol{r}$ 的方向相反，是指向 q 的（见图 5-3）。不管正电荷还是负电荷，其电场强度的大小均与距离的平方成反比，距离点电荷等远的各场点，场强大小相等，大小分布具有球对称性。

从式（5-4）看出，当 $r\to0$ 时，$E\to\infty$，这显然是不可能的，其原因是：点电荷是一种理想模型，只有当带电体的线度比起它到拟求场强的点的距离小得多的时候，才可把它视为点电荷。当 $r\to0$ 时，电荷 q 就不能当点电荷看待了，计算点电荷的场强公式就失去了成立的条件。因此就不能再用这个公式来计算 $r\to0$ 时的场强。

设电场是由 n 个点电荷 q_1，q_2，…，q_n 所产生的，如图 5-4 所示。若在该电场中任一点处放入一试验电荷 q_0，则根据电力叠加原理可得，q_0 所受的电场力应等于各个点电荷各自对 q_0 作用的电场力 $\boldsymbol{F}_1$，$\boldsymbol{F}_2$，…，$\boldsymbol{F}_n$ 的矢量和，即

$$\boldsymbol{F}=\boldsymbol{F}_1+\boldsymbol{F}_2+\cdots+\boldsymbol{F}_n=\sum_{i=1}^{n}\boldsymbol{F}_i$$

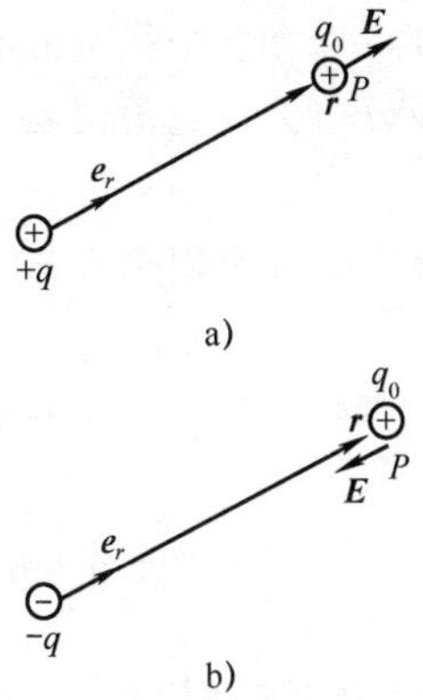

图 5-3　静止点电荷的电场

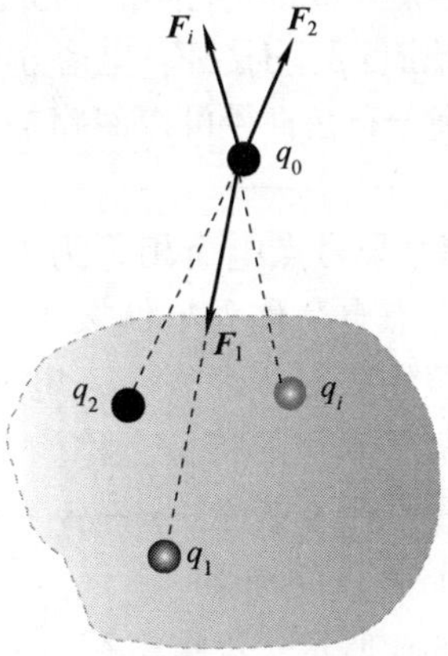

图 5-4　电场强度叠加原理

根据场强的定义，两边同时除以 q_0，可得

$$\boldsymbol{E}=\frac{\sum_{i=1}^{n}\boldsymbol{F}_i}{q_0}=\sum_{i=1}^{n}\frac{\boldsymbol{F}_i}{q_0}$$

等式左边是总场强，右边各项分别是各个点电荷单独存在时所产生的场强。由上式可得，在点电荷系的电场中任一点的总场强等于各个点电荷单独存在时在该点产生的场强的矢量和，即

$$\boldsymbol{E}=\boldsymbol{E}_1+\boldsymbol{E}_2+\cdots+\boldsymbol{E}_n=\sum_{i=1}^{n}\frac{q_i}{4\pi\varepsilon_0 r_i^2}\hat{\boldsymbol{e}}_{ri} \tag{5-5}$$

式中，r_i 是 q_i 到场点的距离；$\hat{\boldsymbol{e}}_{ri}$ 是从 q_i 指向场点的单位矢量。此即电场强度的叠加原理，简称**场强叠加原理**。

若带电体的电荷是连续分布的，把带电体看作是由许多个小带电体（电荷元）组成的，用 $\mathrm{d}q$ 表示，而每一个电荷元可以当作点电荷处理，如图 5-5 所示。设其中任一电荷元 $\mathrm{d}q$ 在 P 点产生的场强为 $\mathrm{d}\boldsymbol{E}$，按式（5-4）有

$$\mathrm{d}\boldsymbol{E}=\frac{1}{4\pi\varepsilon_0}\frac{\mathrm{d}q}{r^2}\hat{\boldsymbol{e}}_r$$

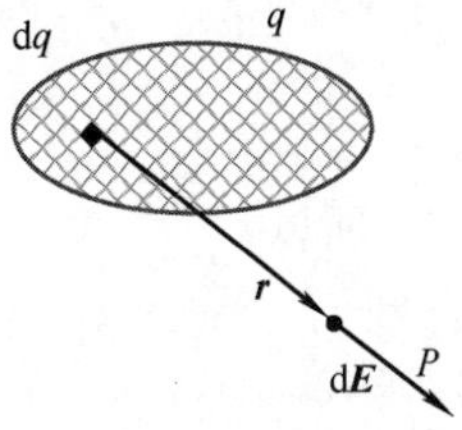

图 5-5　电荷连续分布带电体场强计算

式中，r 是从电荷元 $\mathrm{d}q$ 到场点 P 的距离；$\hat{\boldsymbol{e}}_r$ 是这一方向上的单位矢量。利用场强叠加原理，

带电体在 P 点产生的总场强为

$$\boldsymbol{E}=\int \mathrm{d}\boldsymbol{E}=\int \frac{\mathrm{d}q}{4\pi\varepsilon_0 r^2}\hat{\boldsymbol{e}}_r \tag{5-6}$$

实际上，在具体运算时，上述积分中被积函数为矢量函数，须建立坐标系，把矢量积分化为标量积分。如直角坐标系，则 $\boldsymbol{E}=E_x\hat{\boldsymbol{i}}+E_y\hat{\boldsymbol{j}}+E_z\hat{\boldsymbol{k}}$，$\mathrm{d}\boldsymbol{E}=\mathrm{d}E_x\hat{\boldsymbol{i}}+\mathrm{d}E_y\hat{\boldsymbol{j}}+\mathrm{d}E_z\hat{\boldsymbol{k}}$，代入式（5-6）,然后进行积分计算，得

$$E_x=\int_q \mathrm{d}E_x,\ E_y=\int_q \mathrm{d}E_y,\ E_z=\int_q \mathrm{d}E_z$$

最后再合成求出 $\boldsymbol{E}$ 矢量。

对于电荷连续分布的带电体，一般电荷分布有三种情形：在一定体积中连续分布的电荷称为体分布，体电荷密度 $\rho=\mathrm{d}q/\mathrm{d}V$；电荷分布在厚度可以忽略的一个薄层中称为面分布，面电荷密度 $\sigma=\mathrm{d}q/\mathrm{d}S$；电荷分布在直径可以忽略的一根细线上称为线分布，线电荷密度为 $\lambda=\mathrm{d}q/\mathrm{d}l$。

例 5-3 等量异号点电荷相距为 l，当它们之间的距离比所考虑场点到二者距离小得多时，这样的一对点电荷称为电偶极子。由负电荷指向正电荷的有向线段用矢量 $\boldsymbol{l}$ 来表示，电量 q 与矢径 $\boldsymbol{l}$ 的乘积反映了电偶极子本身的特征，称为电偶极矩，简称电矩。电矩是矢量，用 $\boldsymbol{p}$ 表示，$\boldsymbol{p}=q\boldsymbol{l}$。求真空中的电偶极子连线延长线上 P 点的场强

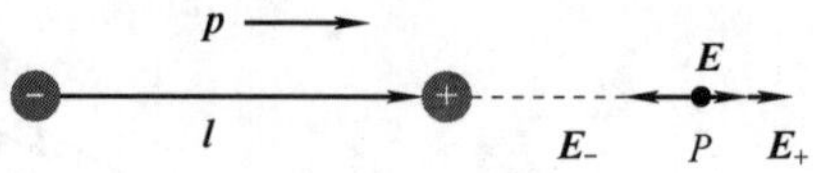

图 5-6 例 5-3 用图

解：如图 5-6 所示，设点电荷 $+q$ 和 $-q$ 轴线的中点到轴线延长线上一点 P 的距离为 r（$r\gg l$），$+q$ 和 $-q$ 在 P 点产生的场强大小分别为

$$E_+=\frac{1}{4\pi\varepsilon_0}\frac{q}{\left(r-\dfrac{l}{2}\right)^2}\ （方向向右）$$

$$E_-=\frac{1}{4\pi\varepsilon_0}\frac{q}{\left(r+\dfrac{l}{2}\right)^2}\ （方向向左）$$

求 $\boldsymbol{E}_+$ 和 $\boldsymbol{E}_-$ 的矢量和就相当于求代数和，因此 P 点的合场强 $\boldsymbol{E}_P$ 的大小为

$$E_P=E_+-E_-=\frac{q}{4\pi\varepsilon_0}\left[\frac{1}{\left(r-\dfrac{l}{2}\right)^2}-\frac{1}{\left(r+\dfrac{l}{2}\right)^2}\right]$$

$$=\frac{1}{4\pi\varepsilon_0 r^3}\frac{2ql}{\left(1-\dfrac{l}{2r}\right)^2\left(1+\dfrac{l}{2r}\right)^2}$$

因为 $r\gg l$，所以

$$E_P\approx\frac{2ql}{4\pi\varepsilon_0 r^3}=\frac{2p}{4\pi\varepsilon_0 r^3}\quad （方向向右）$$

写成矢量式为

$$\boldsymbol{E}_P=\frac{2\boldsymbol{p}}{4\pi\varepsilon_0 r^3}$$

$\boldsymbol{E}_P$ 的方向与电矩 $\boldsymbol{p}$ 的方向一致。

例 5-4 如图 5-7 所示，一均匀带电直线，长度为 L，电荷线密度为 $\lambda(\lambda>0)$，求直线垂直平分线上距直线距离为 d 的 P 点的场强。

解：建立如图 5-7 所示坐标系，坐标原点 O 为带电直线中点。在直线上坐标为 x 处，取一线元 $\mathrm{d}x$，$\mathrm{d}x$ 对应于一个电荷元 $\mathrm{d}q$，$\mathrm{d}q=\lambda\mathrm{d}x$，可视为点电荷。$P$ 点相对于线元 $\mathrm{d}x$ 位置矢径为 $\boldsymbol{r}$，该点电荷在 P 点的场强为 $\mathrm{d}\boldsymbol{E}$，

$$\mathrm{d}\boldsymbol{E} = \frac{\mathrm{d}q}{4\pi\varepsilon_0 r^2}\hat{\boldsymbol{e}}_r$$

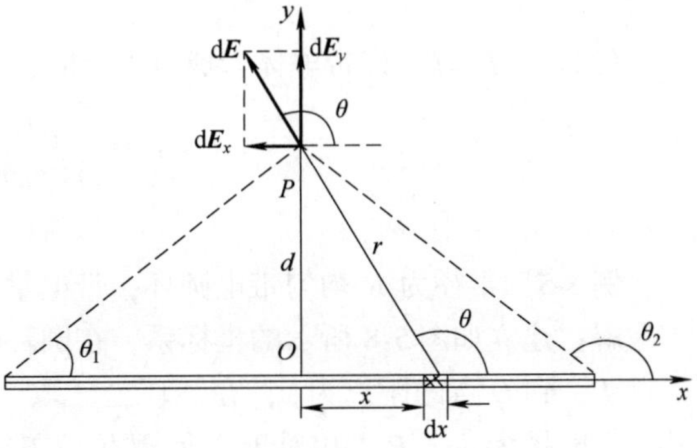

图 5-7 例 5-4 用图

由场强叠加原理，得

$$\boldsymbol{E} = \int\mathrm{d}\boldsymbol{E} = \hat{\boldsymbol{i}}\int\mathrm{d}E_x + \hat{\boldsymbol{j}}\int\mathrm{d}E_y$$

由于电荷分布关于 y 轴对称，所以全部电荷在 P 点的场强沿 x 轴方向的分量之和为零，因而 P 点的总场强 E 应沿 y 轴方向，所以

$$\boldsymbol{E} = \hat{\boldsymbol{j}}\int\mathrm{d}E_y$$

$\mathrm{d}\boldsymbol{E}$ 与 x 轴之间的夹角为 θ，因此

$$E = \int\frac{\lambda\mathrm{d}x}{4\pi\varepsilon_0 r^2}\sin\theta$$

由图可知

$$r = \frac{d}{\sin\theta}$$

$$x = -d\cot\theta$$

对上式两边微分，得

$$\mathrm{d}x = d\,\frac{1}{\sin^2\theta}\mathrm{d}\theta$$

所以

$$E = \int_{\theta_1}^{\theta_2}\frac{\lambda\mathrm{d}\theta}{4\pi\varepsilon_0 d}\sin\theta = \frac{\lambda}{4\pi\varepsilon_0 d}(\cos\theta_1 - \cos\theta_2)$$

因为 $\theta_2=\pi-\theta_1$，所以

$$E = \frac{\lambda}{2\pi\varepsilon_0 d}\cos\theta_1$$

将 $\cos\theta_1 = \dfrac{\frac{L}{2}}{\sqrt{d^2+\frac{L^2}{4}}}$ 代入，可得

$$E = \frac{\lambda L}{4\pi\varepsilon_0 d\sqrt{d^2+\frac{L^2}{4}}}$$

方向平行 y 轴方向。

讨论：

（1）当 $d \ll L$，即带电直线无限长或 P 点离细棒无穷近时，有

$$E \approx \frac{\lambda}{2\pi\varepsilon_0 d}$$

（2）当 $d \gg L$，即带电体看成点电荷时，有

$$E \approx \frac{\lambda L}{4\pi\varepsilon_0 d^2} \approx \frac{q}{4\pi\varepsilon_0 d^2}$$

例 5-5 半径为 R 均匀带电圆环，带电量为 q（设 $q>0$），求圆环轴线上任一点的场强。

解： 建立如图 5-8 所示的坐标系，在圆环轴线任取一点 P，到 O 点的距离为 x，在圆环上任取一线元 $\mathrm{d}l$，其上带电量为 $\mathrm{d}q$，P 点相对于线元 $\mathrm{d}l$ 位置矢径为 $\boldsymbol{r}$。

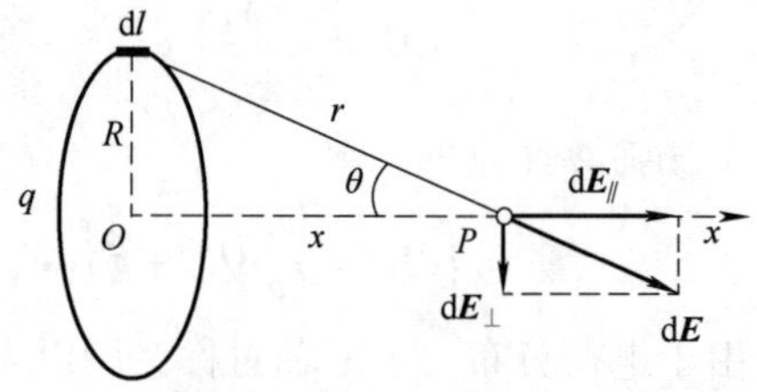

图 5-8 例 5-5 用图

该电荷元 $\mathrm{d}q$ 在 P 点产生的场强为

$$\mathrm{d}\boldsymbol{E} = \frac{\mathrm{d}q}{4\pi\varepsilon_0 r^2}\hat{\boldsymbol{e}}_r$$

$\mathrm{d}\boldsymbol{E}$ 沿着平行和垂直于轴线的两个方向的分量分别为 $\mathrm{d}\boldsymbol{E}_{/\!/}$ 和 $\mathrm{d}\boldsymbol{E}_{\perp}$。根据对称性分析，整个圆环在 P 点产生的场强的方向沿 x 轴，大小为

$$E = \int \mathrm{d}E_{/\!/}$$

由于 $\mathrm{d}E_{/\!/} = \mathrm{d}E\cos\theta$，其中 θ 为 $\mathrm{d}\boldsymbol{E}$ 与 x 轴的夹角，所以

$$E = \int \mathrm{d}E_{/\!/} = \int \frac{\mathrm{d}q}{4\pi\varepsilon_0 r^2}\cos\theta = \frac{\cos\theta}{4\pi\varepsilon_0 r^2}\int \mathrm{d}q$$

此式中的积分值为整个圆环上的电荷 q，所以

$$E = \frac{q\cos\theta}{4\pi\varepsilon_0 r^2}$$

由图可知 $\cos\theta = \frac{x}{r}$，$r^2 = x^2 + R^2$，所以

$$E = \frac{q}{4\pi\varepsilon_0}\frac{x}{(x^2+R^2)^{\frac{3}{2}}}$$

方向平行 x 轴方向。

由上式可知，O 点的场强，因 $x=0$，故 $E_0 = 0$；当 $x \gg R$ 时，有 $E_P \approx \frac{q}{4\pi\varepsilon_0 x^2}$。

例 5-6 有一均匀带电圆盘半径为 R，带电量为 Q（设 $Q>0$），求圆盘轴线上任一点的电场。

解： 以圆心为原点，轴线为 x 轴，建立如图 5-9 所示的坐标系。在轴线上任取一点 P，在圆盘上取一半径为 r、宽度为 $\mathrm{d}r$ 的圆环带，所带电量为

$$\mathrm{d}q = \sigma \mathrm{d}S = \sigma \cdot 2\pi r \mathrm{d}r$$

当宽度 dr 很小时，圆环带可近似为带电圆环。由例 5-5 圆环轴线上电场计算结果可得

$$\mathrm{d}E=\frac{x\mathrm{d}q}{4\pi\varepsilon_0(x^2+r^2)^{3/2}}=\frac{\sigma xr\mathrm{d}r}{2\varepsilon_0(x^2+r^2)^{3/2}}$$

方向沿 x 轴方向，对 r 积分得

$$E=\int_0^R\frac{\sigma xr\mathrm{d}r}{2\varepsilon_0(x^2+r^2)^{3/2}}=\frac{\sigma}{2\varepsilon_0}\left(1-\frac{x}{\sqrt{x^2+R^2}}\right)$$

方向沿 x 轴方向。

讨论：

(1) 当 $x\gg R$ 时，可证明 $E\approx\frac{Q}{4\pi\varepsilon_0x^2}$，相当于点电荷的电场。

(2) 当 $R\to\infty$ 或 $x\to0$ 时，可将该带电圆面看作“无限大”均匀带电平面，可证明

$$E=\frac{\sigma}{2\varepsilon_0}\tag{5-7}$$

因此，在一无限大均匀带电平面附近，电场是匀强电场。

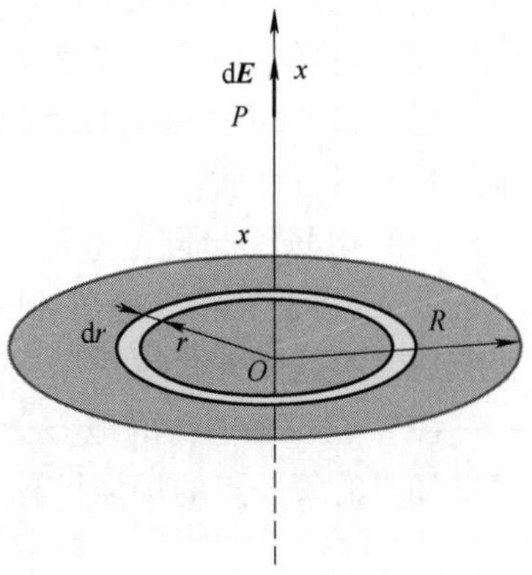

图 5-9 例 5-6 用图

思考题

5-3 判断下列说法是否正确，并说明理由。

(1) 电场中某点电场强度的方向就是将点电荷放在该处所受电场力的方向；

(2) 电荷在电场中某点受到的电场力很大，该点的电场强度 $\boldsymbol{E}$ 一定很大；

(3) 在以点电荷为中心 r 为半径的球面上，电场强度 $\boldsymbol{E}$ 处处相等。

5-4 根据点电荷场强公式 $E=\frac{q}{4\pi\varepsilon_0r^2}$，当被考察的场点和点电荷的距离 $r\to0$ 时，则场强 $E\to\infty$，这是没有物理意义的，对这似是而非的问题应如何理解？

5-5 在一个带正电的金属球附近，放一个带正电的点电荷 q_0，测得 q_0 所受的力大小为 F。试问 F/q_0 是大于、等于还是小于该点的电场强度 E？如果金属球带负电，则又如何？

第三节 电场线与电通量 高斯定理

一、电场线

为了形象地描述场强在空间的分布情形，使电场有一个比较直观的图像，通常引入电场线的概念，它是由英国物理学家法拉第首先提出的。用一族带箭头空间曲线形象地描述场强分布，通常把这些曲线称为**电场线**。规定这些线上每一点的切线方向都跟该点的场强方向一致，线的疏密表示场强的大小。定量地说，在电场中任一点，取一垂直于该点场强方向的面积元，使通过单位面积的电场线数目，等于该点场强的量值。如图 5-10 所示，取一垂直电

场方向的面元 $dS_{\perp}$，电场线穿过此面元的条数为 $d\Phi_e$，由上述规定

$$E = \frac{d\Phi_e}{dS_{\perp}} \tag{5-8}$$

按照这种规定，在场强大的地方电场线较密，场强小的地方电场线较疏，这样电场线的疏密反映了场强大小的分布。

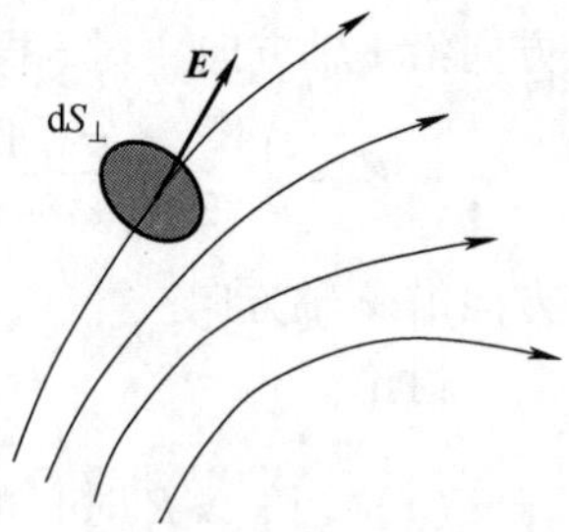

图 5-10 电场线与电场强度

图 5-11 为几种带电系统的电场线，由此可归纳出静电场的电场线具有以下性质：

(1) 电场线起自正电荷（或无穷远处），止于负电荷（或无穷远处），不会在没有电荷处中断（电场线的连续性），电场线有头有尾，不是闭合曲线。

(2) 在没有电荷的地方，任何两条电场线不会相交。这说明静电场中的每一点的场强只有一个方向。

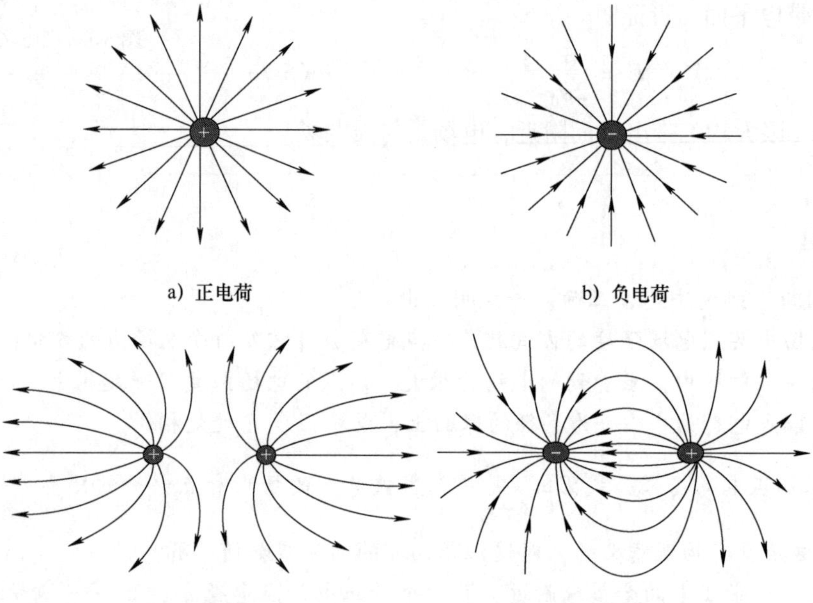

a）正电荷　b）负电荷

c）两个等量正电荷　d）两个等量异号电荷

图 5-11 几种典型静电场的电场线分布

电场线之所以具有这些基本性质，是由静电场的基本性质和场的单值性决定的。注意，描绘电场线的目的在于能形象地反映电场中场强的情况，并非电场中真有这样实际存在的线。

二、电通量

通过电场中任一给定面的电场线的条数，即为该面的**电通量**，用 Φ_e 表示。

如图 5-12 所示，在匀强电场 $\boldsymbol{E}$ 中取一垂直于场强方向的面元 $dS_{\perp}$，根据式（5-8），通过的电通量为

$$d\Phi_e = E dS_{\perp}$$

若面积元不垂直电场强度，如图 5-12 中的 dS，电场强度与电通量、面元的关系怎样？d$S_{\perp}$是 dS 在垂直于电场方向上的投影，$\mathrm{d}S_{\perp}=\mathrm{d}S\cos\theta$，由图可知，通过 d$S$ 和 d$S_{\perp}$的电场线数是一样的，得到通过 dS 的电通量为

$$\mathrm{d}\Phi_{\mathrm{e}}=E\mathrm{d}S_{\perp}=E\mathrm{d}S\cos\theta \tag{5-9}$$

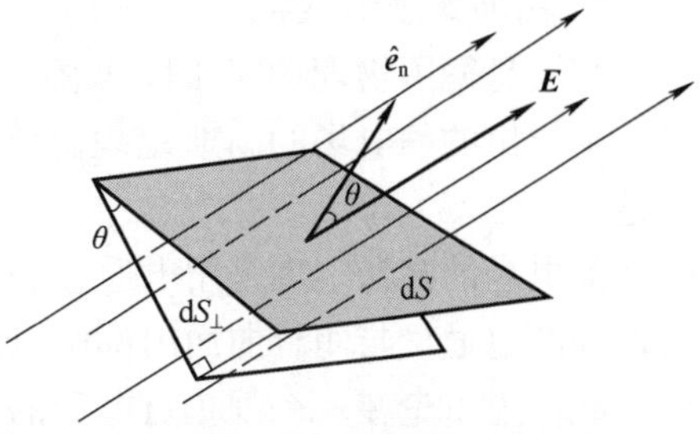

图 5-12　通过面元的电通量

为了用矢量形式更简洁地表示，我们定义矢量面元 $\mathrm{d}\boldsymbol{S}=\mathrm{d}S\hat{\boldsymbol{e}}_{\mathrm{n}}$，其中 $\hat{\boldsymbol{e}}_{\mathrm{n}}$ 为面元 dS 法线方向的单位矢量。由图 5-12 可以看出，$\hat{\boldsymbol{e}}_{\mathrm{n}}$ 和 $\boldsymbol{E}$ 的夹角与 dS 和 d$S_{\perp}$两面元的夹角相等。利用矢量点积的定义可知，可得通过面元 dS 的电通量为

$$\mathrm{d}\Phi_{\mathrm{e}}=\boldsymbol{E}\cdot\mathrm{d}\boldsymbol{S} \tag{5-10}$$

一般情况下，电场是不均匀的，而且所取的几何面可以是一个任意曲面，在曲面上场强的大小和方向是变化的，如图 5-13 所示。非均匀电场中，为了求出通过任意曲面的电通量，可将曲面 S 分割成许多小面元 dS，每一个 dS 都趋向于无穷小，可以把面元 dS 内的电场强度 $\boldsymbol{E}$ 视为均匀电场。先将通过每一个小面元的电通量计算出来，$\mathrm{d}\Phi_{\mathrm{e}}=\boldsymbol{E}\cdot\mathrm{d}\boldsymbol{S}$，然后将所有面元的电通量相加。从数学运算的角度来说，就是对整个曲面 S 积分，即

$$\Phi_{\mathrm{e}}=\int\mathrm{d}\Phi_{\mathrm{e}}=\int_S\boldsymbol{E}\cdot\mathrm{d}\boldsymbol{S} \tag{5-11}$$

由上式计算所得电通量的正与负取决于面元的法线方向的选取。如果法线方向如图 5-13 中实线箭头所示，则通过该曲面电通量大于零；如法线方向选取如虚线箭头所示，则通过该曲面的电通量小于零。

如 S 是闭合曲面，则通过该闭合曲面的电通量为

$$\Phi_{\mathrm{e}}=\oint_S\mathrm{d}\Phi_{\mathrm{e}}=\oint_S\boldsymbol{E}\cdot\mathrm{d}\boldsymbol{S} \tag{5-12}$$

对闭合曲面来说，通常取自内向外的方向为面元法线的正方向。所以，如果电场线从曲面之内向外穿出，电通量为正；反之，如果电场线从曲面之外向内穿入，电通量为负，如图 5-14所示。对于闭合曲面来说，穿过整个闭合曲面的电通量是所有面元上电通量的代数和，即穿出和穿入此封闭曲面的电场线条数之差，也就是净穿出闭合面的电场线的总数。

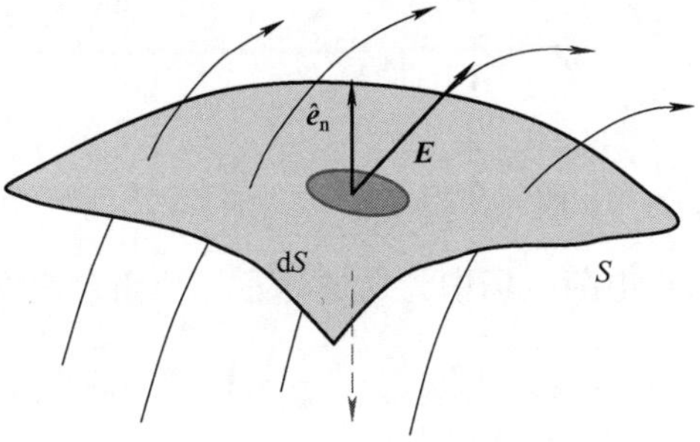

图 5-13　通过任意曲面的电通量

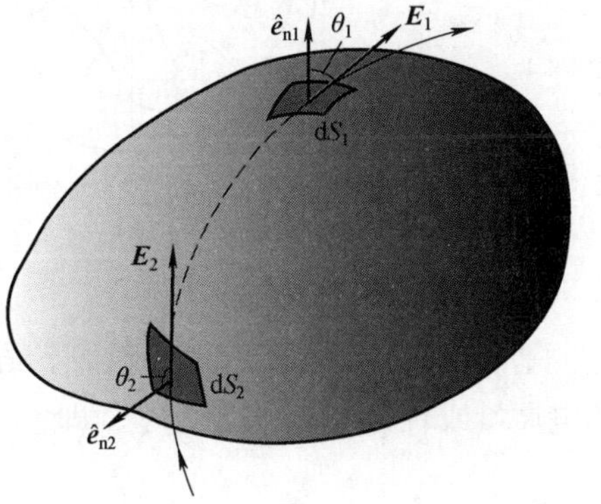

图 5-14　通过闭合曲面的电通量

三、高斯定理

1. 高斯定理的推导

高斯是德国物理学家和数学家，他在实验物理、理论物理以及数学方面都做出了很多贡献，他导出的静电场的高斯定理是电磁学的一条重要规律，是静电场有源性的完美的数学表达。

静电场的高斯定理是用电通量表示的电场和场源电荷关系的定理，它给出了通过任意闭合曲面的电通量与闭合曲面内部所包围的电荷的关系。下面讨论高斯定理的导出。

我们先讨论在一个静止点电荷的电场中，各种可能的闭合曲面的电通量。如图 5-15 所示，在点电荷 q 所激发的电场中有一个球面 S，它以 q 为中心，r 为半径。我们知道，点电荷在球面上任意点处的电场强度方向都是沿着矢径 $\boldsymbol{r}$ 的方向，因而处处与球面垂直，球面上任意点的电场强度大小都是$\dfrac{q}{4\pi\varepsilon_0 r^2}$。根据闭合曲面电通量计算公式（5-12），可以得到通过这个球面的电通量为

$$\Phi_e = \oint_S \boldsymbol{E}\cdot \mathrm{d}\boldsymbol{S} = \oint_S \frac{q}{4\pi\varepsilon_0 r^2}\mathrm{d}S = \frac{q}{4\pi\varepsilon_0 r^2}\oint_S \mathrm{d}S = \frac{q}{4\pi\varepsilon_0 r^2}4\pi r^2 = \frac{q}{\varepsilon_0} \tag{5-13}$$

由此可见，该结果与球面半径 r 无关，只与它所包围的电荷的电量有关。这表明，以点电荷 q 为中心的任何一个球面，通过它们的电通量都是相等的，也意味着电场线确实是从点电荷 q 发出连续地延伸到无限远处。因此，由于电场线的连续性，在图 5-15a 中，穿过任意闭合曲面 S' 的电场线条数与穿过 S 的电场线条数完全一样，即它们的电通量都是 q/ε_0 。在这里，S 与 S' 显然都有一个共同的特点，即它们都包围着 q。而在图 5-15b 中，同样是在一个点电荷的电场中，闭合曲面 S'' 没有包围住 q，由于电场线的连续性，所以穿进与穿出 S'' 的电场线数目一样多，即通过 S'' 的电通量为零。

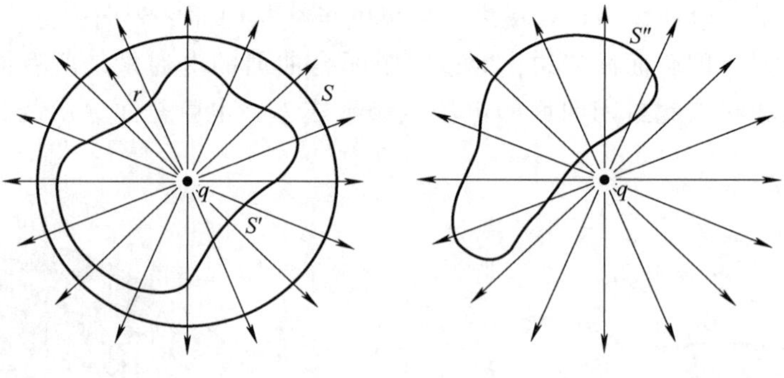

图 5-15 高斯定理推导用图

基于上述分析我们可以得到如下结论：在一个点电荷电场中，通过任意一个闭合曲面 S 的电通量或者为 q/ε_0 或者为零，即

$$\Phi_e = \oint_S \boldsymbol{E}\cdot \mathrm{d}\boldsymbol{S} = \begin{cases} \dfrac{q}{\varepsilon_0} & （q\text{ 在闭合曲面内}）\\ 0 & （q\text{ 在闭合曲面外}）\end{cases} \tag{5-14}$$

以上是在一个点电荷电场中得到的结论。对于有 n 个点电荷组成的点电荷系（见图5-16），根据场强叠加原理，在电场中任一点处的场强应该等于这些点电荷单独存在时在该点产生的场强的矢量和，即

$$\boldsymbol{E} = \sum_i \boldsymbol{E}_i$$

这时通过任意闭合曲面 S 的总电场的电通量为

$$\Phi_e = \oint_S \boldsymbol{E} \cdot d\boldsymbol{S} = \oint_S \sum_i \boldsymbol{E}_i \cdot d\boldsymbol{S} = \sum_i \oint_S \boldsymbol{E}_i \cdot d\boldsymbol{S}$$
$$= \oint_S \boldsymbol{E}_1 \cdot d\boldsymbol{S} + \oint_S \boldsymbol{E}_2 \cdot d\boldsymbol{S} + \cdots + \oint_S \boldsymbol{E}_n \cdot d\boldsymbol{S}$$

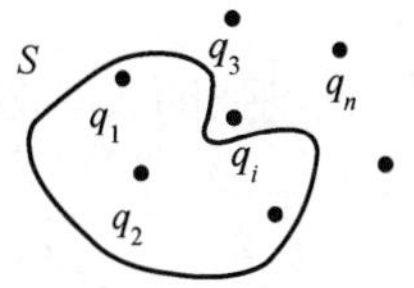

图 5-16　点电荷电场高斯定理的验证

上式中求和的每一项积分都表示一个点电荷单独存在时通过闭合曲面 S 的电通量。按上面的结论，每个点电荷通过 S 面的电通量，取决于该点电荷是否被闭合曲面 S 包围。例如，q_i 被 S 包围，电通量为 q_i/ε_0；q_i 没有被 S 包围，电通量为0。因此，在点电荷系的电场中，通过任意闭合曲面的电通量为

$$\oint_S \boldsymbol{E} \cdot d\boldsymbol{S} = \frac{1}{\varepsilon_0} \sum_i q_{i内} \tag{5-15}$$

式中，$q_{i内}$是闭合曲面包围的电荷，式（5-15）就是**真空中静电场的高斯定理**的数学表达式，其文字表述为

在真空静电场中，通过任意闭合曲面的电通量等于该闭合曲面所包围的电荷量的代数和的 $1/\varepsilon_0$ 倍。

对于电荷连续分布的带电体

$$\oint_S \boldsymbol{E} \cdot d\boldsymbol{S} = \frac{1}{\varepsilon_0} \sum_i q_{i内} = \frac{1}{\varepsilon_0} \oint_V \rho dV$$

式中，ρ 为连续分布的源电荷的体密度；V 为包围在闭合曲面 S 内的源电荷分布的体积。高斯定理中的闭合曲面通常称为“**高斯面**”。

对高斯定理的理解应该注意以下几点。

（1）高斯定理表达式左方的场强 $\boldsymbol{E}$ 是闭合曲面上各点的场强，是由闭合曲面内、外电荷所产生的总场强，并非只由闭合曲面内的电荷 $\sum_i q_{i内}$ 所产生。

（2）只有闭合面内电荷的电量对电通量有贡献，电通量与闭合曲面外的电荷分布无关。

（3）当 $\sum_i q_{i内} > 0$，闭合曲面内的净余电荷为正，则 $\int_S \boldsymbol{E} \cdot d\boldsymbol{S} > 0$，穿出的电场线数目多余穿进的数目。说明电场线由正电荷发出，终止于负电荷。在静电学中，高斯定理的重要意义在于把电场和产生电场的源联系起来了，它反映了静电场是有源场这一基本性质。

2. 利用高斯定理求静电场的分布

一般地说，由高斯定理很难直接确定电场中各点的电场强度，但是当电荷分布具有某些对称性时，可以用高斯定理很方便地计算各点的电场强度，其计算过程比前面我们介绍的电场叠加原理要简单得多，而这些特殊情况在实际应用中是很常见的。常见的电荷分布的对称性有：球对称（均匀带电球体、球面和点电荷）、柱对称（均匀带电无限长柱体、柱面和直线）和面对称（均匀带电无限大平面和平板）。应用高斯定理计算电场强度的步骤：

(1) 从源电荷的对称性分析场强的对称性，明确场强的方向和大小的分布特征；

(2) 过考察点作适当的高斯面，使得 $\int_S \boldsymbol{E}\cdot \mathrm{d}\boldsymbol{S} = \int_{S_{/\!/}} \boldsymbol{E}\cdot \mathrm{d}\boldsymbol{S} + \int_{S_\perp} \boldsymbol{E}\cdot \mathrm{d}\boldsymbol{S}$，在 $S_{/\!/}$ 面上，$\boldsymbol{E}/\!/\mathrm{d}\boldsymbol{S}$，且场强的大小处处相等；在 $S_\perp$ 面上，$\boldsymbol{E}\perp \mathrm{d}\boldsymbol{S}$，计算电通量得 $\int_S \boldsymbol{E}\cdot \mathrm{d}\boldsymbol{S} = \int_{S_{/\!/}} \boldsymbol{E}\cdot \mathrm{d}\boldsymbol{S} = E\int_{S_{/\!/}} \mathrm{d}S$；

(3) 计算高斯面所包围电荷的电量；

(4) 根据高斯定理计算场强的大小。

下面我们就举例说明应用高斯定理求解电场强度的方法。

例 5-7 均匀带电球面的总电量为 $Q(Q>0)$，半径为 R，求电场强度分布。

解： 首先进行对称性分析。如图 5-17 所示，考虑空间任一场点 P，连接 OP 直线。因电荷的分布具有球对称性，在球面上任取一电荷元 $\mathrm{d}q$，都能找到 $\mathrm{d}q'$，二者关于 OP 直线对称分布。它们在 P 点产生的合场强的方向沿着 OP 直线的方向。整个带电球面可以分割成一对对这样对称的电荷元，所以整个带电球面在 P 的场强方向沿着 OP 方向，即球面的径向。距球面中心距离相同的点的场强大小相等，因此电场的分布也具有球对称性。

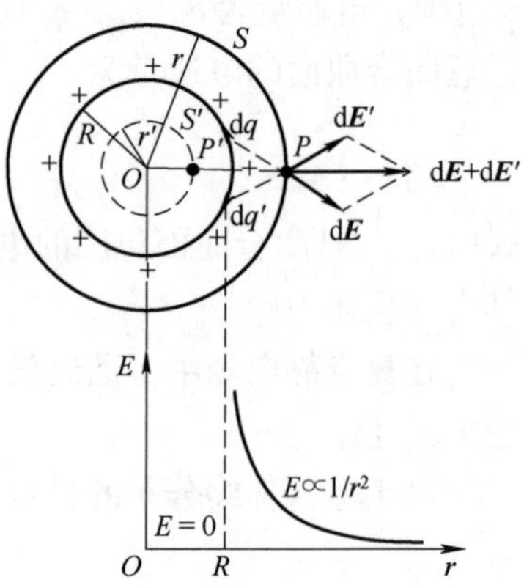

图 5-17 例 5-7 用图

根据场强的分布特征，取过场点 P 以 O 为中心、r 为半径的球面 S 为高斯面，如图 5-17 所示。高斯面上各点场强大小相同，$\boldsymbol{E}/\!/\mathrm{d}\boldsymbol{S}$，所以通过闭合曲面 S 的电通量为

$$\Phi_e = \oint_S \boldsymbol{E}\cdot \mathrm{d}\boldsymbol{S} = E\cdot 4\pi r^2$$

如果 $r>R$，高斯面 S 在球面外，此高斯面内所包围的电荷量 $\sum_i q_{i内} = Q$，根据高斯定理得到

$$4\pi r^2 E = \frac{Q}{\varepsilon_0}$$

因此

$$E = \frac{Q}{4\pi\varepsilon_0 r^2},\ r>R$$

考虑电场场强的方向，可得

$$\boldsymbol{E} = \frac{Q}{4\pi\varepsilon_0 r^2}\hat{\boldsymbol{e}}_r,\ r>R \tag{5-16}$$

若 $r<R$，高斯面 S' 在球面内，因为球面内无电荷，此高斯面内所包围的电荷量 $\sum_i q_{i内}=0$，所以

$$E=0,\ r<R \tag{5-17}$$

由此可知，均匀带电球面内的场强为零，球面外的场强与电荷集中在球心的点电荷所产

生的场强相同。均匀带电球面的场强分布，可用其大小 E 与距离 r 的关系曲线来表示。这条曲线 E-r（见图 5-17）在 $r=R$ 处是间断的，即场强大小的分布在该处是不连续的。

例 5-8　设有一半径为 R、均匀带电为 $Q(Q>0)$ 的球体。求球体内部和外部任一点的电场强度。

解： 由于电荷分布是球对称的，均匀带电球体可以看成由一层层同心球面构成，对称性的分析结果同例 5-7，因此空间中任一点的电场强度的方向沿球面径向，大小则依赖于从球心到场点的距离。即在同一球面上的各点的电场强度的大小是相等的，场强分布具有球对称性。

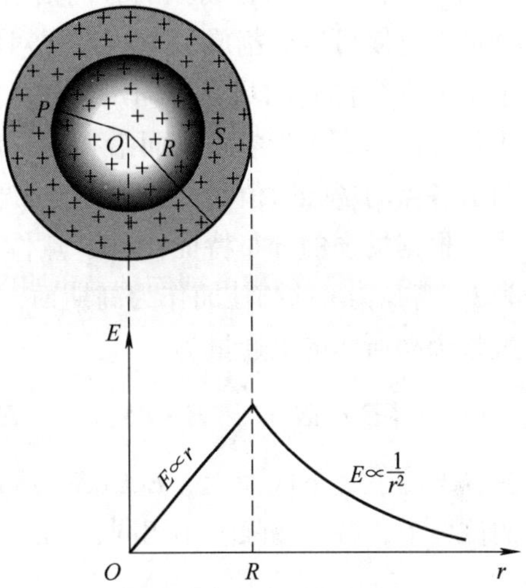

图 5-18　例 5-8 用图

根据场强的分布特征，取过场点以 O 为中心、r 为半径的球面 S 为高斯面，如图 5-18 所示，高斯面上各点场强大小相同，$\boldsymbol{E}/\!/\mathrm{d}\boldsymbol{S}$，则通过此球面的电通量为

$$\Phi_e = \oint_S \boldsymbol{E}\cdot \mathrm{d}\boldsymbol{S} = E\cdot 4\pi r^2 = \frac{\sum\limits_i q_{i内}}{\varepsilon_0}$$

当场点在球体外时（$r>R$），

$$\sum_i q_{i内} = Q$$

电场强度为

$$\boldsymbol{E} = \frac{Q}{4\pi\varepsilon_0 r^2}\hat{\boldsymbol{e}}_r,\ r>R \tag{5-18}$$

当场点在球体内时（$r\leqslant R$），

$$\sum_i q_{i内} = \frac{Q}{\frac{4}{3}\pi R^3}\frac{4}{3}\pi r^3 = \frac{Qr^3}{R^3}$$

电场强度的大小为

$$E = \frac{Qr}{4\pi\varepsilon_0 R^3},\ r\leqslant R \tag{5-19}$$

写成矢量式为

$$\boldsymbol{E} = \frac{Qr}{4\pi\varepsilon_0 R^3}\hat{\boldsymbol{e}}_r,\ r\leqslant R \tag{5-20}$$

以 ρ 表示体电荷密度，则上式又可写成

$$\boldsymbol{E} = \frac{\rho r}{3\varepsilon_0}\hat{\boldsymbol{e}}_r,\ r\leqslant R \tag{5-21}$$

其 E-r 关系如图 5-18 所示。

例 5-9　设有一根无限长均匀带电直线，电荷线密度为 $\lambda(\lambda>0)$，放置在真空中，求

其电场分布。

解：首先进行对称性分析。如图 5-19a 所示，距直线距离为 r 处任取一场点 P，因电荷均匀分布在无限长直线上，电荷分布关于垂线 OP 对称。在直线上取电荷元 $\mathrm{d}q$ 和 $\mathrm{d}q'$，二者关于 OP 垂线对称分布，它们在 P 点产生的合场强的方向沿着 OP 直线的方向，整个带电直线可以分割成一对对这样对称的电荷元，所以整个带电直线在 P 的场强方向沿着 OP 方向。空间任一点的场强方向垂直于带电直线而沿径向，以直线为轴线的圆柱面上各点的场强数值相等，电场分布也具有轴对称性。

根据场强的分布特征，过 P 点作一个以直线为轴、高为 l、半径为 r 的圆柱面作为高斯面，如图 5-19b 所示，通过整个高斯面的电通量为

$$\Phi_e = \oint_S \boldsymbol{E}\cdot \mathrm{d}\boldsymbol{S} = \int_{S侧} \boldsymbol{E}\cdot \mathrm{d}\boldsymbol{S} + \int_{S上底} \boldsymbol{E}\cdot \mathrm{d}\boldsymbol{S} + \int_{S下底} \boldsymbol{E}\cdot \mathrm{d}\boldsymbol{S}$$

在 S 面的上、下底面上，$\boldsymbol{E}\perp \mathrm{d}\boldsymbol{S}$，所以 $\Phi_{e两个底面}=0$。S 面的侧面上，各点场强大小相同，$\boldsymbol{E}/\!/\mathrm{d}\boldsymbol{S}$，所以

$$\Phi_e = \oint_S \boldsymbol{E}\cdot \mathrm{d}\boldsymbol{S} = \int_{S侧} \boldsymbol{E}\cdot \mathrm{d}\boldsymbol{S} = E\int_{S侧} \mathrm{d}S = S_{侧}E = 2\pi rlE$$

圆柱内的电荷量为

$$\sum_i q_{i内} = \lambda l$$

根据高斯定理得

$$2\pi rlE = \frac{\lambda l}{\varepsilon_0}$$

因此

$$E = \frac{\lambda}{2\pi\varepsilon_0 r} \qquad (5\text{-}22)$$

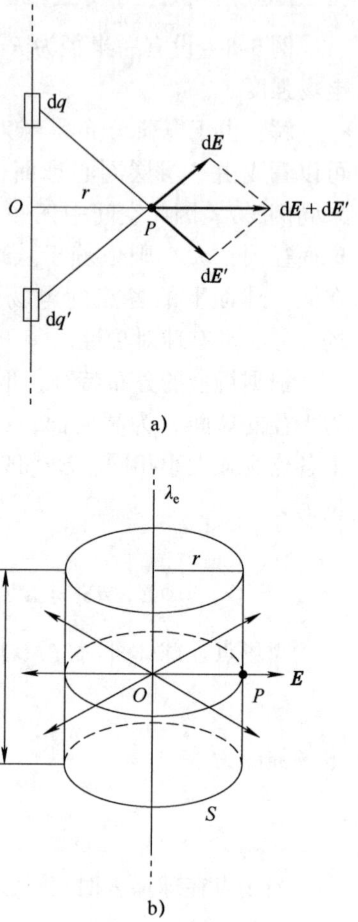

图 5-19　例 5-9 用图

例 5-10　设一块均匀带正电无限大平面，电荷面密度为 σ，放置在真空中，求空间任一点的场强。

解：首先进行对称性分析。电荷均匀分布在无限大平面上，具有面对称性。如图 5-20 所示，考虑空间任一场点 P，由于电荷的分布对于垂线 OP 具有对称性，所以场点 P 的场强方向必然垂直于该带电平面，在平行于带电平面的某一平面上各点的场强相等，场强分布也具有面对称性。

过场点 P 作一个轴线垂直平面的柱面作为高斯面，左、右两个底面距离带电平面距离相等，底面积为 ΔS，如图 5-20 所示。

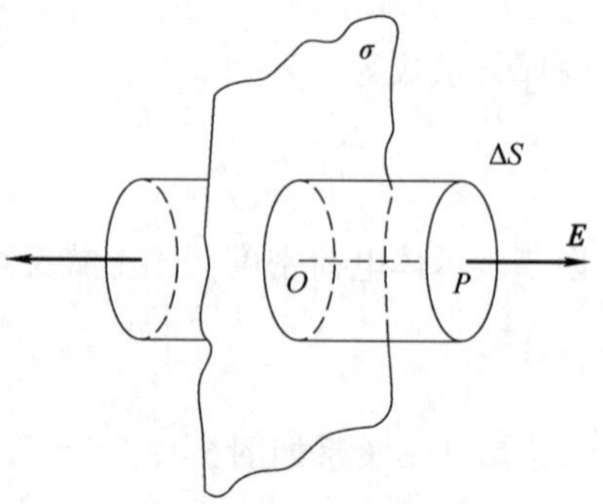

图 5-20　例 5-10 用图

圆柱侧面上各点 $\boldsymbol{E} \perp \mathrm{d}\boldsymbol{S}$，所以通过侧面的电通量为零。底面上，各点场强大小相同，$\boldsymbol{E} /\!/ \mathrm{d}\boldsymbol{S}$，所以

$$\Phi_{\mathrm{e}} = \oint_S \boldsymbol{E} \cdot \mathrm{d}\boldsymbol{S} = \int_{S左底} \boldsymbol{E} \cdot \mathrm{d}\boldsymbol{S} + \int_{S右底} \boldsymbol{E} \cdot \mathrm{d}\boldsymbol{S} = 2\int_{S右底} E\mathrm{d}S = 2E\Delta S$$

圆柱内的电荷量为

$$\sum_i q_{i内} = \sigma\Delta S$$

由高斯定理得出

$$2E\Delta S = \sigma\Delta S/\varepsilon_0$$

所以

$$E = \frac{\sigma}{2\varepsilon_0} \tag{5-23}$$

无限大均匀带平面两侧的电场为匀强电场，方向垂直于带电平面。

利用场强叠加原理也可以计算具有对称性的连续分布的电荷所产生的场强，但是利用高斯定理求场强方法更加简单。

思考题

5-6 点电荷 q 若只受电场力作用而运动，电场线是否就是点电荷 q 在电场中运动的轨迹？

5-7 (1) 一点电荷 q 位于一立方体中心，立方体边长为 a。试问通过立方体一面的电通量是多少？

(2) 如果该电荷移到立方体的一个顶角上，这时通过立方体每一面上的电通量是多少？

(3) 如思考题 5-7 图 a 所示，S 是一个球形封闭曲面，当电荷 q 在球心 O 点或球面 S 内的 B 点时，通过 S 面的电通量是否相同？当这个电荷处在 S 面外的 P 点或 Q 点时，通过 S 面的电通量又如何？

(4) 如思考题 5-7 图 b 所示，在点电荷 q 的电场中，取半径为 R 的圆形平面，设点电荷 q 在该圆平面的轴线上 A 点处，试计算通过此平面的通量。（图中 $OA = x$，$OB = R$，$\alpha = \arctan R/x$）

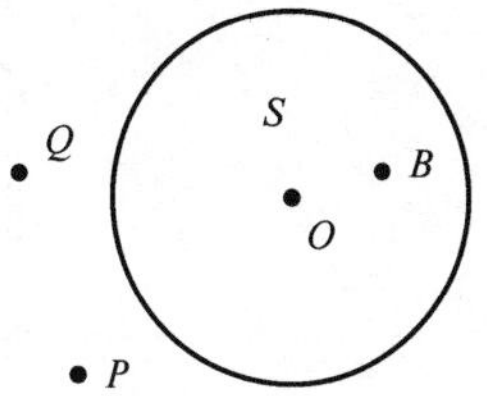

a)

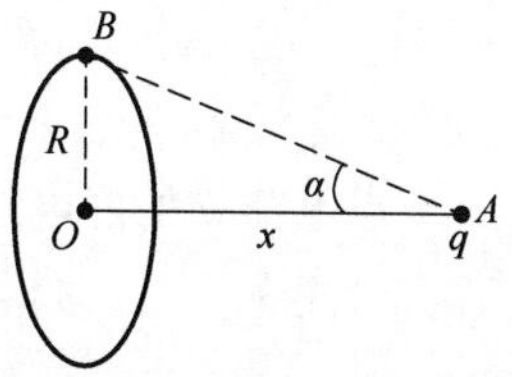

b)

思考题 5-7 图

5-8 下列说法中哪些是正确的？

(1) 如果高斯面上 E 处处为零，则该面内必无电荷。

(2) 如果高斯面内无电荷，则高斯面上 E 处处为零。

(3) 如果高斯面上 E 处处不为零，则高斯面内必有净电荷。

(4) 如果高斯面内有净电荷，则通过高斯面上 E 处处不为零。

5-9 三个相同的点电荷置于等边三角形的三个顶点上，以三角形的中心为球心作一球面 S（见思考题 5-9 图），能否用高斯定理求出其场强分布？对 S 面，高斯定理是否成立？

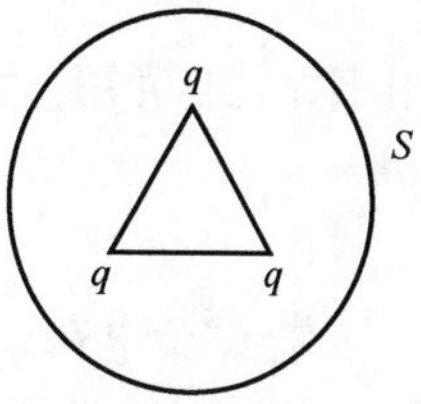

思考题 5-9 图

第四节 电场力的功 电势

前面我们从电荷在电场中受到电场力这一事实出发，研究了静电场的性质，引入了描述电场力学特性的物理量——电场强度。高斯定理反映了通过闭合曲面的电通量与该面内电荷量的关系，揭示了静电场是一个有源场的这一电场基本性质。电场的另一基本特征是：在电场中移动电荷电场力要做功。在这一节中，我们将从电场力做功入手，导出反映静电场基本性质的另一定理——静电场环路定理，从而揭示静电场是一保守场，并引入描述这一特性的重要物理量——电势。

一、电场力做功

1. 静电场的保守性

当电荷在电场中移动时，作用在电荷上的电场力就会对它做功。如图 5-21 所示，在点电荷 q 的静电场中，把试验电荷 q_0 由 P_1 点沿任意路径移动到 P_2 点时，电场力所做的功为

$$A = \int_{P_1}^{P_2} \boldsymbol{F} \cdot \mathrm{d}\boldsymbol{r} = \int_{P_1}^{P_2} q_0 \boldsymbol{E} \cdot \mathrm{d}\boldsymbol{r} = q_0 \int_{P_1}^{P_2} \boldsymbol{E} \cdot \mathrm{d}\boldsymbol{r} \tag{5-24}$$

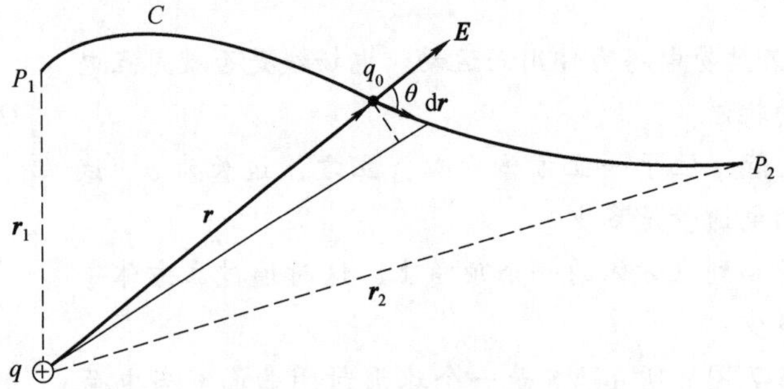

图 5-21 移动电荷电场力做功的计算

点电荷 q 的静电场中，其电场强度为

$$\boldsymbol{E} = \frac{q}{4\pi\varepsilon_0 r^2}\hat{\boldsymbol{e}}_r = \frac{q}{4\pi\varepsilon_0 r^3}\boldsymbol{r}$$

若 q_0 移动了元位移 $\mathrm{d}\boldsymbol{r}$，则电场力所做的元功为

$$\mathrm{d}A = \boldsymbol{F} \cdot \mathrm{d}\boldsymbol{r} = q_0 \boldsymbol{E} \cdot \mathrm{d}\boldsymbol{r} = \frac{q_0 q}{4\pi\varepsilon_0 r^3} \boldsymbol{r} \cdot \mathrm{d}\boldsymbol{r}$$

由图 5-21 可知，式中，$\boldsymbol{r} \cdot \mathrm{d}\boldsymbol{r} = r\cos\theta |\mathrm{d}\boldsymbol{r}| = r\mathrm{d}r$。所以电场力所做的元功即为

$$\mathrm{d}A = \frac{qq_0}{4\pi\varepsilon_0 r^2}\mathrm{d}r$$

把试验电荷 q_0 由 P_1 点沿任意路径移动到 P_2 点时，电场力所做的总功为

$$A = \int_{P_1}^{P_2} \mathrm{d}A$$

$$= \int_{r_1}^{r_2} \frac{q_0 q}{4\pi\varepsilon_0 r^2}\mathrm{d}r = \frac{q_0 q}{4\pi\varepsilon_0}\left(\frac{1}{r_1} - \frac{1}{r_2}\right) \tag{5-25}$$

上式表明，在点电荷 q 的静电场中，静电场力对试验电荷 q_0 所做的功与路径无关，只与起点和终点的位置有关。

对于由许多静止的点电荷组成的点电荷系，由场强叠加原理可得电场强度，试验电荷 q_0 由 P_1 点沿任意路径移动到 P_2 点时，电场力所做的总功为

$$
\begin{aligned}
A &= \int_{P_1}^{P_2} \boldsymbol{F} \cdot \mathrm{d}\boldsymbol{r} = \int_{P_1}^{P_2} q_0 (\boldsymbol{E}_1 + \boldsymbol{E}_2 + \cdots\cdots + \boldsymbol{E}_n) \cdot \mathrm{d}\boldsymbol{r} \\
&= \int_{P_1}^{P_2} q_0 \boldsymbol{E}_1 \cdot \mathrm{d}\boldsymbol{r} + \int_{P_1}^{P_2} q_0 \boldsymbol{E}_2 \cdot \mathrm{d}\boldsymbol{r} + \cdots + \int_{P_1}^{P_2} q_0 \boldsymbol{E}_n \cdot \mathrm{d}\boldsymbol{r} \\
&= A_1 + A_2 + \cdots\cdots + A_n = \sum_i \frac{q_0 q_i}{4\pi\varepsilon_0}\left(\frac{1}{r_{i1}} - \frac{1}{r_{i2}}\right)
\end{aligned} \tag{5-26}
$$

由于上式最后一个等号的右端每一项都与路径无关，因此总功必然与路径无关。因此得出结论：在任何静电场中移动电荷，电场力做的功只取决于被移动电荷的起点和终点的位置，与移动的路径无关。这和力学中讨论过的万有引力、重力和弹簧弹力做功的特性类似。在力学中我们已经知道，具有这种性质的力称为保守力。所以静电场力是保守力，静电场是保守场。

2. 电势能

静电场力是保守力，电荷在静电场中处处受到静电场力作用，所以电荷在静电场中就具有一定的势能，称之为**静电势能**（简称**电势能**）。

设 W_a、W_b 分别表示试验电荷 q_0 在起点 a 和终点 b 处的电势能，由势能定义可知，q_0 在电场中 a、b 两点电势能之差等于把 q_0 自 a 点移至 b 点过程中电场力所做的功，有

$$W_a - W_b = A_{ab} = \int_a^b \boldsymbol{F} \cdot \mathrm{d}\boldsymbol{r} = q_0 \int_a^b \boldsymbol{E} \cdot \mathrm{d}\boldsymbol{r} \tag{5-27}$$

上式只定义了电势能差，为了说明电荷在电场中某一点电势能的大小，必须选择一个参考点作为“零电势能点”，意味着电势能与重力势能相似，是一个相对量。即试验电荷 q_0 在 a 点的电势能等于 q_0 自 a 点移到“势能零点 b”的过程中电场力做的功。

若场源电荷分布在有限区域时，通常取无限远处为势能零点，即 $W_\infty = 0$，于是有

$$W_a = A_{a\infty} = \int_a^\infty q_0 \boldsymbol{E} \cdot \mathrm{d}\boldsymbol{r} = q_0 \int_a^\infty \boldsymbol{E} \cdot \mathrm{d}\boldsymbol{r} \tag{5-28}$$

即 q_0 在 a 点的电势能，等于将 q_0 从 a 点移到 ∞ 处的过程中电场力所做的功。

若场源电荷分布在无限区域时，电势能零点不能选为无限远，通常选在某一固定点，若取 b 点为势能零点，即 $W_b = 0$，则 q_0 在电场中某点 a 的电势能为

$$W_a = q_0 \int_a^{b(\text{电势能零点})} \boldsymbol{E} \cdot \mathrm{d}\boldsymbol{r} \tag{5-29}$$

势能应属于 q_0 和产生电场的源电荷系统所共有，量值是相对的，取决于电势能零点的选取，可以为正值，也可以为负值。在实际问题中，也常选地球或接地的金属外壳作为电势能零点。

3. 静电场的环路定理

在静电场中，如图 5-22 所示，将试验电荷 q_0 从 a 点沿任意路径 L_1 移动到 b 点；再从 b 点沿任意路径 L_2 移动到 a 点，合路径绕行一周，则静电场力所做的功为

$$A = \oint_L q_0 \boldsymbol{E} \cdot \mathrm{d}\boldsymbol{r} = q_0 \oint_L \boldsymbol{E} \cdot \mathrm{d}\boldsymbol{r} = q_0 \int_{a(L_1)}^{b} \boldsymbol{E} \cdot \mathrm{d}\boldsymbol{r} + q_0 \int_{b(L_2)}^{a} \boldsymbol{E} \cdot \mathrm{d}\boldsymbol{r}$$

$$= q_0 \int_{a(L_1)}^{b} \boldsymbol{E} \cdot \mathrm{d}\boldsymbol{r} - q_0 \int_{a(L_2)}^{b} \boldsymbol{E} \cdot \mathrm{d}\boldsymbol{r}$$

因为静电场力是保守力，做功与路径无关，所以

$$q_0 \int_{a(L_1)}^{b} \boldsymbol{E} \cdot \mathrm{d}\boldsymbol{r} = q_0 \int_{a(L_2)}^{b} \boldsymbol{E} \cdot \mathrm{d}\boldsymbol{r}$$

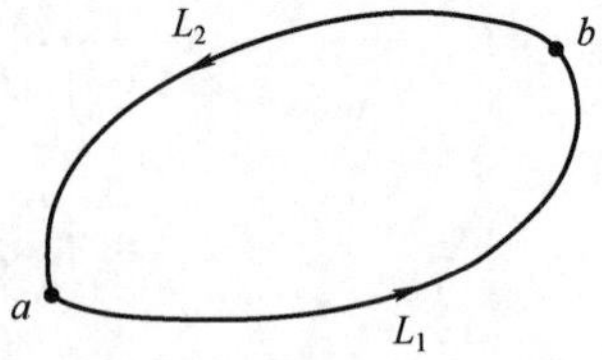

图 5-22 静电场的环路定理

因此在静电场中沿任意闭合路径移动电荷，静电场力所做的功为零，即

$$A = \oint_L q_0 \boldsymbol{E} \cdot \mathrm{d}\boldsymbol{r} = 0$$

因为

$$q_0 \neq 0$$

所以，上式可写为

$$\oint_L \boldsymbol{E} \cdot \mathrm{d}\boldsymbol{r} \tag{5-30}$$

电场强度 $\boldsymbol{E}$ 沿任意闭合路径的线积分称为电场强度的**环流**。式（5-30）表明，静电场中电场强度 $\boldsymbol{E}$ 的环流恒为零，这一结论叫作**静电场的环路定理**。它是反映静电场是保守力场这一基本性质的重要原理。

静电场的环路定理反映了静电场性质的另一个侧面，它说明静电场是保守力场，静电场力是保守力，这是我们在静电场中引入“电势”和“电势能”概念的依据。

静电场的环路定理还可以说明静电场中的电场线不会形成闭合曲线。假设电场线能构成闭合曲线，因为电场线上任意点的切线方向为该点的电场强度 $\boldsymbol{E}$ 的方向，对于该闭合曲线上的各个线元，均有 $\boldsymbol{E} \cdot \mathrm{d}\boldsymbol{r} > 0$，则 $\oint_L \boldsymbol{E} \cdot \mathrm{d}\boldsymbol{r} > 0$，与静电场的环路定理相矛盾。由于静电场线不允许闭合，所以静电场是**无旋场**。

二、电势

1. 电势和电势差

由试验电荷 q_0 在静电场中的电势能的定义式（5-29）可知，电荷在静电场中某点 a 处的电势能与 q_0 的大小成正比，而比值 W_a/q_0 却与 q_0 无关，只决定于电场的性质以及场中给定点 a 的位置。所以，这一比值是表征静电场中给定点电场性质的物理量，称为**电势**，用字母 φ 表示。场源电荷分布在有限区域时，取无限远处的电势为零，即 $\varphi_\infty = 0$，则有

$$\varphi_a = \frac{W_a}{q_0} = \int_a^\infty \boldsymbol{E} \cdot \mathrm{d}\boldsymbol{r} \tag{5-31}$$

即静电场中某点 a 的电势 φ_a 在数值上等于将单位正电荷从该点经过任意路径移到无限远处时静电场力所做的功。φ 为电势，单位为伏特，简称伏，符号为 V。

由于静电场是保守场，所以才能引入电势的概念。电势是反映静电场本身性质的物理量，与试验电荷 q_0 的存在与否无关。

电势是相对的，其值与电势零点的选取有关。电势零点的选取一般应根据问题的性质和

研究的方便而定。电势零点的选取通常有两种：在理论上，场源电荷分布在有限区域，计算其产生的电场中各点的电势时，往往选取无限远处的电势为零（对于场源电荷分布在无限区域时，只能选取有限远点电势为零）；在电工技术或许多实际问题中，取大地、仪器外壳等为电势零点。

在静电场中，任意两点 a 和 b 的电势之差称为电势差，用字母 U_{ab} 表示。即

$$U_{ab} = \varphi_a - \varphi_b = \int_a^{\infty} \boldsymbol{E} \cdot \mathrm{d}\boldsymbol{r} - \int_b^{\infty} \boldsymbol{E} \cdot \mathrm{d}\boldsymbol{r} = \int_a^b \boldsymbol{E} \cdot \mathrm{d}\boldsymbol{r} \tag{5-32}$$

由上式可知，a、b 两点的电势差 U_{ab} 等于单位正电荷自 a 点移动到 b 点的过程中电场力做的功。利用电势差可以计算电场力所做的功

$$A_{ab} = W_a - W_b = qU_{ab} = q(\varphi_a - \varphi_b) = q\int_a^b \boldsymbol{E} \cdot \mathrm{d}\boldsymbol{r} \tag{5-33}$$

2. 电势叠加原理

设在真空中有若干个点电荷 q_1，q_2，…，q_n 构成的点电荷系，各点电荷到电场中 P 点的矢径分别为 $\boldsymbol{r}_1$，$\boldsymbol{r}_2$，…，$\boldsymbol{r}_n$，根据场强叠加原理，得 P 点的场强为

$$\boldsymbol{E} = \boldsymbol{E}_1 + \boldsymbol{E}_2 + \cdots + \boldsymbol{E}_n = \sum_i \frac{q_i}{4\pi\varepsilon_0 r_i^3}\boldsymbol{r}_i$$

根据电势的定义求得 P 点处的电势为

$$\begin{aligned}\varphi_P &= \int_P^{\infty} \boldsymbol{E} \cdot \mathrm{d}\boldsymbol{r} = \int_P^{\infty} \boldsymbol{E}_1 \cdot \mathrm{d}\boldsymbol{r} + \int_P^{\infty} \boldsymbol{E}_2 \cdot \mathrm{d}\boldsymbol{r} + \cdots + \int_P^{\infty} \boldsymbol{E}_n \cdot \mathrm{d}\boldsymbol{r} \\ &= \varphi_{P1} + \varphi_{P2} + \cdots + \varphi_{Pn} = \sum_i \varphi_{Pi}\end{aligned} \tag{5-34}$$

由上式可知，在点荷系的电场中任一点的电势应等于各个点电荷单独存在时在该点所产生的电势的代数和，这就是真空中静电场的**电势叠加原理**。

三、电势的计算

电势的计算一般有两种方法，第一种是根据电势的定义式即场强线积分法进行计算，首先根据电荷分布计算场强，然后选择合适的积分路径，最后计算出场强从待求点到电势零点的线积分；第二种是利用点电荷的电势公式和电势的叠加原理进行计算。

1. 点电荷电场中的电势

设点电荷 q 在真空产生电场，从 q 点到电场中任一点 P 处的距离为 r，如图 5-23 所示。则 P 点的场强为

$$\boldsymbol{E} = \frac{q}{4\pi\varepsilon_0 r^2}\hat{\boldsymbol{e}}_r$$

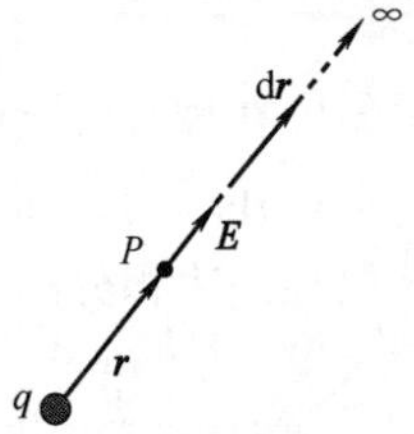

图 5-23　点电荷电场中的电势

取无限远处为电势零点，则 P 点电势等于电场强度 $\boldsymbol{E}$ 由 P 点沿任意路径到无穷远的线积分。因为积分路径是任意的，取沿矢径方向，所以 $\mathrm{d}\boldsymbol{r} /\!/ \boldsymbol{r}$，得 P 点处的电势为

$$\varphi_P = \int_P^{\infty} \boldsymbol{E} \cdot \mathrm{d}\boldsymbol{r} = \int_r^{\infty} \frac{q}{4\pi\varepsilon_0 r^2}\mathrm{d}r = \frac{q}{4\pi\varepsilon_0 r} \tag{5-35}$$

由上式可知，选取无限远处为电势零点，点电荷电势的大小具有球对称性；正电荷 q 产生的电场中的电势是正的，离 q 越远，电势越低；如果是负电荷产生的电场，则电场中各点的电势是负的，离点电荷越远，电势越高，在无限远处电势为零。

2. 点电荷系的电势

由点电荷的电势公式和电势叠加原理，可以求已知电荷分布的任意电荷系的电势。

设在真空中有若干个点电荷 $q_1, q_2, \cdots, q_n$ 构成的点电荷系，各点电荷到电场中 P 点的矢径分别为 $\boldsymbol{r}_1, \boldsymbol{r}_2, \cdots, \boldsymbol{r}_n$，根据点电荷的电势公式，得

$$\varphi_i = \frac{q_i}{4\pi\varepsilon_0 r_i}$$

根据电势叠加原理可得点电荷系的电势为

$$\varphi_P = \sum_i \varphi_i = \sum_i \frac{q_i}{4\pi\varepsilon_0 r_i} \tag{5-36}$$

3. 连续带电体的电势

对于电荷连续分布的带电体，可将带电体看成由许多电量为 $\mathrm{d}q$ 的电荷元（可视为点电荷）组成，根据电势叠加原理，这时电场中某一点的电势等于各电荷元 $\mathrm{d}q$ 在该点的电势之和，即

$$\varphi_P = \int \mathrm{d}\varphi = \int \frac{\mathrm{d}q}{4\pi\varepsilon_0 r} \tag{5-37}$$

式中，r 为电场中某一定点到电荷元 $\mathrm{d}q$ 的距离；右端的积分遍及整个带电体。由于电势是标量，这里的积分是标量积分，所以一般情况下电势的计算比电场强度的计算简便。

例 5-11 求均匀带电球面的电势分布。

解：设球面半径为 R，带电量为 Q，如图 5-24 所示。由高斯定理求得均匀带电球面电场的分布为

$$\boldsymbol{E} = \frac{1}{4\pi\varepsilon_0}\frac{Q}{r^2}\hat{\boldsymbol{e}}_r (r > R), \boldsymbol{E} = \boldsymbol{0} (r < R)$$

若场点在球外，即 $r > R$，选择无穷远处为电势零点，选取径向为积分路径，$\mathrm{d}\boldsymbol{r} /\!/ \boldsymbol{r}$，则 P 点电势

$$\varphi_P = \int_P^\infty \boldsymbol{E} \cdot \mathrm{d}\boldsymbol{r} = \int_r^\infty \frac{Q}{4\pi\varepsilon_0 r^2}\mathrm{d}r = \frac{Q}{4\pi\varepsilon_0 r} \quad (r > R) \tag{5-38}$$

与电量集中在球心的点电荷的电势分布相同。

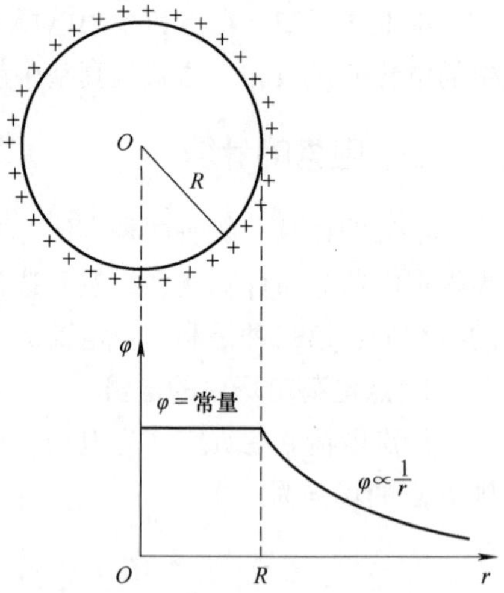

图 5-24 例 5-11 用图

若场点在球内，即 $r \leqslant R$，选择无穷远处为电势零点，选取径向为积分路径，$\mathrm{d}\boldsymbol{r} /\!/ \boldsymbol{r}$，则 P 点电势

$$\varphi_P = \int_P^\infty \boldsymbol{E} \cdot \mathrm{d}\boldsymbol{r} = \int_r^R 0\mathrm{d}r + \int_R^\infty \frac{Q}{4\pi\varepsilon_0 r^2}\mathrm{d}r = \frac{Q}{4\pi\varepsilon_0 R} \quad (r \leqslant R) \tag{5-39}$$

由此可知，均匀带电球面所包围的球体是一个等势体，其电势是球面处的电势。电势分布如图 5-24 所示。

例 5-12　求均匀带电圆环轴线上电势的分布。已知圆环带电量为 q，半径为 R。

解：方法一：用场强线积分法求解。建立如图 5-25所示的坐标系，在圆环轴线任取一点 P，到 O 点的距离为 x，由例 5-5 可知圆环轴线上任意点 P 处的场强为

$$\boldsymbol{E} = \frac{qx}{4\pi\varepsilon_0(R^2+x^2)^{3/2}}\hat{\boldsymbol{i}}$$

选择无穷远处为电势零点，因为积分路径是任意的，取沿 x 轴方向，则 $\mathrm{d}\boldsymbol{r}=\mathrm{d}x\hat{\boldsymbol{i}}$，$P$ 点电势为

$$\varphi_P = \int_x^{\infty}\boldsymbol{E}\cdot\mathrm{d}\boldsymbol{r} = \int_x^{\infty}\frac{qx}{4\pi\varepsilon_0(R^2+x^2)^{3/2}}\cdot\mathrm{d}x = \frac{q}{4\pi\varepsilon_0(R^2+x^2)^{1/2}}$$

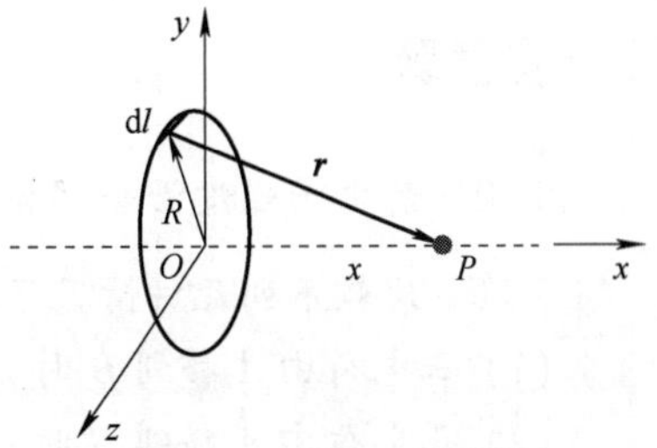

图 5-25　例 5-12 用图

方法二：用电势叠加原理求解。在圆环上任取一线元 $\mathrm{d}l$，它到 P 点的距离 $r=\sqrt{R^2+x^2}$，线元 $\mathrm{d}l$ 对应于一电荷元 $\mathrm{d}q$，电荷元 $\mathrm{d}q$ 视为点电荷，则 $\mathrm{d}q$ 在 P 点激发的电势为

$$\mathrm{d}\varphi_P = \frac{1}{4\pi\varepsilon_0}\frac{\mathrm{d}q}{r} = \frac{\mathrm{d}q}{4\pi\varepsilon_0(R^2+x^2)^{1/2}}$$

利用电势叠加原理

$$\varphi = \int_{(q)}\mathrm{d}\varphi = \int_{(q)}\frac{\mathrm{d}q}{4\pi\varepsilon_0 r} = \frac{1}{4\pi\varepsilon_0 r}\int_{(q)}\mathrm{d}q = \frac{q}{4\pi\varepsilon_0(R^2+x^2)^{1/2}}$$

例 5-13　如图 5-26 所示，两个均匀带电的同心球面，半径分别为 R_1 和 R_2，带电量分别为 q_1 和 q_2。求电势分布。

解：根据电势叠加原理，空间一点的电势等于两个带电球面单独存在时，产生的电势的代数和。选择无穷远处为零电势点，球面 1 产生的电势分布为

$$\varphi_1 = \frac{q_1}{4\pi\varepsilon_0 R_1} \qquad (r \leqslant R_1)$$

$$\varphi_1 = \frac{q_1}{4\pi\varepsilon_0 r} \qquad (r > R_1)$$

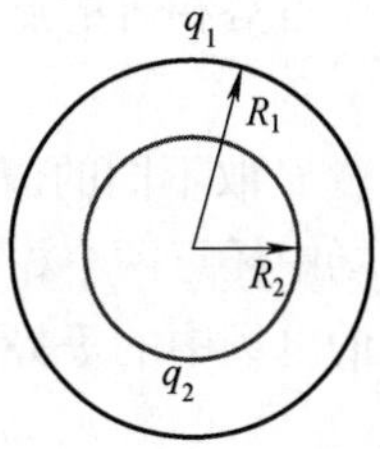

图 5-26　例 5-13 用图

球面 2 产生的电势分布为

$$\varphi_2 = \frac{q_2}{4\pi\varepsilon_0 R_2} \qquad (r \leqslant R_2)$$

$$\varphi_2 = \frac{q_2}{4\pi\varepsilon_0 r} \qquad (r > R_2)$$

所以空间一点的电势 $\varphi=\varphi_1+\varphi_2$，得

$$\varphi = \frac{q_1}{4\pi\varepsilon_0 R_1} + \frac{q_2}{4\pi\varepsilon_0 R_2} \qquad (r \leqslant R_2)$$

$$\varphi = \frac{q_1}{4\pi\varepsilon_0 R_1} + \frac{q_2}{4\pi\varepsilon_0 r} \qquad (R_2 < r \leqslant R_1)$$

$$\varphi = \frac{q_1}{4\pi\varepsilon_0 r} + \frac{q_2}{4\pi\varepsilon_0 r} = \frac{q_1 + q_2}{4\pi\varepsilon_0 r} \qquad (r > R_1)$$

思考题

5-10 静电场强度沿一闭合回路的积分 $\oint \boldsymbol{E} \cdot \mathrm{d}\boldsymbol{l} = 0$，表明了电场线的什么性质？

5-11 比较下列几种情况下 A、B 两点电势的高低。

(1) 正电荷由 A 移到 B 时，外力克服电场力做正功；

(2) 正电荷由 A 移到 B 时，电场力做正功；

(3) 负电荷由 A 移到 B 时，外力克服电场力做正功；

(4) 负电荷由 A 移到 B 时，电场力做正功；

(5) 电荷顺着电场线方向由 A 移动到 B；

(6) 电荷逆着电场线方向由 A 移动到 B。

第五节　等势面　场强与电势的关系

一、等势面

在讨论电场强度的分布时，我们引入了电场线，它可以形象地描述电场强度的分布情况。与此类似，我们可以通过图示的形式来描述电场中电势的分布，从而研究电势与场强之间的关系。一般说来，电场中各点的电势不同，但电场中也有许多点的电势相等。我们把电场中电势相等的点所组成的曲面叫作**等势面**。曲面上的电势一定满足方程

$$\varphi(x,y,z) = C \tag{5-40}$$

常量 C 取不同的值，对应不同的等势面。与电场线的画法一样，对等势面的画法也有规定：电场中任意两个相邻的等势面之间的电势差都相等。图 5-27 给出了点电荷和电偶极子所激发的电场中的等势面和电场线，其中实线代表电场线，虚线代表等势面与纸面的交线。

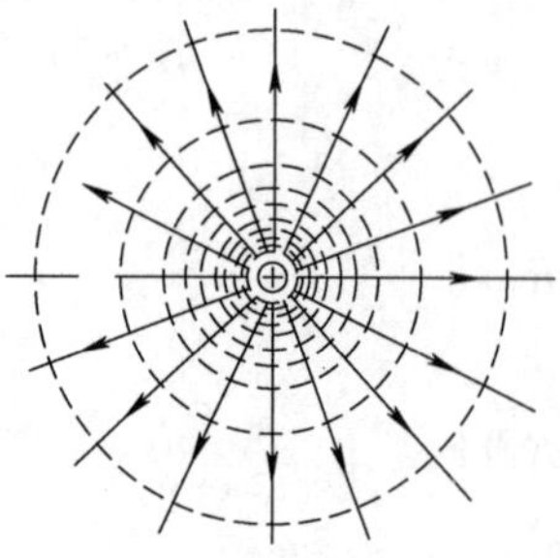

a）点电荷

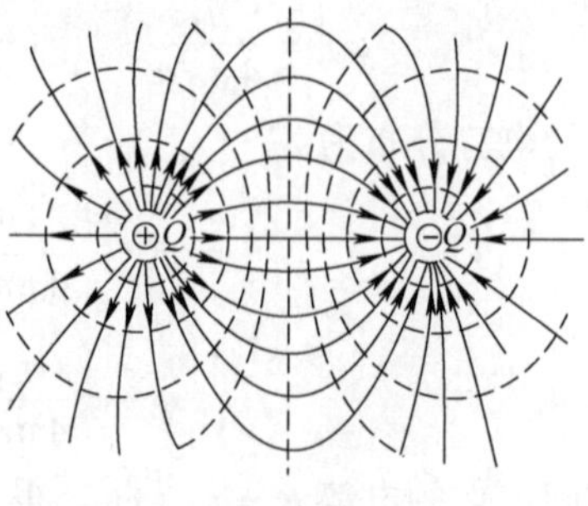

b）电偶极子

图 5-27　等势面和电场线

等势面具有以下性质：

（1）等势面与电场线处处正交。设试验电荷沿某等势面有一微小位移 d$\boldsymbol{r}$，这时，虽然电场对试验电荷有力的作用，但根据等势面的定义，电场力所做的功为零。即

$$dA = q\boldsymbol{E} \cdot d\boldsymbol{r} = qE\cos\theta dr = 0$$

因为 q、E、dr 都不等于零，所以只有 $\cos\theta = 0$，即 $\theta = \pi/2$，也就是说试验电荷在等势面上任一点所受的电场力总是与等势面垂直，亦即等势面与电力线处处正交。

（2）两等势面相距较近处的场强数值大，相距较远处场强数值小。

（3）电场线指向电势降落的方向。

利用等势面既可以形象地描述电场的性质，也可由等势面来绘制电场线。由于实际中测定电势差比测定电场强度要容易得多，因此常用等势面来研究电场，即先描绘出等势面的形状和分布，再根据电场线与等势面之间的关系描绘出电场线的分布。

二、电势梯度

电场强度和电势都是描述电场中各点性质的物理量，因此，两者之间必然存在联系。电势的定义式（5-29）以积分形式表示了场强与电势之间的关系：电势等于电场强度的线积分。反过来，场强与电势的关系也应该可以用微分形式表示出来，即场强等于电势的导数。下面来导出场强与电势关系的微分形式。

如图 5-28 所示，在电场中任取两相距很近的等势面 1 和 2，电势分别为 φ 和 $\varphi + d\varphi$，且 $d\varphi > 0$。电势为 φ 的等势面上 a 点的单位法向矢量为 $\hat{\boldsymbol{e}}_n$，与电势为 $\varphi + d\varphi$ 的等势面正交于一点 c。在电势为 $\varphi + d\varphi$ 的等势面上任取一点 b，从 a 点指向 b 的矢量用 d$\boldsymbol{l}$ 表示。由于从 a 点到 c 的距离 dn 是两个等势面之间在 a 点处的法向距离，由图可知，$dn \leqslant |d\boldsymbol{l}|$所以

$$\frac{d\varphi}{dl} \leqslant \frac{d\varphi}{dn}$$

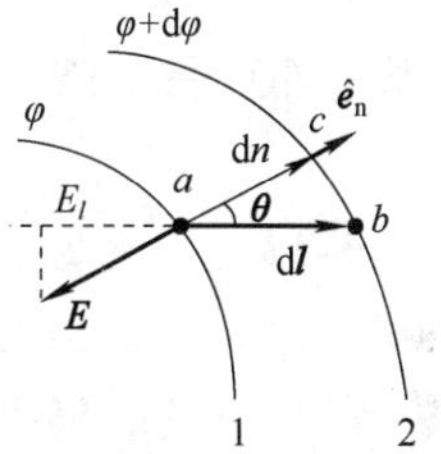

图 5-28　场强与电势梯度矢量

由此可知，电势沿不同方向的空间变化率是不同的。在 a 点处，电势沿 $\hat{\boldsymbol{e}}_n$ 方向的空间变化率最大。因此定义一个矢量

$$\text{grad}\varphi = \frac{\partial \varphi}{\partial n}\hat{\boldsymbol{e}}_n \tag{5-41}$$

称为 a 点处的**电势梯度**，记作 gradφ 或$\nabla\varphi$。算符∇称为梯度算符。式（5-41）给出的电势梯度是一个矢量。由式（5-41）可知，电场中某点的电势梯度，在方向上与该点处电势升高最快的方向相同，在量值上等于电势的最大空间变化率。

当等势面 1 和等势面 2 间距离足够小时，从 a 到 c 的元位移矢量为 d$\boldsymbol{l}$，认为其上电场为匀强电场，a 和 c 这两点的电势差为

$$\varphi - (\varphi + d\varphi) = -d\varphi = \boldsymbol{E} \cdot d\boldsymbol{l} = Edl\cos\theta$$

式中，$E\cos\theta = E_l$ 是场强 $\boldsymbol{E}$ 在元位移 d$\boldsymbol{l}$ 方向的分量，可得

$$E\cos\theta = -\frac{d\varphi}{dl} \tag{5-42}$$

称作电势在 a 点沿 $\mathrm{d}\boldsymbol{l}$ 方向的空间变化率。式（5-42）表明，电场中某点电场强度沿任一方向的分量等于该方向电势的空间变化率负值，沿不同方向其电势的空间变化率一般是不同的，沿电场反方向电势的空间变化率最大，即该点的电势梯度。于是有

$$\nabla\varphi = -\boldsymbol{E} \tag{5-43}$$

它说明静电场中各点的电场强度等于该点电势梯度的负值，负号表示该点场强方向和电势梯度方向相反，即场强指向电势降低的方向。式（5-43）给出了电场强度和电势的微分关系。数学上可以证明，在直角坐标系中，梯度算符

$$\nabla = \frac{\partial}{\partial x}\hat{\boldsymbol{i}} + \frac{\partial}{\partial y}\hat{\boldsymbol{j}} + \frac{\partial}{\partial z}\hat{\boldsymbol{k}}$$

如果已知电势函数

$$\varphi = \varphi(x, y, z)$$

根据式（5-43），得

$$\nabla\varphi = \frac{\partial\varphi}{\partial x}\hat{\boldsymbol{i}} + \frac{\partial\varphi}{\partial y}\hat{\boldsymbol{j}} + \frac{\partial\varphi}{\partial z}\hat{\boldsymbol{k}} = -\boldsymbol{E}$$

因为

$$\boldsymbol{E} = E_x\hat{\boldsymbol{i}} + E_y\hat{\boldsymbol{j}} + E_z\hat{\boldsymbol{k}}$$

所以

$$E_x = -\frac{\partial\varphi}{\partial x},\ E_y = -\frac{\partial\varphi}{\partial y},\ E_z = -\frac{\partial\varphi}{\partial z} \tag{5-44}$$

若电势分布已知，就可以利用电势与电场强度的微分关系求出电场强度。

例 5-14 半径为 R 均匀带电圆环，带电量为 q，求圆环轴线上任一点的场强和电势。

解： 建立如图 5-29 所示的坐标系，在圆环轴线任取一点 P，到 O 点的距离为 x，例 5-12 已求得带电圆环在 P 点产生的电势为

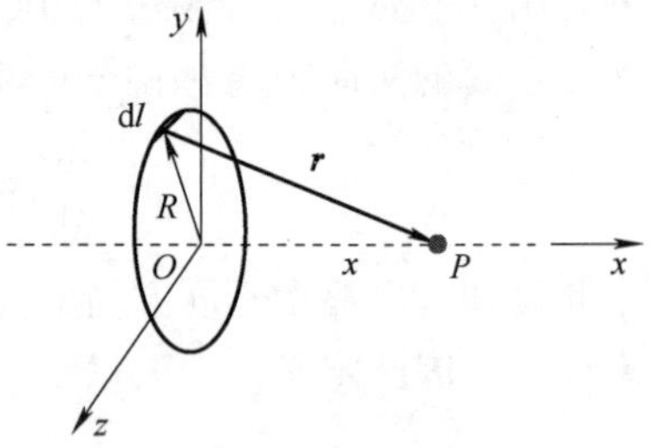

图 5-29 例 5-14 用图

$$\varphi = \int_{(q)}\mathrm{d}\varphi = \int_{(q)}\frac{\mathrm{d}q}{4\pi\varepsilon_0 r} = \frac{q}{4\pi\varepsilon_0\sqrt{x^2+R^2}}$$

上式给出了轴线上电势分布。利用电势与电场强度的微分关系求出电场强度

$$\nabla\varphi = -\boldsymbol{E}$$

因为电场方向沿 x 轴，所以

$$\boldsymbol{E} = E_x\hat{\boldsymbol{i}} = -\frac{\partial\varphi}{\partial x}\hat{\boldsymbol{i}} = \frac{q}{4\pi\varepsilon_0}\frac{x}{(x^2+R^2)^{\frac{3}{2}}}\hat{\boldsymbol{i}}$$

本题也可以先求电场强度，然后利用电场强度与电势的积分关系求电势，读者可以比较一下哪种方法更加简单。

思考题

5-12 电场线与等势面之间的关系是什么？

5-13　电势与场强的关系式有积分形式和微分形式，计算时在怎样的情况下使用较方便？

知 识 提 要

1. 库仑定律

真空中两个静止的点电荷之间的相互作用力为

$$\boldsymbol{F}_{21} = k\frac{q_1 q_2}{r_{21}^2} \cdot \hat{\boldsymbol{e}}_{r_{21}}$$

2. 电力叠加原理

$$\boldsymbol{F} = \sum_{i=1}^{n} \boldsymbol{F}_i$$

3. 电场强度 电场强度的叠加原理

$$\boldsymbol{E} = \frac{\boldsymbol{F}}{q_0},\ \boldsymbol{E} = \sum_{i=1}^{n} \boldsymbol{E}_i$$

4. 电通量 高斯定理

$$\Phi_{\mathrm{e}} = \int_S \boldsymbol{E} \cdot \mathrm{d}\boldsymbol{S},\ \oint_S \boldsymbol{E} \cdot \mathrm{d}\boldsymbol{S} = \frac{1}{\varepsilon_0}\sum_i q_{i内}$$

5. 典型静电场的场强

点电荷：$\boldsymbol{E} = \dfrac{q}{4\pi\varepsilon_0 r^2}\hat{\boldsymbol{e}}_r$

均匀带电球面：$E = 0$（球面内）

$$\boldsymbol{E} = \frac{q}{4\pi\varepsilon_0 r^2}\hat{\boldsymbol{e}}_r \text{（球面外）}$$

均匀带电球体：$\boldsymbol{E} = \dfrac{\rho r}{3\varepsilon_0}\hat{\boldsymbol{e}}_r$（球面内）

$$\boldsymbol{E} = \frac{q}{4\pi\varepsilon_0 r^2}\hat{\boldsymbol{e}}_r \text{（球面外）}$$

无限长均匀带电直线：$E = \dfrac{\lambda}{2\pi\varepsilon_0 r}$，方向垂直于带电直线

无限大均匀带电平面：$E = \dfrac{\sigma}{2\varepsilon_0}$，方向垂直于带电平面

6. 电势差　电势

$$U_{ab} = \varphi_a - \varphi_b = \int_a^b \boldsymbol{E} \cdot \mathrm{d}\boldsymbol{r},\ \varphi_P = \frac{W_P}{q_0} = \int_P^{\text{电势零点}} \boldsymbol{E} \cdot \mathrm{d}\boldsymbol{r}$$

7. 电势的叠加原理

$$\varphi_P = \frac{q}{4\pi\varepsilon_0 r},\ \varphi = \sum_{i=1}^{n} \varphi_i$$

8. 电场强度与电势的微分关系

$$\nabla\varphi = -\boldsymbol{E}$$

习 题

一、基础练习

5-1 有两个相距为 $2a$、电荷均为 $+q$ 的点电荷。今在它们连线的垂直平分线上放置另一个点电荷 q'，q' 与连线相距为 b。试求 q' 所受的电场力。$\left(答案：F = F_y = \frac{b}{2\pi\varepsilon_0} \cdot \frac{qq'}{(a^2+b^2)^{3/2}}，方向沿\ y\ 轴方向\right)$

5-2 在平面直角坐标系中，在 $x=0$、$y=0.1\ \text{m}$ 处和在 $x=0$、$y=-0.1\ \text{m}$ 处分别放置一电量 $q=10^{-10}\text{C}$ 的点电荷。求：

在 $x=0.2\ \text{m}$、$y=0$ 处一电量为 $Q=10^{-8}\text{C}$ 的点电荷所受力的大小和方向；（答案：$3.22\times10^{-7}\boldsymbol{i}\text{N}$）

5-3 如习题5-3图所示，在真空中有带电量分别为 $+Q$ 和 $-Q$ 的 A、B 两带电平板相距为 d（已知 d 很小），面积为 S。试分析两板之间的相互作用力的大小。$\left(答案：F_A = F_B = \frac{Q^2}{2\varepsilon_0 S}\right)$

5-4 三个点电荷 q_1、q_2 和 q_3 放在正方形的三个顶点上，已知 $q_1=10\times10^{-9}\text{C}$，$q_2=28\times10^{-9}\text{C}$，在正方形的第四个顶点上场强 $\boldsymbol{E}$ 的方向沿水平方向向右，如习题5-4图所示，求：

（1）q_3 等于多少？（答案：$-9.9\times10^{-9}\text{C}$）

（2）第四个顶点上场强的大小？（答案：$1.79\times10^{6}\text{V/m}$）

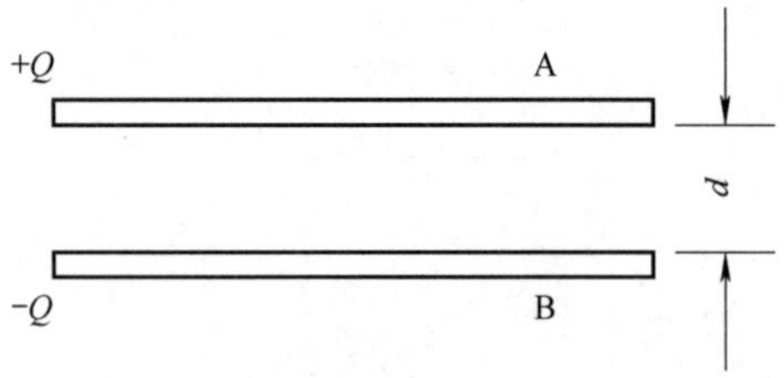

习题5-3图

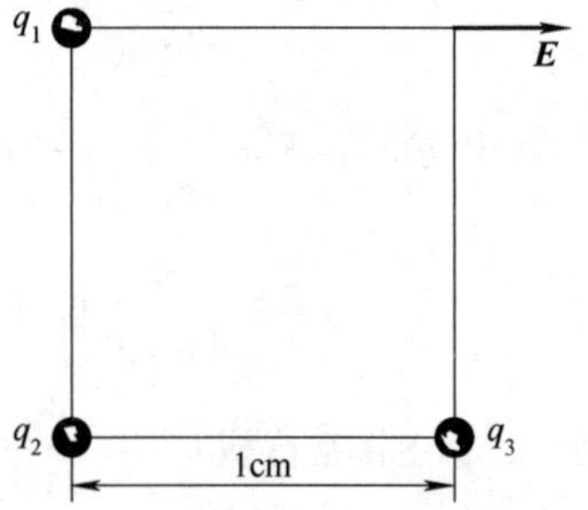

习题5-4图

5-5 长 $l=15\text{cm}$ 的直导线 AB 上均匀地分布着线密度为 $\lambda=5\times10^{-9}\text{C/m}$ 的电荷（见习题5-5图）。求：

（1）在导线的延长线上与导线一端 B 相距 $d=5\text{cm}$ 处 P 点的电场强度；（答案：$E_P=657\text{V/m}$）

（2）在导线的垂直平分线上与导线中点相距 $d=5\text{cm}$ 处 Q 点的电场强度。（答案：$E_Q=1.5\times10^{3}\text{V/m}$）

5-6 如习题5-6图所示，一个细的带电塑料圆环，半径为 R，所带线电荷密度为 λ 并有 $\lambda=\lambda_0\sin\theta$ 的关系。求在圆心处的电场强度的方向和大小。（答案：$-(\lambda_0/4\varepsilon_0 R)\hat{\boldsymbol{j}}$）

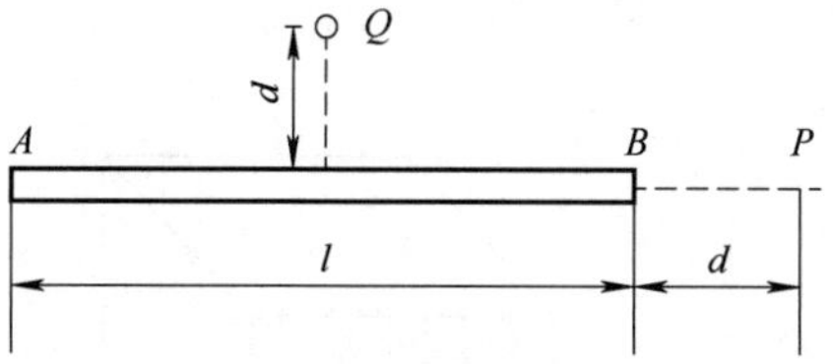

习题 5-5 图

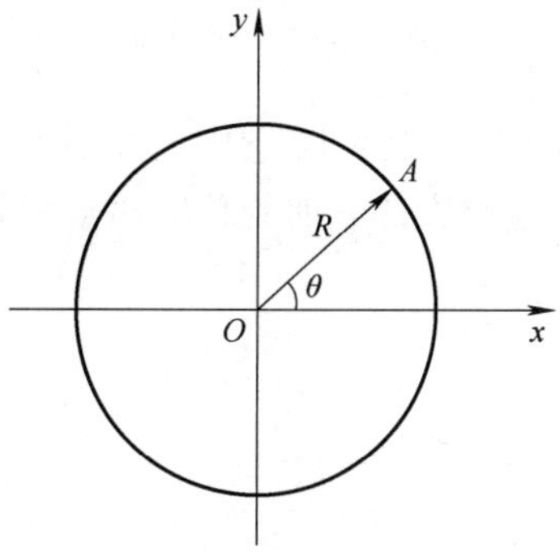

习题 5-6 图

5-7　一根不导电的细塑料杆，被弯成近乎完整的圆，圆的半径为 0.5m，杆的两端有 2cm 的缝隙，3.12×10^{-9}C 的正电荷均匀地分布在杆上。求圆心处电场强度的大小和方向。（答案：0.72V/m，指向缝隙）

5-8　两个点电荷 q_1 和 q_2 相距为 d，若（1）两电荷同号；（2）两电荷异号，求两点电荷连线上场强为零的点的位置。$\left(\text{答案：}\dfrac{\sqrt{q_1}\,d}{\sqrt{q_1}+\sqrt{q_2}},\ \dfrac{\sqrt{q_1}\,d}{\sqrt{q_1}-\sqrt{q_2}}\right)$

5-9　如习题 5-9 图所示，两根平行长直线间距为 $2a$，一端用半圆形线连起来，全线上均匀带电。试证明在圆心 O 处的电场强度为零。（答案：略）

5-10　如习题 5-10 图所示，一无限大均匀带电平面，电荷面密度为 $+\sigma$，其上挖去一半径为 R 的圆孔。通过圆孔中心 O，并垂直于平面的 X 轴上有一点 P，$OP=x$。试求 P 点处的场强。$\left(\text{答案：}E_P=\dfrac{\sigma x}{2\varepsilon_0\sqrt{R^2+x^2}}\text{，方向沿 }X\text{ 轴正方向}\right)$

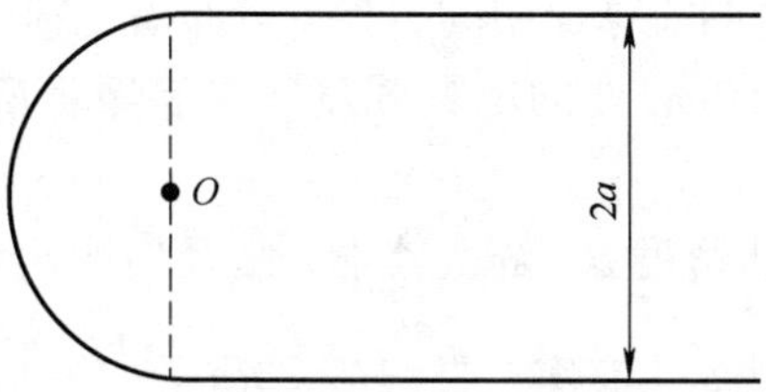

习题 5-9 图

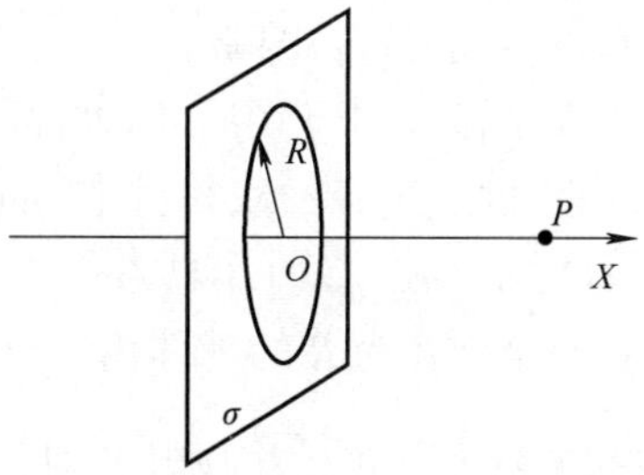

习题 5-10 图

5-11　用直接积分法求一半径为 R、电荷面密度为 σ 的均匀带电球面球内外任一点的电场强度。$\left(\text{答案：}\dfrac{q}{4\pi\varepsilon_0 r^2},\ 0\right)$

5-12　设点电荷分布的位置是：在（0，0）处为 5×10^{-8}C，在（3m，0）处为 4×10^{-8}C，在（0，4m）处为 -6×10^{-8}C。计算通过以（0，0）为球心、半径等于 5m 的球面上的总电通量。（答案：3.4×10^{3}V·m）

5-13　如习题 5-13 图所示，一点电荷 Q 处于边长为 a 的正方形平面的中垂线上，Q 与

平面中心 O 点相距 $a/2$。试求通过正方形平面的电通量。$\left(\text{答案：}\dfrac{Q}{6\varepsilon_0}\right)$

5-14 如习题5-14 图中电场强度的分量为 $E_x=by$，$E_y=bx$，$E_z=0$，$b=800\ \mathrm{N/(C\cdot m)}$。再计算通过立方体表面的总电通量和立方体内的总电量。（答案：0；0）

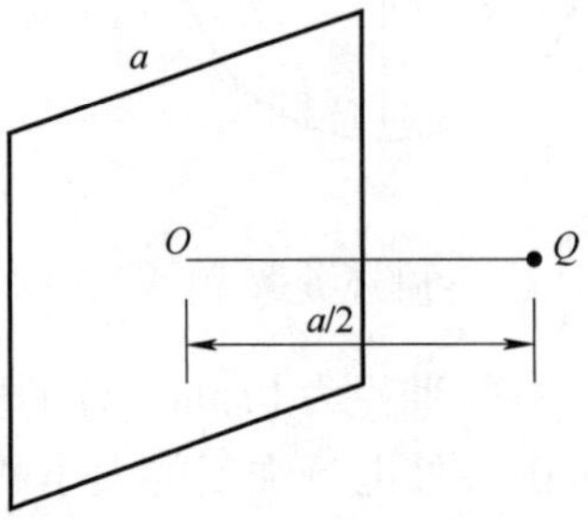

习题5-13 图

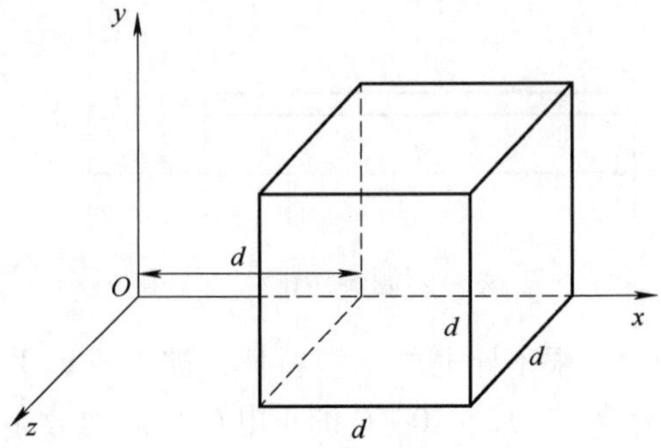

习题5-14 图

5-15 两个带有等量异号电荷的无限长同轴圆柱面，半径分别为 R_1 和 R_2（$R_2>R_1$），单位长度上的电荷为 λ，求离轴线为 r 处的电场强度：（1）$r<R_1$，（2）$r>R_2$，（3）$R_1<r<R_2$。$\left(\text{答案：(1) } E_1=0\text{，(2) } E_2=0\text{，(3) } E_3=\dfrac{\lambda}{2\pi\varepsilon_0 r}\right)$

5-16 两平行的无限大平面均匀带电，电荷面密度分别为 $\sigma_1=4\times10^{-11}\mathrm{C/m^2}$ 和 $\sigma_2=-2\times10^{-11}\mathrm{C/m^2}$，试求系统的电场分布。（答案：$\sigma_1$ 板外：1.13V/m，指离 σ_1 板；两板间：3.39V/m，指向 σ_2 板；σ_2 板外：1.13V/m，指离 σ_2 板）

5-17 一厚度为 D 的无限大均匀带电厚壁，电荷体密度为 ρ，求其电场强度分布并画出 $E-x$ 曲线。x 为垂直于壁面的坐标，原点在厚壁的中心。（答案：$|d|<D/2$，$E=\rho d/\varepsilon_0$；$|d|>D/2$，$E=\rho d/2\varepsilon_0$；图略）

5-18 在半径分别为10cm 和20cm 的两层假想同心球面中间，均匀分布着电荷体密度为 $\rho=10^{-9}\mathrm{C/m^3}$ 的正电荷。求离球心 5cm、15cm、50cm 处的电场强度。（答案：$E_{0.05}=0$，$E_{0.15}=0.41\mathrm{V/m}$，$E_{0.50}=1.04\mathrm{V/m}$）

5-19 一个半径为 R 的球体内，分布着电荷体密度 $\rho=kr$，其中 r 是径向距离，k 是常量。求空间的场强分布，并画出 E 对 r 的关系曲线。$\left(\text{答案：}\dfrac{kr^2}{4\varepsilon_0}\ (r<R)\text{，}\dfrac{kR^4}{4\varepsilon_0 r^2}\ (r>R)\text{；曲线略}\right)$

5-20 两个同心球面，半径分别为 10cm 和 30cm，小球均匀带有正电荷 $1\times10^{-8}\mathrm{C}$，大球均匀带有正电荷 $1.5\times10^{-8}\mathrm{C}$。求离球心分别为（1）20cm；（2）50cm 处的电势。（答案：（1）900V；（2）450V）

5-21 两个同心均匀带电球面，半径分别为 $R_1=5.0\mathrm{cm}$，$R_2=20.0\mathrm{cm}$，已知内球面的电势为 $\varphi_1=60\mathrm{V}$，外球面的电势 $\varphi_2=-30\mathrm{V}$。

（1）求内、外球面上所带电量；（答案：$q_{\text{in}}=6.7\times10^{-10}\mathrm{C}$；$q_{\text{ext}}=-1.3\times10^{-9}\mathrm{C}$）

（2）在两个球面之间何处的电势为零？（答案：距球心 0.1m 处）

5-22　已知两点电荷 $q_1 = 3.0\times10^{-8}$C，$q_2 = -3.0\times10^{-8}$C，如习题 5-22 图放置，A、B、C、D 为电场中四个指定点，图中 $a = 8.0$cm，$r = 6.0$cm。

（1）今将电量为 2.0×10^{-9}C 的点电荷 q_0 从无穷远处移到 A 点，电场力做功多少？电势能增加多少？（答案：$A = -3.6\times10^{-6}$ J；$\Delta W = 3.6\times10^{-6}$ J）

（2）将此点电荷从 A 点移到 B 点，电场力做功多少？电势能增加多少？（答案：$A = 3.6\times10^{-6}$ J；$\Delta W = -3.6\times10^{-6}$ J）

（3）将上述点电荷从 C 点移到 D 点，电场力做功多少？电势能增加多少？（答案：$A = -3.6\times10^{-6}$ J；$\Delta W = 3.6\times10^{-6}$ J）

（4）q_1、q_2 这一对点电荷，它们原有的电势能是多少？是正值还是负值？（答案：$W = -1.0\times10^{-4}$ J）

5-23　如习题 5-23 图所示，三块互相平行的均匀带电大平面，电荷面密度分别为 $\sigma_1 = 1.2\times10^{-4}\text{C/m}^2$、$\sigma_2 = 2.0\times10^{-5}\text{C/m}^2$、$\sigma_3 = 1.1\times10^{-4}\text{C/m}^2$。$A$ 点与平面Ⅱ相距 5.0cm，B 点与平面Ⅱ相距 7.0cm。

（1）计算 A、B 两点的电势差；（答案：9.0×10^4V）

（2）设把电量 $q_0 = -1.0\times10^{-8}$C 的点电荷从 A 点移到 B 点，外力克服电场力做功是多少？（答案：9.0×10^{-4}J）

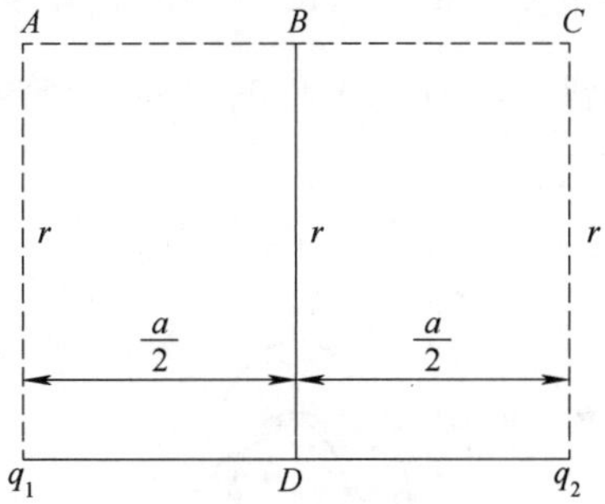

习题 5-22 图

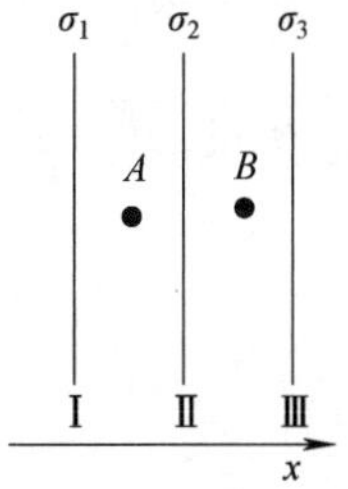

习题 5-23 图

5-24　点电荷 q_1、q_2、q_3、q_4 电量均为 4×10^{-9}C，放置在一正方形四个顶点上，各点距正方形中心 O 的距离均为 5cm。

（1）计算 O 点的场强和电势；（答案：0；2.88×10^3 V）

（2）将一试验电荷 $q_0 = 10^{-9}$C 从无穷远移动到 O 点，电场力做功多少？（答案：-2.88×10^{-6}J）

（3）问（2）中 q_0 的电势能改变为多少？（答案：2.88×10^{-6}J）

5-25　一圆盘，半径 $R = 8.0\times10^{-2}$m，圆盘均匀带电，电荷面密度 $\sigma = 2.0\times10^{-5}\text{C/m}^2$。求：

（1）轴线上任意一点 P 的电势（用该点与盘心的距离 x 表示）；$\left(\text{答案：}U_P = \dfrac{\sigma}{2\varepsilon_0}\left(\sqrt{R^2+x^2}-x\right)\right)$

（2）从电场强度与电势梯度的关系，求该点的电场强度；$\left(答案：E_P=\frac{\sigma}{2\varepsilon_0}\left(1-\frac{x}{\sqrt{R^2+x^2}}\right)\right)$

（3）计算离 $x=6.0\times10^{-2}$m 处的电势和电场强度。（答案：$U=4.5\times10^4$ V；$E=4.5\times10^5$V/m）

二、综合提高

5-26 有两个相距为 $2a$、电荷均为 $+q$ 的点电荷。今在它们连线的垂直平分线上放置另一个点电荷 q'，q'与连线相距为 b。试问：q'放在哪一位置处，所受的电场力最大？$\left(答案：b=\pm\frac{a}{\sqrt{2}}\right)$

5-27 如习题 5-27 图所示，有一无限长均匀带电直线，其电荷密度为 $+\lambda_1$；另外，在垂直于它的方向放置着一根长为 L 的均匀带电线 AB，其线电荷密度为 $+\lambda_2$，试求它们之间的相互作用力。$\left(答案：F=\frac{\lambda_1\lambda_2}{2\pi\varepsilon_0}\ln\frac{a+L}{a}\right)$

5-28 如习题 5-28 图所示，半径为 R 的带电圆盘，其电荷面密度沿圆盘半径呈线性变化，$\sigma=\sigma_0\left(1-\frac{r}{R}\right)$。试求在圆盘轴线上距圆盘中心 O 为 x 处的 P 点的场强。$\left(答案：E_P=E_{Px}=\frac{\sigma_0}{2\varepsilon_0}\left(1-\frac{x}{R}\ln\frac{R+\sqrt{R^2+x^2}}{x}\right)\right)$

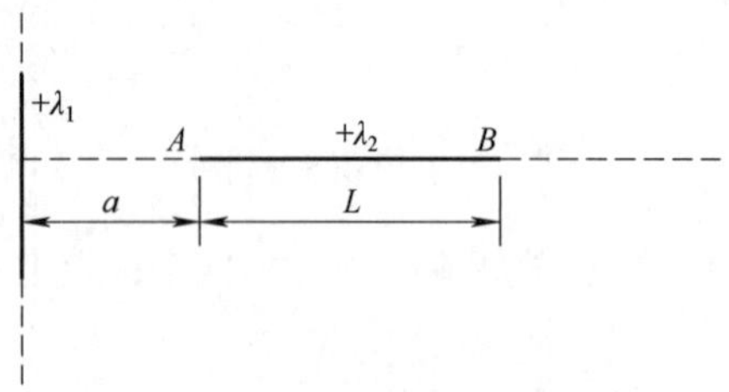

习题 5-27 图

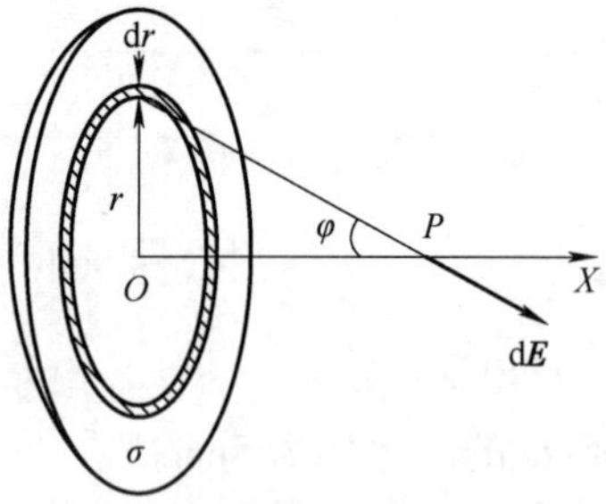

习题 5-28 图

5-29 一宽度为 b 的无限大非均匀带正电板，电荷体密度为 $\rho=kx$，$(0\leqslant x\leqslant b)$，如习题 5-29图所示。试求：

（1）平板两外侧任意一点 P_1 和 P_2 处的电场强度；$\left(答案：E_{P_1}=E_{P_2}=\frac{kb^2}{4\varepsilon_0}\right)$

（2）平板内与其表面上 O 点相距为 x 的点 P 处的电场强度。$\left(答案：E_P=\frac{k}{4\varepsilon_0}(2x^2-b^2)，方向沿 X 轴方向\right)$

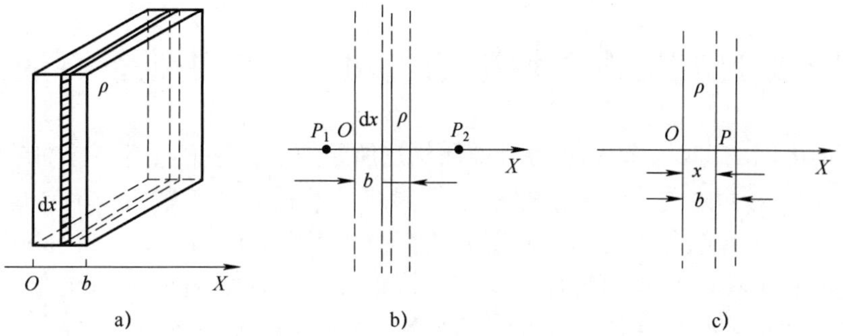

习题 5-29 图

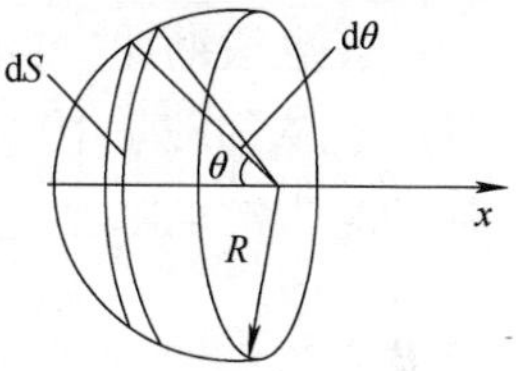

习题 5-30 图

5-30　如习题 5-30 图所示，一半径为 R 的半球壳，均匀地带有电荷，电荷面密度为 σ，试求球心处电场强度。$\left(\text{答案：} E=\dfrac{\sigma}{4\varepsilon_0}\right.$，方向沿 x 轴正方向$\left.\right)$

5-31　一个电荷体按体密度 $\rho=\rho_0\dfrac{e^{-kr}}{r}$ 对称分布的球体，试求其场强的分布。$\left(\text{答案：} E(r)=\dfrac{\rho_0}{\varepsilon_0 kr^2}(1-e^{-kR})\right)$

5-32　半径为 R 的无限长圆柱，柱内电荷体密度 $\rho=ar-br^2$，r 为某点到圆柱轴线的距离，a、b 为常量。试求带电圆柱内外的电场分布。$\left(\text{答案：} E=\dfrac{4ar^2-3br^3}{12\varepsilon_0}\ (r<R);\ E=\dfrac{4aR^3-3aR^4}{12\varepsilon_0 r}\ (r>R)\right)$

5-33　一均匀带电的平面圆环，内、外半径分别为 R_1 和 R_2，且电荷面密度为 σ。一质子被加速器加速后，自 P 点沿圆环轴线射向圆心 O。若质子到达 O 点时的速度恰好为零，试求质子位于 P 点时的动能 E_k（已知质子的电量为 e，略去重力影响，$OP=L$）。$\left(\text{答案：} E_k=\dfrac{\sigma e}{2\varepsilon_0}\left(R_2-R_1-\sqrt{L^2+R_2^2}+\sqrt{L^2+R_1^2}\right)\right)$

5-34　试求电偶极子的电势和场强分布。$\left(\text{答案：} V_P=\dfrac{ql\cos\theta}{4\pi\varepsilon_0 r^2}=\dfrac{p\cdot r}{4\pi\varepsilon_0 r^3};\ E=\dfrac{P}{4\pi\varepsilon_0 r^3}\cdot\sqrt{3\cos^2\theta+1}\right)$

三、课外拓展小论文

5-35　计算电场强度有三种方法，总结每种方法的计算步骤及使用条件。

5-36　电场强度和电势是描述电场性质的两个物理量，两者之间有什么样的关系？

5-37　电场在各种产业和日常生活中有着重要的应用，请举例说明。

物理学原理在能源领域中的应用——电法进行石油勘探

地壳是由不同的岩石、矿体和各种地质构造所组成的，它们具有不同的导电性、导磁性、介电性和电化学性质。电法勘探利用的岩石、矿石物理参数主要有：电阻率（ρ）、磁导率（μ）、极化特性（人工体极化率 η 和面极化系数 λ）和介电常数（ε）。根据这些性质及其空间分布规律和时间特性，人们可以推断矿体或地质构造的赋存状态（形状、大小、位置、产状和埋藏深度）和物性参数等，从而达到勘探的目的。

电阻率

在电法勘探中，用来表征岩、矿石导电性好坏的参数为电阻率（ρ）或电导率（$\sigma = 1/\rho$）。从物理学中已知，当电流垂直流过单位长度、单位截面积的体积时，该体积中物质所呈现的电阻值，即为该物质的电阻率。计算公式为：

$$\rho = \frac{RS}{L} = \frac{\Delta U}{I} \times \frac{S}{L}$$

式中，电阻率（ρ）单位是欧姆米，记作 $\Omega \cdot \mathrm{m}$；R 为电阻；L 为柱体长度；S 为柱体的截面积；ΔU 为电压差；I 为电流。

对于不同的矿物而言，其电阻率也并不相同（见附表 5-1）。岩石的电阻率也有类似的情况（见附表 5-2），其电阻率值除与组成矿石的矿物成分、含量有关外，更主要由矿物颗粒结构构造所决定。

附表 5-1　不同矿物的电阻率

矿物名称	电阻率/Ω·m	矿物名称	电阻率/Ω·m
斑铜矿	$10^{-6} \sim 10^{-3}$	赤铁矿	$10^{-3} \sim 10^{6}$
磁铁矿	$10^{-6} \sim 10^{-3}$	锡石	$10^{-3} \sim 10^{6}$
磁黄铁矿	$10^{-6} \sim 10^{-3}$	辉锑矿	$10^{0} \sim 10^{3}$
黄铜矿	$10^{-3} \sim 10^{0}$	软锰矿	$10^{0} \sim 10^{3}$
黄铁矿	$10^{-3} \sim 10^{0}$	菱铁矿	$10^{0} \sim 10^{3}$
方铅矿	$10^{-3} \sim 10^{0}$	铬铁矿	$10^{0} \sim 10^{6}$
辉铜矿	$10^{-3} \sim 10^{0}$	闪锌矿	$10^{3} \sim 10^{6}$
辉钼矿	$10^{-3} \sim 10^{0}$	钛铁矿	$10^{3} \sim 10^{6}$

磁导率

磁导率又称磁导系数，是衡量物质导磁性能的一个系数，以字母 μ 表示，单位是亨每米，符号为 H/m。μ 等于磁介质中磁感应强度 B 与磁场强度 H 之比，$\mu = \frac{B}{H}$。通常使用的是磁介质的相对磁导率 μ_r，其定义为磁导率 μ 与真空磁导率 μ_0 之比，$\mu_r = \frac{\mu}{\mu_0}$。

附表 5-2　岩石的电阻率

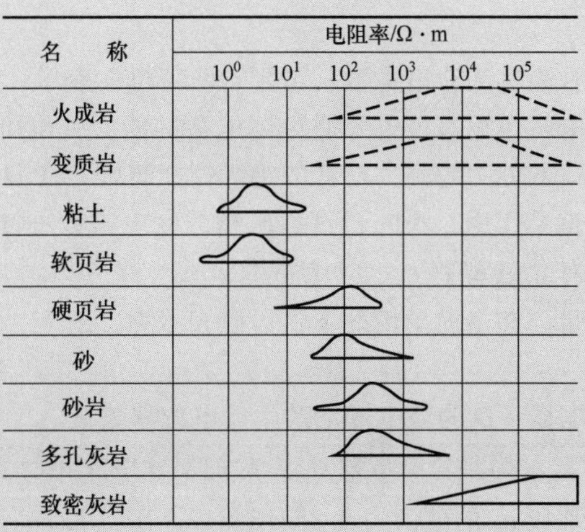
名　称
电阻率/Ω · m
10^0
10^1
10^2
10^3
10^4
10^5
火成岩
变质岩
粘土
软页岩
硬页岩
砂
砂岩
多孔灰岩
致密灰岩

极化特性

当电流流过岩石或矿体中的两相界面或通过岩石中含有流体的大小不同的孔隙时，将产生电极极化或薄膜极化等电化学作用，使两相界面附近随着充电时间增长而逐渐积累新的电荷，产生超电压并渐趋饱和，这样形成的电场分布，称为激发极化场，该场在外电源断掉后，逐渐衰减为零，这个现象称为岩石或矿体的激发极化效应（见附图 5-1）。反映致密块状矿体与液体的界面上激发极化效应的参数为面极化系数。在浸染型金属矿石或矿化岩石中，金属矿物颗粒散布在整个体积中，每个金属颗粒都能发生激发极化效应，因而在外电场作用下，激发极化效应遍布整个矿体或矿化体，这种作用称为体积极化。

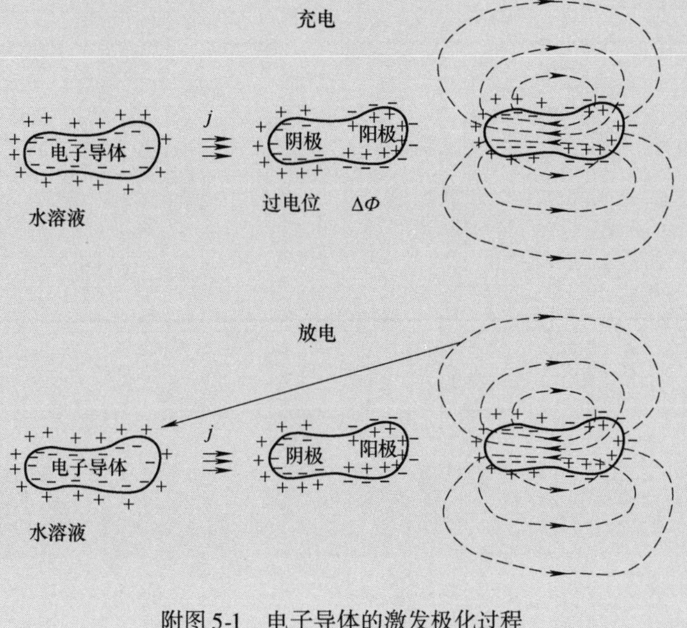

附图 5-1　电子导体的激发极化过程

介电常数

绝对介电常数，通常简称为介电常数，可用希腊字母 ε 表示，它是电介质中电极化率的量度。具体而言，介电常数可表征电介质束缚电荷的能力，也可表征材料的绝缘性能，介电常数越大，束缚电荷的能力越强，材料的绝缘性能越好。在静电中，介电常数在确定电容器的电容方面起着重要作用。不同岩石和矿物的介电常数不同。在实用中为了方便，常采用无量纲参数的相对介电常数 ε_r。介电常数 ε 是一个与外界所加电磁场的大小、方向、频率都有关的物理量。在最简单情况下，可以表示为

$$\boldsymbol{D}=\varepsilon\boldsymbol{E}$$

式中，$\boldsymbol{E}$ 为外界施加的电场；$\boldsymbol{D}$ 为该电场下产生的电位移矢量。

真空中的介电常数 ε_0、相对介电常数 ε_r 以及绝对介电常数 ε 三者之间的关系为 $\varepsilon_r=\varepsilon/\varepsilon_0$，其中真空中介电常数 ε_0 的数值为 $8.854187817\times10^{-12}\mathrm{F/m}$。

材料参考文献

[1] 宋炯，杨煜坤，范俊杰，等. 电法勘探技术方法、原理及应用研究进展 [J]. 内蒙古煤炭经济，2022，359 (18)：88-90.

[2] 雷闯，陈志强，张浩然，等. 复电阻率法在油气勘探中的应用 [J]. 中国石油和化工标准与质量，2020. 40 (01)：127-128.

[3] 王君恒，潘竹平，管志宁，等. 油气藏自然电位勘探原理及在开发中的应用 [J]. 石油勘探与开发，2000，27 (3)：96-99.

[4] 林建勇. 电法勘探技术的特点及原理分析 [J]. 世界有色金属，2016，455 (11)：189-190.

第六章　静电场中的导体和电介质

前一章我们讨论的是真空中的静电场，空间除场源电荷、试验电荷外，在电场中不存在由原子、分子构成的其他物质。那么假如在空间中除场源电荷、试验电荷外，存在其他物质，电场对它们有何影响？它们对电场又有何影响——这是这一章要讨论的问题。一般地，在物体中总或多或少地存在一些可在其体内自由运动的微观带电粒子，在外加电场作用下，这些带电粒子集体运动形成电流。物体响应外电场产生电流的性质称为导电性。各种金属的导电性各不相同，通常银的导电性最好，其次是铜和金。固体的导电通常是指固体中的电子或离子在电场作用下的远程迁移，通常以一种类型的电荷载体为主，如：电子导电，是以电子载流子为主体的导电；离子导电，是以离子载流子为主体的导电；混合型导体，其载流子中电子和离子兼而有之。除此以外，有些电现象并不是由于载流子迁移所引起的，而是电场作用下诱发的固体极化所引起的，例如介电现象。

通常人们按导电性的差异将物体分为导体、绝缘体、半导体和超导体。导体是存在大量的可自由移动的带电粒子的物质，如金属、电解质溶液和电离气体。绝缘体是理论上认为没有可以自由移动的带电粒子的物质，也称电介质。绝缘体和导体，没有绝对的界限。绝缘体在某些条件下可以转化为导体。这里要注意，无论固体还是液体，内部如果有能够自由移动的电子或者离子，那么它就可以导电。半导体介于上述两者之间，是常温下导电性能介于导体与绝缘体之间的材料。

第一节　静电场中的导体

金属一般是由许多单晶颗粒组成的多晶体。金属导体内部含有大量的自由电子，这是金属导体在电结构方面的重要特征，例如铜内部的自由电子密度约为 $8\times10^{22}\,\mathrm{cm}^{-3}$。这些大量的自由电子，在导体中处于一种什么样的状态呢？当导体未带电或未受到外电场作用时，这些自由电子在金属导体内做无规则热运动。分子热运动是指一切物质的分子都在不停地做无规则的运动。热运动的剧烈程度受温度影响，温度越高，热运动则越剧烈。而正是无规则热运动，使得其内部的带负电的自由电子与带正电的晶格离子平均说来在空间上是等量分布的。因此导体的任何部分都呈电中性，如图 6-1 所示。如果将金属导体放在外电场中，会出现什么情况呢？

以匀强电场为例，如图 6-2 所示，在外电场作用下，金属导体中的自由电子将沿外电场反向做定向运动，这样自由电子势必在导体的一端堆积起来。这使得导体的一端因多余电子而带负电，而另一端因缺少电子而带正电，这种现象被称为**静电感应**。

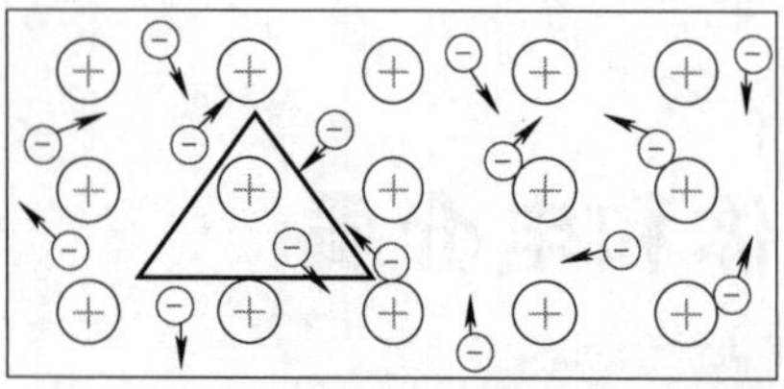

图 6-1 金属导体中的电荷分布示意图

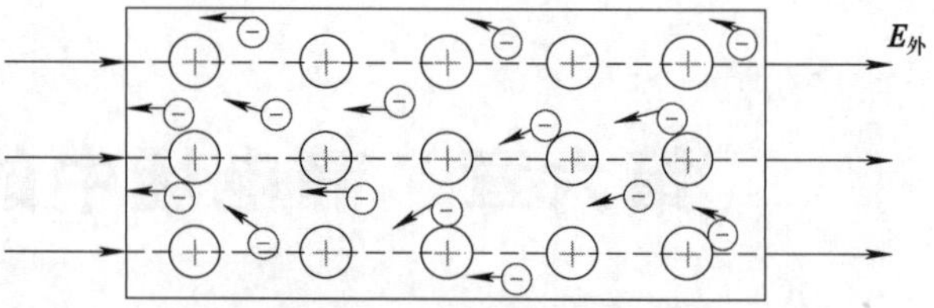

图 6-2 金属导体置于外电场中时的电荷分布示意图

这种电荷在两端的堆积是否会永远进行下去呢？答案是不会，因为在两端堆积的正负电荷也要在空间激发电场，在导体内所激发的电场与外电场方向相反，假设导体内任意一点的电场为 $\boldsymbol{E}_i$，堆积电荷在导体内部激发的电场为 $\boldsymbol{E}'$，外电场为 $\boldsymbol{E}_0$，则 $\boldsymbol{E}_i=\boldsymbol{E}'+\boldsymbol{E}_0$。开始时没有电荷堆积，激发电场为 $\boldsymbol{E}'=\boldsymbol{0}$，随着两端电荷的数量增多，$\boldsymbol{E}'$ 逐渐增大，最终当 $\boldsymbol{E}'=-\boldsymbol{E}_0$ 时，导体内部任一点的电场为 $\boldsymbol{E}_i=\boldsymbol{E}'+\boldsymbol{E}_0=\boldsymbol{0}$。此时导体内场强处处为零，宏观上自由电子将不再做定向运动，电荷在两端的堆积行为终止，把这种状态称作**导体的静电平衡状态**。静电平衡状态是指导体中（包括表面）没有电荷定向移动的状态。可以看出，处于静电平衡状态下的导体，电荷只分布在导体外表面上，导体内没有净余电荷。

一、导体的静电平衡

1. 静电平衡状态

导体处于静电平衡状态时，导体内部和表面无自由电荷的定向移动，说明导体处于静电平衡的条件是导体内任一点的场强 $\boldsymbol{E}_i$ 处处为零。从另一个角度来看，导体处于静电平衡状态时，导体内部和表面无自由电荷的定向移动说明导体上各点电势相等，即达到静电平衡时的导体是**等势体**，其表面是等势面。在导体上任取两点 a 和 b。假设其电势分别为 φ_a 和 φ_b，则 a 和 b 两点间的电势差为

$$\varphi_a-\varphi_b=\int_a^b \boldsymbol{E}\cdot \mathrm{d}\boldsymbol{l}=0$$

（静电平衡条件的另一种表述），即 a 点和 b 点处的电势相等，可见达到静电平衡时的导体是等势体，是导体体内电场强度处处为零的必然结果。可以证明，此时导体表面的场强垂直导体表面。

2. 导体上电荷的分布

由导体的静电平衡条件和静电场的基本性质，可以得出导体上的电荷分布规律。

首先，当导体达到静电平衡时，导体体内的净余电荷处处为零。如图 6-3 所示，在导体内任取一闭合曲面 S，因为导体达到静电平衡时体内任一点的场强 $\boldsymbol{E}_i$ 处处为零，根据高斯定理

$$\oint_S \boldsymbol{E}\cdot \mathrm{d}\boldsymbol{S}=\frac{\sum_i q_i}{\varepsilon_0}$$

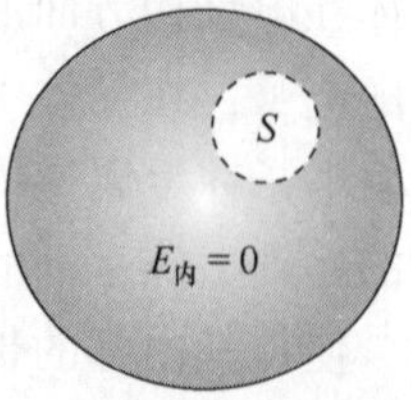

图 6-3 导体内部的闭合面 S

应有闭合曲面所包围的净余电荷 $\sum_i q_i=0$。因为闭合曲面是任取的，所以无论导体原来是否带电，当导体处于静电平衡时，电荷只能分布在**导体表面**！

其次，导体达到静电平衡状态时，其表面面电荷密度与其附近的场强大小成正比。设 P 是导体外紧靠导体表面的一点，此处的电场强度为 $\boldsymbol{E}_P$，P 点附近导体表面电荷面密度为 $\boldsymbol{\sigma}$。如

图 6-4所示，过 P 点取一个平行于导体表面的小面元 ΔS，以 ΔS 为底面，以其面法线方向为轴取一圆柱体面作为高斯面，高斯面的另一底面 $\Delta S'$取在导体内部。如前所述，导体处于静电平衡的条件是导体内部任一点的场强 $\boldsymbol{E}_i$ 处处为零，导体表面的场强 $\boldsymbol{E}_P$ 垂直导体表面，所以穿过高斯面的电通量可以由下式计算：

$$\oint_S \boldsymbol{E} \cdot \mathrm{d}\boldsymbol{S} = \int_{\Delta S} \boldsymbol{E}_P \cdot \mathrm{d}\boldsymbol{S} = E_P \Delta S = \frac{\sigma \Delta S}{\varepsilon_0}$$

可得

$$\boldsymbol{E}_P = \frac{\sigma}{\varepsilon_0}\hat{\boldsymbol{n}}$$

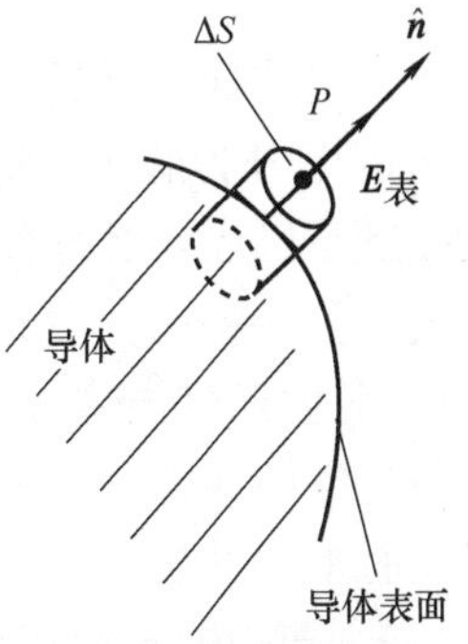

图 6-4　导体表面高斯面示意图

可见导体达到静电平衡状态时，其表面面电荷密度与其附近的场强大小成正比。

3. 孤立带电导体表面电荷分布

孤立导体是指与其他物体和电荷距离足够远，带有多余电荷的导体。一个带电的孤立导体也要处于静电平衡状态，其净余电荷只分布在导体表面，孤立带电导体表面的电荷分布一般是很复杂的；关于孤立带电导体表面电荷分布的定量描述，仍然是一个还未解决的理论难题，目前的工作只是近似的结果。

通过实验人们得到一些定性结论：在表面凸出的尖锐部分（曲率是正值且较大）电荷面密度较大，在比较平坦部分（曲率较小）电荷面密度较小，在表面凹进部分电荷面密度最小。特殊情况：孤立带电导体球、长直圆柱或大的平板，它们的面电荷分布是均匀的。

对于具有尖端的带电导体，因尖端曲率较大，分布的面电荷密度也大，在尖端附近的电场也特别强。当场强超过空气击穿场强时，就会发生空气被电离的放电现象，称为尖端放电。尖端放电是在强电场作用下，物体尖锐部分发生的一种放电现象，属于一种电晕放电。导体尖端的等势面层数特别多，尖端附近的电场特别强，就会发生尖端放电。尖端放电可以应用于雷电防护。如图 6-5 所示，2007 年 5 月 16 日下午，暴风雨横扫纽约市中心曼哈顿地区，闪电击中了帝国大厦。这张雷击照片是在纽约的东河地区拍到的。照片显示，一道闪电划破曼哈顿上空昏暗的天空，直接击中帝国大厦。由于避雷针的作用雷击并未对 1454 英尺的帝国大厦造成损害。帝国大厦顶端的避雷针每年要遭受约 100 次雷击。

图 6-5　避雷针

静电风转轮

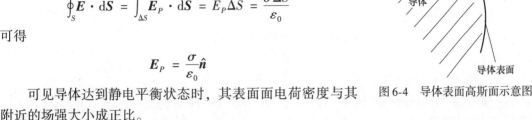

二、空腔导体的静电平衡

所谓空腔导体就是一个导体空壳，其几何结构如图6-6所示，空腔导体（导体壳）的几何结构可以分为腔内、腔外、内表面、外表面。我们要讨论的问题是，当空腔导体处于静电平衡时：（1）腔内、外表面电荷分布特征，（2）腔内、腔外空间电场特征。

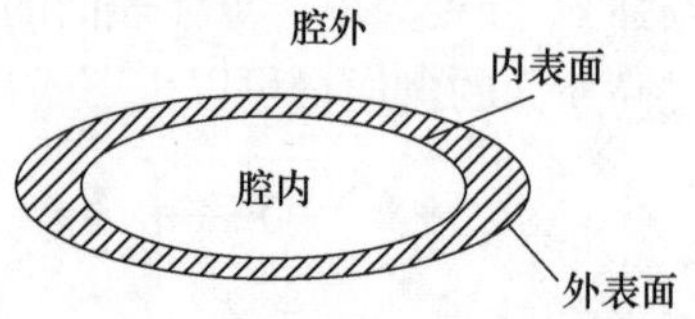

图6-6　空腔导体几何结构示意图

1. 腔内无带电体

不论空腔导体是本身带电还是处在外电场中，静电平衡时具有下述性质。

（1）导体内场强处处为零。

（2）腔内空间的场强处处为零，即 $\boldsymbol{E}_{腔内}=0$。如图6-7所示，假设空腔导体的电势为 φ，在腔内紧邻内表面作另一等势面 S，对应电势为 φ'，通过闭合面 S 的电通量，由高斯定理 $\oint_S \boldsymbol{E}_{腔内}\cdot \mathrm{d}\boldsymbol{S}=\dfrac{\sum q_{i内}}{\varepsilon_0}$，假设 $\boldsymbol{E}_{腔内}\neq 0$，且有 $\varphi<\varphi'$，这时 S 面上各点的场强必从 S 面指向腔外，通过 S 面的电通量为正，即 $\sum q_{i内}>0$。我们知道，当达到静电平衡时，导体为等势体，内表面为等势面。因此这与导体达到静电平衡时的条件相矛盾，所以腔内场强必然处处为零。

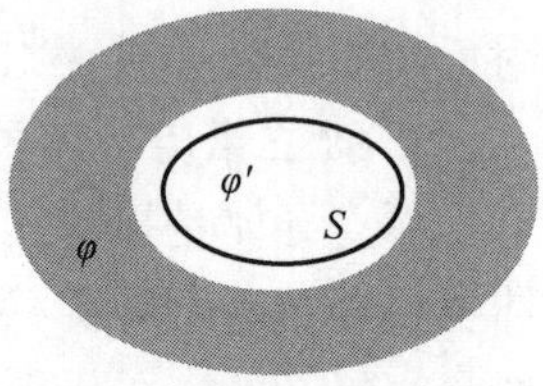

图6-7　腔内无带电体时其内部等势面图示

（3）空腔内表面处处无电荷。过导体的内表面上的面元 ΔS，以 ΔS 的法线为轴向空腔内作圆柱形高斯面，可得穿过此高斯面的电通量 $\oint_S \boldsymbol{E}\cdot \mathrm{d}\boldsymbol{S}=0$，设内表面的面电荷密度为 σ，由高斯定理可得 $\oint_S \boldsymbol{E}\cdot \mathrm{d}\boldsymbol{S}=\dfrac{\sigma\Delta \mathrm{S}}{\varepsilon_0}=0$，因此 $\sigma=0$，即空腔内表面处处无电荷。

（4）因为腔内空间的场强处处为零，**导体连空腔形成一等势区**。

注意：外表面仍会受外电场影响，出现电荷分布，但总电量仍为零。腔内无电场，是导体外表面及其他带电体的场同时叠加的结果。即

$$\boldsymbol{E}_{腔内}=\boldsymbol{E}_{导体外表面电荷}+\boldsymbol{E}_{其他带电体}=\mathbf{0}$$

2. 腔内有带电体 q

可以利用高斯定理证明，空腔内有带电体 q 时的静电平衡具有下述性质。

（1）导体内场强处处为零。

（2）导体内表面感应产生总电量为 $-q$ 的电荷，另有 q 的电荷分布在导体外表面上。如图6-8所示。

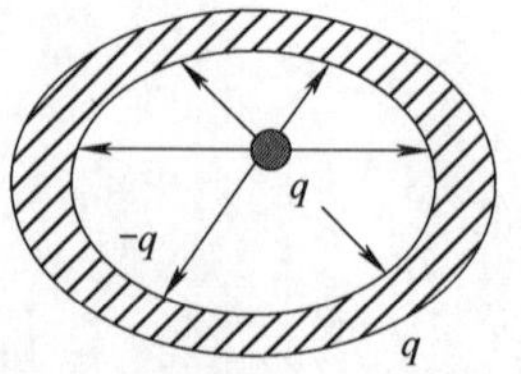

图6-8　腔内有带电体的情况

需要注意在腔外的场强分布情况，此时腔内带电体对导体壳外的电场有了贡献，$\boldsymbol{E}_{腔外}=\boldsymbol{E}_{导体外表面电荷}+\boldsymbol{E}_{其他带电体}$，即空腔内部电荷及电场变化会对导体壳的外界产生影响。同时腔内的电场不再为零，其分布与电荷电量 q 和电荷分布有关；与内表面形状、腔内介质等因素有关；与导体外其他带电体的分布无关。这就是说此时导体空腔外的电荷对空腔内的电场及电荷分布仍然没有影响，在腔内仍有

$$\boldsymbol{E}_{腔内}=\boldsymbol{E}_{导体外表面电荷}+\boldsymbol{E}_{其他带电体}=\mathbf{0}$$

由于空腔导体具有上述静电特性，可以利用其对腔内和腔外进行静电隔离，称之为**静电屏蔽**。

3. 静电屏蔽

静电屏蔽是指导体外壳对它的内部起到“保护”作用，使它的内部不受外部电场的影响。如图 6-9 所示，为了使仪器不受外电场的影响，可将它用导体壳罩起来。由于静电感应使壳的外表面带上感应电荷，而感应电荷在腔内产生的电场抵消了外电场，使壳内空间的合场强为零。另一种情况是为了使某带电体不影响周围空间，也可用导体壳将它罩起来，为除去导体壳外表面上因感应而出现的同号电荷，可将导体“接地”。接地指电力系统和电气装置的中性点、电气设备的外露导电部分和装置外导电部分经由导体与大地相连，可以分为工作接地、防雷接地和保护接地，使这部分电荷泄放给大地，使空腔内外的电场互不影响。静电问题已被广大科学工作者和工程技术人员所重视，静电可以给人带来灾害，也可以促进生产，改善人们的劳动条件。

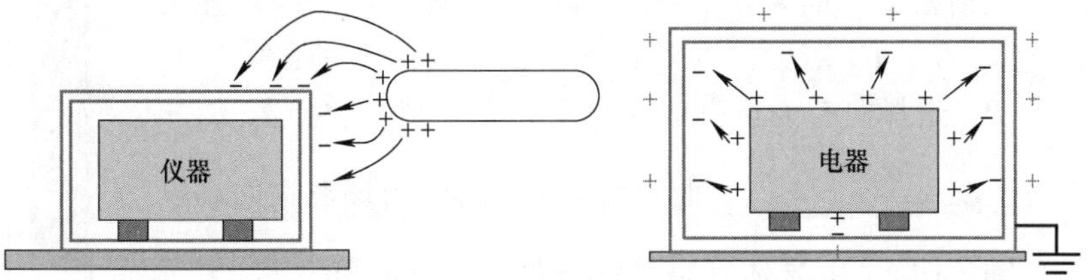

图 6-9　静电屏蔽图示

4. 静电应用及防护

（1）静电喷涂。如图 6-10 所示为静电喷漆的装置示意图。静电喷涂是指利用电晕放电原理使雾化涂料在高压直流电场作用下荷负电，并吸附于荷正电基底表面放电的涂装方法。

（2）静电除尘。如图 6-11 所示为静电除尘的装置示意图。燃煤火力发电是我国目前重要的电力供应模式，烟尘的排放会造成严重的环境污染。2012 年 1 月 1 日起实施的国家标准 GB13223—2011《火电厂大气污染物排放标准》的要求，2014 年 7 月 1 日起现有火力发电锅炉烟尘排放浓度≤30mg/m^3，重点地区≤20mg/m^3。高效节能的火力发电厂除尘设备已经直接影响到人民群众的日常生活，而且关乎能源工业的可持续发展。

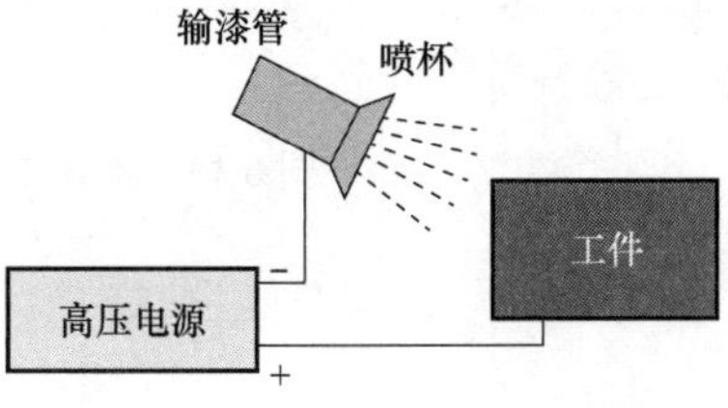

图 6-10　静电喷漆装置示意图

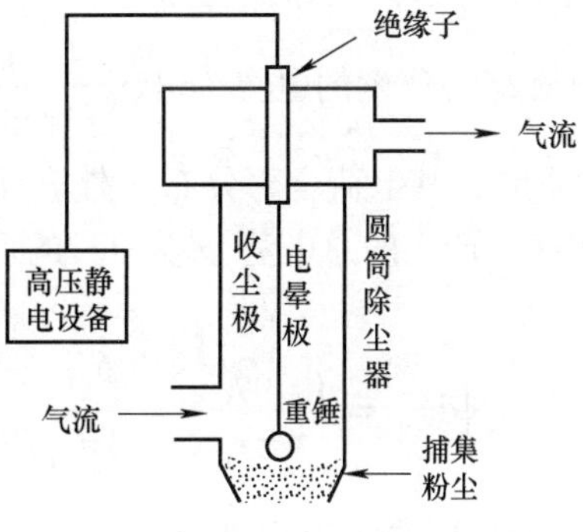

图 6-11　静电除尘装置示意图

三、有导体存在时静电场场量的计算

如前所述，导体达到静电平衡是一个过程。施加的静电场可以影响导体上电荷的分布，反之导体上的电荷分布也会影响静电场的分布，直到导体达到静电平衡。这时电荷和电场的分布可以根据以下原则计算。

1. 导体静电平衡时电荷与电场分布的计算依据

（1）导体达到静电平衡的条件。

（2）静电场的基本性质方程：高斯定理以及环路定理。

（3）电荷守恒定律。

例 6-1 如图 6-12 所示，在无限大带电平面的场中平行放置一无限大金属平板，求金属板两面电荷面密度。

解： 设无限大的带电平面在其右侧产生匀强电场 $\boldsymbol{E}_0$，在金属板左右两侧的感应面电荷密度分别为 σ_1、σ_2，其产生的匀强电场的场强分别为 $\boldsymbol{E}_1$、$\boldsymbol{E}_2$，忽略 $\boldsymbol{E}_1$、$\boldsymbol{E}_2$ 对无限大的带电平面电荷分布的影响。在导体内任取一点 P，选择向右为正方向建立坐标系，则在 P 点处 $\boldsymbol{E}_0=\dfrac{\sigma}{2\varepsilon_0}\hat{\boldsymbol{i}}$，$\boldsymbol{E}_1=\dfrac{\sigma_1}{2\varepsilon_0}\hat{\boldsymbol{i}}$，$\boldsymbol{E}_2=\dfrac{\sigma_2}{2\varepsilon_0}(-\hat{\boldsymbol{i}})$（此处取负号是因为由场源指向场点的单位矢量沿 x 轴负向）。由导体静电平衡条件，P 点场强为零：$\boldsymbol{E}=\boldsymbol{E}_0+\boldsymbol{E}_1+\boldsymbol{E}_2=\boldsymbol{0}$。因此有

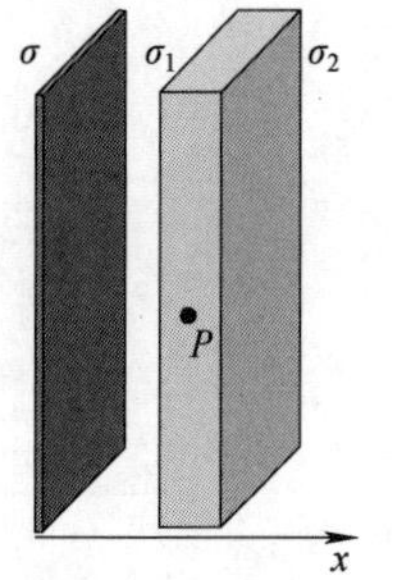

图 6-12 例 6-1 用图

$$E=\frac{\sigma}{2\varepsilon_0}+\frac{\sigma_1}{2\varepsilon_0}-\frac{\sigma_2}{2\varepsilon_0}=0$$

另根据电荷守恒，易得到 $\sigma_1=-\sigma_2$，所以有

$$\sigma_1=-\frac{1}{2}\sigma,\ \sigma_2=\frac{1}{2}\sigma$$

例 6-2 如图 6-13 所示，半径为 R 的接地导体球附近有一点电荷。求导体上感应电荷的电量。

解： 导体上感应电荷只分布在导体球表面，设感应电量为 Q。如图 6-13 所示，在球面上取一面元 $\mathrm{d}S$，设其所带电量为 $\mathrm{d}q'$，则其在球心产生的电势为 $\mathrm{d}\,\varphi_0'=\dfrac{\mathrm{d}q'}{4\pi\varepsilon_0 R}$。因为导体达到静电平衡状态时，其电荷全部分布于外表面，所以球面上的感应电荷 Q 在球心产生的总电势 φ_0' 为 $\mathrm{d}\varphi_0'$ 的标量相加，由电势叠加原理

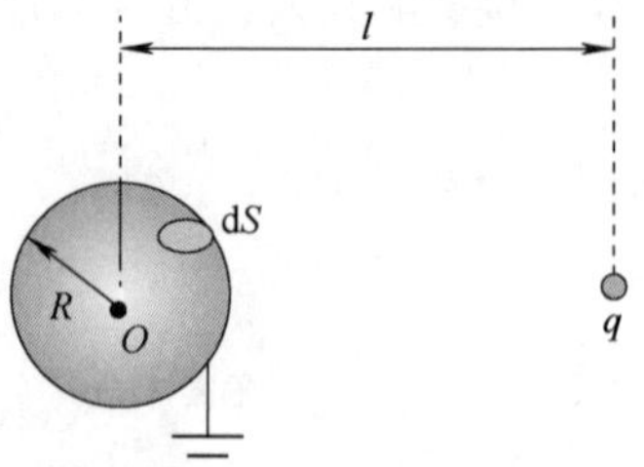

图 6-13 例 6-2 用图

$$\varphi_0'=\int\mathrm{d}\varphi_0'=\int\frac{\mathrm{d}q'}{4\pi\varepsilon_0 R}=\frac{1}{4\pi\varepsilon_0 R}\int\mathrm{d}q'=\frac{Q}{4\pi\varepsilon_0 R}$$

易求电荷 q 在球心处产生的电势为 $\dfrac{q}{4\pi\varepsilon_0 l}$，因此球心处的总电势

$$\varphi_0 = \frac{Q}{4\pi\varepsilon_0 R} + \frac{q}{4\pi\varepsilon_0 l}$$

导体是个等势体，导体球接地意味着球心处电势为0，即

$$\varphi_0 = \frac{Q}{4\pi\varepsilon_0 R} + \frac{q}{4\pi\varepsilon_0 l} = 0$$

可得球面上的感应电荷 $Q = -\frac{R}{l}q$。

例 6-3 如图 6-14 所示，金属球 A 与金属球壳 B 同心放置。已知：球 A 的半径为 R_0，带电量为 q，金属壳 B 带电量为 Q，其内外半径分别为 R_1、R_2。求：（1）电荷分布，（2）球 A 和球壳 B 的电势 φ_A、φ_B。

解：本问题具有球对称性。

（1）导体达到静电平衡时，电荷应均匀分布于各个球面。对于球 A，电量 q 应均匀分布于表面，因此可视作半径为 R_0 的均匀带电球面。对于球壳 B，由高斯定理，若使导体内部场强为零，其内表面必均匀分布电量 $-q$。由电荷守恒，其外表面均匀分布电量（$Q+q$），因此可视作两个均匀带电球面（半径分别为 R_1 和 R_2）。

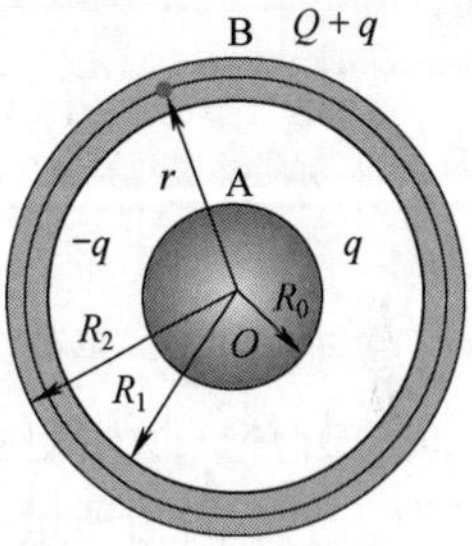

图 6-14 例 6-3 用图

（2）利用电势叠加原理。球 A 电势可用球 A 外表面、球壳 B 的内表面和外表面这三个均匀带电球面在球心处产生的电势之和表示，即

$$\varphi_A = \frac{q}{4\pi\varepsilon_0 R_0} + \frac{-q}{4\pi\varepsilon_0 R_1} + \frac{Q+q}{4\pi\varepsilon_0 R_2}$$

对于球壳 B，其电势可用上述三个均匀带电球面在其导体内部半径为 r 的任意一点处产生的电势之和表示，即

$$\varphi_B = \frac{q}{4\pi\varepsilon_0 r} + \frac{-q}{4\pi\varepsilon_0 r} + \frac{Q+q}{4\pi\varepsilon_0 R_2} = \frac{Q+q}{4\pi\varepsilon_0 R_2}$$

思考题

6-1 将一电中性的圆柱形导体放在静电场中，在导体上感应出来的正负电荷量是否一定相等？若将此圆柱形导体沿电场方向放置，即其轴向与场强方向平行，此时沿轴线的中垂面将导体一分为二，则导体一部分带正电，另一部分带负电，这时两部分导体的电势是否相等？

6-2 在各种形状的带电导体中，是否只有球状导体达到静电平衡时内部场强为零？上题中的圆柱形导体达到静电平衡时，其内部场强与其放置方式有何关系？

6-3 当一个带电导体达到静电平衡时，其表面曲率大的地方电荷密度更大，此时此处的电势是否比导体内部要高？为什么？

6-4 把一个带正电物体移近一个导体球壳，带电体单独在球壳内产生的场强将如何变

化？总场强将如何变化？

6-5　如何使导体带有净余电荷为零而其电势不为零？如何使导体有过剩的净余正电荷而其电势为零？

6-6　导体壳内有两个带异号等值电荷的带电体，壳外的电场将如何分布？从外部移近一带电体，壳内的电场分布是否发生变化？

第二节　电容及电容器

一个孤立导体带电量 q 时，导体本身有一确定的电势值 φ，如带电导体球电势为

$$\varphi = \frac{q}{4\pi\varepsilon_0 R}$$

从这个式子可以看出，带电导体的电势不仅与带电量有关，而且还与导体的几何形状、大小等参量有关，显然要维持导体电势不变，半径越大的导体球，所带的电量越多。

实验表明，要使不同形状和大小的导体达到相同的电势，必须给它们带上不同的电量，而同一导体，所带电量与它电势值成正比，这个比值反映导体带电本领大小。把这个比值定义为一个新的物理量——**电容**。

一、孤立导体的电容

定义：孤立导体的电容等于导体所带电量与它的电势值的比值，记作 C，即

$$C = \frac{q}{\varphi} \tag{6-1}$$

单位：法拉，符号为 F，$1\text{F} = 1\text{C/V}$。法拉是比较大的电容单位，实际中常用的电容单位是 μF 和 pF，$1\mu\text{F} = 10^{-6}\text{F}$，$1\text{pF} = 10^{-9}\text{F}$。电容的物理意义可以这样理解，一个孤立导体，电势每升高一个单位所需的电量。

例 6-4　求真空中孤立导体球的电容，导体球的半径为 R（见图 6-15）。

解：设球带电为 q，则导体球电势 $\varphi = \dfrac{q}{4\pi\varepsilon_0 R}$。根据电容的定义，此孤立导体球电容

$$C = \frac{q}{\varphi} = 4\pi\varepsilon_0 R$$

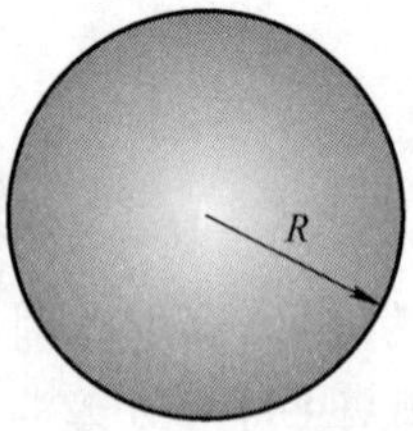

图 6-15　例 6-4 用图

讨论：欲得到 1F 的电容，孤立导体球需要多大的半径 R？由孤立导体球电容公式知

$$R = \frac{1}{4\pi\varepsilon_0} = 9 \times 10^9\text{m}$$

大约是地球半径的 1000 倍。可见电容只与导体的几何形状、大小以及介质有关，它是反映导体固有的容纳电荷本领大小的物理量。

实际的带电体周围总会有其他的导体存在，如图 6-16 所示，半径为 R_1 的带电球体 A，

带电量 q_1，而在带电球外同心放置有带电导体球面 B，半径为 R_2，带电量为 q_2。由电势叠加原理，带电球体的电势

$$\varphi_A = \frac{q_1}{4\pi\varepsilon_0 R_1} + \frac{q_2}{4\pi\varepsilon_0 R_2}$$

q_1与 φ_A 不再成正比，而带电导体球壳 B 的电势为

$$\varphi_B = \frac{q_2}{4\pi\varepsilon_0 R_2} + \frac{q_1}{4\pi\varepsilon_0 R_2}$$

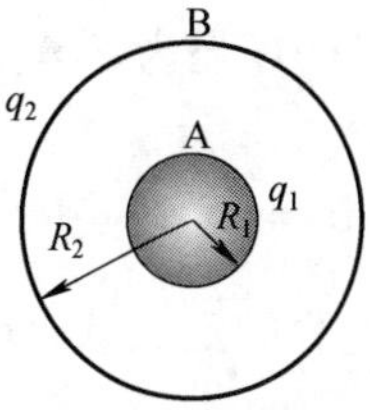

图 6-16　同心放置的带电导体球 A 和导体球面 B

我们发现

$$\varphi_A - \varphi_B = \frac{q_1}{4\pi\varepsilon_0 R_1} + \frac{q_2}{4\pi\varepsilon_0 R_2} - \left(\frac{q_2}{4\pi\varepsilon_0 R_2} + \frac{q_1}{4\pi\varepsilon_0 R_2}\right) = \frac{q_1}{4\pi_0\varepsilon R_1} - \frac{q_1}{4\pi\varepsilon_0 R_2}$$

即

$$\varphi_A - \varphi_B = q_1\left(\frac{1}{4\pi\varepsilon_0 R_1} - \frac{1}{4\pi\varepsilon_0 R_2}\right)$$

此时 q_1与两导体之间的电势差 $\varphi_A - \varphi_B$ 成正比，比值为

$$\frac{q_1}{\varphi_A - \varphi_B} = \frac{4\pi\varepsilon_0 R_1 R_2}{R_2 - R_1}$$

上式是一与带电体的大小和形状有关的常数，把它与孤立导体球 A 的电容 $C = 4\pi\varepsilon_0 R_1$ 比较，可以看出这个比值要大了很多。

二、电容器及其电容

把两个靠得很近的、带等量异号电荷的导体组（极板）称作**电容器**。当电容器的两个极板之间加上电压时，电容器就会储存电荷。电容器的电容量在数值上等于一个导电极板上的电量与两个极板之间的电压之比。在电路图中通常用字母 C 表示电容元件。电容器所带电量与导体组的电势差成正比，这一比值称作电容器的**电容**，即

$$C = \frac{Q}{U} = \frac{Q}{\varphi_A - \varphi_B} \tag{6-2}$$

电容是反映电容器容纳电荷本领大小的物理量。图 6-17 给出了几种典型电容器的结构。简单电容器的电容可以很容易地计算出来。对于图 6-17 中的平行板电容器，假设平行金属板相对着的面积为 S，两板之间的间距为 d，我们假设它带有电量 Q（即两板上相对的两个表面分别带电 Q 和 $-Q$），忽略边缘效应，两板之间的电场为 $E = \dfrac{Q}{\varepsilon_0 S}$，电压为 $U = Ed = \dfrac{Qd}{\varepsilon_0 S}$，代入电容的定义式（6-2）得

$$C = \frac{\varepsilon_0 S}{d} \tag{6-3}$$

例 6-5　求柱形电容器单位长度的电容。

解：如图 6-17 所示的柱形电容器，假设两个半径分别为 R_1 和 R_2 的圆柱形导体面同轴放

置，设单位长度带电量为 λ，在两极板之间距轴心为 r 处的点的场强为 $E=\dfrac{\lambda}{2\pi\varepsilon_0 r}$，则两极板间的电势差为

$$U=\int_{R_1}^{R_2}\boldsymbol{E}\cdot\mathrm{d}\boldsymbol{r}=\int_{R_1}^{R_2}\frac{\lambda}{2\pi\varepsilon_0 r}\mathrm{d}r=\frac{\lambda}{2\pi\varepsilon_0}\ln\frac{R_2}{R_1}$$

代入电容的定义式（6-2）得

$$C=\frac{\lambda}{U}=\frac{2\pi\varepsilon_0}{\ln\dfrac{R_2}{R_1}} \tag{6-4}$$

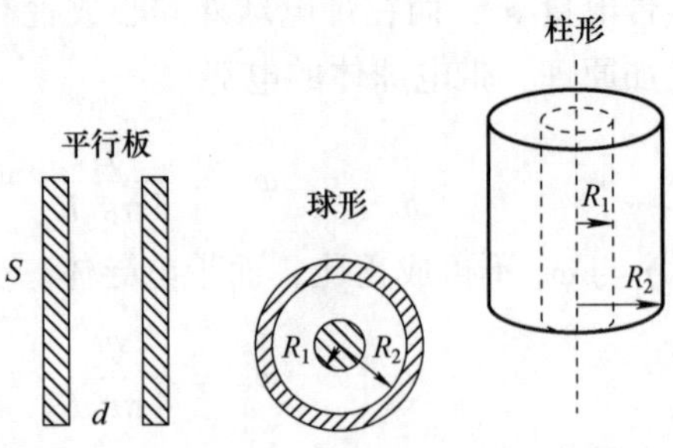

图 6-17　例 6-5 用图

三、电容器的串联及并联

在实际电路中为了加大电容器的电容或增强其耐压能力，经常会把几个电容器连接起来使用，常见的连接方式有串联和并联两种。

比如为了加强电容器组的耐压能力，可以将电容器串联起来使用，如图 6-18 所示。设它们的电容值分别为 C_1，$C_2,\cdots,C_n$，组合后电容器组的等效电容值为 C。充电后，各电容器所带电量相等。假设每个电容器极板上带有等量异号电荷 q 和 $-q$，此时每个电容器两极板间的电势差为 U_1，$U_2,\cdots,U_n$ 分别为

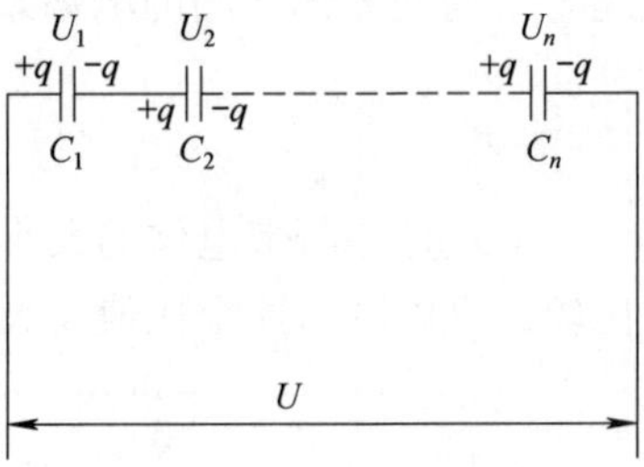

图 6-18　电容器串联

$$U_1=\frac{q}{C_1},U_2=\frac{q}{C_2},\cdots,U_n=\frac{q}{C_n}$$

电容器组的总电压为

$$U=U_1+U_2+\cdots+U_n=\frac{q}{C_1}+\frac{q}{C_2}+\cdots+\frac{q}{C_n}$$

由式（6-2），得

$$\frac{1}{C}=\frac{1}{C_1}+\frac{1}{C_2}+\cdots+\frac{1}{C_n} \tag{6-5}$$

即串联电容器电容的倒数等于每个电容器电容的倒数之和。电容器串联时电容器组的电容减小，但是电容器组的总电势差增大。

为了加大电容器组的电容，可以将电容器并联起来使用，如图 6-19 所示。设它们的电容值分别为 $C_1,C_2,\cdots,C_n$，组合后电容器组的等效电容值为 C。充电后，各电容器极板间的电势差相等均为 U。设电容器 $C_1,C_2,\cdots,C_n$ 极板上的电量分别为 $q_1,q_2,\cdots,q_n$ 和 $-q_1,-q_2,\cdots,-q_n$，则

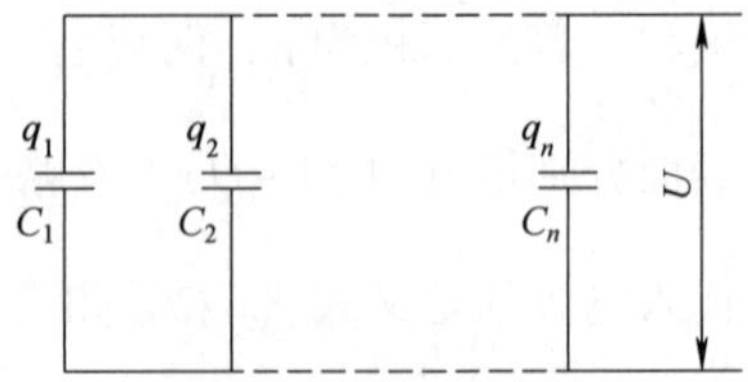

图 6-19　电容器并联

$$q_1=C_1U,q_2=C_2U,\cdots,q_n=C_nU$$

电容器组的总电量为

$$q=q_1+q_2+\cdots+q_n=C_1U+C_2U+\cdots+C_nU$$

由式（6-2），得

$$C = C_1 + C_2 + \cdots + C_n \tag{6-6}$$

即并联电容器电容等于每个电容器电容之和。电容器并联时电容器组的总电势差不变，但是电容器组的电容增大。

除了储存电量外，电容器在电子及电工线路中具有重要作用。例如，将其应用于电工电路，实现旁路、去耦、滤波和储能的作用；应用于电子电路，主要完成耦合、振荡及时间同步的作用。

思考题

6-7　导体球不带电，其电容是否为零？

6-8　半径相同的金属球和金属球壳，其电容是否相同？

6-9　平行板电容器，保持其板上的电量不变，加大两极板间的距离电容如何变化？如果将其接上电源，保持电压不变，此时加大极板间的距离，电容又会如何变化？

6-10　一对相同的电容器，将其分别串联或并联后连接到相同的电源上，请问哪种情况下触及极板比较危险？为什么？

6-11　通过计算可知地球的电容约为700μF？为何有些电路中的电容比地球的还大？

6-12　如果在平行板电容器的一个极板上放置更多的电荷，这多余的电荷将会怎样？

第三节　电介质及其极化

一、电介质

除导体外，凡处在电场中能与电场发生作用的物质皆可称为**电介质**，而某些高电阻率的电介质又称为绝缘体。电介质是能够被电极化的绝缘体。电介质的带电粒子被原子、分子的内力或分子间的力紧密束缚着，因此这些粒子的电荷为束缚电荷。在外电场作用下，这些电荷也只能在微观范围内移动，产生极化。在静电场中，电介质内部可以存在电场，这是电介质与导体的基本区别。

1. 电介质的主要特征

（1）构成电介质的原子或分子中的电子和原子核之间的结合力很强，使电子处于一种束缚状态，绝大多数电子只能在原子范围内活动。

（2）当电介质处在电场中时，原子中的电子、分子中的离子、晶体点阵上的带电粒子，在电场作用下都会在原子大小的范围内移动，并且要达到平衡状态。根据分子电结构特点，电介质分子分为有极分子和无极分子。

2. 有极分子和无极分子

一般地把构成电介质的最小单元统称为分子，每个分子从带电荷的角度来说总可以分成两部分：一部分带正电荷；一部分带负电荷。如 HCl 分子，由带正电荷 H^+ 和带负电的 Cl^- 组成。如果分子正电荷中心和负电荷中心不重合，分子对外显电性，这样的分子叫作有极分子，如图 6-20 所示。如果分子正电

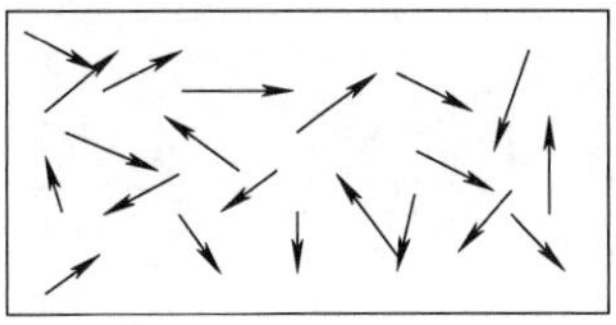

图 6-20　有极分子

荷中心和负电荷中心重合，分子对外显电中性，这样的分子叫作无极分子，如图 6-21 所示。无极分子的正负电荷中心在无电场时是重合的，没有固定的电偶极矩，如氢气、高氯酸、二氧化碳、氮气、氧气、甲烷、聚丙乙烯、石蜡等。

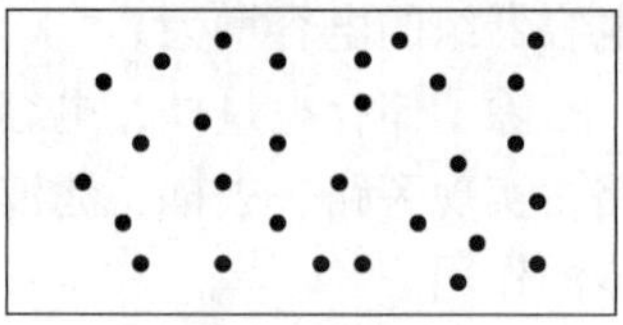

图 6-21 无极分子

有极分子的正负电荷中心不重合的，有固定的电偶极矩，如水（H_2O）、盐酸（HCl）、一氧化碳（CO）、二氧化硫（SO_2）、环氧树脂、陶瓷等。设有机分子正电荷中心和负电荷中心之间的距离为 l，分子中全部正电荷或负电荷的电量为 q，有极分子电荷系统可以等效为一个电偶极子，则等效的电偶极子的**电偶极矩**为

$$\boldsymbol{p} = q\boldsymbol{l} \tag{6-7}$$

无外电场时：无论是无极分子电介质，还是有极分子电介质对外都不显电性。

无极分子电介质不必说，对于有极分子电介质，它们由大量有极分子组成，由于热运动使得有极分子的电偶极矩的取向是杂乱无章的，这样宏观上物质仍旧不显电性。当电介质处于外电场时，会发生什么呢？

二、电介质的极化

什么是电介质的极化？宏观上，在外电场作用下，电介质的表面感应出“束缚电荷”的现象称为电介质极化。电介质极化是指在外电场作用下，电介质显示电性的现象。理想的绝缘介质内部没有自由电荷（实际的电介质内部总是存在少量自由电荷，它们是造成电介质漏电的原因）。一般情形下，未经电场作用的电介质内部的正负束缚电荷平均说来处处抵消，宏观上并不显示电性。在外电场的作用下，束缚电荷的局部移动导致宏观上显示出电性，在电介质的表面和内部不均匀的地方出现电荷，这种现象称为极化，出现的电荷称为极化电荷。这些极化电荷会改变原来的电场。充满电介质的电容器比真空电容器的电容大就是由于电介质的极化作用。

1. 位移极化

下面根据组成电介质的分子的分类来讨论电介质极化。首先看无极分子电介质极化——位移极化。在外电场作用下，构成电介质的分子、原子或离子中的外围电子云相对原子核发生弹性位移而产生感应偶极矩的现象，称为电子位移极化，简称**位移极化**。

如图 6-22 所示，当无极分子电介质处在外电场时，在电场力作用下，分子的正、负电荷中心将发生相对位移，正电荷中心沿电场方向移动，负电荷中心沿电场反方向移动，形成一个电偶极子，每个分子对应一个电偶极子。

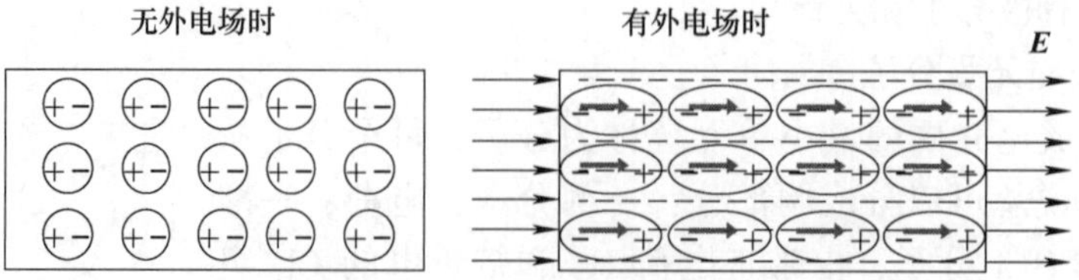

图 6-22 无外电场和有外电场时的位移极化

有外电场时，每个分子对应一个电偶极子，并且电偶极矩的方向都沿着电场的方向。所以，沿电场方向，相邻两电偶极子的正、负电荷靠得很近，对于各向均匀同性电介质，结果

使电介质内部仍然是电中性的。但在电介质垂直电场方向的两侧面上，将分别出现正电荷和负电荷——电介质极化。由于无极分子电介质的极化起源于分子正负电荷中心发生相对位移——位移极化，这些电荷既不能离开电介质又不能自由移动，称作“束缚电荷”或“极化电荷”。

对于均匀各向同性电介质，内部是电中性的，侧面上是正、负极化电荷，电介质等效为一个大的电偶极子。实验发现：外电场越强，每个分子的正负电荷中心之间相对位移越大，电介质表面上出现的极化电荷就越多，分子的电偶极矩越强。

2. 取向极化

如图 6-23 所示，对于有极分子电介质来说，每个分子等效为一个电偶极子。由于分子的无规则热运动和分子间相互碰撞，每个电偶极矩排列的取向不可能与电场方向一致。它在外电场的作用下，将受到力矩作用。在力矩作用下分子要发生转动，电偶极子的电偶极矩转向电场的方向，有较多分子的电偶极矩不同程度地接近于外电场的方向，外电场越强，取向一致的程度越高。稳定以后，电介质内仍然是电中性的，而在电介质垂直电场方向的两侧面上出现正的和负的极化电荷，电介质仍然等效为一个大的电偶极子。这种极化是分子等效电偶极子的电偶极矩转向外电场方向产生的——叫作取向极化。如图 6-24 所示，在这样的电介质内，大量的电偶极矩排列的方向将趋向于与电场方向一致的方向排列。

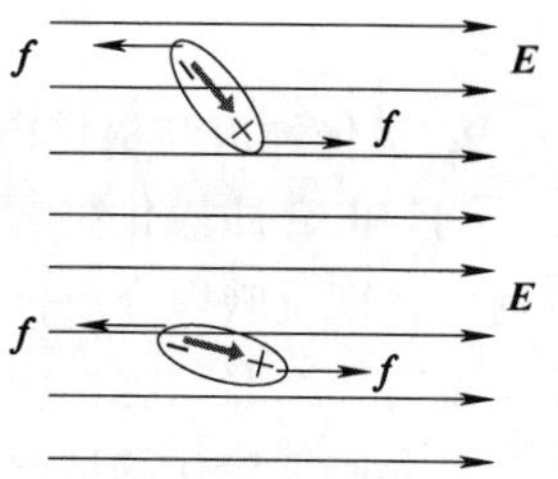

图 6-23 在外电场作用下分子受到的力矩作用

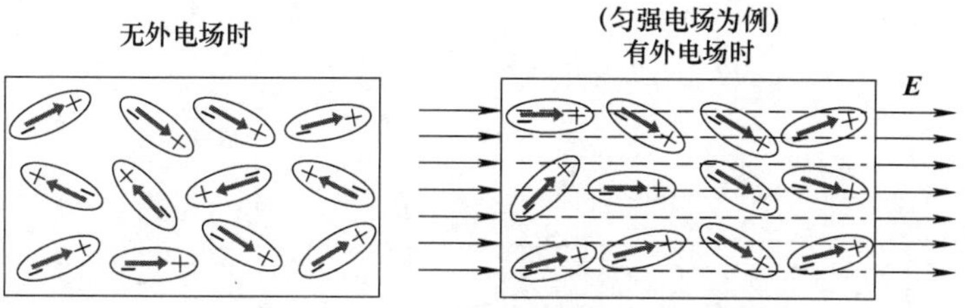

图 6-24 有外电场时的有极分子电介质

静电极化

极化的微观机理：有极分子——转向极化；无极分子——位移极化。

3. 极化的宏观表现

上面从分子的电结构出发，说明了无极分子和有极分子两类电介质的极化过程，这两类电介质极化的微观过程显然不同，但它们宏观的效果却是相同的，都是在电介质两个相对表面上出现了异号的极化电荷，在电介质内有沿电场方向的等效电偶极矩。因此，两种极化方式的结果是均产生宏观上不可抵消的等效电偶极矩。对均匀介质，内部无自由电荷的区域仍为电中性的；表面出现面电荷分布，称为“**束缚电荷**”或“**极化电荷**”。下面从宏观上描述电介质的极化现象时，就不分为两类电介质来讨论了。

三、极化强度及其与极化电荷、场强的关系

1. 电极化强度矢量

如图 6-25 所示，在电介质内任取一宏观足够小、微观足够大的体积元 ΔV。微观上足够大指包含大量的分子，可以求统计平均值；宏观上足够小指可以反应电介质任意点的性质。

当没有外电场时，该体积元中所有分子的电偶极矩的矢量和 $\sum_i \boldsymbol{p}_i$ 等于零（$\boldsymbol{p}_i$ 为第 i 个分子的电偶极矩）。当存在外电场时，由于电介质的极化，$\sum_i \boldsymbol{p}_i$ 将不等于零，外电场越强，被极化的程度越大，$\sum_i \boldsymbol{p}_i$ 的值也越大。因此可以定义一个物理量——**电极化强度矢量 $\boldsymbol{P}$** 来描述电介质的极化程度：单位体积内，分子电偶极矩的矢量和称为电极化强度矢量，记作

图 6-25　电介质内足够小的体积元

$$\boldsymbol{P} = \lim_{\Delta V \to 0} \frac{\sum_i \boldsymbol{p}_i}{\Delta V} \tag{6-8}$$

2. 极化强度与极化电荷的关系

均匀电介质极化时，其表面有极化电荷出现，极化程度越高，极化电荷越多，所以极化电荷面密度反映电介质极化程度。电极化强度矢量与极化电荷面密度有什么联系呢？为简单起见，这里只讨论处在真空中的均匀电介质被极化的情况。

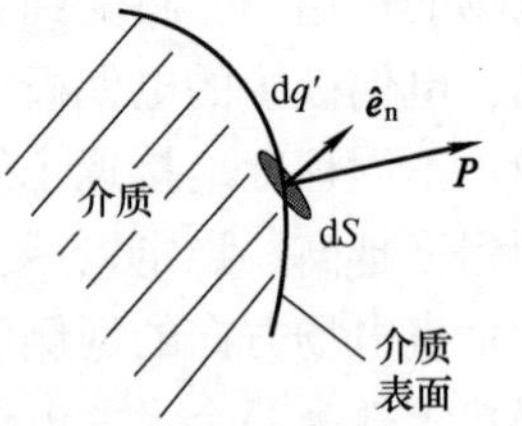

图 6-26　真空中的均匀电介质被极化图示

如图 6-26 所示，在紧邻表面处取一小面元 dS，在电场作用下介质被极化，因极化电荷出现在外表面处，故必有电偶极子被 dS 面切割。假设电偶极子正负电荷中心距离为 l，n 为介质内单位体积内的分子数，则由于电极化而越过 dS 面到达介质表面的电荷数为 $\mathrm{d}q' = qn\mathrm{d}V = qnl\mathrm{d}S\cos\theta$。由式（6-7）及式（6-8）

$$\mathrm{d}q' = np\mathrm{d}S\cos\theta = P\mathrm{d}S\cos\theta$$

则面电荷密度

$$\sigma' = \frac{\mathrm{d}q'}{\mathrm{d}S} = P\cos\theta$$

即

$$\sigma' = \frac{\mathrm{d}q'}{\mathrm{d}S} = \boldsymbol{P} \cdot \hat{\boldsymbol{e}}_n \tag{6-9}$$

式中，$\hat{\boldsymbol{e}}_n$ 为介质面法线方向的单位矢量。若 $\boldsymbol{P}$ 指向介质外，则 $\sigma' > 0$（极化电荷为正）；若 $\boldsymbol{P}$ 指向介质内，则 $\sigma' < 0$（极化电荷为负）。

3. 极化强度与场强的关系

如前所述，电介质极化过程要在介质表面产生极化电荷，极化电荷也要在空间激发电场。为了区别，我们把激发外电场的电荷称作自由电荷，并用 $\boldsymbol{E}_0$ 表示自由电荷激发的电场的场强，用 $\boldsymbol{E}'$表示极化电荷激发的电场的场强。那么，空间任一点的合场强 $\boldsymbol{E}$ 应是上述两类场强的矢量和，即 $\boldsymbol{E} = \boldsymbol{E}_0 + \boldsymbol{E}'$。实验证明：对于各向同性线性电介质内任一点的电极化强度矢量与电介质内该点处的合场强成正比，即

$$\boldsymbol{P} = \chi_e \varepsilon_0 \boldsymbol{E}, \quad \chi_e = \varepsilon_r - 1 \tag{6-10}$$

介质的电极化率 χ_e 为无量纲的纯数，与 $\boldsymbol{E}$ 无关。对于各向异性线性电介质，χ_e 与 $\boldsymbol{E}$ 及晶轴的方位有关。ε_r 称为电介质的相对介电常量。由于在电介质中，自由电荷的电场与极化电荷的电场方向总是相反的，所以在电介质中的合场强和外场强相比就削弱了。

例 6-6　平行板电容器自由电荷面密度为 σ_0，充满相对介电常量为 ε_r 的均匀各向同性线性电介质。求板内的场。

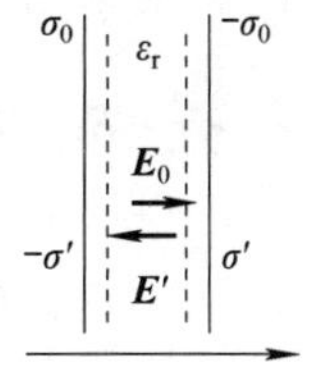

图 6-27　例 6-6 用图

解： 电介质被均匀极化，表面出现束缚电荷，内部的场由自由电荷和束缚电荷共同产生。假设极化电荷面密度为 σ'，分布如图 6-27所示。

自由电荷产生电场为

$$E_0 = \frac{\sigma_0}{\varepsilon_0}$$

束缚电荷产生电场为

$$E' = \frac{\sigma'}{\varepsilon_0}$$

合场强为

$$E = E_0 - E' = \frac{\sigma_0}{\varepsilon_0} - \frac{\sigma'}{\varepsilon_0}$$

又由式（6-9）及式（6-10）

$$\sigma' = P_n = \varepsilon_0(\varepsilon_r - 1)E$$

可得

$$E = \frac{\sigma_0}{\varepsilon_0\varepsilon_r} = \frac{E_0}{\varepsilon_r}$$

即均匀各向同性电介质充满两个等势面之间时，两个等势面之间的场强为

$$\boldsymbol{E} = \frac{\boldsymbol{E}_0}{\varepsilon_r} \tag{6-11}$$

例 6-7　半径为 R_0 的导体球置于同心放置的均匀各向同性介质球壳中，内层球壳的半径为 R_1、相对介电常量为 ε_{r1}，外层球壳的半径为 R_2、相对介电常量为 ε_{r2}，如图 6-28 所示。求场的分布、紧贴导体球表面处的极化电荷，以及两介质交界处的极化电荷。

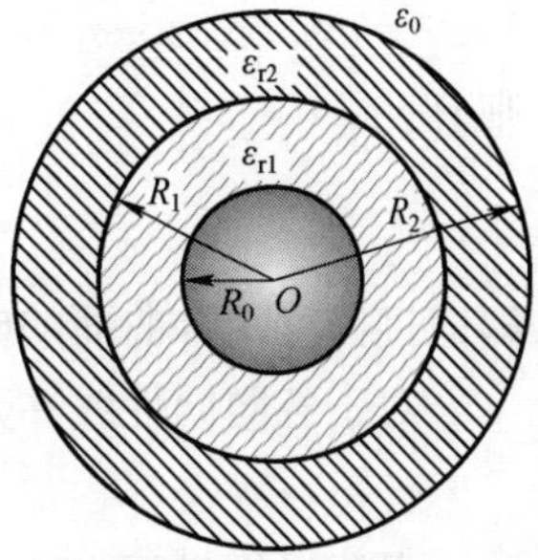

图 6-28　例 6-7 用图

解：（1）场的分布：均匀各向同性电介质充满两个等势面之间，由式（6-11），介质中的场强可以表示为

$$\boldsymbol{E} = \frac{\boldsymbol{E}_0}{\varepsilon_r},\ \boldsymbol{E}_0 = \frac{q}{4\pi\varepsilon_0 r^2}\hat{\boldsymbol{e}}_r$$

当 $r < R_0$（导体球内部）时，$E_1 = 0$。

当 $R_0 < r < R_1$（在介质 ε_{r1} 内部）时，$\boldsymbol{E}_2 = \dfrac{q}{4\pi\varepsilon_0\varepsilon_{r1}r^2}\hat{\boldsymbol{e}}_r$，$\boldsymbol{P}_2 = \varepsilon_0(\varepsilon_{r1} - 1)\dfrac{q}{4\pi\varepsilon_0\varepsilon_{r1}r^2}\hat{\boldsymbol{e}}_r$。

当 $R_1 < r < R_2$（在介质 ε_{r2} 内部）时，$\boldsymbol{E}_3 = \dfrac{q}{4\pi\varepsilon_0\varepsilon_{r2}r^2}\hat{\boldsymbol{e}}_r$，$\boldsymbol{P}_3 = \varepsilon_0(\varepsilon_{r2} - 1)\dfrac{q}{4\pi\varepsilon_0\varepsilon_{r2}r^2}\hat{\boldsymbol{e}}_r$。

当 $r > R_2$（导体球外部）时，$\boldsymbol{E}_4 = \dfrac{q}{4\pi\varepsilon_0 r^2}\hat{\boldsymbol{e}}_r$，$P = 0$。

(2) 求紧贴导体球表面处的极化电荷

$$R_0 < r < R_1,\ \boldsymbol{P}_2 = \varepsilon_0(\varepsilon_{r1} - 1)\ \frac{q}{4\pi\varepsilon_0\varepsilon_{r1} r^2}\hat{\boldsymbol{e}}_r$$

$$\sigma' = \boldsymbol{P}_2 \cdot \hat{\boldsymbol{e}}_n\big|_{r=R_0} = -P = -\varepsilon_0(\varepsilon_{r1} - 1)\ \frac{q}{4\pi\varepsilon_1 R_0^2}$$

$$q' = \sigma' \cdot 4\pi R_0^2 = -\frac{\varepsilon_{r1} - 1}{\varepsilon_{r1}}q$$

四、有电介质时的高斯定理

1. 电位移矢量

由高斯定理 $\oint_S \boldsymbol{E} \cdot d\boldsymbol{S} = \dfrac{\sum_i q_i}{\varepsilon_0}$，在有电介质的电场中 $\sum_i q_i = \sum_i q_{0i} + \sum_i q_i'$（$q_{0i}$为自由电荷，$q_i'$是极化电荷），因此有 $\oint_S \varepsilon_0 \boldsymbol{E} \cdot d\boldsymbol{S} = \sum_i (q_{0i} + q_i')$。考虑各向同性均匀电介质，极化电荷只分布在介质的表面 $\sigma' = \boldsymbol{P} \cdot \hat{\boldsymbol{e}}_n$，根据电荷守恒定律 $\sum_i q_i' = -\oint_S \sigma' dS = -\oint_S \boldsymbol{P} \cdot d\boldsymbol{S}$，即 $\oint_S \varepsilon_0 \boldsymbol{E} \cdot d\boldsymbol{S} = \sum_i q_{0i} - \oint_S \boldsymbol{P} \cdot d\boldsymbol{S}$。变换得 $\oint_S \varepsilon_0 \boldsymbol{E} \cdot d\boldsymbol{S} + \oint_S \boldsymbol{P} \cdot d\boldsymbol{S} = \sum_i q_{0i}$，即 $\oint_S (\varepsilon_0 \boldsymbol{E} + \boldsymbol{P}) \cdot d\boldsymbol{S} = \sum_i q_{0i}$。在有电介质的电场中引入一个辅助物理量——电位移矢量，记作 $\boldsymbol{D}$，单位 C/m，令

$$\boldsymbol{D} = \varepsilon_0 \boldsymbol{E} + \boldsymbol{P} \tag{6-12}$$

则有

$$\oint_S \boldsymbol{D} \cdot d\boldsymbol{S} = \sum_i q_{0i} \tag{6-13}$$

即通过任意闭合曲面的电位移通量等于该曲面所包围的自由电荷的代数和。

对于各向同性线性介质 $\boldsymbol{P} = \varepsilon_0(\varepsilon_r - 1)\boldsymbol{E}$，由式（6-12）有介质方程

$$\boldsymbol{D} = \varepsilon_0 \varepsilon_r \boldsymbol{E} \tag{6-14}$$

电位移矢量 $\boldsymbol{D}$ 是一个辅助量，它既包含场强 $\boldsymbol{E}$ 又包含极化强度 $\boldsymbol{P}$，是一个综合反映电场和介质极化两种性质的物理量，对应电位移矢量 $\boldsymbol{D}$ 所画的场线称为 $\boldsymbol{D}$ 线。

穿过闭合曲面的电位移通量只决定于闭合曲面所包围的自由电荷。$\boldsymbol{D}$ 线发出于正的自由电荷，终止于负的自由电荷，在无自由电荷的地方 $\boldsymbol{D}$ 线不中断。

2. 有电介质时的高斯定理（$\boldsymbol{D}$ 的高斯定理）

式（6-13）$\oint_S \boldsymbol{D} \cdot d\boldsymbol{S} = \sum_i q_{0i}$ 被称为有电介质时的高斯定理，又称 **$\boldsymbol{D}$ 的高斯定理**：在有电介质的静电场内，穿过任一闭合曲面的电位移通量等于该闭合曲面所包围自由电荷电量的代数和。

在有电介质的电场中，如果自由电荷的分布具有某种对称性，可根据 $\boldsymbol{D}$ 的高斯定理求出 $\boldsymbol{D}$。

例 6-8　如图 6-29 所示，一无限大各向同性均匀介质平板厚度为 d，相对介电常量为 ε_r，内部均匀分布体电荷密度为 ρ 的自由电荷，求介质板内、外的 $\boldsymbol{D}$、$\boldsymbol{E}$、$\boldsymbol{P}$。

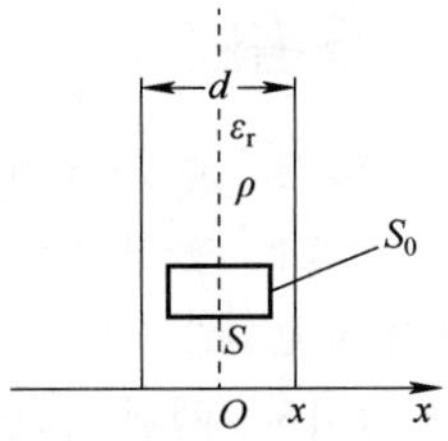

图 6-29　例 6-8 用图

解： 本题场强分布具有面对称性，$\boldsymbol{D}$、$\boldsymbol{E}$、$\boldsymbol{P}$ 均垂直于无限大介质平面，取坐标系如图 6-29 所示。假设 $x=0$ 处 $E=0$，以 $x=0$ 处的面为对称面，过场点作正柱形高斯面 S，底面积设 S_0，高为 $|2x|$。在板内，$|x|\leqslant\dfrac{d}{2}$。由 $\boldsymbol{D}$ 的高斯定理，有 $2DS_0=\rho\cdot 2|x|S_0$，$D=\rho|x|$，又由式（6-14），得

$$E=\frac{D}{\varepsilon_0\varepsilon_r}=\frac{\rho|x|}{\varepsilon_0\varepsilon_r}$$

所以

$$P=(\varepsilon_r-1)\frac{\rho|x|}{\varepsilon_r}$$

在板外，$|x|\geqslant\dfrac{d}{2}$，同样由式（6-14），$2DS_0=\rho S_0 d$，得 $D=\dfrac{\rho}{2}d$，$E=\dfrac{D}{\varepsilon_0}=\dfrac{\rho d}{2\varepsilon_0}$，又由于真空中 $\varepsilon_r=1$，所以

$$P=\varepsilon_0(\varepsilon_r-1)E=0$$

3. 有介质时的电容器的电容

由于电介质的极化作用，极化电荷将改变原来的电场。由于在电介质中，自由电荷的电场与极化电荷的电场的方向总是相反的，所以在电介质中的合场强和外场强相比就削弱了，因此充满电介质的电容器比真空电容器的电容大。

我们还是以平行板电容器为例，对于图 6-17 中的平行板电容器，假设平行金属板之间充满了相对介电常量为 ε_r 的介质，此时两板之间的电场为 $E=\dfrac{Q}{\varepsilon_0\varepsilon_r S}$，电压为 $U=Ed=\dfrac{Qd}{\varepsilon_0\varepsilon_r S}$，电容变为

$$C=\frac{\varepsilon_0\varepsilon_r S}{d} \tag{6-15}$$

对于如图 6-17 所示的柱形电容器，假设圆柱形导体面间充满了相对介电常量为 ε_r 的介质，在两极板之间距轴心为 r 处的场强为 $E=\dfrac{\lambda}{2\pi\varepsilon_0\varepsilon_r r}$，则两极板间的电势差为 $\Delta\varphi=\dfrac{\lambda}{2\pi\varepsilon_0\varepsilon_r}\cdot\ln\dfrac{R_2}{R_1}$，得

$$C=\frac{\lambda}{\Delta\varphi}=\frac{2\pi\varepsilon_0\varepsilon_r}{\ln\dfrac{R_2}{R_1}} \tag{6-16}$$

假设 C_0 是电容器两极板间为真空时的电容，比较式（6-3）、式（6-4）和式（6-15）、式（6-16）可得，当极板间充有相对介电常量为 ε_r 各向同性均匀介质时，电容器的电容变为 $C=C_0\varepsilon_r$。

思考题

6-13　电介质的极化现象与导体的静电感应有何区别？

6-14　如果把电场中已经极化的电介质分为两部分，然后撤除电场，这两块电介质是否有净余电荷？

6-15　两种电介质的分界面两侧的电极化强度分别为 P_1 和 P_2，在此分界面上的面束缚电荷密度多大？

6-16　为何带电的塑料棒能把中性的纸屑吸引过来？

6-17　一空气电容器充电后切断电源，然后灌入煤油，电容器的电容有何变化？能量呢？

6-18　两个相同的平行板电容器 A 和 B，串联后接在电源上，再在 B 中充满均匀电介质，两电容器中电场强度的变化情况如何？

第四节　电荷间的相互作用能　静电场的能量

电荷之间具有相互作用能——电势能，这一电荷系统的电势能如何得来的？

如图 6-30 所示，在移入电荷 q_2 的过程中，外界必须克服电场力做功，消耗能量。根据能量守恒，这个能量不能凭空消失，它只能转化为电荷系统的电势能。因此可知电荷系统的静电相互作用能——电势能，来源于组成电荷系统过程中，外界迁移电荷克服电场力所做的功。在静电学里，电势能是处于电场的电荷分布所具有的势能，与电荷分布在系统内部的组态有关，单位是 J。电势与电势能不同，它定义为处于电场的单位电荷所具有的电势能，单位是 V。

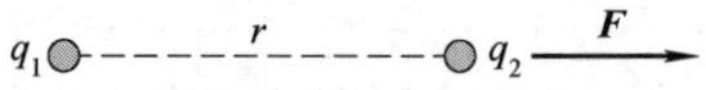

图 6-30　移动电荷示意图

注意：电荷系统既可以是离散分布，也可以是连续分布带电体，因为任何连续分布带电体总可以看成是由许多电荷元集合构成的，这些电荷元之间也存在静电相互作用能。总之，任一电荷系统内的各个电荷元之间的静电相互作用能之和就称为这个**电荷系统的静电能**。由于一般选取两电荷相距无限远时的电势能为零，故通常对电荷系统的静电能做如下规定：电荷系统的静电能等于将系统中的各个电荷元彼此分散到无限远的过程中电场力做的功，或者等于将各个电荷元从无限远移来的过程中外力克服电场力做的功。

一、带电体系的静电能

1. 点电荷系的互能

首先考虑由两个点电荷组成的系统，设两点电荷的电量分别为 q_1 和 q_2，相距为 r，两个点电荷之间存在着相互作用能，由前面的规定，等于将各个电荷元从无限远处移来的过程中外力克服电场力做的功。

如图 6-31 所示，假设点电荷 q_1 和 q_2 原来相距为无限远，这时他们的相互作用力为零，因此规定无限远处相互作用能为零。现在先把 q_1 从无限远处移到 A 点，在这一过程中因 q_2

与A点相距仍为无限远，没有作用力，外力克服电场力做的功等于零，把q_1固定下来再把q_2从无限远处移到B点。在迁移q_2的过程中，因为它已处在q_1所激发的电场中，因而外力要反抗电场力做功，

$$W_e = q_2\varphi_2 - 0 = q_2 \frac{q_1}{4\pi\varepsilon_0 r}$$

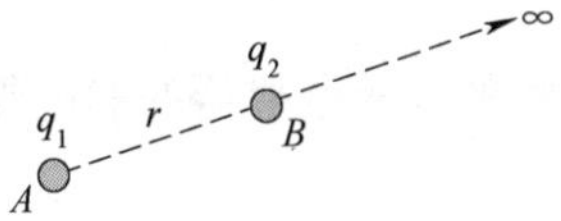

图 6-31　点电荷系的互能示意图

φ_2是q_1在B点激发的电场的电势，其值$\varphi_2 = \dfrac{q_1}{4\pi\varepsilon_0 r}$。同理，先把$q_2$从无限远处移到$B$点，再把$q_1$从无限远处移到$A$点，外力要克服电场力做功，其值

$$W'_e = q_1\varphi_1 - 0 = q_1 \frac{q_2}{4\pi\varepsilon_0 r},\ W_e = W'_e$$

φ_1是q_2在A点激发的电场的电势$\varphi_1 = \dfrac{q_2}{4\pi\varepsilon_0 r}$。上述两个不同迁移过程，外力克服电场力做功相等。这个功等于两点电荷相距为r时所具有的**静电能**。

通常将两点电荷的相互作用能写成对称式$W_e = \dfrac{1}{2}(q_1\varphi_1 + q_2\varphi_2)$，将此式推广到有$n$个点电荷的系统，则其相互作用的静电能为

$$W_e = \frac{1}{2}\sum_{i=1}^{n} q_i\varphi_i \tag{6-17}$$

式中，φ_i是除第i个点电荷以外所有其他点电荷在第i个点电荷处产生的总电势。

2. 连续分布电荷系统的静电能

将连续分布的电荷分成许多电荷元，再将每个电荷元当作点电荷，就可用点电荷系的静电能公式来计算系统的静电能，不过求和要改成积分：

$$W_e = \frac{1}{2}\int \varphi \mathrm{d}q \tag{6-18}$$

这里要注意，式（6-18）包括了所有电荷元之间的静电相互作用能，如果电荷系是由多个带电体组成的，式（6-18）算出的能量既包括各个带电体的自能，还包括带电体之间的相互作用能——互能。在电磁学中，互能定理是关于电磁场的能量传输的电磁场定理，用于解决发射天线到接收天线的能量传输问题，以及天线的方向图问题、波的展开问题。W. J. Welch 于1960年提出了时域互易定理，V. H. Rumsey 简单地提到了对洛伦兹互易变换做共轭变换后可得到另一个公式，不过他没有做进一步深入的研究。

二、电容器的静电能

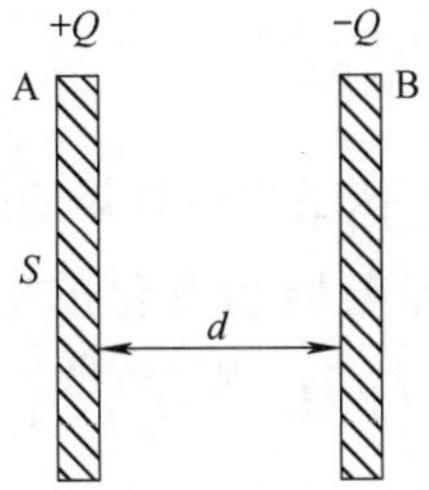

图 6-32　平行板电容器的静电能

下面以平行板电容器为例，来计算电容器在带电时所具有的静电能。如图 6-32 所示，设电容器两极板 A 和 B 分别带电$+Q$和$-Q$，其正极板电势为φ_+，负极板电势为φ_-，带电电容器为连续分布的电荷系统，其静电能为

$$W_e = \frac{1}{2}\int \varphi \mathrm{d}q = \frac{1}{2}\int_{S+} \varphi_+ \mathrm{d}q_+ + \frac{1}{2}\int_{S-} \varphi_- \mathrm{d}q_-$$

$$= \frac{1}{2}\varphi_+ \int_{S+} \mathrm{d}q - \frac{1}{2}\varphi_- \int_{S-} \mathrm{d}q$$

$$= \frac{1}{2}(\varphi_+ - \varphi_-)\int_S \mathrm{d}q = \frac{1}{2}\Delta\varphi Q$$

因此平行板电容器的静电能为

$$W_e = \frac{1}{2}\Delta\varphi Q = \frac{1}{2}C\Delta\varphi^2 = \frac{1}{2}\frac{Q^2}{C} \tag{6-19}$$

这就是平行板电容器储存的静电能的计算公式，这一公式也适用于球形、柱形电容器，它是计算电容器储存静电能的普遍公式。

由上可知，电容器是一个储能元件。那么，该静电能量储存在什么地方呢？式（6-19）似乎表明电容器的极板是电能的携带者？仍考虑平行平板电容器，极板间的场强为 $E=\dfrac{\sigma}{\varepsilon_0}$，则两极板间的电势差 $\Delta\varphi=Ed$，板上电荷 $Q=\sigma S=E\varepsilon_0 S$，代入电容器静电能的计算公式可得

$$W_e = \frac{1}{2}Ed\varepsilon_0 ES = \frac{1}{2}\varepsilon_0 E^2 Sd = \frac{1}{2}\varepsilon_0 E^2 V \tag{6-20}$$

式中，V 表示电容器极板间的体积，正是极板间电场所在区域的体积。式（6-20）表明，静电能可以用表征电场性质的场强来表示，而且和电场所占体积 V 成正比，式（6-20）正确表述出静电能的归属性质——静电能储存在电场中。

三、静电场能　场能密度

实验证明：电场本身具有能量，电场具有能量是其物质性的表现之一。当源电荷在空间产生电场之后，即使撤去源电荷，仍有电场在空间存在和运动。电荷系统具有的静电能，就是电荷系统激发电场的电场能。

如图 6-33 所示，由于平行板之间的电场是均匀的，所储存的静电能也应该均匀分布，根据式（6-20）可以得到单位体积中的电场能，即**电场能量密度**

$$w_e = \frac{W_e}{V} = \frac{1}{2}\varepsilon_0 E^2 \quad (\text{真空中}) \tag{6-21}$$

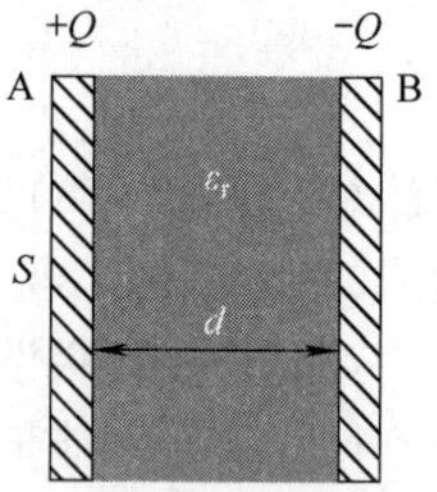

图 6-33　充满介质的平行板电容器

在存在均匀各向同性电介质的电场中

$$W_e = \frac{1}{2}\Delta\varphi Q = \frac{1}{2}DESd = \frac{1}{2}DEV$$

因此

$$w_e = \frac{1}{2}DE = \frac{1}{2}\varepsilon_0\varepsilon_r E^2 \quad (\text{介质中}) \tag{6-22}$$

上述结果虽是从均匀电场的特例中导出的，但可以证明这是一个普遍适用的公式，在非均匀电场和变化的电磁场中仍然是正确的，此时只是需要进行积分运算。令 $w_e = w_e(x,y,z)$，则

$$W_e = \int_V w_e \mathrm{d}V = \int_V \frac{1}{2}DE\mathrm{d}V \tag{6-23}$$

已知电场分布，实际上就知道了电场的能量密度，根据电场能量密度可以计算任何电场

空间的电场能。电场能量密度即单位体积内的电场能量。静电场的能量是静电场的一个重要特征。

例 6-9　计算均匀带电导体球面的静电能，已知球面半径为 R，总带电量为 Q，球外为真空。

解：均匀带电球面场强分布

$$E=\begin{cases}0 & (r<R)\\ \dfrac{Q}{4\pi\varepsilon_0 r^2} & (r\geqslant R)\end{cases}$$

如图 6-34 所示，取与带电球面同心放置、半径为 r、厚度为 $\mathrm{d}r$ 的球壳，其中的电场能为

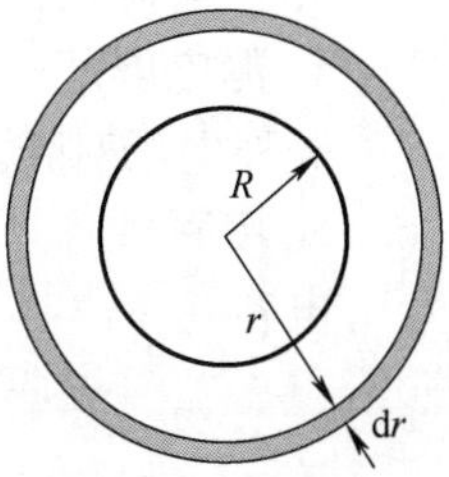

图 6-34　例 6-9 用图

$$\mathrm{d}W_\mathrm{e}=\frac{1}{2}DE\mathrm{d}V$$

整个空间的电场能为

$$W_\mathrm{e}=\int_V\frac{1}{2}DE\mathrm{d}V=\int_V\frac{1}{2}\varepsilon_0E^2\mathrm{d}V$$

场强分布具有球对称性 $\mathrm{d}V=4\pi r^2\mathrm{d}r$，则

$$W_\mathrm{e}=\int_V\frac{1}{2}DE\mathrm{d}V=\int_V\frac{1}{2}\varepsilon_0E^2\mathrm{d}V=\int_R^\infty\frac{1}{2}\varepsilon_0\left(\frac{Q}{4\pi\varepsilon_0r^2}\right)^2 4\pi r^2\mathrm{d}r$$

$$=\frac{Q^2}{8\pi\varepsilon_0}\int_R^\infty\frac{\mathrm{d}r}{r^2}=\frac{Q^2}{8\pi\varepsilon_0R}$$

或可直接根据静电能的计算公式（6-16）计算：

$$W_\mathrm{e}=\frac{1}{2}\int_V\varphi\mathrm{d}q$$

球面电势 $\varphi=\dfrac{Q}{4\pi\varepsilon_0R}$，所以

$$W_\mathrm{e}=\frac{1}{2}\frac{Q}{4\pi\varepsilon_0R}\int_Vq=\frac{Q^2}{8\pi\varepsilon_0R}$$

思考题

6-19　在球壳形的均匀电介质球心放置一点电荷，电介质球壳内外的场强与没有电介质存在时是否相同？

6-20　在固定分布的自由电荷的电场中放置一电介质，移动此电介质的位置后，$\boldsymbol{D}$ 的分布是否改变？

知识提要

1. 导体的静电平衡状态

导体处于静电平衡状态时，内部场强为零，导体是**等势体**，其表面是等势面。

2. 静电平衡时导体的电荷分布

电荷分布于导体的外表面。

3. 导体静电平衡时电荷与电场分布的计算依据

(1) 导体达到静电平衡的条件。

(2) 静电场的基本性质方程：高斯定理以及环路定理。

(3) 电荷守恒定律。

4. 静电屏蔽

壳外电场对壳内无影响。

5. 电容器

电容

$$C = \frac{Q}{U}$$

串联电容器

并联电容器

6. 电介质的极化

位移极化，取向极化

7. 电极化强度矢量

$$\boldsymbol{P} = \lim_{\Delta V \to 0} \frac{\sum_i \boldsymbol{p}_i}{\Delta V}, \boldsymbol{P} = \chi_e \varepsilon_0 \boldsymbol{E}, \chi_e = \varepsilon_r - 1$$

8. 电位移矢量

$$\boldsymbol{D} = \varepsilon_0 \boldsymbol{E} + \boldsymbol{P}$$

***D* 的高斯定理**
$$\oint_S \boldsymbol{D} \cdot d\boldsymbol{S} = \sum_i q_{0i}$$

9. 静电能

有 n 个点电荷的系统，其相互作用的静电能为

$$W_e = \frac{1}{2} \sum_{i=1}^{n} q_i \varphi_i$$

连续分布电荷系统的静电能 $W_e = \frac{1}{2} \int \varphi dq$

10. 电容器的静电量

$$W_e = \frac{1}{2} C \Delta\varphi^2 = \frac{1}{2} \frac{Q^2}{C}$$

11. 电场能量密度

$$w_e = \frac{1}{2} DE = \frac{1}{2} \varepsilon_0 \varepsilon_r E^2$$

习 题

一、基础练习

6-1 半径为 r_1 和 r_2 ($r_1 < r_2$) 的均匀导体球壳同心放置，假设内球壳带电量为 q，

（1）求外球壳的电势？（2）把外球壳接地后再断开，外球壳的电荷量及电势又分别为多少？$\left(答案：（1）\dfrac{q}{4\pi\varepsilon_0 r_2}；（2）-q，0\right)$

6-2　点电荷带电量为 q，处于导体球壳的中心，导体球壳的内外半径分别为 r_1 和 r_2，求：（1）导体球壳的电势；（2）导体球壳外距球心为 R 处的电势。$\left(答案：（1）\dfrac{q}{4\pi\varepsilon_0 r_1}；（2）\dfrac{q}{4\pi\varepsilon_0 r}\right)$

6-3　半径为 r_1 的导体球带有电荷 q，球外有一个内外半径分别为 R_1 和 R_2 的导体球壳，其带电量为 Q，求：（1）外球壳接地后两球的电势？（2）两球通过导线连通后的电势？此时外球未接地。$\left(答案：（1）\dfrac{q}{4\pi\varepsilon_0 r_1}，0；（2）\dfrac{Q}{4\pi\varepsilon_0 R_1}\right)$

6-4　将一面电荷密度为 σ 的无限大带电导体平板置于电场强度为 $\boldsymbol{E}_0$ 的均匀电场中，导体平板的面法线方向与 $\boldsymbol{E}_0$ 一致，求极板两侧的场强大小。$\left(答案：E_0-\dfrac{\sigma}{2\varepsilon_0}，E_0+\dfrac{\sigma}{2\varepsilon_0}\right)$

6-5　平行板电容器极板间的距离为 d，保持极板上的电荷 Q 不变，把相对介电常量为 ε_r 的电介质充满极板内的空间，求两极板间的电势差的变化量。$\left(答案：U=\dfrac{U_0}{\varepsilon_r}\right)$

6-6　一导体球外充满相对介电常量为 ε_r 的均匀电介质，若测得导体表面附近场强大小为 E，则导体球表面上的自由电荷面密度为多少？（答案：$\sigma=\varepsilon_0\varepsilon_r E$）

6-7　两个结构完全相同的平行板电容器，串联后接入电动势为 U 的电源，此时在第二个电容器内部充满相对介电常量为 ε_r 的电介质，第一个电容器极板间的电势差将改变多少倍？$\left(答案：\dfrac{2\varepsilon_r}{1+\varepsilon_r}\right)$

6-8　由两个同心球壳组成的球形电容器，其内外球壳的半径分别为 R_1 和 R_2，通过一个与其同心的球面（半径为 $(R_1+R_2)/2$）将其一分为二，一半放入相对介电常量为 ε_r 的电介质，一半仍然为真空，求其电容变化。$\left(答案：C=C_0\left(\dfrac{\varepsilon_r+1}{2}\right)\right)$

6-9　一平行板电容器，极板面积为 S，间距为 d，内部充满两种电介质，其相对介电常量分别为 ε_{r1} 和 ε_{r2}，设两种电介质在极板内所占面积比为 $S_1/S_2=2$，计算其电容。$\left(答案：C=\dfrac{\varepsilon_{r1}}{3}C_0+\dfrac{2\varepsilon_{r2}}{3}C_0\right)$

6-10　一平行板电容器，极板面积为 S，间距为 d，内部充满两层电介质，其相对介电常量分别为 ε_{r1} 和 ε_{r2}，设两种电介质在极板内的厚度之比为 $1:1$，计算其电容。$\left(答案：C=\dfrac{\varepsilon_{r1}\varepsilon_{r2}}{\varepsilon_{r1}+\varepsilon_{r2}}C_0\right)$

6-11 若某带电体的电场强度增大为原来的两倍，则其电场能量密度变为原来的多少倍？(答案：4 倍)

6-12 求半径为 R、带电量为 Q 的孤立导体球的静电能。$\left(\text{答案：}\dfrac{Q^2}{8\pi\varepsilon_0 R}\right)$

6-13 一平行板电容器，极板面积为 S，间距为 d。将其充电至带电量为 Q 后与电源断开，用外力将极板拉开到间距为 $2d$，求：(1) 电容器能量的改变。(2) 此过程中外力做功？$\left(\text{答案：}\dfrac{Q^2 d}{2\varepsilon_0 S}\right)$

二、综合提高

6-14 一个接地的导体球，半径为 R，原来不带电，今将一点电荷 q 放在球外距球心为 r 处，求球上的感应电量。$\left(\text{答案：}-\dfrac{qR}{r}\right)$

6-15 半径为 $R_1=1.0\text{cm}$ 的导体球，带有电荷 $q_1=1.0\times10^{-10}\text{ C}$，球外有一个内、外半径分别为 $R_2=3.0\text{cm}$、$R_3=4.0\text{cm}$ 的同心导体球壳，壳上带有电荷 $Q=11\times10^{-10}\text{ C}$，试计算：(1) 两球的电势 φ_1 和 φ_2；(2) 用导线把球和壳连接在一起后 φ_1 和 φ_2 分别是多少？(3) 若外球接地，φ_1 和 φ_2 为多少？(答案：(1) $\varphi_1=3.3\times10^2\text{V}$，$\varphi_2=2.7\times10^2\text{V}$；(2) $\varphi_1=\varphi_2=2.7\times10^2\text{V}$；(3) $\varphi_1=60\text{V}$，$\varphi_2=0$)

6-16 如习题 6-16 图所示，三平行金属板 A、B、C 面积均为 200cm^2，A、B 间相距 4mm，A、C 间相距 2mm，B 和 C 两板都接地。如果使 A 板带正电 3.0×10^{-7} C，求：(1) B、C 板上的感应电荷；(2) A 板的电势。(答案：(1) $q_B=1.0\times10^{-7}$ C，$q_C=2.0\times10^{-7}$C；(2) $\varphi_A=2.26\times10^3$V)

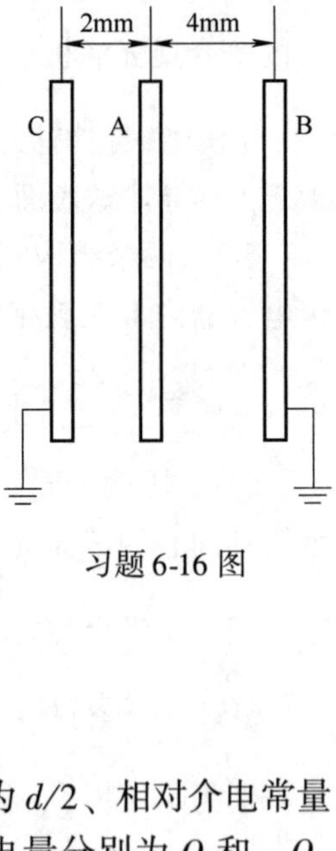

习题 6-16 图

6-17 半径为 R_1 的导体球，带电量为 q，球外同心放置一个内外半径分别为 R_2 和 R_3 的导体球壳，球壳最初不带电。求：(1) 球和球壳的电势；(2) 若使球的电势为零，应使球壳带电量为多少？$\left(\text{答案：(1) }\dfrac{q}{4\pi\varepsilon_0}\left(\dfrac{1}{R_1}-\dfrac{1}{R_2}+\dfrac{1}{R_3}\right),\ \dfrac{q}{4\pi\varepsilon_0}\dfrac{1}{R_3};\ \text{(2) } q'=-\left(1+\dfrac{R_3}{R_1}-\dfrac{R_3}{R_2}\right)q\right)$

6-18 一平行板电容器，极板面积为 S，极板间距为 d，插入厚度为 $d/2$、相对介电常量为 ε_r 的电介质板，求：(1) 此时电容器的电容；(2) 若两极板所带电量分别为 Q 和 $-Q$，则将该电介质板从电容器中抽出需做功多少？$\left(\text{答案：(1) } C=\dfrac{2\varepsilon_0\varepsilon_r S}{(1+\varepsilon_r)\ d};\ \text{(2) } A=\dfrac{d(\varepsilon_r-1)}{4\varepsilon_0\varepsilon_r S}Q^2\right)$

6-19 两个空气电容器的电容均为 C，同时充电至电压为 U，断电后将其中之一浸入相对介电常量为 ε_r 的液体中，再将两电容器并联。求：(1) 计算电容浸入液体时的能量损失；

（2）电容器并联时的能量损失。$\left(\text{答案：(1) } W=\left(\dfrac{\varepsilon_r-1}{2\varepsilon_r}\right)CU^2\text{；(2) } W=\dfrac{(\varepsilon_r-1)^2}{2\varepsilon_r(\varepsilon_r+1)}CU^2\right)$

6-20　求半径为 R、带有总电量为 Q 的导体球两个半球之间的相互作用电力。$\left(\text{答案：}\dfrac{Q^2}{32\pi\varepsilon_0 R^2}\right)$

6-21　点电荷 q 位于无限大接地金属板上方 h 处，试问将 q 移动到无限远处需要做多少功？$\left(\text{答案：}\dfrac{q^2}{12\pi\varepsilon_0 h}\right)$

第七章 稳恒磁场

早在远古时代，人们就发现某些天然矿石（Fe_3O_4）具有吸引铁屑的本领，这种矿石称为天然磁铁。若把天然磁铁制成磁针，使之可在水平面内自由转动，则磁针的一端总是指向地球的南极，另一端总是指向地球的北极，这就是指南针。我国是世界上最早发现并应用磁现象的国家，指南针是我国的四大发明之一。1820 年，丹麦物理学家奥斯特（J. C. Oersted）发现电流的磁效应，首先揭示了电现象和磁现象的关系。1820 年，法国物理学家安培（A. M. Ampre）发现在磁铁附近载流导线或线圈受到力的作用。

随着超导与永磁强磁场技术的成熟，强磁场在多方面的应用也得到了蓬勃发展，与各种科学仪器配套的小型强磁场装置已形成了一定规模的产品，作为磁场应用技术的核磁共振技术、磁分离技术与磁悬浮技术继续开拓着多方面的新型应用，形成了一些新型产品与样机，磁拉硅单晶生长炉也成为产品得到了实际应用。近年来，国际上还研究了磁场对石油黏滞性能的影响及对原油的脱蜡作用；磁场对水的软化作用及改善水质的作用；外加磁场对改善燃油燃烧性能及提高燃烧值的作用等。

一切磁现象从本质而言，都是运动电荷之间相互作用的表现。本章首先介绍电流的描述，然后研究由稳恒电流产生的稳恒磁场的性质和规律，其后讨论载流导线和运动电荷在磁场中受的磁力，最后介绍磁介质与磁场相互影响的规律。

第一节 稳恒电流

一、电流强度

在静电场中，当导体处在静电平衡时，导体内部的电场强度为零，这时导体内没有电荷做定向运动，故导体内不能形成电流。然而，如果在导体两端存在一定的电势差（即电压），就可使导体内存在电场，则在电场的作用下导体内的自由电荷做定向运动形成电流。导体中的自由电荷被称为**载流子**。载流子可以是金属中的自由电子，电解质中的正、负离子或半导体材料中的空穴、电子等。导体中由电荷的运动形成的电流称为**传导电流**。

电流的强弱用电流强度 I 来描述。单位时间内通过导体任一截面的电量叫作**电流强度**，简称为电流。如图 7-1 所示，若在 $\mathrm{d}t$ 时间内，通过导体截面的电荷量为 $\mathrm{d}q$，则通过导体中该截面的电流强度 I 为

$$I = \frac{\mathrm{d}q}{\mathrm{d}t} \tag{7-1}$$

如果导体中通过任一截面的电流不随时间变化，这种电流称为**稳恒电流**。电流的国际单位为安培，用符号 A 表示，$1A=1C/s$。常用的电流单位还有毫安（mA）和微安（μA），$1A=10^3mA=10^6\mu A$。

电流强度是标量，所谓电流的方向是指正电荷在导体中的流动方向。这是沿袭了历史上的规定，与自由电子移动的方向正好相反。这样，在导体中的电流方向总是沿着电场强度的方向，从高电势处指向低电势处。

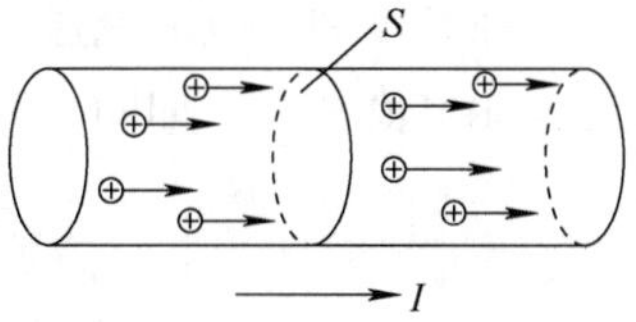

图 7-1　导体中的电流

二、电流密度

在通常的电路中，一般引入电流强度的概念就可以了。可是，在实际中有时会遇到电流在大块导体中流动的情形，这时导体内各点的电流分布是不均匀的。为了详细描述导体中各点的电流分布情况，引入一个新的物理量——**电流密度**。

如图 7-2 所示，假设导体中单位体积内平均有 n 个带电量为 q 的自由电荷，每个电荷的定向迁移速度为 v。设想在导体中选取一个面元 $\mathrm{d}\boldsymbol{S}$，其方向与 $\boldsymbol{v}$ 方向之间的夹角为 θ，根据电流强度的定义，通过导体中面元 $\mathrm{d}\boldsymbol{S}$ 的电流为

$$\mathrm{d}I = qnv\mathrm{d}S_{\perp} = qn\boldsymbol{v}\cdot\mathrm{d}\boldsymbol{S} = \boldsymbol{J}\cdot\mathrm{d}\boldsymbol{S} \tag{7-2}$$

式中，$\boldsymbol{J}=qn\boldsymbol{v}$ 被称为**电流密度矢量**。对于自由电荷为正电荷的情况，电流密度的方向与电荷定向运动方向相同；对于负电荷的情况，电流密度的方向与电荷定向运动的方向相反。

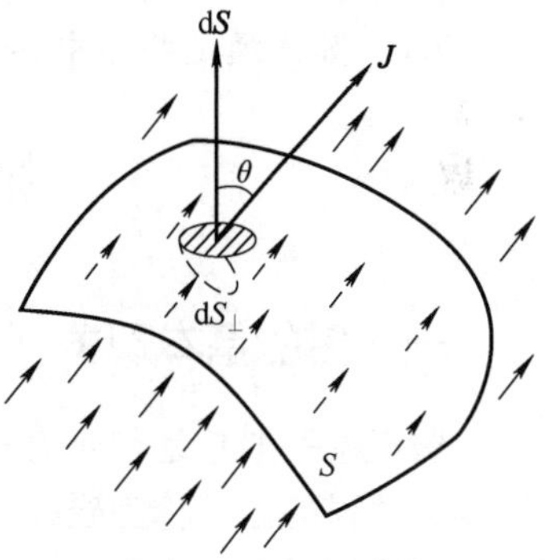

图 7-2　电流密度

由式（7-2）可得

$$J = \frac{\mathrm{d}I}{\mathrm{d}S_{\perp}} \tag{7-3}$$

即电流密度的大小等于该点处垂直于电流方向的单位面积的电流强度，在国际单位制中，电流密度的单位为安培每平方米，符号为 A/m^2。

如果已知导体内部每一点的电流密度，可以求出通过任一截面的电流强度。通过任一有限截面的电流强度等于通过该截面上各个面元的电流的积分，并由式（7-2）可以得到

$$I = \int\mathrm{d}I = \int_S\boldsymbol{J}\cdot\mathrm{d}\boldsymbol{S} = \int_S qn\boldsymbol{v}\cdot\mathrm{d}\boldsymbol{S} \tag{7-4}$$

由上式可以看出，通过某一截面的电流强度也就是通过该截面的电流密度的通量。

一般地，电流分布有下面三种情况。

1. 体电流——面电流密度 $\boldsymbol{\delta}$

在导体中有电流流过，垂直电流方向作导体截面，如果截得的是平面，此电流为体电流。如图 7-3a 所示，$\delta=\dfrac{\mathrm{d}I}{\mathrm{d}S}$，若电流均匀通过，$\delta=\dfrac{I}{S}$。

2. 面电流——线电流密度 $\boldsymbol{J}$

在导体中有电流流过，垂直电流方向作导体截面，如果截得的是截线，此电流为面电流。如图 7-3b 所示，$J=\dfrac{\mathrm{d}I}{\mathrm{d}l}$，若电流均匀通过，$J=\dfrac{I}{l}$。

3. 线电流

在导体中有电流流过，垂直电流方向作导体截面，如果截得的是一个点，此电流为线电流，无电流密度，如图 7-3c 所示。

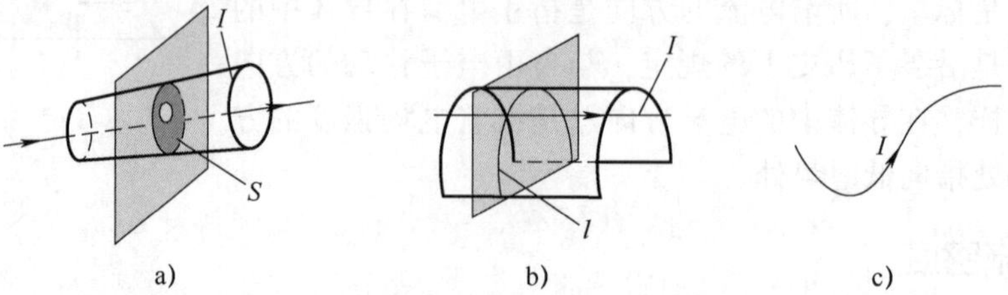

图 7-3 三种电流分布

思考题

7-1 如果通过导体中各处的电流密度不相同，那么电流能否是恒定的？为什么？

第二节 磁场 磁感应强度

一、磁的基本现象

磁现象一般总是与磁力有关。磁铁吸引铁、钴、镍等物质，这是最基本的磁现象。磁铁两端磁性强的区域称为磁极，一端为北极（N 极），一端为南极（S 极）。实验证明，同极磁极相互排斥，异极磁极相互吸引，如图 7-4 所示。由此可以推想，地球本身是一个大磁体，它的 N 极位于地理南极附近，S 极位于地理北极附近。

为了进一步认识磁现象，再介绍几个这方面的实验：通电导线附近的磁针会受到力的作用而偏转，如图 7-5a 所示；磁铁对通电导线有作用力，如图 7-5b 所示；通电导线之间有相互作用力，如图 7-5c 所示；电子射线管的电子射线受磁力作用路径发生偏转，如图 7-5d 所

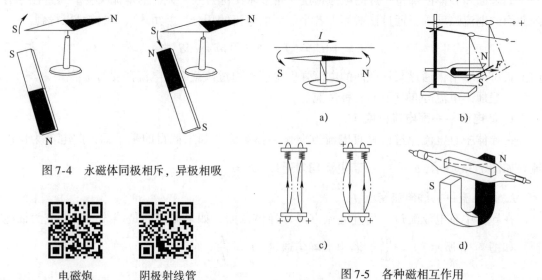

图 7-4 永磁体同极相斥，异极相吸

电磁炮 阴极射线管

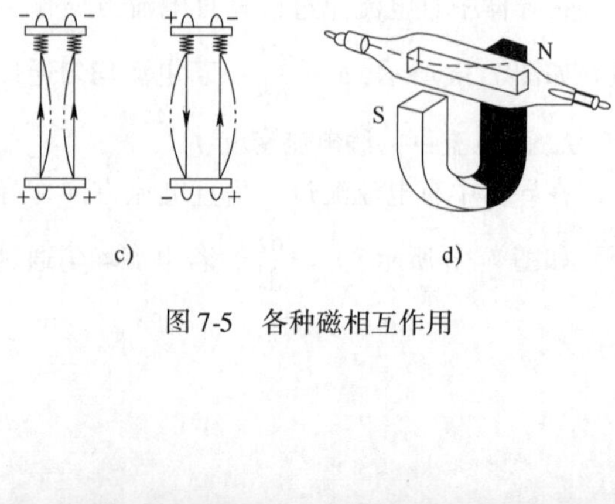

图 7-5 各种磁相互作用

示。这些实验结果表明，磁力可以发生在电流和磁体之间，也可以发生于电流和电流之间，磁现象与电流有关。

磁现象是怎么产生的呢？实验和近代理论表明：一切磁现象起源于电荷的运动，运动的电荷在空间激发磁场，而磁场又对处于其中的其他运动电荷或电流产生磁力作用，这就是磁现象的电本质。

对于磁体，它的磁性是如何产生的呢？安培于 1822 年提出了分子电流假说。他认为，物质的磁性产生于物质结构内部的等效电流（或分子电流）——原子、分子等微观粒子内电子绕核旋转形成了分子电流，每个分子电流均有自己的磁效应，如图 7-6 所示。物质的磁性就是这些分子电流对外表现出的磁效应的总和：当各分子电流取向大致相同时，物质会对外表现出磁性；当各分子电流取向无规则时，各分子电流的磁效应相互抵消，物质便不对外表现出磁性。

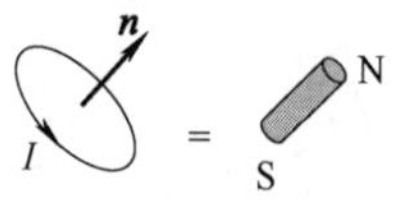

图 7-6　分子电流假说

安培的分子电流假说与现代的物质结构理论相符合。物质结构理论指出，一切物质均由分子和原子组成，原子由原子核和核外电子组成，核外电子除了绕核运动外，还做自旋运动，分子电流就是由原子内带电粒子的运动而形成的，因而可以认为，一切物质的磁性均起源于电荷的运动，磁相互作用的实质是运动电荷之间的相互作用。

二、磁感应强度

现在人们知道运动电荷或电流在其周围激发磁场。磁场与电场一样也是一种特殊的物质，具有物质的基本属性。运动电荷与运动电荷、电流与电流之间的作用力就是通过磁场来传递的。稳恒电流激发的磁场不随时间变化，称为稳恒磁场。

仿静电场的做法，从磁场对运动电荷有磁场力作用这一基本性质出发，通过研究磁场作用在运动电荷上的磁场力来引入描述磁场性质的物理量，并称它为**磁感应强度**。通常用 $\boldsymbol{B}$ 表示磁感应强度。仿照电场强度的情况，我们在磁场中放入一个试验运动电荷 q ，要求试验运动电荷 q 的几何线度很小，其产生的磁感应强度很小，对原磁场的影响可忽略不计。因为磁场只对运动电荷有力的作用，所以令试验运动电荷 q 以速度 $\boldsymbol{v}$ 进入磁场。实验发现，试验运动电荷所受的磁力 $\boldsymbol{F}$ 不但与电荷电量 q 有关，而且与速度 $\boldsymbol{v}$ 有关。实验观察到：①电荷受到的磁力的方向总是与电荷运动的方向 $\boldsymbol{v}$ 垂直；②存在一个特定的方向，当电荷沿这个方向运动时，磁力为零，如图 7-7a 所示，磁场中各点都有各自的这种特定方向，用这个特定方向（或其反方向）来规定该点磁场的方向；③如果电荷沿着与磁场方向垂直的方向运动时，所受到的磁力最大，如图 7-7b 所示。而且这个最大磁力 $F_{\max}$ 正比于电荷的速率 v，也正比于其所带的电量 q ，但比值 $\dfrac{F_{\max}}{qv}$ 却在该点具有确定的值，而与电荷的 q 、v 的大小无关。由此可见，这个比值反映了该点磁场的性质。所以，我们就定义磁场中某点的磁感应强度的大小为

$$B=\frac{F_{\max}}{qv} \tag{7-5}$$

事实上，运动正电荷所受的磁力的指向与 $\boldsymbol{v}\times\boldsymbol{B}$ 的方向一致；运动负电荷所受的磁力的指向与 $\boldsymbol{v}\times\boldsymbol{B}$ 的方向相反。于是我们通过实验归纳出磁感应强度 $\boldsymbol{B}$ 满足下面的关系：

$$\boldsymbol{F} = q\boldsymbol{v} \times \boldsymbol{B} \tag{7-6}$$

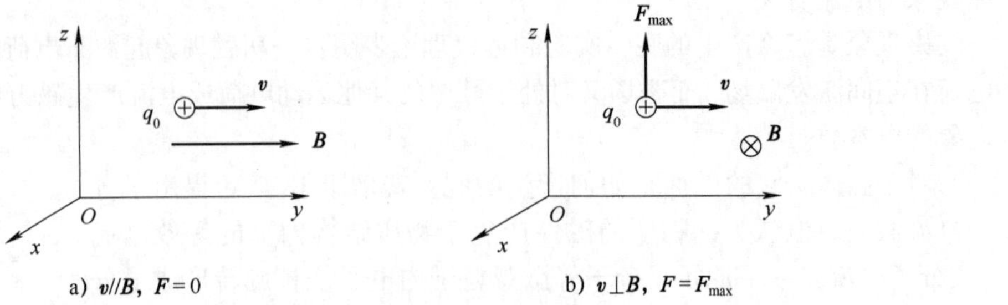

图 7-7 运动电荷在磁场中受的磁力

国际单位制中，磁感应强度 $\boldsymbol{B}$ 的单位是特斯拉，用符号 T 表示；另外还有一个常用的单位名称叫作高斯，用符号 Gs 表示，它和 T 在数值上有下述关系：

$$1\text{T} = 10^4\text{Gs}$$

实验指出，在有若干个运动电荷或电流的情况下，它们产生的磁场服从叠加原理。以 $\boldsymbol{B}_i$ 表示第 i 个运动电荷或电流某处产生的磁场，则在该处的总磁场 $\boldsymbol{B}$ 为

$$\boldsymbol{B} = \sum_{i=1}^{n} \boldsymbol{B}_i \tag{7-7}$$

思考题

7-2 一电子以速度 $\boldsymbol{v}$ 射入磁感应强度为 $\boldsymbol{B}$ 的均匀磁场中，电子沿什么方向射入受到的磁场力最大？沿什么方向射入不受磁场力的作用？

7-3 我们为什么不把作用于运动电荷的磁力方向定义为磁感应强度 $\boldsymbol{B}$ 的方向？

7-4 一正电荷在磁场中运动，已知其速度 $\boldsymbol{v}$ 沿着 x 轴方向，若它在磁场中所受力有下列几种情况，试指出各种情况下磁感应强度 $\boldsymbol{B}$ 的方向。

(1) 电荷不受力；

(2) $\boldsymbol{F}$ 的方向沿 z 轴方向，且此时磁力的值最大；

(3) $\boldsymbol{F}$ 的方向沿 $-z$ 轴方向，且此时磁力的值是最大值的一半。

第三节 磁场的高斯定理

一、磁感应线

在电场中我们引入电场线来形象地描述静电场在空间分布，同样，在磁场中我们也引入磁感应线来描述磁场在空间分布，磁感应线是一些有方向的曲线，规定：曲线上任意一点的切线方向代表该点的磁感应强度的方向；通过垂直于磁感应强度方向单位面积上的磁感应线条数等于该处磁感应强度的大小。磁感应线可以很容易通过实验的方法显示出来，将一块玻璃板放在有磁场的空间中，上面均匀地撒上铁屑，轻轻敲动玻璃板，铁屑就会沿着磁感应线的方向排列起来。图 7-8 分别给出了无限长载流直导线、圆电流、载流直螺线管所激发的磁场的磁感应线示意图。

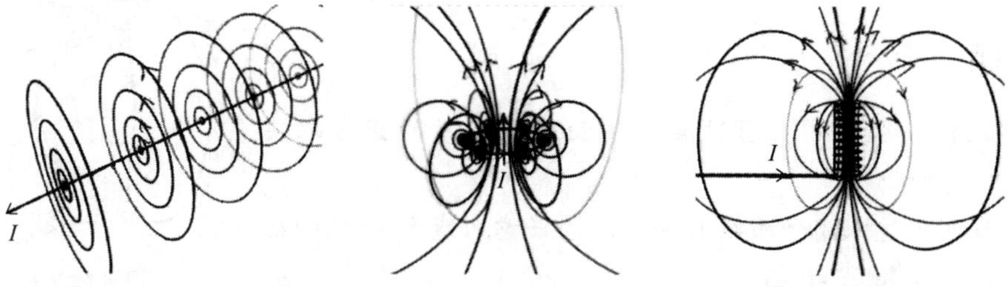

a）无限长载流直导线磁感应线　　b）圆电流磁感应线　　c）载流直螺线管磁感应线

图 7-8　典型的磁感应线

从图 7-8 可看出磁感应线具有如下特性：

（1）在任何磁场中每一条磁感应线都是环绕电流的无头无尾的闭合曲线，既没有起点也没有终点，而且这些闭合曲线都和电流互相套连；

（2）在任何磁场中，每一条闭合的磁感应线的方向与该闭合磁感应线所包围的电流流向服从右手螺旋定则。

二、磁通量及磁场的高斯定理

在磁场中通过某一曲面的磁感应线的条数称为通过该面的**磁通量**，用 $\boldsymbol{\Phi}_{\mathrm{m}}$ 表示。如图 7-9所示，在磁场中任取一个面元 d$\boldsymbol{S}$，设该面元处的磁感应强度为 $\boldsymbol{B}$，则通过面元 d$\boldsymbol{S}$ 的磁通量 $\mathrm{d}\boldsymbol{\Phi}_{\mathrm{m}}$ 定义为

$$\mathrm{d}\boldsymbol{\Phi}_{\mathrm{m}} = \boldsymbol{B} \cdot \mathrm{d}\boldsymbol{S} = B\mathrm{d}S\cos\theta \tag{7-8}$$

式中，θ 为 $\boldsymbol{B}$ 与 d$\boldsymbol{S}$ 的夹角。

而通过有限曲面 S 的磁通量为

$$\boldsymbol{\Phi}_{\mathrm{m}} = \int_S \boldsymbol{B} \cdot \mathrm{d}\boldsymbol{S} = \int_S B\cos\theta \mathrm{d}S \tag{7-9}$$

在国际单位制中，磁通量的单位是韦伯，用符号 Wb 表示，有

$$1\mathrm{Wb} = 1\mathrm{T} \cdot \mathrm{m}^2$$

由于磁感应线都是无头无尾的闭合曲线，所以对于闭合曲面有多少条磁感应线进入就有多少条穿出，如图 7-10 所示。所以在磁场中通过任意闭合曲面的总磁通量为零，即

$$\boldsymbol{\Phi}_{\mathrm{m}} = \oint_S \boldsymbol{B} \cdot \mathrm{d}\boldsymbol{S} = 0 \tag{7-10}$$

这就是磁场的高斯定理，是电磁场理论的基本方程之一，它是反映磁场规律的一个重要定理，即磁场是无源场，其磁感应线是无头无尾的闭合曲线。

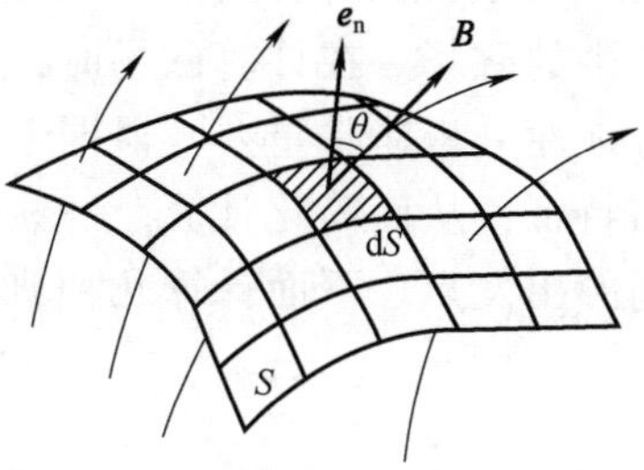

图 7-9　通过有限曲面 S 的磁通量

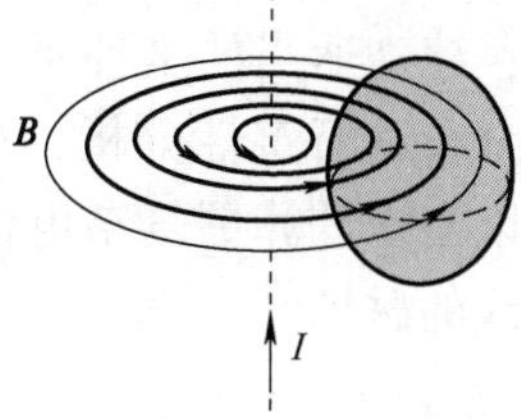

图 7-10　通过闭合曲面的磁通量

思考题

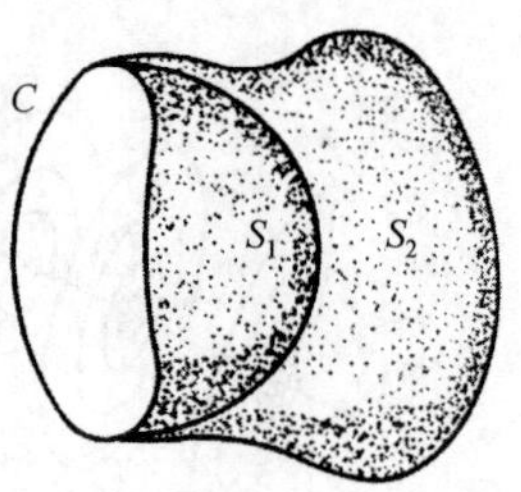

思考题7-6图

7-5 在任一磁场中，通过某一曲面的磁通量的正负取决什么？

7-6 证明穿过以闭合曲线 C 为边界的任意曲线 S_1 和 S_2 的磁通量相等（见思考题7-6图）。

第四节 毕奥-萨伐尔定律及其应用

一、毕奥-萨伐尔定律

设在真空中任意形状的载流导线，其导线截面与到所考察的场点的距离相比可以忽略不计，这种电流则称为线电流。为了求得其在周围空间产生的磁场，与静电场中求带电体激发的电场强度的方法类似，将导线分成许多小线元 $\mathrm{d}\boldsymbol{l}$，$\mathrm{d}\boldsymbol{l}$ 方向与该处电流方向相同，则将 $I\mathrm{d}\boldsymbol{l}$ 称为**电流元**。以 $\boldsymbol{r}$ 表示从此电流元指向某一场点 P 的矢径（见图7-11），实验给出，电流元 $I\mathrm{d}\boldsymbol{l}$ 在真空中某点 P 处所产生的磁感应强度 $\mathrm{d}\boldsymbol{B}$ 由下式决定：

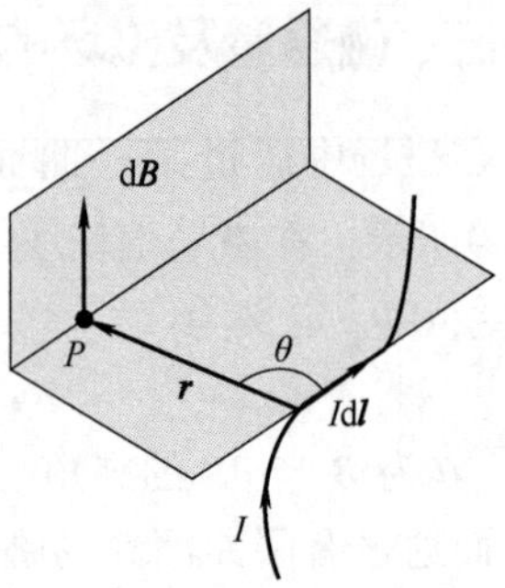

图7-11 电流元激发的磁感应强度

$$\mathrm{d}\boldsymbol{B} = \frac{\mu_0}{4\pi}\frac{I\mathrm{d}\boldsymbol{l} \times \hat{\boldsymbol{e}}_{\mathrm{r}}}{r^2} \tag{7-11}$$

式中，μ_0 称为真空磁导率，在国际单位制中，$\mu_0 = 4\pi \times 10^{-7}\mathrm{N/A^2}$。式（7-11）所描述的就是**毕奥-萨伐尔定律**。它是1820年首先由毕奥和萨伐尔根据对电流的磁作用的实验结果分析得出的，是计算电流磁场的基本公式。

根据磁感应强度叠加原理，任一载流导线在其周围一点所产生的磁感应强度等于该载流导线上的所有电流元在该点所产生的磁感应强度的矢量积分，即

$$\boldsymbol{B} = \int\mathrm{d}\boldsymbol{B} = \frac{\mu_0}{4\pi}\int\frac{I\mathrm{d}\boldsymbol{l} \times \hat{\boldsymbol{e}}_{\mathrm{r}}}{r^2} \tag{7-12}$$

二、毕奥-萨伐尔定律的应用

利用毕奥-萨伐尔定律和磁感应强度叠加原理，几乎可以计算所有载流导线在周围空间产生的磁场，一般用来计算载流导线在某点产生的磁场。在计算磁场时，应注意适当选择电流元，建立适当的坐标系，电流分布的对称性分析非常重要，根据电流分布的对称性对磁场分布进行定性分析，得出磁场的分布特征，从而简化计算。一些典型的电流的磁场，可以当作计算更复杂电流分布产生磁场的出发点。下面计算几种典型的载有稳恒电流的导线的磁场。

例7-1 如图7-12所示，在真空中有一长为 L 的直导线，其中通有电流 I，设点 P 到直

导线的垂直距离为 a，求点 P 处的磁感应强度。

解：在载流直导线上任取一电流元 $I\mathrm{d}\boldsymbol{l}$，它到点 P 矢径为 $\boldsymbol{r}$，$I\mathrm{d}\boldsymbol{l}$ 与 $\boldsymbol{r}$ 的夹角为 θ，如图 7-12所示。根据毕奥–萨伐尔定律，这一电流元在点 P 处产生的磁感应强度 $\mathrm{d}\boldsymbol{B}$ 为

$$\mathrm{d}\boldsymbol{B}=\frac{\mu_0}{4\pi}\frac{I\mathrm{d}\boldsymbol{l}\times\hat{\boldsymbol{e}}_r}{r^2}$$

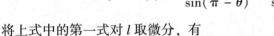

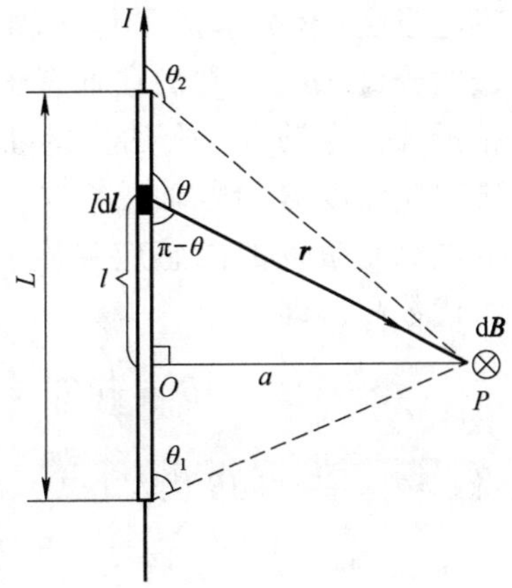

图 7-12　例 7-1 用图

方向垂直纸面向内，图中用⊗表示，由于长直导线 L 上每一个电流元在点 P 处的磁感应强度 $\mathrm{d}\boldsymbol{B}$ 的方向都是垂直纸面向内的，所以合磁感应强度也垂直纸面向内，可以用标量积分来计算其大小。即

$$B=\int_L \mathrm{d}B=\frac{\mu_0}{4\pi}\int\frac{I\mathrm{d}l\sin\theta}{r^2}$$

式中，l、r、θ 均为变量。首先要统一变量，从图 7-12 中可以看出，各变量并不独立，它们满足

$$l=a\cot(\pi-\theta),r=\frac{a}{\sin(\pi-\theta)}=\frac{a}{\sin\theta}$$

将上式中的第一式对 l 取微分，有

$$\mathrm{d}l=a\csc^2\theta\mathrm{d}\theta$$

将上面的关系式联立后可得

$$B=\frac{\mu_0 I}{4\pi a}\int_{\theta_1}^{\theta_2}\sin\theta\mathrm{d}\theta=\frac{\mu_0 I}{4\pi a}(\cos\theta_1-\cos\theta_2)$$

式中，θ_1 是电流方向与电流流入端到场点的矢径之间的夹角；θ_2 是电流方向与电流流出端到场点的矢径之间的夹角。

讨论：

（1）若直导线为无限长，即 $\theta_1=0$，$\theta_2=\pi$，那么

$$B=\frac{\mu_0 I}{2\pi a}$$

此式表明，无限长直载流导线周围的磁感应强度 B 与导线到场点的距离成反比，与电流强度 I 成正比。

（2）若直导线为半无限长，即 $\theta_1=0$，$\theta_2=\frac{\pi}{2}$ 或 $\theta_1=\frac{\pi}{2}$，$\theta_2=\pi$，那么 $B=\frac{\mu_0 I}{4\pi a}$。

例 7-2　设真空中有一圆形载流导线，半径为 R，电流强度为 I，求圆形载流导线轴线上的磁场分布。

解：如图 7-13 所示，把圆电流轴线作为 x 轴，以圆心为原点。在圆环上任取一电流元 $I\mathrm{d}\boldsymbol{l}$，其在轴线上任一点 P 处的磁感应强度为 $\mathrm{d}\boldsymbol{B}$，由于 $I\mathrm{d}\boldsymbol{l}$ 总与 $\boldsymbol{r}$ 垂直，由毕奥–萨伐尔定律知，该电流元在点 P 激发的磁感应强度 $\mathrm{d}\boldsymbol{B}$ 的大小为

$$\mathrm{d}B=\frac{\mu_0}{4\pi}\frac{I\mathrm{d}l}{r^2}$$

由电流元分布的对称性分析可知，各电流元在点 P 激发的磁感应强度大小相等，方向各不相同，但是与轴线的夹角均为 θ。因此我们把磁感应强度 $\mathrm{d}\boldsymbol{B}$ 分解成平行于轴线的分量 $\mathrm{d}\boldsymbol{B}_{/\!/}$ 和垂直于轴线的分量 $\mathrm{d}\boldsymbol{B}_{\perp}$。它们在垂直于轴线方向上的分量 $\mathrm{d}\boldsymbol{B}_{\perp}$ 互相抵消，沿轴线方向的分量 $\mathrm{d}\boldsymbol{B}_{/\!/}$ 互相加强。所以点 P 的磁感应强度 $\boldsymbol{B}$ 沿着轴线方向，大小等于细载流圆环上所有电流元激发的磁感应强度 $\mathrm{d}\boldsymbol{B}$ 沿轴线方向的分量 $\mathrm{d}\boldsymbol{B}_{/\!/}$ 的代数和，即

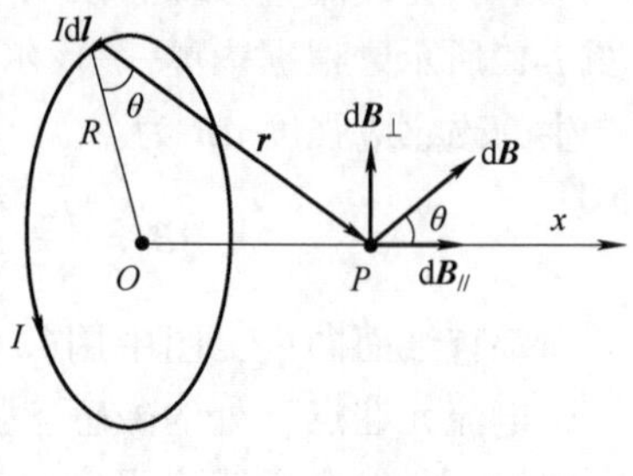

图 7-13　例 7-2 用图

$$B = \int \mathrm{d}B_{/\!/} = \int \mathrm{d}B\cos\theta$$

将 $\cos\theta = \dfrac{R}{r}$ 和 $\mathrm{d}B$ 代入上式，得

$$B = \int_0^{2\pi R} \frac{\mu_0}{4\pi}\frac{I\mathrm{d}l}{r^2}\frac{R}{r} = \frac{\mu_0 IR^2}{2r^3} = \frac{\mu_0}{2}\frac{IR^2}{(R^2+x^2)^{\frac{3}{2}}}$$

磁感应强度 $\boldsymbol{B}$ 的方向与圆电流的电流流向满足右手螺旋定则。

讨论：

（1）在圆心点处，$x=0$，所以磁感应强度的大小为

$$B = \frac{\mu_0 I}{2R}$$

（2）一段通电圆弧导线在圆心 O 点所激发的磁场（见图 7-14）的磁感应强度 $\boldsymbol{B}$ 的大小为

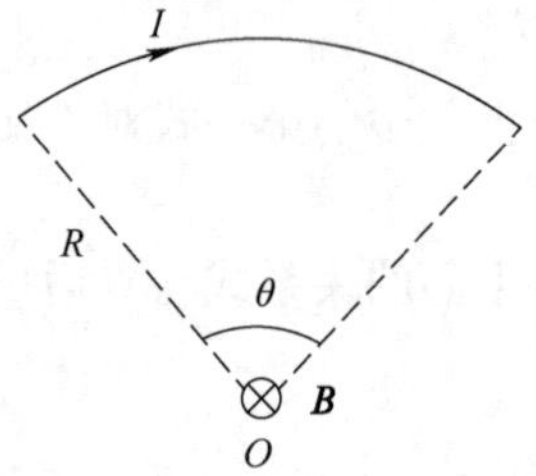

图 7-14　一段通电圆弧导线在圆心 O 点所激发的磁场

$$B = \frac{\mu_0}{4\pi}\frac{\theta I}{R}$$

方向沿轴线并遵从右手螺旋定则。式中，θ 为圆弧对圆心 O 所张的圆心角。

例 7-3　设真空中有一均匀密绕载流直螺线管，半径为 R，电流强度为 I，单位长度上绕有 n 匝线圈，如图 7-15 所示，求螺线管轴线上的磁场分布。

解：螺线管上各匝线圈绕得很密，每匝线圈就相当于一个圆线圈，整个螺线管就可以看成是由一系列圆线圈并排起来组成的。因而螺线管在某点产生的磁感应强度就等于这些圆线圈在该点产生的磁感应强度的矢量和。在螺线管轴线上距点 P 为 l 处取一小段 $\mathrm{d}l$，该小段上线圈匝数为 $n\mathrm{d}l$，把它看成圆电流。由圆电流轴线上的磁场分布的公式可知，该小段上的线圈在轴线上点 P 所激发的磁感应强度的大小为

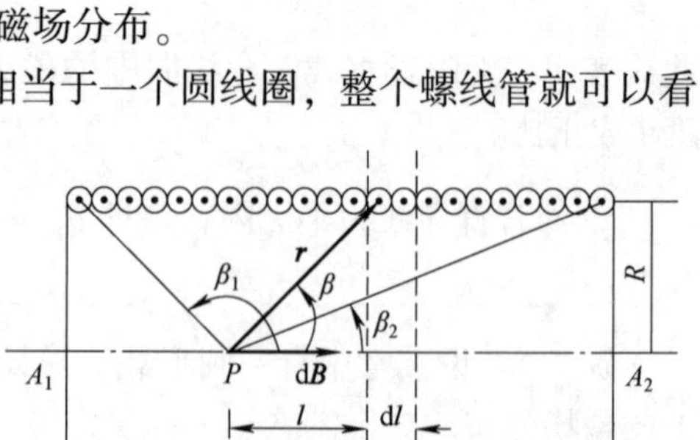

图 7-15　例 7-3 用图

$$\mathrm{d}B = \frac{\mu_0}{2}\frac{R^2 In\mathrm{d}l}{(R^2+l^2)^{\frac{3}{2}}}$$

磁感应强度 $\mathrm{d}\boldsymbol{B}$ 沿轴线方向，与电流成右手螺旋关系。因为螺线管的各小段在点 P 所产生的

磁感应强度方向相同，所以整个螺线管所产生的总磁感应强度为

$$B = \int \mathrm{d}B = \int \frac{\mu_0}{2} \frac{R^2 In\mathrm{d}l}{(R^2 + l^2)^{\frac{3}{2}}}$$

根据图 7-15 中的几何关系，有

$$l = R\cot\beta$$

微分后得

$$\mathrm{d}l = -R(\csc\beta)^2 \mathrm{d}\beta$$

将其代入螺线管所产生的总磁感应强度公式，得到该载流直螺线管在轴线上点 P 产生的磁感应强度的大小为

$$B = -\int_{\beta_1}^{\beta_2} \frac{\mu_0 nI}{2} \sin\beta \mathrm{d}\beta = \frac{1}{2}\mu_0 nI(\cos\beta_2 - \cos\beta_1)$$

讨论：

（1）对于无限长直载流螺线管，$\beta_1 \to \pi$，$\beta_2 \to 0$，所以 $B = \mu_0 nI$。这表明，在无限长直载流螺线管内部轴线上各点磁感应强度为常矢量。

（2）在半无限长直载流螺线管的一端，$\beta_1 \to \frac{\pi}{2}$，$\beta_2 \to 0$，则 $B = \frac{1}{2}\mu_0 nI$。这表明，在半无限长直载流螺线管端点轴线上的磁感应强度的大小只有无限长直载流螺线管管内轴线上磁感应强度大小的一半。

三、运动电荷的磁场

导体中的电流是大量带电粒子定向运动形成的，由此可知所谓电流激发磁场，实质上是运动的带电粒子在其周围空间激发磁场，下面将从毕奥-萨伐尔定律导出运动电荷产生的磁场表达式。

如图 7-16 所示，一截面为 S 的均匀导线，通有电流 I。设其载流子带正电，电量为 q，载流子数密度为 n，定向迁移速度为$\boldsymbol{v}$，那么单位时间内通过截面 S 电量即电流强度为 $I = qnvS$，在导线上任取一线元 $\mathrm{d}\boldsymbol{l}$，与之对应电流元为 $I\mathrm{d}\boldsymbol{l}$，带电粒子定向运动速度 $\boldsymbol{v}$ 的方向与电流元 $I\mathrm{d}\boldsymbol{l}$ 方向相同，因此电流元

$$I\mathrm{d}\boldsymbol{l} = nqSv\mathrm{d}\boldsymbol{l}$$

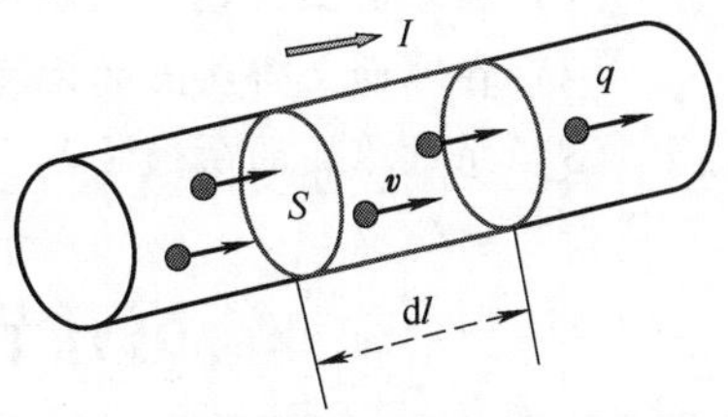

图 7-16　电流元中的运动电荷

代入毕奥-萨伐尔定律，得

$$\mathrm{d}\boldsymbol{B} = \frac{\mu_0}{4\pi} \frac{nqS\mathrm{d}l\boldsymbol{v} \times \hat{\boldsymbol{e}}_\mathrm{r}}{r^2}$$

电流元 $I\mathrm{d}\boldsymbol{l}$ 激发的磁场 $\mathrm{d}\boldsymbol{B}$ 是由电流元 $I\mathrm{d}\boldsymbol{l}$ 中 $\mathrm{d}N = nS\mathrm{d}l$ 个载流子共同产生的，因此平均起来每个载流子所产生的磁感应强度 $\boldsymbol{B}$ 为

$$\boldsymbol{B} = \frac{\mu_0}{4\pi} \frac{q\boldsymbol{v} \times \hat{\boldsymbol{e}}_\mathrm{r}}{r^2} \tag{7-13}$$

式中，$\hat{\boldsymbol{e}}_r$ 是运动电荷所在点指向场点的单位矢量；磁感应强度 $\boldsymbol{B}$ 垂直于 $\boldsymbol{v}$ 和 $\hat{\boldsymbol{e}}_r$ 所组成的平面，其方向由右手螺旋定则确定。

例 7-4 如图 7-17 所示，一个带正电的点电荷 q 以角速度 ω 绕点 O 做圆周运动，圆周半径为 r，求运动点电荷在点 O 产生的磁感应强度。

解：方法一 设点电荷的线速度为 $\boldsymbol{v}$，点电荷指向点 O 的矢径为 $\boldsymbol{r}$，在任意位置都有 $\boldsymbol{v}\perp\boldsymbol{r}$，$v=r\omega$，根据式（7-13）得点 O 的磁感应强度大小为

$$B_O=\frac{\mu_0 q\omega}{4\pi r}$$

方向垂直纸面向外。

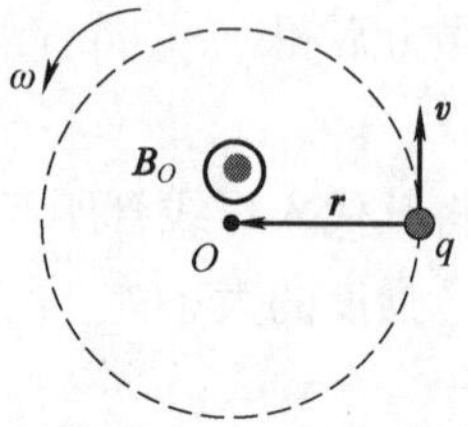

图 7-17 例 7-4 用图

方法二 点电荷做圆周运动就形成一圆电流，根据电流强度定义，得

$$I=\frac{\omega}{2\pi}q$$

圆电流在其中心的磁感应强度的大小为

$$B_O=\frac{\mu_0 I}{2r}=\frac{\mu_0 q\omega}{4\pi r}$$

方向垂直纸面向外。

思考题

7-7 如思考题 7-7 图所示的电流元 $I\mathrm{d}\boldsymbol{l}$ 是否在空间所有点的磁感应强度均不为零？请指出 $I\mathrm{d}\boldsymbol{l}$ 在 a、b、c、d 四点产生的磁感应强度的方向。

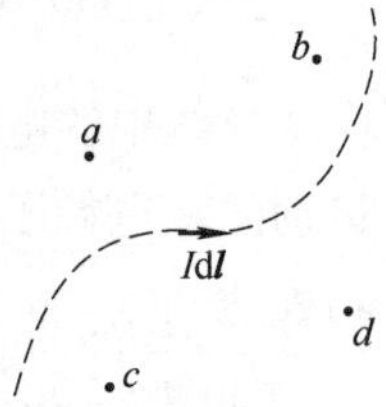

思考题 7-7 图

7-8 一个半径为 R 的假想球面中心有一运动电荷。问：

（1）在球面上哪些点的磁场最强？

（2）在球面上哪些点的磁场为零？

（3）穿过球面的磁通量是多少？

第五节 安培环路定理及其应用

一、安培环路定理

在静电场中，电场强度 $\boldsymbol{E}$ 沿任意闭合路径的线积分等于零，即 $\oint_L \boldsymbol{E}\cdot\mathrm{d}\boldsymbol{l}=0$，这是静电场的一个重要性质，说明静电场是保守场。而对磁场来说，磁感应强度 $\boldsymbol{B}$ 沿任意闭合路径的线积分却不一定等于零。由毕奥-萨伐尔定律可以推导出稳恒传导电流激发的磁场的一条基本规律，表述为：在真空的稳恒磁场中，磁感应强度 $\boldsymbol{B}$ 沿任意闭合路径的线积分（即 $\boldsymbol{B}$ 的环流）等于该闭合路径所包围的电流的代数和的 μ_0 倍。即

$$\oint_L \boldsymbol{B} \cdot \mathrm{d}\boldsymbol{l} = \mu_0 \sum I_{\mathrm{i}} \tag{7-14}$$

这就是真空中稳恒磁场的**安培环路定理**，该闭合环路称为安培环路。安培环路定理是反映磁场基本性质的重要方程之一，它说明磁场是有旋场。

我们通过真空中无限长直载流导线激发的磁场这一特例来验证安培环路定理的正确性。

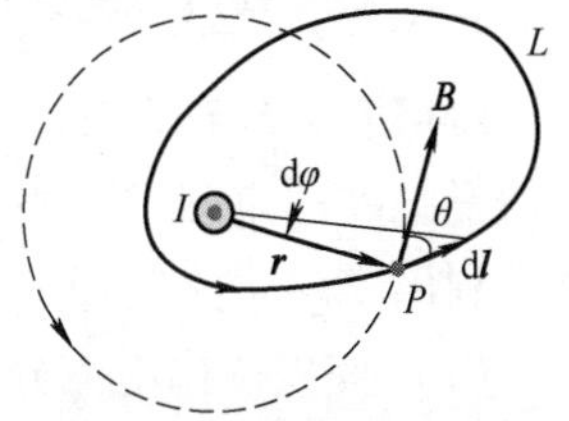

图 7-18 计算 **B** 对任意形状的闭合路径的线积分

如图 7-18 所示，电流 I 垂直于纸面向外，在垂直于导线的平面内任取一包围电流的闭合路径 L，线上任意一点 P 的磁感应强度的大小为

$$B = \frac{\mu_0}{2\pi}\frac{I}{r}$$

式中，I 为导线中的电流；r 为点 P 离开导线的距离。在闭合路径 L 上 P 点处选取线元 $\mathrm{d}\boldsymbol{l}$，由图可知，$\mathrm{d}l\cos\theta = r\mathrm{d}\varphi$，所以

$$\oint_L \boldsymbol{B} \cdot \mathrm{d}\boldsymbol{l} = \oint_L B\cos\theta \mathrm{d}l = \oint_L Br\mathrm{d}\varphi = \int_0^{2\pi} \frac{\mu_0}{2\pi}\frac{I}{r} r\mathrm{d}\varphi = \frac{\mu_0 I}{2\pi}\int_0^{2\pi}\mathrm{d}\varphi = \mu_0 I$$

由此可见，真空中当任意闭合回路 L 包围电流 I 时，磁感应强度 $\boldsymbol{B}$ 沿闭合路径 L 的线积分为 $\mu_0 I$。如果电流的方向相反，磁感应强度 $\boldsymbol{B}$ 方向与图示方向相反，则线积分变为

$$\oint_L \boldsymbol{B} \cdot \mathrm{d}\boldsymbol{l} = -\mu_0 \boldsymbol{I}$$

若闭合的积分路径 L 不包围电流 I，如图 7-19 所示，此时从载流导线出发作闭合路径的两条切线，两切点把闭合路径 L 分为 L_1 和 L_2 两部分。按上面同样的分析，可以得出

$$\oint_L \boldsymbol{B} \cdot \mathrm{d}\boldsymbol{l} = \int_{L_1} \boldsymbol{B} \cdot \mathrm{d}\boldsymbol{l} + \int_{L_2} \boldsymbol{B} \cdot \mathrm{d}\boldsymbol{l} = \frac{\mu_0 I}{2\pi}\left(\int_{L_1}\mathrm{d}\varphi + \int_{L_2}\mathrm{d}\varphi\right)$$

$$= \frac{\mu_0 I}{2\pi}[\varphi + (-\varphi)] = 0$$

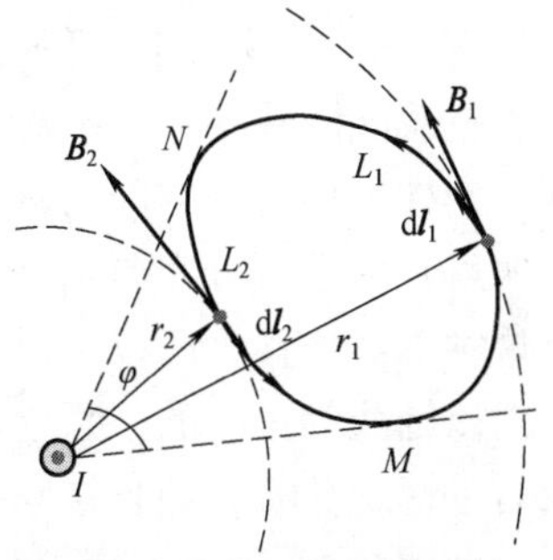

图 7-19 计算 **B** 对不包围电流的闭合路径的线积分

上式表明，当安培环路不包围电流 I 时，磁感应强度 $\boldsymbol{B}$ 沿安培环路的线积分为零。

如果安培环路包围多个无限长直载流导线，可以得出

$$\oint_L \boldsymbol{B} \cdot \mathrm{d}\boldsymbol{l} = \oint_L \sum \boldsymbol{B}_i \cdot \mathrm{d}\boldsymbol{l} = \sum \oint_L \boldsymbol{B}_i \cdot \mathrm{d}\boldsymbol{l} = \mu_0 \sum I_i$$

应用安培环路定理时应注意：

（1）式（7-14）中，$\sum I_i$ 是安培环路所包围电流的代数和。当电流的方向与积分路径的绕行方向成右手螺旋关系时，该电流取正值，反之取负值。在图 7-20 中，$\sum I_i = I_2 + I_3 - I_1$。

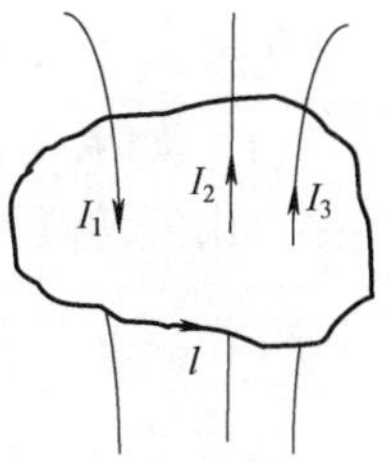

图 7-20 包围多根电流的安培环路

（2）尽管未被安培环路包围的电流对磁感应强度 **B** 沿闭合路径的线积分没有贡献，但它们对空间各点的磁场是有贡献的，空间任一点的磁场是由空间所有电流共同产生的。只有安培环路包围的电流对磁感应强度 **B** 沿闭合路径的线积分有贡献。

（3）安培环路并非一定是平面回路，也可是空间回路。

（4）安培环路定理只适用于真空中闭合恒定电流产生的磁场。如果电流随时间发生变化或空间存在其他磁性材料，则需要对安培环路定理的形式进行修正。

二、安培环路定理的应用

应用安培环路定理可较为简便地计算出某些具有特定对称性的载流导线的磁场分布，这一情况与高斯定理求某些具有特定对称性的带电体的电场分布相似。

利用安培环路定理求磁感应强度 $\boldsymbol{B}$ 的步骤如下。

（1）首先依据电流分布的对称性，分析磁场分布的对称性。

（2）选取适当的安培环路 L 使其通过所求的场点，且在所取安培环路 L 上要求磁感应强度 $\boldsymbol{B}$ 的大小处处相等，或使积分在安培环路 L 某些段上的积分为零，剩余路径上的 $\boldsymbol{B}$ 值处处相等，而且 $\boldsymbol{B}$ 与路径的夹角也处处相同，以便使积分 $\oint_L \boldsymbol{B}\cdot \mathrm{d}\boldsymbol{l}$ 中的 $\boldsymbol{B}$ 能以标量形式从积分号内提出来。

（3）任意规定一个安培环路 L 的绕行方向，根据右手螺旋定则判定电流的正、负，从而求出安培环路 L 所包围电流的代数和。

（4）根据安培环路定理列出方程式，最后解出磁感应强度 $\boldsymbol{B}$ 的分布。

下面通过几个典型例子说明安培环路定理的应用。

例 7-5　如图 7-21 所示，设真空中有一半径为 R 的无限长直载流圆柱导体，电流 I 在导体截面上均匀流过，求载流圆柱导体周围空间的磁场分布。

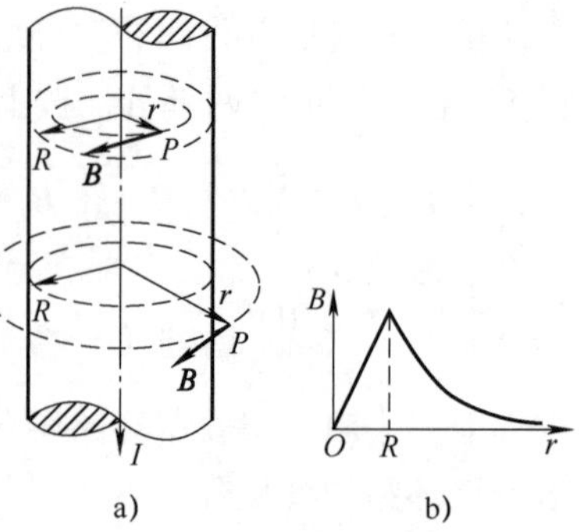

图 7-21　例 7-5 用图

解： 由电流分布具有轴对称性可知磁感应强度 $\boldsymbol{B}$ 也有这种轴对称性，所以磁感应线应该是在垂直轴线的平面内、以轴线为中心的一系列同心圆，方向与其内部的电流成右手螺旋关系，而且在同一圆周上磁感应强度的大小相等，如图 7-21 所示。过任一场点 P，在垂直轴线的平面内取圆心在轴线上、半径为 r 的圆周为安培环路 L，积分方向与磁感应线的方向相同（与电流方向成右手螺旋关系）。由于 L 上磁感应强度的量值处处相等，且磁感应强度 $\boldsymbol{B}$ 的方向与积分路径 $\mathrm{d}\boldsymbol{l}$ 的方向一致，所以，磁感应强度 $\boldsymbol{B}$ 沿路径 L 的线积分为

$$\oint_L \boldsymbol{B}\cdot \mathrm{d}\boldsymbol{l} = 2\pi rB$$

（1）如果点 P 为圆柱体内任意一点，即 $r < R$，因为圆柱体内的电流只有一部分 I' 通过环路，由安培环路定理，得

$$\oint_L \boldsymbol{B}\cdot \mathrm{d}\boldsymbol{l} = 2\pi rB = \mu_0 I'$$

由于电流 I 均匀分布，所以

$$I' = \frac{I}{\pi R^2}\pi r^2 = \frac{Ir^2}{R^2}$$

上面两式联立得

$$2\pi rB = \mu_0 \frac{Ir^2}{R^2}$$

解得

$$B = \frac{\mu_0 Ir}{2\pi R^2} \quad (r < R)$$

（2）如果点 P 为圆柱体外任意一点，即 $r > R$，由安培环路定理，得

$$\oint_L \boldsymbol{B} \cdot \mathrm{d}\boldsymbol{l} = 2\pi rB = \mu_0 I$$

所以

$$B = \frac{\mu_0 I}{2\pi r} \quad (r > R)$$

这与无限长直载流导线的磁场分布完全相同。

以上结果表明，在圆柱体外部，磁感应强度 $\boldsymbol{B}$ 的大小与离开轴线的距离 $\boldsymbol{r}$ 成反比；在圆柱体内部，磁感应强度 $\boldsymbol{B}$ 的大小与离开轴线的距离 r 成正比；在圆柱体表面处磁感应强度是连续的。

例 7-6　如图 7-22a 所示的环状螺线管称为螺绕环。设真空中有一螺绕环，环的轴线半径为 R，环上均匀地密绕 N 匝线圈，线圈通有电流 I，求通电螺绕环的磁场分布。

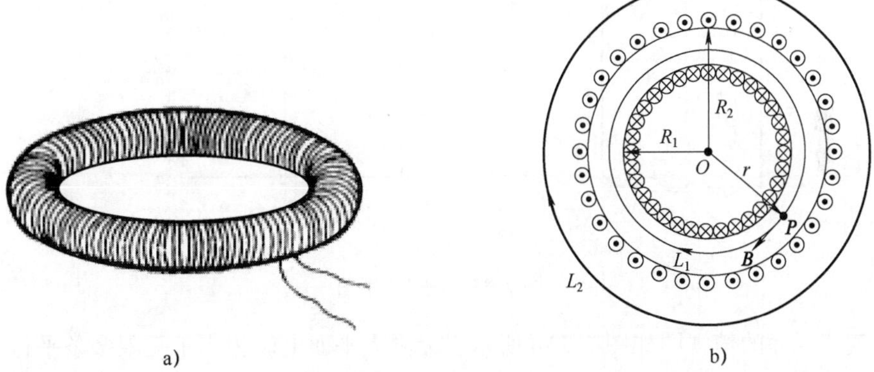

图 7-22　例 7-6 用图

解：由电流的对称性可知，环内的磁感应线是一系列同心圆，圆心在通过环心垂直于环面的直线上。在同一条磁感应线上各点磁感应强度的大小相等，方向沿圆周的切线方向。图 7-22b 是螺线管的剖面图。先分析螺绕环内任意一点 P 的磁场，以环心为圆心、过点 P 作一闭合环路 L_1，半径为 r，绕行方向与所包围电流成右手螺旋关系。则由安培环路定理得

$$\oint_{L_1} \boldsymbol{B} \cdot \mathrm{d}\boldsymbol{l} = 2\pi rB = \mu_0 NI$$

计算出点 P 磁感应强度为

$$B = \frac{\mu_0 NI}{2\pi r} \quad （螺绕环内）$$

如果环管截面半径比轴线半径小得多，可以认为 $r \approx R$，则可以写成

$$B = \frac{\mu_0 NI}{2\pi R} = \mu_0 nI$$

这里 $n = \dfrac{N}{2\pi R}$ 是螺绕环单位长度内的线圈匝数。上述结果与无限长直载流螺线管的磁场类似。

对螺绕环外任意一点的磁场，过所求场点作一圆形闭合环路 L_2，并使它与螺绕环共轴。很容易看出，穿过闭合回路的总电流为零，因此根据安培环路定理

$$\oint_{L_2} \boldsymbol{B} \cdot \mathrm{d}\boldsymbol{l} = 2\pi r B = 0$$

得

$$B = 0 \quad （螺绕环外）$$

所以，对于密绕细螺绕环来说，它的磁场几乎全部集中在螺绕环的内部，外部无磁场。

例 7-7 设在无限大导体薄板中有均匀电流沿平面流动，在垂直于电流方向的单位长度上流过的电流为 j，如图 7-23a 所示，求无限大均匀平面电流的磁场分布。

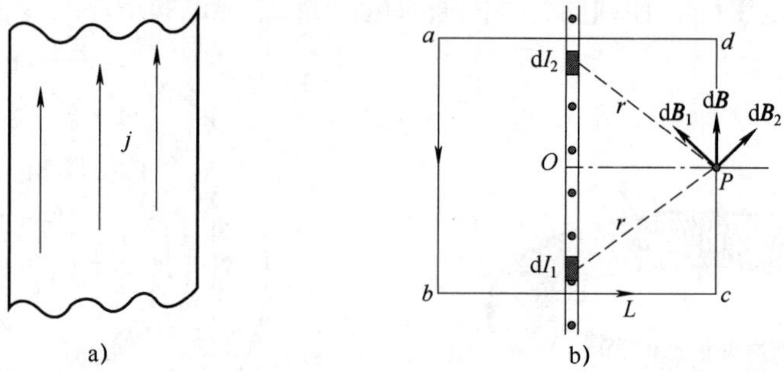

图 7-23 例 7-7 用图

解：载流平面的俯视图如图 7-23b 所示，无限大平面电流相当于无限多条平行的长直电流。根据电流对称性可知，与平板等距离处 $\boldsymbol{B}$ 的大小相等；对于平面右方任意一点处磁感应强度 $\boldsymbol{B}$ 平行于平面指向上，平面左方任意一点处磁感应强度 $\boldsymbol{B}$ 平行于平面指向下。作如图所示安培环路 $abcda$。

由安培环路定理有

$$\oint_L \boldsymbol{B} \cdot \mathrm{d}\boldsymbol{l} = \int_a^b \boldsymbol{B} \cdot \mathrm{d}\boldsymbol{l} + \int_b^c \boldsymbol{B} \cdot \mathrm{d}\boldsymbol{l} + \int_c^d \boldsymbol{B} \cdot \mathrm{d}\boldsymbol{l} + \int_d^a \boldsymbol{B} \cdot \mathrm{d}\boldsymbol{l}$$

在 bc、da 上 $\boldsymbol{B}$ 与 $\mathrm{d}\boldsymbol{l}$ 垂直，ab 与 cd 上积分值相同，所以有

$$\oint_L \boldsymbol{B} \cdot \mathrm{d}\boldsymbol{l} = 2\int_a^b B\mathrm{d}l = 2B\,\overline{ab} = \mu_0\,\overline{ab}j$$

$$B = \frac{\mu_0 j}{2}$$

结果说明，在无限大均匀平面电流两侧的磁场都是均匀磁场，而且两侧磁感应强度大小相等，方向相反。

思考题

7-9　若空间中存在两根无限长直载流导线，则磁场的分布就不存在简单的对称性，于是

(A) 安培环路定理已不成立，故不能直接用此定理计算磁场分布。

(B) 安培环路定理仍然成立，故仍可直接用此定理计算磁场分布。

(C) 可以用安培环路定理与磁场的叠加原理计算磁场分布。

(D) 可以用毕奥-萨伐尔定律计算磁场分布。

请判断以上说法的正确性。

7-10　假设思考题7-10图中两导线中的电流 I_1、I_2 相等，对如图所示的三个闭合线 L_1、L_2、L_3 的环路，分别讨论每种情况下：$\oint_L \boldsymbol{B} \cdot \mathrm{d}\boldsymbol{l} = ?$ 在每个闭合线上各点的磁感应强度 $\boldsymbol{B}$ 是否相等？为什么？

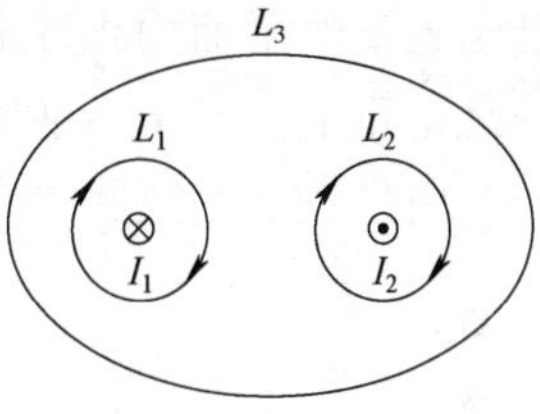

思考题7-10图

7-11　由毕奥-萨伐尔定律可证明：一段载流为 I 的有限长直导线附近点 P 的磁感应强度满足公式 $B = \dfrac{\mu_0 I}{4\pi a}(\cos\theta_1 - \cos\theta_2)$，现于垂直于电流的平面内过点 P 作一圆形回路 L（以导线为中心轴），则以此回路算得如下的环路积分：

$$\oint_L \boldsymbol{B} \cdot \mathrm{d}\boldsymbol{l} = \frac{\mu_0 I}{2}(\cos\theta_1 - \cos\theta_2)$$

这与安培环路定理的公式不一致。上述结果正确吗？应如何解释？

第六节　带电粒子在电磁场中的运动　霍尔效应

一、洛伦兹力

根据磁感应强度的定义，我们知道，电荷受到的磁力的方向总是与电荷运动的方向垂直：当电荷沿磁场方向运动时，磁力为零；当电荷沿着与磁场方向垂直的方向运动时，所受到的磁力最大 $F_m = qvB$。

在一般情况下，如果电荷运动方向与磁场方向成夹角 θ，则所受到的磁力 $\boldsymbol{F}$ 的大小为

$$F = qvB\sin\theta \tag{7-15}$$

方向垂直于 $\boldsymbol{v}$ 和 $\boldsymbol{B}$ 所确定的平面，写成矢量的形式

$$\boldsymbol{F} = q\boldsymbol{v} \times \boldsymbol{B} \tag{7-16}$$

上式就是洛伦兹力公式，它总是和电荷的运动速度方向垂直，因此磁力只改变电荷的运动方向，而不改变其速度的大小和动能。洛伦兹力对电荷所做的功恒等于零，这是洛伦兹力的一个重要特征。

二、带电粒子在磁场中的运动

一电量为 q 、质量为 m 的粒子，以初速度$\boldsymbol{v}$进入磁场中运动，它会受到由式（7-16）所示的洛伦兹力的作用，因而改变其运动状态。

1. 带电粒子在均匀磁场中的运动

（1）如果 $\boldsymbol{v}$ 与 $\boldsymbol{B}$ 相互平行，作用于带电粒子的洛伦兹力等于零，带电粒子不受磁场的影响，进入磁场后仍沿磁场方向做匀速直线运动。

（2）如果 $\boldsymbol{v}$ 与 $\boldsymbol{B}$ 垂直，这时带电粒子将受到与运动方向垂直的洛伦兹力 $\boldsymbol{F}$，其大小为

$$F = qvB$$

因为洛伦兹力始终与粒子的运动方向垂直，所以带电粒子将在垂直于磁场的平面内做半径为 R 的匀速率圆周运动。图 7-24 所示的是带正电的粒子沿逆时针方向运动。

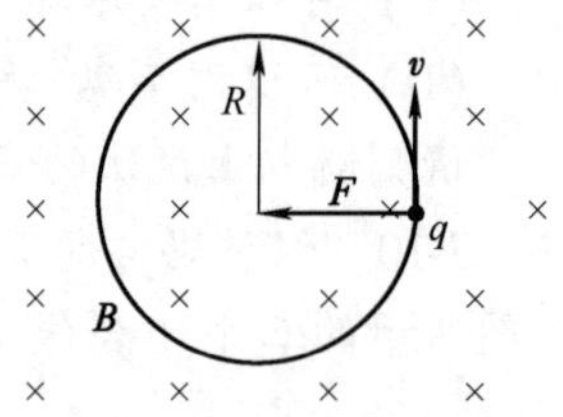

图 7-24 带正电粒子垂直于磁场方向运动的轨迹

由牛顿运动定律得带电粒子做圆周运动的轨道半径为

$$R = \frac{mv}{qB} \tag{7-17}$$

可见，对于一定的带电粒子（即 $\frac{q}{m}$ 一定），其轨道半径与带电粒子的运动速度成正比，与磁感应强度 $\boldsymbol{B}$ 的大小成反比。

带电粒子绕圆形轨道运动一周所需的时间，即周期为

$$T = \frac{2\pi R}{v} = \frac{2\pi m}{qB} \tag{7-18}$$

上式表明，带电粒子的运动周期与带电粒子的运动速度无关。这一特点是磁聚焦和回旋加速器的理论基础。

（3）如果 $\boldsymbol{v}$ 与 $\boldsymbol{B}$ 成任意 θ 角，这时可将带电粒子的初速度 $\boldsymbol{v}$ 分解为平行于 $\boldsymbol{B}$ 的分量 $v_{/\!/} = v\cos\theta$ 和垂直于 $\boldsymbol{B}$ 的分量 $v_{\perp} = v\sin\theta$，即带电粒子同时参与两种运动。对于 $v_{/\!/}$，磁场是纵向的，故带电粒子将以速度 $v_{/\!/}$ 沿着磁场方向做匀速直线运动；对于 $v_{\perp}$，磁场是横向的，所以带电粒子做匀速率圆周运动。因此，带电粒子的合运动是以磁场方向为轴的螺旋运动，如图 7-25 所示。螺旋线半径为

$$R = \frac{mv_{\perp}}{qB} = \frac{mv\sin\theta}{qB} \tag{7-19}$$

螺旋周期为

$$T = \frac{2\pi R}{v_{\perp}} = \frac{2\pi m}{qB} \tag{7-20}$$

螺距为

$$h = v_{/\!/} T = \frac{2\pi mv\cos\theta}{qB} \tag{7-21}$$

如果在均匀磁场中某点 A 处（见图 7-26）引入一束发散角不太大的带电粒子束，其中粒子的速度又大致相同，则它们在磁场的方向上具有大致相同的速度分量，因而它们有相同的螺距 h。经过一个周期它们将重新汇聚在另一点，这种发散粒子束汇聚到一点的现象与透镜将光束聚焦现象十分相似，叫磁聚焦。它广泛地应用于电真空器件中，特别是电子显微镜中。

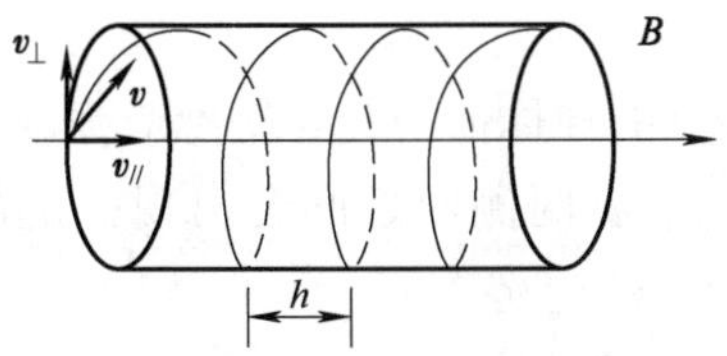

图 7-25　带电粒子在磁场中的螺旋运动

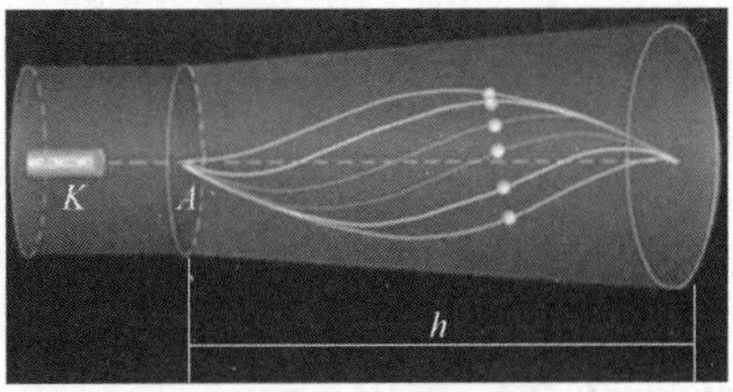

图 7-26　磁聚焦

2. 带电粒子在非均匀磁场中的运动

带电粒子在非均匀磁场中运动时，速度方向和磁场方向不同的带电粒子，也要做螺旋运动，但半径和螺距都将不断发生变化。当粒子向磁场较强的方向运动时，受力情况如图 7-27所示，一个分力 $\boldsymbol{F}_\perp$ 是使电子做圆周运动的向心力；另一个分力 $\boldsymbol{F}_{//}$ 与电子运动的分速度 $\boldsymbol{v}_{//}$ 平行且反向，它使得电子向着强磁场方向的运动速度减慢，有可能直至停止，并继而沿反方向（磁场较弱的一方）加速前进。强度逐渐增加的磁场能使粒子发生“反射”，因而把这种磁场分布叫作**磁镜**。

如图 7-28 所示，如果在真空室中形成一个两端很强、中间较弱的磁场，两端较强的磁场对带电粒子的运动就起着磁镜作用。当处于中间区域的带电粒子沿着磁感应线向两端运动时，遇到强磁场就被反射回来，于是带电粒子就被局限在一定范围内做往返运动，而无法逃逸出去，这种能约束带电粒子的磁场分布称为**磁瓶**。在现代研究受控热核反应的实验中，物质温度达到上亿摄氏度，需要把很高温的等离子体限制在一定空间区域内。在这样的高温下，所有固体材料都将化为气体而不能用作为容器。上述**磁约束**就成为达到这种目的的常用方法之一。

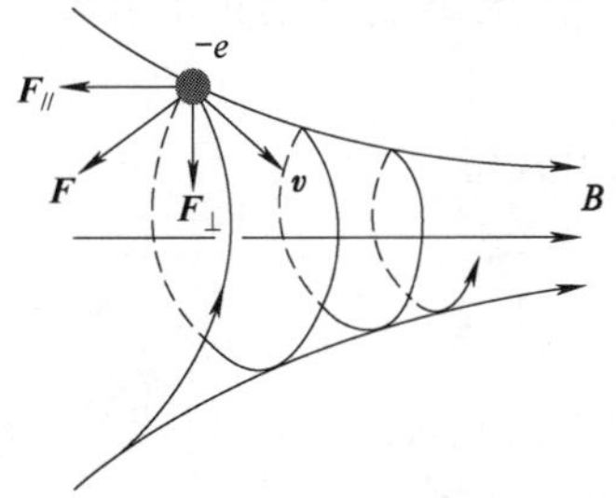

图 7-27　非均匀磁场对运动的带电粒子的力

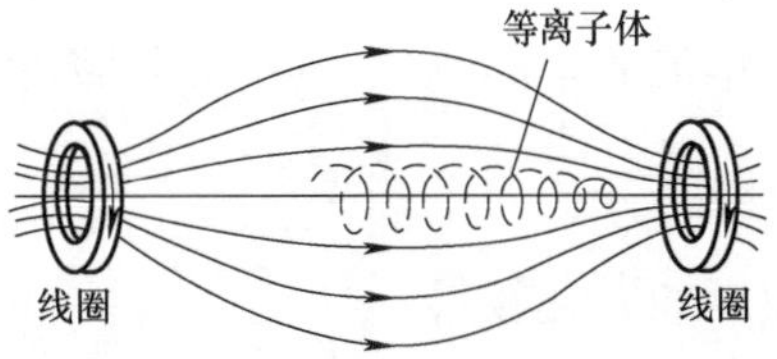

图 7-28　磁瓶

磁约束现象也存在于自然中。如图 7-29 所示，地球磁场是一个非均匀磁场，两极处的磁感应强度比中间的磁感应强度大，因而构成一个天然的带电粒子磁捕集器。来自宇宙射线和“太阳风”的带电粒子进入地球磁场，其中一些粒子沿地球磁场的磁感应线来回反射。探索者 1 号宇航器在 1958 年从太空中发现，在距离地面几千公里和两万公里的高空，分别存在质子层和电子层两个环绕地球的辐射带。我们称这些辐射带为范艾伦辐射带。在高纬地区出现的极光则是高速带电粒子从辐射带脱离进入大气后与大气相互作用引起的。

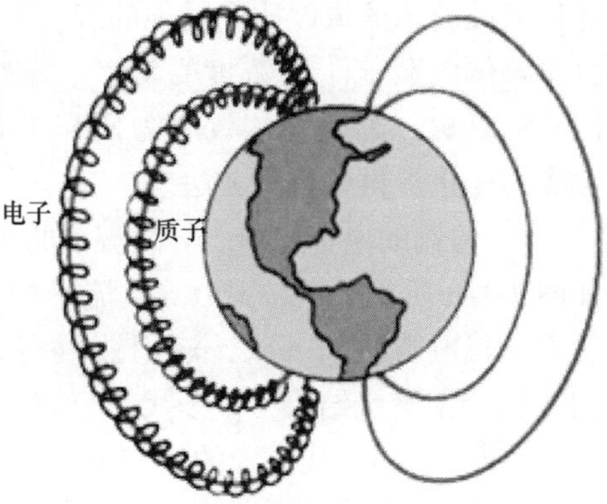

图 7-29　地球磁场内的范艾伦辐射带

三、霍尔效应

1879 年美国物理学家霍耳发现，把一块通有电流 I 的导体薄板放在磁感应强度为 $\boldsymbol{B}$ 的磁场中，如果磁场方向垂直于薄板平面，则在薄板的 A、A' 两侧面之间会出现一定的电势差 $U_{AA'}$，这一现象称为**霍尔效应**，如图 7-30 所示，所产生的电势差 $U_{AA'}$ 称为**霍尔电势差**。实验表明，霍尔电势差 $U_{AA'}$ 与通过导体薄板的电流 I 和磁感应强度 $\boldsymbol{B}$ 的大小成正比，与导体薄板沿磁感应强度 $\boldsymbol{B}$ 方向的厚度 d 成反比，即

$$U_{\mathrm{H}} = k\frac{IB}{d} \tag{7-22}$$

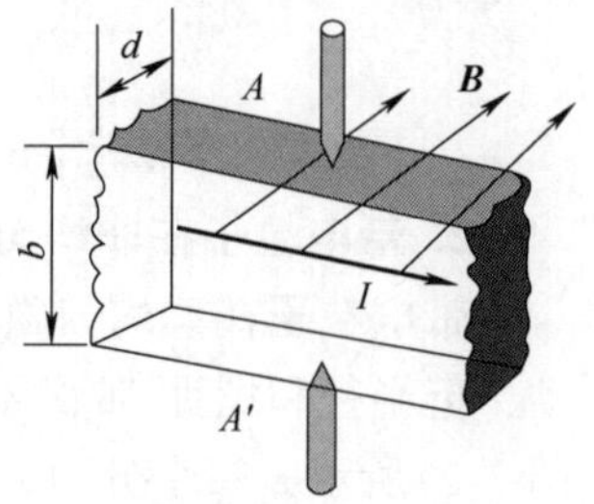

图 7-30　霍尔效应

式中，比例系数 k 称为霍尔系数。

霍尔效应可用洛伦兹力来说明。当电流通过导体薄板时，载流子在洛伦兹力作用下发生偏转，使导体薄板的上、下两侧面出现异号电荷分布，结果在板内形成了附加电场 $\boldsymbol{E}_{\mathrm{H}}$，称为霍尔电场。若载流子平均定向运动速度为 $\boldsymbol{v}$，则载流子受到的洛伦兹力为

$$F_{\mathrm{m}} = qvB$$

而电场对载流子的作用力为

$$F_{\mathrm{e}} = qE_{\mathrm{H}}$$

随着导体薄板两侧电荷的积累，电场力逐渐增大，当这两个力达到平衡时，即

$$qvB = qE_{\mathrm{H}}$$

载流子不再偏转，横向电场 $\boldsymbol{E}_{\mathrm{H}}$ 达到稳定，导体的上下两侧出现稳定的霍尔电势差，则有

$$U_{AA'} = E_{\mathrm{H}}b = Bbv$$

注意到电流 $I = nqvbd$，其中 n 是载流子数密度，代入上式得

$$U_{AA'} = \frac{1}{nq}\frac{IB}{d} \tag{7-23}$$

与式（7-22）比较得

$$k = \frac{1}{nq} \tag{7-24}$$

上式表明，k 与载流子的浓度有关，因此通过霍尔系数的测量，可以算出载流子的浓度。半导体内载流子的浓度比金属中的载流子浓度小，所以半导体的霍尔系数比金属的大得多。而且半导体内载流子的浓度受温度、杂质以及其他因素的影响，因此霍尔效应为研究半导体载流子浓度的变化提供了重要方法。

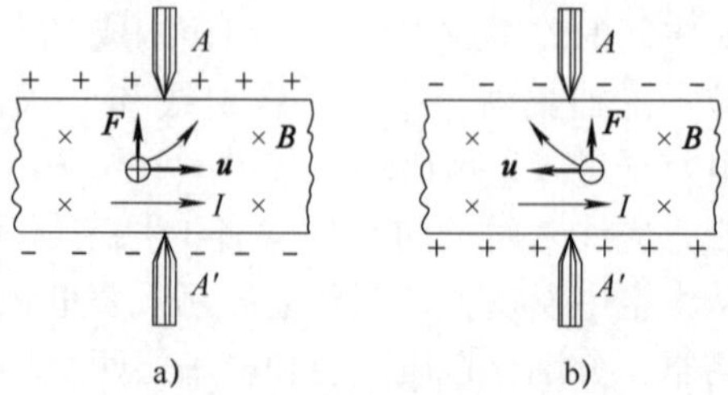

图 7-31　霍尔效应与载流子电荷正负的关系

AA' 两侧的电势差 $U_{AA'}$ 与载流子的正负号有关。如图 7-31a 所示，若 $q > 0$，载流子的定向速度 $\boldsymbol{v}$ 的方向与电流方向一致，洛伦兹力使它向上（即朝 A 侧）偏转，结果 $U_{AA'} > 0$；反之，如图 7-31b 所示，若 $q < 0$，载流子的定向速度 $\boldsymbol{v}$ 的方向与电流方向相反，洛伦兹力也使它向上（也朝 A 侧）偏转，结果 $U_{AA'} < 0$。半导体有电子型（N

型）和空穴型（P 型）两种，前者的载流子为带负电的电子，后者的载流子为带正电的空穴。所以根据霍尔系数的正负号还可以判断半导体的导电类型，这对于诸多半导体材料和高温超导体的性质测量来说意义重大。

霍尔效应已在科学技术的许多领域（如测量技术、电子技术、自动化技术等）得到广泛应用。霍尔元件的主要用途有以下几方面：①测量磁场的磁感应强度；②测量直流或交流电路中的电流和功率；③转换信号，如把直流电流转换成交流电流并对它进行调制，放大直流或交流信号等；④对各种物理量（应先设法转化成电流信号）进行四则或乘方、开方运算。近年来，由于新型半导体材料和低维物理学的发展使得人们对霍尔效应的研究取得了许多突破性进展。德国物理学家冯·克利青因发现量子霍尔效应而荣获 1985 年度诺贝尔物理学奖。

思考题

7-12　一电荷 q 在均匀磁场中运动，判断下列的说法是否正确，并说明理由。

（1）只要电荷速度的大小不变，它朝任何方向运动时所受的洛伦兹力都相等；

（2）在速度不变的前提下，电量 q 改变为 $-q$，它所受的力将反向，而力的大小不变；

（3）电量 q 改变为 $-q$，同时其速度反向，则它所受的力也反向，而大小则不变；

（4）$\boldsymbol{v}$、$\boldsymbol{B}$、$\boldsymbol{F}$ 三个矢量，已知任意两个矢量的大小和方向，就能确定第三个矢量的大小和方向；

（5）质量为 m 的运动带电粒子，在磁场中受洛伦兹力后动能和动量不变。

7-13　一束质子发生了侧向偏转，造成这个偏转的原因可否是（1）电场？（2）磁场？（3）若是电场或者是磁场在一起作用，如何判断是哪一种场？

7-14　宇宙射线是高速带电粒子流（基本上是质子），它们交叉来往于星际空间并从各个方向撞击着地球。为什么宇宙射线穿入地球磁场时，接近两磁极比其他任何地方都容易？

7-15　能否利用磁场对带电粒子的作用力来增大粒子的动能？

第七节　安培力

一、安培力引入

导线中的电流是由其中的载流子定向移动形成的，当把载流导线置于磁场中时，这些运动的载流子就要受到洛伦兹力的作用，其结果将表现为载流导线受到磁力的作用，这个力称为**安培力**。下面将导出载流导线在磁场中受到的安培力。

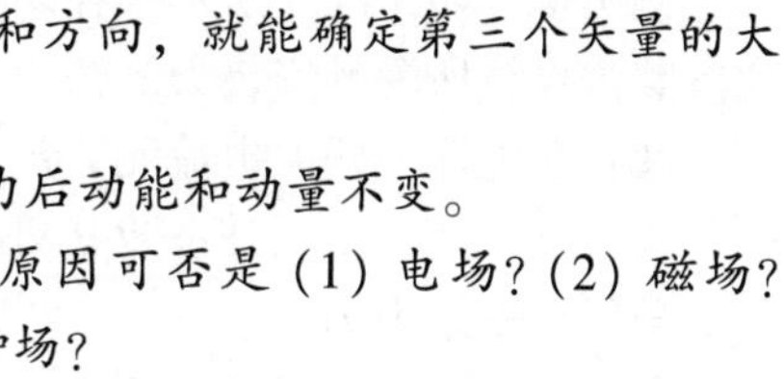

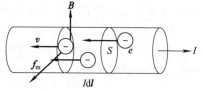

图 7-32　电流元在磁场中受到的安培力

如图 7-32 所示，载流导线处在磁场中，设导线的截面积为 S，通有电流 I，自由电子的数密度为 n，自由电子的平均漂移速度为 $\boldsymbol{v}$。在导线上任取一电流元 $I\mathrm{d}\boldsymbol{l}$，电流元所在处的磁感应强度为 $\boldsymbol{B}$，$\boldsymbol{v}$ 与 $\boldsymbol{B}$ 的夹角为 θ。在磁场的作用下，电流元中每个自由电子受到的洛伦兹力为 $\boldsymbol{F} = -e\boldsymbol{v}\times\boldsymbol{B}$。因该电流元中自由电子总数为 $\mathrm{d}N = nS\mathrm{d}l$，所以整个电流元受到的磁力为

$$\mathrm{d}\boldsymbol{F} = -nS\mathrm{d}le\boldsymbol{v}\times\boldsymbol{B}$$

由于 $I\mathrm{d}\boldsymbol{l} = -enS\boldsymbol{v}\mathrm{d}l$，故上式可写成

$$\mathrm{d}\boldsymbol{F} = I\mathrm{d}\boldsymbol{l}\times\boldsymbol{B} \tag{7-25}$$

1820 年，安培首先由实验总结出来关于一段电流元在磁场中受磁力作用的基本规律。由式（7-25）可知，安培力的方向垂直电流元 $I\mathrm{d}\boldsymbol{l}$ 和磁感应强度 $\boldsymbol{B}$ 所组成的平面，满足右手螺旋定则，即安培力的方向与电流元 $I\mathrm{d}\boldsymbol{l}$ 和磁感应强度 $\boldsymbol{B}$ 的矢积的方向相同。

对任意形状的载流导线 L，其在磁场中所受的安培力 $\boldsymbol{F}$ 应等于各个电流元所受安培力的矢量和，即

$$\boldsymbol{F} = \int_L I\mathrm{d}\boldsymbol{l}\times\boldsymbol{B} \tag{7-26}$$

式中，$\boldsymbol{B}$ 为各电流元所在处的磁感应强度。式（7-26）是我们计算安培力的基本公式。

利用式（7-26）很容易求出载流直导线在均匀磁场中的受到的安培力。设直导线长度为 L，电流为 I，其方向与磁感应强度 $\boldsymbol{B}$ 的夹角为 θ，得

$$F = IBL\sin\theta \tag{7-27}$$

当 $\theta = 0°$ 或 $180°$ 时，$F = 0$；当 $\theta = 90°$ 时，$F = F_{\max} = IBL$。

例 7-8 如图 7-33 所示，在均匀磁场中放置一任意形状的载流导线 ab，通有电流 I，求此段载流导线所受的安培力。

解：在电流上任取电流元 $I\mathrm{d}\boldsymbol{l}$，它受到的安培力为

$$\mathrm{d}\boldsymbol{F} = I\mathrm{d}\boldsymbol{l}\times\boldsymbol{B}$$

整个导线受安培力为

$$\boldsymbol{F} = \int_a^b I\mathrm{d}\boldsymbol{l}\times\boldsymbol{B}$$

由于电流 I 是常量，且磁场是均匀磁场，因此可以将其提到积分号外

$$\boldsymbol{F} = I\left(\int_a^b \mathrm{d}\boldsymbol{l}\right)\times\boldsymbol{B}$$

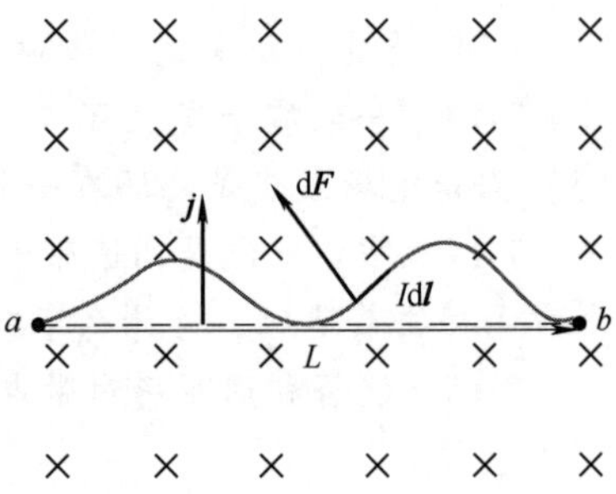

图 7-33 例 7-8 用图

式中，括号内的积分是线元 $\mathrm{d}\boldsymbol{l}$ 的矢量和，应该等于从 a 点到 b 点的矢量直线段 L。因此整个载流导线在均匀磁场中所受的安培力为

$$\boldsymbol{F} = I\boldsymbol{L}\times\boldsymbol{B} = ILB\hat{\boldsymbol{j}}$$

式中，$\hat{\boldsymbol{j}}$ 为平行于纸面向上的单位矢量。

从以上所得结果可以推断，任意形状的平面载流导线在均匀磁场中所受磁力之总和，等于从起点到终点连接的直导线通有相同的电流时受的磁力。如果载流导线构成闭合回路，由上述结果可知，闭合的载流回路在均匀磁场中所受的磁力为零。

二、载流线圈在磁场中所受的磁力矩

讨论了载流导线在磁场中受力规律后，下面讨论平面载流线圈在磁场中的受力。线圈所在平面有两个可能法线方向，我们规定与电流成右手螺旋关系的那个法线方向为线圈的方向。

如图 7-34 所示，在均匀磁场 $\boldsymbol{B}$ 中，有一刚性矩形载流线圈 $abcd$，它的边长分别为 l_1 和 l_2，线圈中通有电流为 I，ab 边和 cd 边与 $\boldsymbol{B}$ 垂直，线圈可绕垂直于磁感应强度 $\boldsymbol{B}$ 的中心轴 OO' 自由转动，线圈的法线方向 $\hat{\boldsymbol{e}}_n$ 与 $\boldsymbol{B}$ 方向之间的夹角为 φ。由式（7-27）可知，导线 bc、da 所受的安培力的大小分别为

$$F_1 = IBl_1\sin(90° - \varphi), \quad F_1' = IBl_1\sin(90° - \varphi)$$

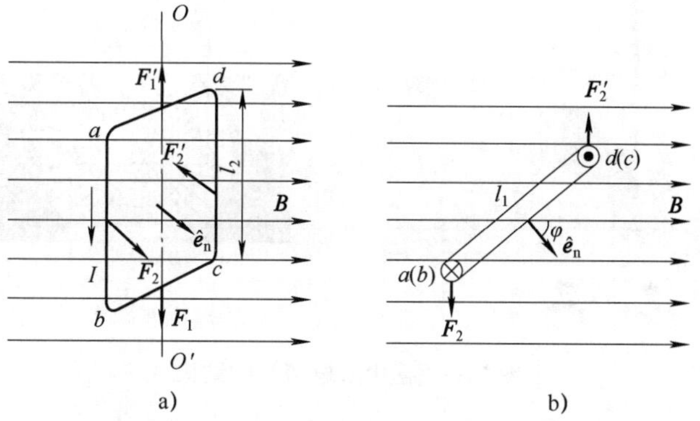

图 7-34　平面载流线圈在匀强磁场中所受的力矩

可见 $F_1 = F_1'$，方向相反，并且在同一条直线上，所以它们的合力及合力矩都为零。而导线 ab 段和 cd 段所受磁场作用力的大小则分别为

$$F_2 = IBl_2, \quad F_2' = IBl_2$$

可见 $F_2 = F_2'$，方向相反，但不在同一直线上，所以它们的合力为零但合力矩不为零，磁场作用在线圈上的磁力矩的大小为

$$M = F_2 l_1 \sin\varphi = IBl_1 l_2 \sin\varphi = IBS\sin\varphi \tag{7-28}$$

式中，$S = l_1 l_2$ 为线圈面积。根据线圈法线方向 $\hat{\boldsymbol{e}}_n$ 和 $\boldsymbol{B}$ 的方向以及 $\boldsymbol{M}$ 的方向，式（7-28）可用矢量表示为

$$\boldsymbol{M} = SI\hat{\boldsymbol{e}}_n \times \boldsymbol{B} \tag{7-29}$$

如果给出定义

$$\boldsymbol{m} = SI\hat{\boldsymbol{e}}_n$$

并称之为载流线圈**磁矩**。则作用在线圈上的磁力矩的矢量形式为

$$\boldsymbol{M} = \boldsymbol{m} \times \boldsymbol{B} \tag{7-30}$$

由式（7-30）可以得出，磁场对载流线圈作用的磁力矩 $\boldsymbol{M}$，总是使磁矩转到磁感应强度的方向上。以上结论虽然是从矩形线圈得到的，但是可以证明对均匀磁场中的任意形状的平面载流线圈均适用。

载流线圈在磁场中受到磁力矩的作用而发生偏转，这一原理有许多重要应用，比如电动机、磁电式电表（如直流电流表、电压表）等。磁电式电流计的结构如图 7-35 所示，在永久磁铁和圆柱形铁芯之间的圆筒形空气隙中，形成均匀的径向磁场。在空气隙内置入一个可绕固定轴转动的线圈，转轴的两端各有一个游丝，其中一端固定一个指针。当电流通过线圈时，它所受到的磁力矩使线圈连带指针一起发生偏转。当游丝因形变而产生的力矩与磁力矩平衡时，线圈停止转动，此时指针偏向的角度与电流成正比。当线圈中的电流方向改变时，

磁力矩的方向随着改变，指针的偏转方向也随着改变，所以，根据指针的偏转方向及角度，可以知道被测电流的方向和大小。

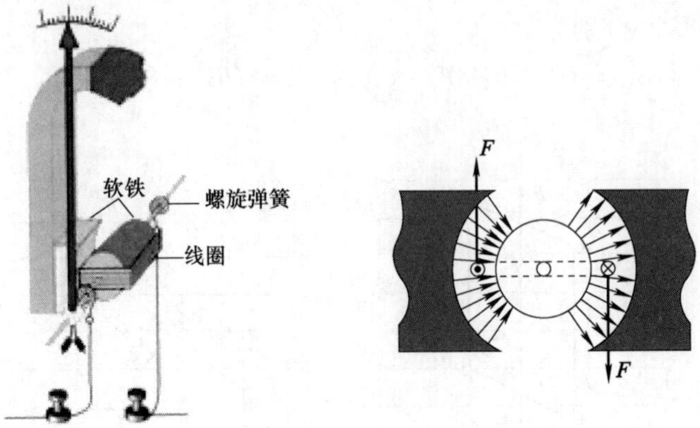

图 7-35　磁电式电流计的结构

思考题

7-16　载流长直导线附近一点的磁感应强度 $B=\dfrac{\mu_0 I}{2\pi a}$，既然有电流和磁场，是否有一个相应的安培力作用于导线上，为什么？

7-17　在均匀磁场中，载流线圈的磁矩与其所受磁力矩有何关系？在什么情况下，磁力矩最大？什么情况下磁力矩最小？载流线圈处于稳定平衡时，其取向又如何？

第八节　磁场中的磁介质

一、磁介质

凡处在磁场中能与磁场发生相互作用的物质都可称为**磁介质**。当我们把磁介质放在由电流产生的、磁感应强度为 $\boldsymbol{B}_0$ 的外磁场中时会发现，在外磁场的作用下，本来没有磁性的磁介质变得具有磁性，并能激发一附加的磁场，这现象称为**磁介质的磁化**。由于磁介质的磁化而产生的附加磁场 $\boldsymbol{B}'$ 叠加在原来的外磁场 $\boldsymbol{B}_0$ 上，这时，总的磁感应强度 $\boldsymbol{B}$ 为 $\boldsymbol{B}_0$ 和 $\boldsymbol{B}'$ 的矢量和，即

$$\boldsymbol{B}=\boldsymbol{B}_0+\boldsymbol{B}' \tag{7-31}$$

所以，在一般情况下，磁介质的存在将使总的磁场发生改变。磁介质对磁场的影响可以通过实验来观察。最简单的方法是对真空中的长直螺线管通以电流，测出其内部磁感应强度的大小 B_0，然后使螺线管内充满各向同性的均匀磁介质，并通以相同的电流，再测出此时磁介质内的磁感应强度的大小 B。实验发现：磁介质内的磁感应强度是真空时的 μ_r 倍，即

$$B=\mu_r B_0 \tag{7-32}$$

式中，μ_r 称为磁介质的**相对磁导率**。根据相对磁导率 μ_r 的大小，可将磁介质分为顺磁质、抗磁质和铁磁质三类。

(1) 若 $\boldsymbol{B}'$ 与 $\boldsymbol{B}_0$ 方向一致，$B > B_0, \mu_r > 1$，则这种磁介质称为顺磁质，例如锰、铬、铝、铂、氮等。

(2) 若 $\boldsymbol{B}'$ 与 $\boldsymbol{B}_0$ 方向相反，$B < B_0, \mu_r < 1$，则这种磁介质称为抗磁质，例如铋、汞、银、铜、氢等。将抗磁质移到强磁极附近时将受到排斥力，抗磁性即得名于此。

(3) 若 $\boldsymbol{B}'$ 与 $\boldsymbol{B}_0$ 同方向，$B \gg B_0$，$\mu_r \gg 1$，则这种磁介质称为铁磁质，例如铁、钴、镍和它们的合金，以及铁氧体（某些含铁的氧化物）等都是铁磁质，广泛应用在工程技术中。铁磁质的磁性叫作铁磁性，当超过某一温度时铁磁质将失去铁磁性而变为通常的顺磁质，这一温度称为居里点。

二、磁介质的磁化

首先解释顺磁质和抗磁质的磁化机理。从物质的电结构出发，对物质的磁性做初步解释，先介绍分子磁矩的概念。

1. 分子磁矩

在物质的分子（或原子）中，每个电子都绕原子核做轨道运动，从而使之具有轨道磁矩；此外电子还有自旋运动，因而也会有自旋磁矩。这两种运动都等效于一个电流分布，因而能产生磁效应。分子或原子中各个电子对外所产生磁效应的总和，可用一个等效的圆电流来代替，这个等效圆电流称为**分子电流**。分子电流具有的磁矩称为**分子磁矩**，用 $\boldsymbol{m}$ 表示。在没有外磁场的情况下，分子所具有的磁矩称为**固有磁矩**。

从微观上讲，顺磁质的分子中，各电子磁矩不完全抵消，在不受外磁场作用时，具有固有磁矩 $\boldsymbol{m}$。但是由于分子的热运动，这些分子的固有磁矩杂乱排列，因此大量分子的磁矩矢量和等于零，即有 $\sum \boldsymbol{m} = \boldsymbol{0}$，对外不显磁性。其模型可如图 7-36a 所示，用一个个小的圆电流磁矩表示一个个分子的固有磁矩的无序排列。当外磁场存在时，这些分子磁矩在磁力矩的作用下大致沿磁场的方向排列，如图 7-36b 所示，于是 $\sum \boldsymbol{m} \neq \boldsymbol{0}$，产生沿外磁场同一方向的附加磁场，这就是顺磁质磁化的微观机理。

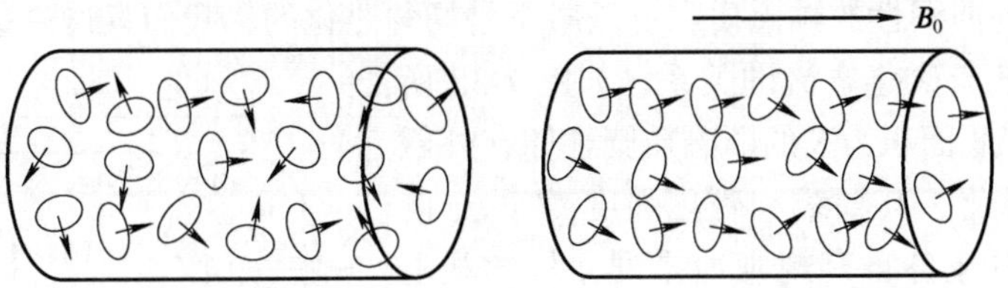

a)　　b)

图 7-36　介质磁化的微观机制

抗磁质的分子中各原子的电子磁矩互相抵消，每个分子的固有磁矩都为零。在没有外磁场时，从宏观上讲介质不呈现磁性。但当加上外磁场的瞬间，抗磁质的分子中也将产生感应电流。由于分子中没有电阻，这种感应电流一经产生，就将环流不息，直到外磁场撤去的瞬间再次产生反向感应电流与它抵消为止。分子感应电流所产生的附加磁矩（相对应的附加磁场）方向总是与外磁场方向相反，这就是产生抗磁性的机理。荷兰物理学家安德烈·吉姆（Andre Geim）曾经做过一个有关磁悬浮的著名实验，利用抗磁原理将一只活的青蛙悬浮在空中（见图7-37），获得了2000年的Ig Nobel（搞笑诺贝尔）奖。

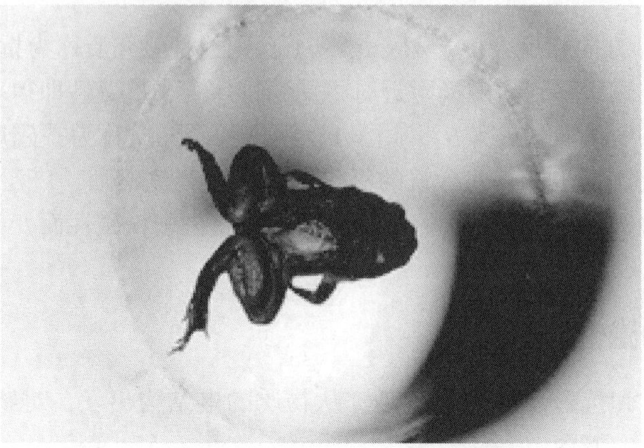

图7-37　利用抗磁原理悬浮的青蛙

2. 磁化强度矢量与磁化电流

（1）磁化强度矢量。仿照研究电介质极化状态时定义电极化强度 $\boldsymbol{P}$ 的办法，引入一个新的物理量——磁化强度 $\boldsymbol{M}$ 来描述磁化程度。磁化强度 $\boldsymbol{M}$ 定义为介质中某点附近单位体积内的分子磁矩的矢量和，即

$$\boldsymbol{M}=\frac{\sum_{i}\boldsymbol{m}_i}{\Delta V} \tag{7-33}$$

式中，$\boldsymbol{m}_i$ 表示在 ΔV 的磁介质中第 i 个分子的磁矩。在国际单位制中，磁化强度的单位是安培每米，用符号A/m表示。

对于顺磁质，$\boldsymbol{M}$ 的方向与外磁场 $\boldsymbol{B}_0$ 的方向相同；对于抗磁质，$\boldsymbol{M}$ 的方向与外磁场 $\boldsymbol{B}_0$ 的方向相反。

如果磁介质内各点的磁化强度 $\boldsymbol{M}$ 为常矢量，即其大小和方向都相同，则是均匀磁化。在均匀磁场中，各向同性的顺磁质和抗磁质总是均匀磁化的，我们只讨论这种情况。

（2）磁化强度与磁化电流的关系。如图7-38所示，一个长为 L、底面积为 S 的顺磁质圆柱体在外磁场 $\boldsymbol{B}_0$ 中被均匀磁化，其轴线和磁化强度 $\boldsymbol{M}$ 的方向平行，由于分子电流各自有规则地排列，从微观上看，整个圆柱体内部磁介质的分子电流效应互相抵消（因为在均匀磁化时，磁介质内部任一点，分子电流成对出现，方向相反），只有沿着圆柱体侧面上的分子电流未被抵消，其流动方向与磁化强度的方向符合右手螺旋关系。因此，在圆柱体的侧表面上相当于有一层电流流动着，这种因磁化而出现的等效电流叫作**磁化电流**，也叫作束缚电流（可与电介质中的极化电荷或束缚电荷相类比）。应当明确，磁化电流不同于导体中自由电

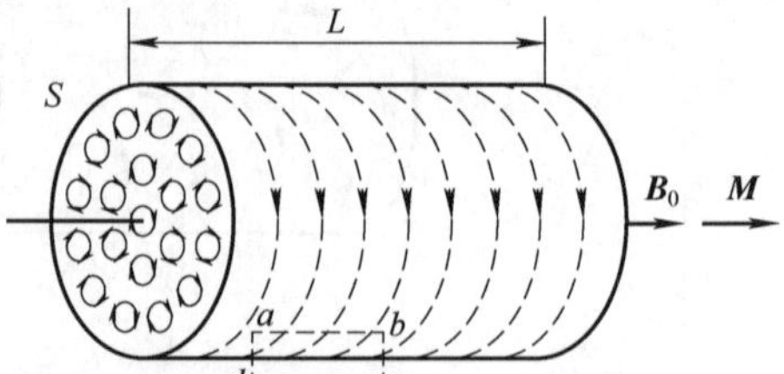

图7-38　磁化强度与磁化电流的关系

子定向运动形成的传导电流，它是各分子电流规则排列的宏观效果。磁化电流在产生磁效应方面与传导电流一样，都能够激发磁场，但不具有热效应。

设圆柱体侧面上出现的磁化电流强度为 I'，被磁化的磁介质具有的分子磁矩的矢量和就等效为一个圆柱形面电流 $I' = j'L$ 的磁矩，圆柱体的磁矩大小应等于侧面总分子电流强度 I' 和底面积 S 的乘积

$$\sum m = I'S$$

此外，从磁化强度的定义看，圆柱体的磁矩大小应等于磁化强度 $\boldsymbol{M}$ 的大小和圆柱体体积 $\Delta V = Sl$ 的乘积，即

$$M\Delta V = MSl$$

从这两个方面计算出的磁矩大小应相等，故有

$$MSl = I'S$$

从而得到

$$M = \frac{I'}{l} = j' \tag{7-34}$$

式中，j'是圆柱体侧面上单位长度上的磁化面电流，称为磁化面电流线密度。式（7-34）表明，磁化强度的大小等于磁化面电流线密度。

下面导出磁化强度和磁化电流之间的关系。如图 7-38 所示，在均匀磁化的圆柱形磁介质边界附近，取一长为 l 的矩形回路 $abcd$，ab 边在磁介质内部。cd 边在磁介质外部，而 bc、ad 两边则垂直于柱面。在磁介质内部各点处，$\boldsymbol{M}$ 都沿 ab 方向，大小相等；在介质外各点处 $\boldsymbol{M} = \boldsymbol{0}$，所以 $\boldsymbol{M}$ 沿闭合回路 $abcd$ 的线积分等于 $\boldsymbol{M}$ 沿 ab 边的积分，即

$$\oint_L \boldsymbol{M} \cdot \mathrm{d}\boldsymbol{l} = \int_a^b \boldsymbol{M} \cdot \mathrm{d}\boldsymbol{l} = Ml$$

将式（7-34）代入上式则有

$$\oint_L \boldsymbol{M} \cdot \mathrm{d}\boldsymbol{l} = j'l = I' \tag{7-35}$$

上式表明，**磁化强度 $\boldsymbol{M}$ 沿闭合回路的线积分，等于穿过回路所包围面积的磁化电流**。式（7-35）虽是由顺磁质磁化过程得到的，但它也适用于抗磁质和铁磁质的情况。

三、磁介质中的安培环路定理

在有磁介质存在的情况下，空间中任一点的磁感应强度 $\boldsymbol{B}$ 等于传导电流所激发的磁场与磁化电流所激发的附加磁场的矢量和。应用安培环路定理，有

$$\oint_L \boldsymbol{B} \cdot \mathrm{d}\boldsymbol{l} = \mu_0\left(\sum I_0 + \sum I'\right) \tag{7-36}$$

其中传导电流 I_0 是可以测量的，而磁化电流 I' 不能事先给定，又不能用仪器直接测量。为了方便起见，仿照电介质中的高斯定理所采用的消去极化电荷的办法，将式（7-36）中的磁化电流 I' 消去。为此，将式（7-35）代入式（7-36），得

$$\oint_L \boldsymbol{B} \cdot \mathrm{d}\boldsymbol{l} = \mu_0\left(\sum I_0 + \oint \boldsymbol{M} \cdot \mathrm{d}\boldsymbol{l}\right)$$

或

$$\oint_L\left(\frac{\boldsymbol{B}}{\mu_0}-\boldsymbol{M}\right)\cdot \mathrm{d}\boldsymbol{l} = \sum I_0$$

然后采用和电介质引入 $\boldsymbol{D}$ 矢量相似的方法，引入一个新的物理量，称为**磁场强度**，并以符号 $\boldsymbol{H}$ 表示，即定义为

$$\boldsymbol{H} = \frac{\boldsymbol{B}}{\mu_0} - \boldsymbol{M} \tag{7-37}$$

代入得

$$\oint_L \boldsymbol{H}\cdot \mathrm{d}\boldsymbol{l} = \sum I_0 \tag{7-38}$$

此式说明，在稳恒磁场中，磁场强度 $\boldsymbol{H}$ 沿任一闭合路径的环路积分等于该闭合路径所包围的传导电流的代数和。这就是**有磁介质存在时的安培环路定理**。

在国际单位制中，磁场强度 $\boldsymbol{H}$ 单位是安培每米，用符号 A/m 表示。和磁化强度的单位相同。

实验证明，在各向同性的均匀磁介质中，在磁介质中任一点的磁化强度 $\boldsymbol{M}$ 与磁场强度 $\boldsymbol{H}$ 成正比，即

$$\boldsymbol{M} = \chi_{\mathrm{m}}\boldsymbol{H} \tag{7-39}$$

式中，比例系数 χ_{m} 只与磁介质的性质有关，称为磁介质的**磁化率**。因为 $\boldsymbol{M}$ 和 $\boldsymbol{H}$ 的单位相同，所以磁化率 χ_{m} 是量纲为 1 的量。将式（7-39）代入式（7-37）得

$$\boldsymbol{B} = \mu_0\boldsymbol{H} + \mu_0\boldsymbol{M} = \mu_0(1+\chi_{\mathrm{m}})\boldsymbol{H} = \mu_0\mu_{\mathrm{r}}\boldsymbol{H} \tag{7-40}$$

式中，$\mu_{\mathrm{r}} = 1+\chi_{\mathrm{m}}$ 为磁介质的**相对磁导率**。而 $\mu = \mu_0\mu_{\mathrm{r}}$ 称为磁介质的**磁导率**，这样式（7-40）可写作

$$\boldsymbol{B} = \mu\boldsymbol{H} \tag{7-41}$$

引入磁场强度 $\boldsymbol{H}$ 这个辅助物理量后，可以比较方便地处理磁介质中的磁场问题，就像静电场中引入电位移 $\boldsymbol{D}$ 后，能够比较方便地处理电介质中的电场问题一样。特别是当均匀磁介质充满整个磁场，传导电流的分布具有一定对称性时，就可以应用有磁介质时的安培环路定理先求出磁场强度 $\boldsymbol{H}$ 的分布，再根据式（7-41）求出磁介质中磁感应强度的分布。

例 7-9　在一无限长的密绕螺线管中，充满相对磁导率为 μ_{r} 的均匀磁介质，设螺线管单位长度上的匝数为 n，导线中的传导电流强度为 I_0，求螺线管内的磁场分布。

解：作如图 7-39 所示的闭合积分路径 $ABCDA$，注意到在螺线管外，$\boldsymbol{B}=\boldsymbol{0}$，$\boldsymbol{H}=\boldsymbol{0}$。在螺线管内，$\boldsymbol{B}$ 平行于轴线，因而 $\boldsymbol{H}$ 亦平行于轴线。由磁介质中的安培环路定理得

$$\oint_L \boldsymbol{H}\cdot \mathrm{d}\boldsymbol{l} = H\overline{AB} = n\,\overline{AB}I_0$$

$$H = nI_0$$

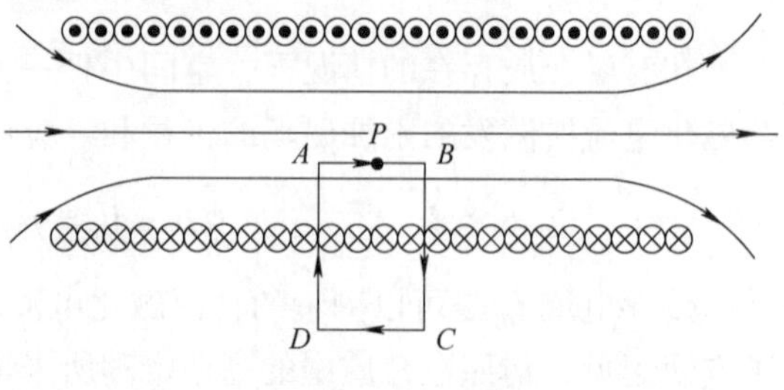

图 7-39　例 7-9 用图

再利用式（7-40），可得螺线管内的磁感应强度为

$$B = \mu_0\mu_{\mathrm{r}}H = \mu_0\mu_{\mathrm{r}}nI_0$$

四、铁磁质

在各类磁介质中，应用最广泛的是铁磁质。铁磁质材料是制造永久磁体、电磁铁、变压器以及各种电机所不可缺少的材料。因此对铁磁质材料磁化性能的研究，无论在理论上还是实用上都有很重要的意义。前面我们讨论的都是各向同性的均匀介质，对于这些介质，$B=\mu_0\mu_r H$，相对磁导率 μ_r 是一个接近于 1 的反映介质特性的常数。铁磁质的最主要特性是相对磁导率 μ_r 非常高，铁磁质的 $\boldsymbol{B}$ 和 $\boldsymbol{H}$ 之间关系异常复杂，铁磁质的磁化过程表现出明显的非线性、饱和性和不可逆性。

1. 磁滞回线

利用实验方法，可以测绘出铁磁质的 B-H 曲线，称为**磁化曲线**，如图 7-40 所示。当铁磁质开始磁化时，随着 H 的增大，B 呈非线性地增大。当 H 较大时，B 却增长得极为缓慢。当 H 超过某一值后，铁磁质中磁感应强度不再随 H 增大而增大了，这种状态叫作磁饱和状态。B_s 称为饱和磁感应强度。

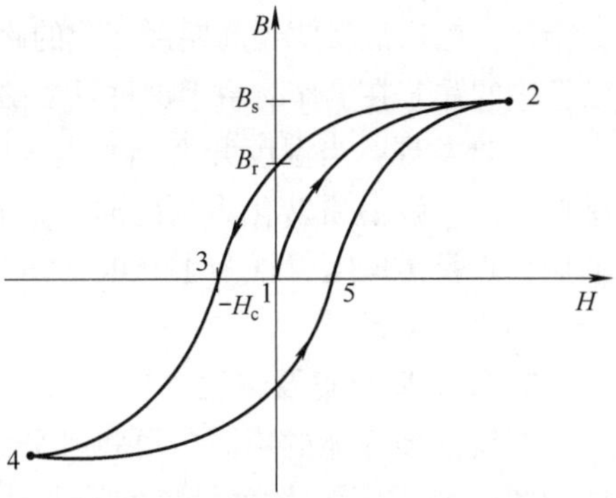

图 7-40　铁磁质的磁化曲线

铁磁质的磁化过程是不可逆的。达到磁饱和状态后，减小 H 直至 $H=0$ 时，铁磁质中的 B 不为零，而是 $B=B_r$，B_r 称为剩余磁感应强度，简称剩磁。要消除剩磁，使铁磁质中的 B 恢复为零，必须加反向磁场 $-H_c$，H_c 称为**矫顽力**。再增大反向电流以增加 H，可以使铁磁质达到反向的磁饱和状态。由点 4 到点 2（经过点 5）的磁化过程与上述过程类似，只是沿着图中下面的曲线进行。于是，铁磁质的磁化曲线形成一个闭合曲线，称为**磁滞回线**。所谓磁滞现象是指铁磁质磁化状态的变化总是落后于外加磁场的变化，在外磁场撤去后，铁磁质仍能保持原有的部分磁性。研究铁磁质的磁性就必须知道它的磁滞回线，各种不同的铁磁性材料有不同的磁滞回线，主要是磁滞回线的宽、窄不同和矫顽力的大小有别。

2. 铁磁质的磁化机理

铁磁质的磁化机理需要用磁畴理论来说明。磁畴理论是用量子理论从微观上说明铁磁质的磁化机理。从原子结构来看，铁原子的最外层有两个电子，会因电子自旋而产生强耦合的相互作用。这一相互作用的结果使得许多铁原子的电子自旋磁矩在许多小的区域内整齐地排列起来，形成一个个微小的自发磁化区，称为**磁畴**，如图 7-41 所示。在铁磁质中存在着许多被称为磁畴的小的自发磁化区，它们决定了铁磁质的磁化性质。

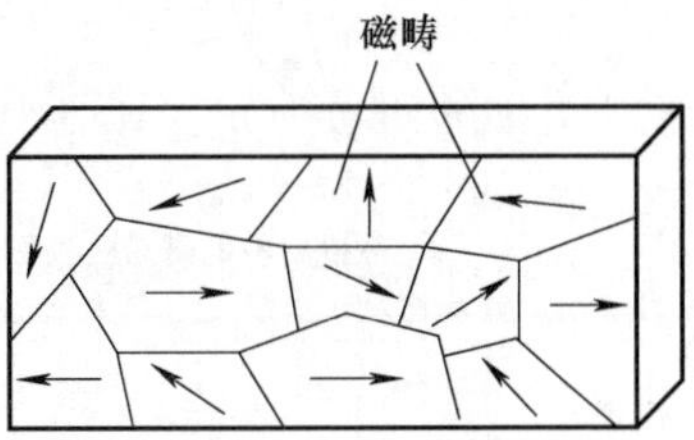

图 7-41　铁磁质的磁畴

在无外磁场时，各磁畴的排列是不规则的，各磁畴的磁化方向不同，产生的磁效应相互抵消，整个铁磁质不呈现磁性，如图 7-42a 所示。把铁磁质放入外磁场 $\boldsymbol{H}$ 中，铁磁质中磁化方向与外磁场方向接近的磁畴体积扩大，而磁化方向与外磁场方向相反的磁畴体积缩小，以至消失（当外磁场足够强时），如图 7-42b、c 所示。继续增强外磁场，磁畴的磁化方向发生转向，直到所有磁畴的磁化方向转到与外磁场同方向一致时，铁磁质就达到磁饱和状态，如图 7-42d 所示。

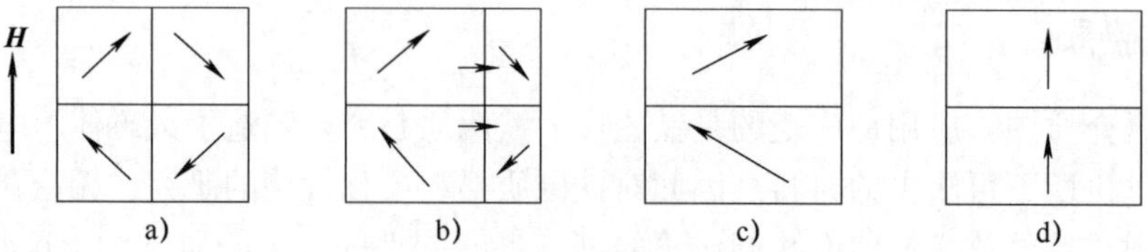

图 7-42 铁磁质的磁化过程

由于磁化伴随着磁畴壁的扩张和磁畴之间的摩擦发热，而这些过程是不可逆的，即外磁场减弱后，磁畴不能恢复原状，故表现在退磁时，磁化曲线不沿原路退回，而形成磁滞回线。实验指出，把铁磁质放到周期性变化的磁场中被反复磁化时，它要变热。变压器或其他交流电磁装置中的铁芯在工作时由于这种反复磁化发热而引起的能量损失叫作磁滞损耗或"铁损"。

实验发现，当温度升高到一定程度时，热相互作用超过电子耦合作用，铁磁质内的磁畴结构瓦解，铁磁质转化为顺磁质。把开始转化的这一温度称为居里温度，简称**居里点**。纯铁的居里点是 1043K，钴为 1390K，镍为 630K。铁磁质要保持其强磁特性，工作温度必须在"居里点"以下。

3. 铁磁质分类及特性

按铁磁质性能的不同，可将其分为软磁材料、硬磁材料和巨磁材料三类，它们的磁滞回线如图 7-43 所示。软磁材料的特点是磁滞回线呈细长型，矫顽力 H_c 小，在交变磁场中剩磁易于被清除，常用于制造电机、变压器、电磁铁等的铁芯。硬磁材的特点是磁滞回线宽肥，矫顽力 H_c 大，剩磁 B_r 也很大，撤去磁场后仍可长久保持很强的磁性。永久磁铁就是由硬磁材料制成，可用于磁电式仪表、小型直电流机和永磁扬声器。巨磁材料的磁滞回线接近于矩形，它的剩余磁化强度接近于饱和磁化强度，适用于制作电子计算机存储元件的磁芯。

a) 软磁材料的磁滞回线　　b) 硬铁磁材料的磁滞回线　　c) 巨磁材料的磁滞回线

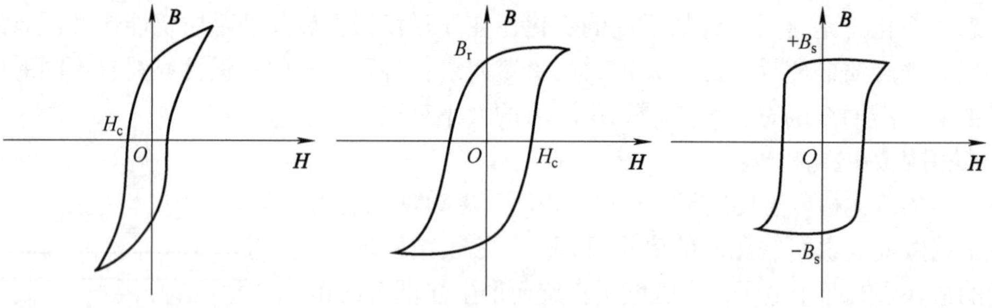

图 7-43　不同铁磁质的磁滞回线

思考题

7-18　有两根铁棒，其外形完全相同，其中一根为磁棒，另外一根则不是，你怎样辨别它们？不准将任一根棒作为磁针而悬挂起来，亦不准使用其他的仪器。

7-19　下面的几种说法是否正确，试说明理由：

(1) **H** 仅与传导电流（自由电流）有关；

(2) 在抗磁质与顺磁质中，**B** 总与 **H** 同向；

（3）通过以闭合曲线 L 为边线的任意曲面的 $\boldsymbol{B}$ 通量均相等；
（4）通过以闭合曲线 L 为边线的任意曲面的 $\boldsymbol{H}$ 通量均相等。

知识提要

1. 电流和电流密度

电流强度：$I = \dfrac{\mathrm{d}q}{\mathrm{d}t}$

电流密度：$J = \dfrac{\mathrm{d}I}{\mathrm{d}S_{\perp}}$

电流强度和电流密度之间的关系：$I = \int_S \boldsymbol{J} \cdot \mathrm{d}\boldsymbol{S}$

2. 磁场的高斯定理

$$\Phi_{\mathrm{m}} = \oint_S \boldsymbol{B} \cdot \mathrm{d}\boldsymbol{S} = 0$$

3. 毕奥–萨伐尔定律

电流元的磁场：$\mathrm{d}\boldsymbol{B} = \dfrac{\mu_0}{4\pi} \dfrac{I\mathrm{d}\boldsymbol{l} \times \hat{\boldsymbol{e}}_{\mathrm{r}}}{r^2}$

4. 稳恒磁场的安培环路定理

$$\oint_L \boldsymbol{B} \cdot \mathrm{d}\boldsymbol{l} = \mu_0 \sum I_i$$

5. 典型电流分布的磁场

无限长直载流导线的磁场：$B = \dfrac{\mu_0 I}{2\pi r}$

无限长直载流螺线管内的磁场：$B = \mu_0 nI$

6. 洛伦兹力、安培力和磁力矩

洛伦兹力：$\boldsymbol{F} = q\boldsymbol{v} \times \boldsymbol{B}$

安培力：$\mathrm{d}\boldsymbol{F} = I\mathrm{d}\boldsymbol{l} \times \boldsymbol{B}$

载流线圈的磁矩：$\boldsymbol{m} = SI\,\hat{\boldsymbol{e}}_{\mathrm{n}}$

载流线圈受到均匀磁场的力矩：$\boldsymbol{M} = \boldsymbol{m} \times \boldsymbol{B}$

7. 磁介质及相关概念

三种磁介质：抗磁质，顺磁质和铁磁质

磁化强度：$\boldsymbol{M} = \dfrac{\sum\limits_i m_i}{\Delta V}$

磁化电流面密度：$M = j'$

磁化电流：$\oint_L \boldsymbol{M} \cdot \mathrm{d}\boldsymbol{l} = j'l = I'$

磁场强度和相关参量的关系：$\boldsymbol{H}=\dfrac{\boldsymbol{B}}{\mu_0}-\boldsymbol{M},\boldsymbol{B}=\mu\boldsymbol{H}$

有磁介质时的安培环路定理：$\oint_L \boldsymbol{H}\cdot \mathrm{d}\boldsymbol{l}=\sum I_0$

习 题

一、基础练习

7-1 如习题7-1图所示，有一半径为 R 的圆柱形导体，设电流密度为

（1）$j=j_0(1-r/R)$；

（2）$j=j_0r/R$。

其中 j_0 为常量，r 为导体内任意点到轴线的距离，试分别计算通过此导体截面的电流强度（用 j_0 和横截面积 $S=\pi R^2$ 表示）。$\left(\text{答案：(1)} I=\dfrac{\pi}{3}J_0R^2\text{；(2)} I=\dfrac{2\pi}{3}J_0R^2\right)$

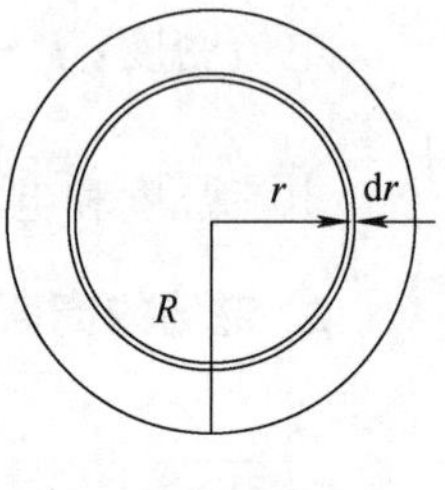

习题7-1图

7-2 设一均匀磁场沿 x 轴正方向，其磁感应强度值 $B=1\mathrm{Wb/m^2}$。求在下列情况下，穿过面积为 $2\mathrm{m^2}$ 的平面的磁通量。（1）面积与 y-z 面平行；（2）面积与 x-z 面平行；（3）面积与 y 轴平行又与 x 轴成45°角。（答案：（1）2Wb；（2）0；（3）1.44Wb）

7-3 两根长直导线互相平行地放置在真空中，如习题7-3图所示，其中通以同向的电流 $I_1=I_2=10\mathrm{A}$。试求 P 点的磁感应强度。已知 $PI_1=PI_2=0.5\mathrm{m}$，PI_1 垂直于 PI_2。（答案：$B_P=5.66\times10^{-6}\mathrm{T}$，方向在平面内并由 I_2 指向 I_1。）

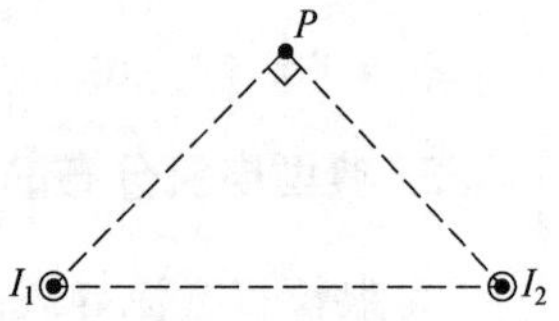

习题7-3图

7-4 如习题7-4图所示的被折成钝角的长导线中通有20A的电流，求 A 点的磁感应强度 $\boldsymbol{B}$。设 $d=2\mathrm{cm}$，$\alpha=120°$。（答案：$1.73\times10^{-4}\mathrm{Wb/m^2}$，方向垂直纸面向外。）

7-5 求习题7-5图a、b中点 P 的磁感应强度 $\boldsymbol{B}$ 的大小和方向。$\left(\text{答案：(1)} B=\dfrac{\mu_0 I}{4\pi a}\text{，方向垂直纸面向外；(2)} B=\dfrac{\mu_0 I}{2\pi r}+\dfrac{\mu_0 I}{4r}\text{，方向垂直纸面向里}\right)$

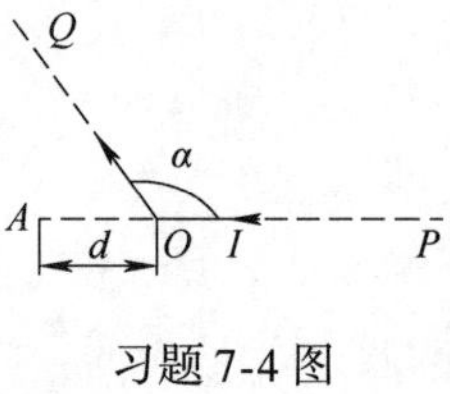

习题7-4图

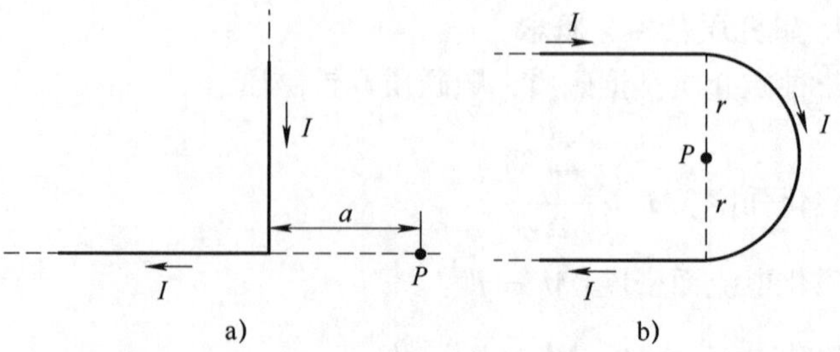

习题7-5图

7-6 将一根导线折成边长为 a 的正 n 边形，如习题7-6图所示，并通有电流 I，求中心处的磁场 $\boldsymbol{B}$。$\left(\text{答案：} B = nB_0 = \dfrac{n\mu_0 I\sin^2(\pi/n)}{\pi a\cos(\pi/n)}\text{，方向垂直版面向外}\right)$

7-7 如习题7-7图所示，一个半径为 R 的均匀带电细圆环带电量为 $Q(>0)$，并以角速度 ω 绕圆心逆时针转动，计算圆心处的磁感应强度 $\boldsymbol{B}$。$\left(\text{答案：} B = \dfrac{\mu_0}{4\pi}\dfrac{\omega Q}{R}\text{，方向垂直纸面向外}\right)$

7-8 在一半径为 R 的无限长半圆柱形金属薄片中，自上而下地有电流 I 通过，如习题7-8图所示，试求圆柱中心轴线任一点 P 处的磁感应强度。$\left(\text{答案：} B = \dfrac{\mu_0 I}{\pi^2 R}\text{，方向沿 } x \text{ 轴正方向}\right)$

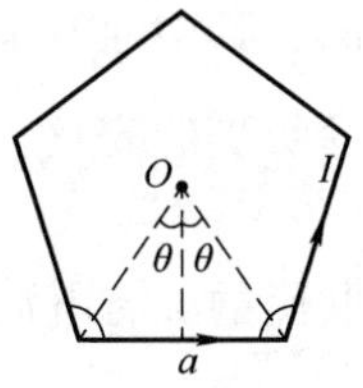

习题7-6图

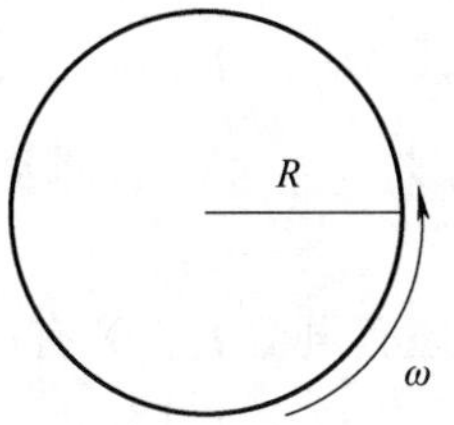

习题7-7图

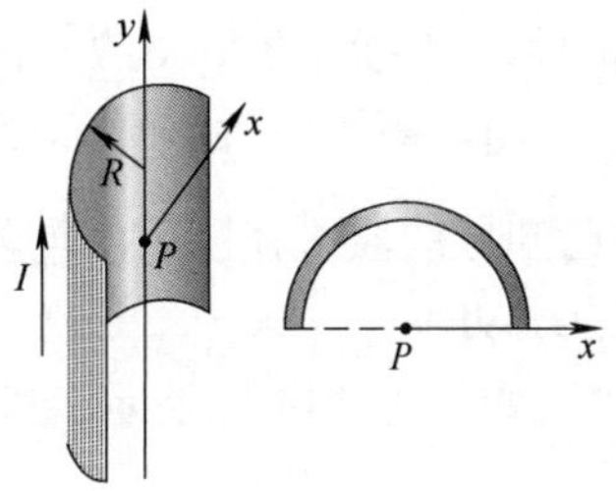

习题7-8图

7-9 如习题7-9图所示，求无限长均匀载流圆柱形导体内外的磁场分布，并计算穿过图中所示与导体中心轴共面的平面 S 的磁通量。已知圆柱体的横截面半径为 R，电流密度为 $\boldsymbol{J}$。$\left(\text{答案：} B = \dfrac{\mu_0 rj}{2}\text{（导体内）、} B = \dfrac{\mu_0 R^2 j}{2r}\text{（导体外），} \Phi_m = \dfrac{\mu_0}{4}JR^2 h\right)$

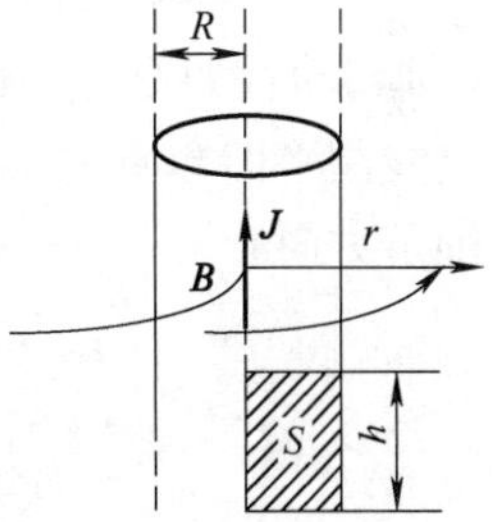

习题7-9图

7-10 一个塑料圆盘，半径为 R，电荷 q 均匀分布于表面，圆盘绕通过圆心垂直盘面的轴转动，角速度为 ω，求圆盘中心处的磁感应强度。$\left(\text{答案：} B = \dfrac{\mu_0 \omega q}{2\pi R}\right)$

7-11 如习题7-11图所示矩形截面的螺绕环，均匀密绕有 N 匝线圈，通有电流 I，求通过螺绕环内的磁通量。$\left(\text{答案：} \Phi_m = \dfrac{\mu_0 NIh}{2\pi}\ln\dfrac{D_2}{D_1}\right)$

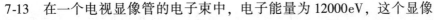

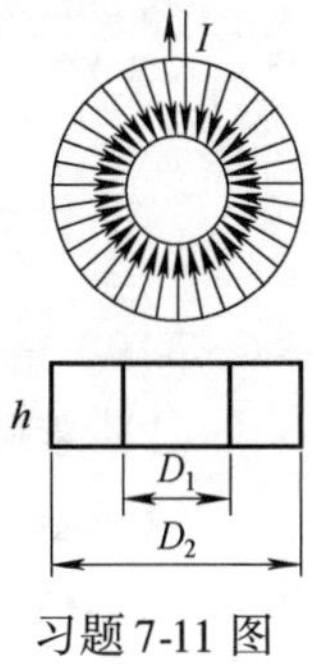

习题7-11图

7-12 蟹状星云中电子的动量可达 10^{-16}kg · m/s，星云中磁场约为 10^{-8}T，这些电子的回转半径多大？如果这些电子落到星云中心的中子星表面附近，该处磁场约为 10^{8}T，它们的回转半径又是多少？（答案：6×10^{10}m；6×10^{-6}m）

7-13 在一个电视显像管的电子束中，电子能量为 12000eV，这个显像管的取向使电子水平地由南向北运动，该处地球磁场的垂直分量向下，大小为 $B = 5.5\times10^{-5}\text{T}$ 。问：

（1）电子束受地磁场的影响将偏向什么方向？（答案：向东）

（2）电子的加速度是多少？（答案：$6.2\times10^{14}\text{m/s}^2$ ）

（3）电子束在显像管内在南北方向上通过 20cm 时将偏转多远？（答案：约 3mm ）

7-14　一质子以 $1.0\times10^7\text{m/s}$ 的速度射入磁感应强度 $B = 1.5\text{T}$ 的均匀磁场中，其速度方向与磁场方向成 30° 角。计算：

（1）质子做螺旋运动的半径；（答案：$3.48\times10^{-2}\text{m}$）

（2）螺距；（答案：0.38m）

（3）旋转频率。（答案：$2.28\times10^7/\text{s}$）

7-15　在霍尔效应实验中，宽 1.0cm、长 4.0cm、厚 $1.0\times10^{-3}\text{cm}$ 的导体沿长度方向载有 $I = 3.0\text{A}$ 的电流，当磁感应强度 $B = 1.5\text{T}$ 的磁场垂直地通过该薄导体时，产生 $1.0\times10^{-5}\text{V}$ 的霍尔电压（在宽度两端）。试由这些数据求：（1）载流子的漂移速度；（2）每立方厘米的载流子数；（3）假设载流子是电子，试就一给定的电流和磁场方向在图上画出霍尔电压的极性。（答案：（1）$6.7\times10^{-4}\text{m/s}$；（2）$2.8\times10^{23}/\text{cm}^3$；（3）略）

7-16　如习题 7-16 图所示，载流导线段 $AO = 0.75\text{m}$ 、$OB = 1.5\text{m}$ ，其中通有电流 $I = 0.5\text{A}$ 。已知导线段所在区域的均匀磁场为 $\boldsymbol{B} = 0.4\text{T}\hat{\boldsymbol{i}}$ ，求载流导线段所受的安培力。（答案：-0.0439kN）

7-17　如习题 7-17 图所示，长直导线通有电流 I_1，旁有一个与之共面的载有电流 I_2的刚性矩形导体框。求导体框所受的合力。$\left(\text{答案：}\dfrac{l\mu_0 I_1 I_2}{2\pi}\left(\dfrac{1}{d}-\dfrac{1}{d+b}\right)\text{，方向向左}\right)$

7-18　一矩形线圈载有电流 0.10A，线圈边长分别为 $d = 0.05\text{m}$ 、$b = 0.10\text{m}$ ，线圈可绕 y 轴转动，如习题 7-18 图所示。今加上 $B = 0.50\text{T}$ 的均匀磁场，磁场方向沿 x 轴正方向，求当线圈平面与 xy 平面成角 $\theta = 30°$ 时所受到的磁力矩。（答案：$2.17\times10^{-4}\text{N}\cdot\text{m}$ ，方向沿 y 轴负方向）

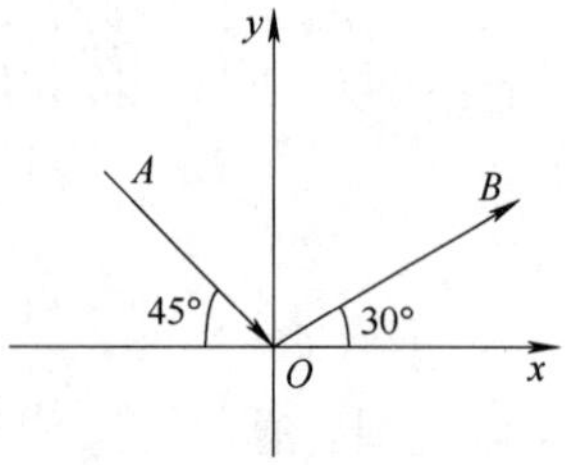

习题 7-16 图

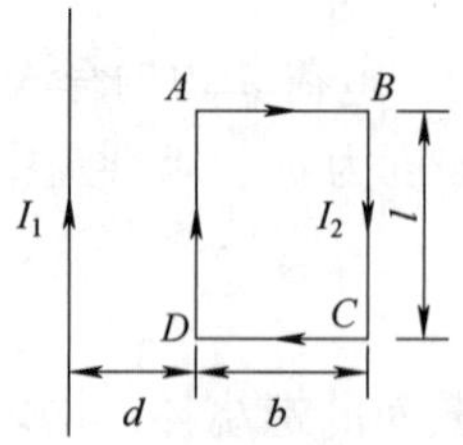

习题 7-17 图

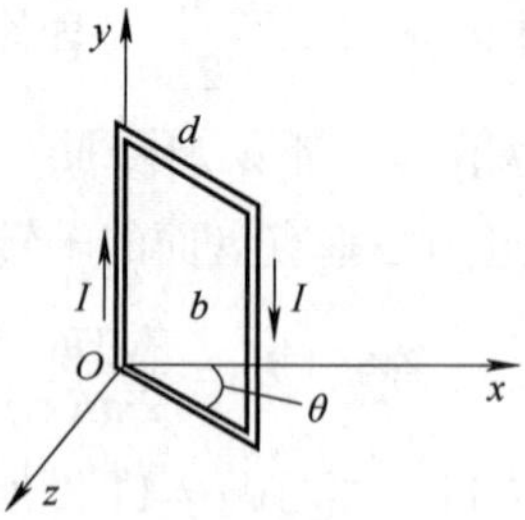

习题 7-18 图

7-19　螺绕环中心周长 $L = 10\text{cm}$，环上线圈匝数 $N = 20$，线圈中通有电流 $I = 0.1\text{A}$。

（1）求管内的磁感应强度 B_0和磁场强度 H_0；（答案：$2.5\times10^{-5}\text{T}$；20A/m）

（2）若管内充满相对磁导率 $\mu_r = 4200$ 的磁介质，那么管内的 B 和 H 各是多少？（答案：0.11T，20A/m）

（3）磁介质内由导线中电流产生的 B 和由磁化电流产生的 B' 各是多少？（答案：2.5 ×

10^{-5}T，0.11T）

7-20 铁环的平均周长为61cm，空气隙长1cm，环上线圈总数为1000匝。当线圈中电流为1.5A时，空气隙中的磁感应强度B为0.18T。求铁芯的μ值。（忽略空气隙中磁感应强度线的发散）（答案：1.3×10^3）

二、综合提高

7-21 如习题7-21图a所示，一宽为a的薄长金属板，其中载电流为I，试求薄板的平面上距板的一边为a的P点的磁感应强度。

提示：

① 薄长金属板电流可看成由许多狭长条电流所组成，依题意建立坐标，按场的叠加原理求B_P。

② 如习题7-21图b所示建立坐标，任一狭长条的电流为$\mathrm{d}I=\dfrac{I}{a}\mathrm{d}x$，在$P$点产生的磁感应强度$\mathrm{d}B=\dfrac{\mu_0\mathrm{d}I}{2\pi x}$，方向向里。

③ 由习题7-21图b可知，每一狭长条电流在P点产生的磁感应强度$\mathrm{d}B$的方向相同。于是

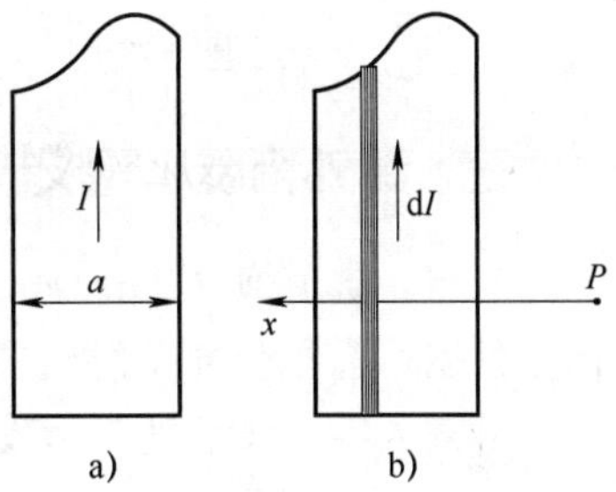

习题7-21图

$$B_P=\int_a^{2a}\mathrm{d}B$$

$\left(\text{答案：}B_P=\dfrac{\mu_0 I}{2\pi a}\ln 2\text{，方向向里}\right)$

7-22 如习题7-22图所示，一根外半径为R_1的无限长圆柱形导体管，管内空心部分的半径为R_2，空心部分的轴与圆柱的轴相平行但不重合，两轴间距离为a，沿导体管轴方向通有的电流I均匀分布在管的横截面上。求：

（1）圆柱轴线上的磁感应强度的大小；$\left(\text{答案：}B_o=\dfrac{\mu_0 I R_2^2}{2\pi a(R_1^2-R_2^2)}\right)$

（2）空心部分轴线上的磁感应强度的大小。$\left(\text{答案：}B'_o=\dfrac{\mu_0 I a}{2\pi(R_1^2-R_2^2)}\right)$

7-23 载有电流I_1的长直导线旁有一正三角形线圈（边长为l）载有电流I_2，其一边与直导线平行，且到直导线的垂直距离为a（见习题7-23图），直导线与线圈在同一平面内，求：

（1）载流三角形线圈所受到的合力；$\left(\text{答案：}\dfrac{\mu_0 I_1 I_2}{\pi}\left(\dfrac{1}{\sqrt{3}}\ln\dfrac{a+\frac{\sqrt{3}l}{2}}{a}-\dfrac{l}{2a}\right)\right)$

（2）载流三角形线圈所受到的合力矩（以通过C点并垂直于纸面方向为转轴）。（答案：0）

7-24 将1000根相互绝缘的无限长直导线紧密平行排列成截面半径为R的圆柱面（见习题7-24图），每根导线均通以同方向的电流I。求每根导线单位长度上所受力的大小。$\left(\text{答案：}10^{-3}\dfrac{\mu_0 I^2}{4\pi R}\right)$

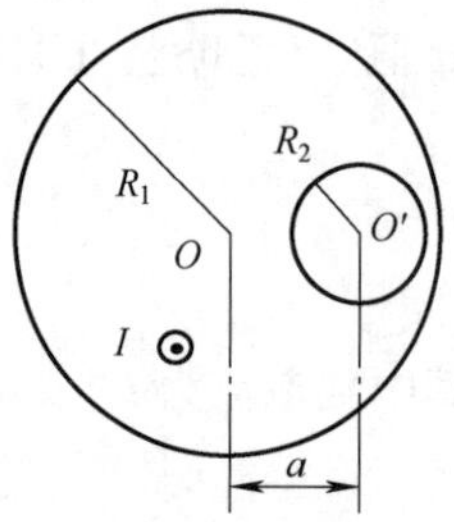

习题 7-22 图

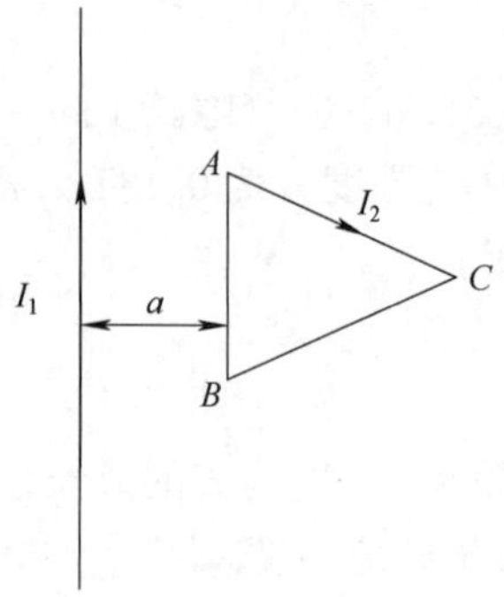

习题 7-23 图

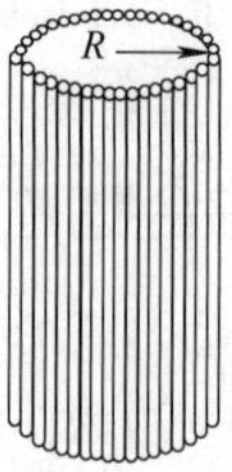

习题 7-24 图

三、课外拓展小论文

7-25　轨道炮（Rail Gun）由法国人维勒鲁伯于 1920 年发明，是利用轨道电流间相互作用的安培力把弹丸发射出去。试分析轨道炮的射击速度由哪些因素决定？如果将轨道炮作为一种载人宇宙飞船的新型发射装置，还需要解决哪些问题？

7-26　直流电动机是将直流电能转换为机械能的电动机。分析如何保持转子绕组的电流方向不变？如何保证电动机匀速转动？

物理学原理在能源领域中的应用——磁效应及其应用

磁力在区域地质调查中的应用包括：①进行大地构造分区，研究深大断裂，确定接触带、断裂带、破碎带和基底构造；②划分沉积岩、侵入岩、喷出岩以及变质岩的分布范围，进行区域地质填图；③研究区域矿产的形成和分布规律。

磁力在普查找矿工作中的应用包括：①直接寻找磁铁矿床，普查与磁铁矿共生的铅、锌、铜、锡等弱磁性矿床，普查与磁铁矿共生的金、锡、铂等砂矿床；②普查铝土矿、锰矿、褐铁矿和菱铁矿等弱磁性沉积矿床；③查明各种控矿构造并进行控矿因素填图，圈定基性、超基性岩，寻找铬、镍、钒、钴、铜、石棉等矿产；④圈定火山颈以寻找金刚石，圈出热液蚀变带以寻找夕卡岩型矿床和热液矿床；⑤普查油气田和煤田构造，研究磁性基底控制的含油气构造，圈定沉积盖层中的局部构造，以及探测与油气藏有关的磁异常，进行普查找油研究与火成岩有关的煤田构造及圈定火烧煤区的范围。

具体的工作可分为以下几步。

一、数据采集

目前磁法勘探的方式比较多，磁法勘探可在地面（地面磁法）、空中（航空磁法）、海洋（海洋磁法）、钻孔中（井中磁法）和卫星上进行。在地面进行磁力测量时，应选择磁场梯度小、避开外界磁场干扰的平静场区作为基点及日变观测点，基点除作为测区内磁异常的起算点外，还作为野外工作仪器的仪器校验点，每天的野外工作仪器测定地磁场工作均起始于校正点，并结束于该点。同时观测人员必须“去磁”，不能携带小刀、发卡、皮带扣、手机、打火机等磁性物品，必须携带的磁性对象和其他有磁性的设备应离开测点一定距离，以不影响观测结果为原则。观测时应保证点位正确，同时每次观测时探头的高度均应保持一致。同时也应进行干扰记录及数据质量检查、评价。

二、数据处理

1. 磁测数据的预处理

原始观测数据在使用前，要在日变校正的基础上进行质量的评价，质量符合规程要求，才能进行梯度校正（经、纬度校正）、高度校正、正常场校正等处理。

日变校正：去掉地球磁场日变化对磁法测量的影响。现代磁力仪的数据回放程序中含有该功能，可以自动进行。

梯度校正（经、纬度校正）：把随地球经、纬度不同而引起的磁场变化值校正掉，特别是纬度校正。这项校正对于大范围高精度磁测工作是必须要做的，若测区范围不大，可以免做正常梯度校正。

高度校正：地面高精度磁法规范规定，只要地形高程变化小于 11m（对应Ⅰ级精度）、29m（对应Ⅱ级精度）、41m（对应Ⅲ级精度），可以不做高度校正。

正常场校正：野外测量获得的是地磁总场强度，我们探测确定的是磁异常，是叠加在地磁场/背景场上的由目标体引起的局部磁场变化（磁异常 ΔT）。

2. 磁异常的处理

（1）化极处理。我国处于中纬度地区，磁性体受斜磁化影响，磁异常一般都有正、负两个部分，异常与磁性体的关系较复杂。利用数学换算将“斜磁化”转变为“垂直磁化”，相当于人为地将磁性体从所在测区移到了地磁极处，简称化极处理。

经化极处理后，异常正值部分与岩体边界有更好的对应关系，附图 7-1 为磁异常化极平面等值线图，图中磁异常以高值正异常为主，局部可见低值负异常。

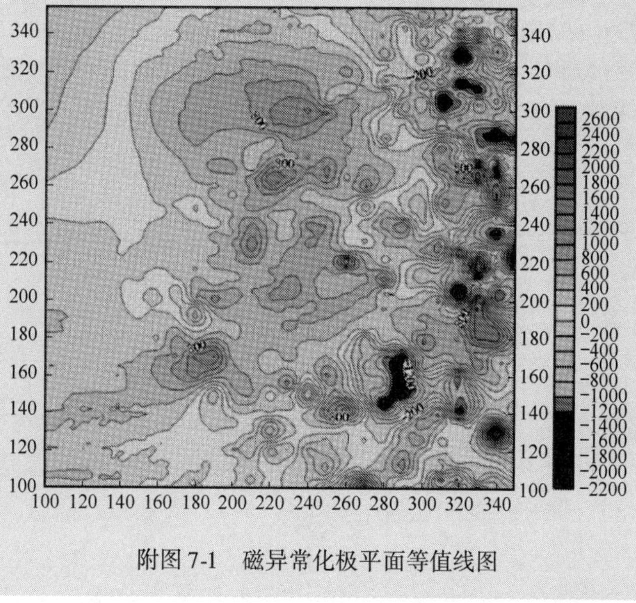

附图 7-1 磁异常化极平面等值线图

（2）解析延拓。解析延拓是把观测面的磁异常利用数学方法换算到高于或低于原观测面一定高度的面上，分别称作向上延拓与向下延拓。

测区干扰多为厂房、铁管、电线及变压器等所造成的人为干扰，可采用向上延拓的处理方法，削弱局部干扰异常，反映深部异常。

平面图上有的异常可能是水平叠加异常，可利用向下延拓的处理方法将叠加的磁异常向下延拓到接近磁性体界面，把各个磁性体的异常分离开来，提高水平横向分辨率。

经过处理获得各测点的 ΔT 值，利用 ΔT 值数据可绘制磁异常剖面图、磁异常平面图等，以供定性、定量解释时使用。

三、资料解释

1. 磁异常的定性解释

首先从磁异常平面图上异常的形态、规模、峰值高低等异常特征入手，分析引起磁异常的地质原因及干扰因素，将磁异常进行分类，确定出与勘探任务相关的有用异常，然后根据磁异常特征运用磁性体与磁场的对应规律，大体判断地质体的位置、规模、产状等。

2. 磁异常的定量解释

磁异常的定量解释在定性解释的基础上进行，根据磁性地质体的几何参量和磁性参量的可能数值，结合地质规律，进一步判断场源的性质，确定磁性地质体在平面上的位置、埋深及倾向等。为了确定磁性异常体的位置、顶板埋深及几何参量，可以应用特征点法、切线法及沃纳（Werner）反褶积法等反演方法进行反演计算。

材料参考文献

[1] 张春灌，赵敏，袁炳强，等．利用重磁资料研究北极地区扬马延微陆块中南部断裂构造与油气远景[J]．石油物探，2023，62（01）：173-182.

[2] 朱莹洁，王万银，杨永，等．基于重、磁异常的西太平洋中段构造特征研究［J］．地球物理学报，2022，65（5）：1712-1731.

[3] 郑启孝．磁法勘探在铁矿勘探中的应用研究［J］．中国金属通报，2019，1010（11）：212-214.

[4] 李剑琦．磁法勘探在实例找矿中的应用［J］．世界有色金属，2017，488（20）：92-93.

[5] 李星海．磁法勘探方法优势分析［J］．世界有色金属，2017，485（17）：193-195.

第八章　电磁感应及电磁场理论

自从奥斯特发现电流的磁效应后，出于对物理学完美性的考虑，许多科学家开始着手研究电流效应的逆现象，即利用磁场来产生电流。经过很多人多年的努力，1831 年法拉第终于发现了由磁生电的现象，并从一系列实验中总结出了电磁感应定律，这在电磁学发展史上留下了光辉的一页。后来，麦克斯韦又在法拉第电磁理论的基础上进行了研究、总结和提炼，给出了麦克斯韦方程组，统一了电磁学，预言了电磁波，并进一步认识到光是一种电磁波。电磁波理论最终被赫兹通过实验证实。

本章首先介绍电源电动势的概念及法拉第电磁感应定律；其后分析两类不同的电磁感应现象，得到动生电动势和感生电动势的定义；然后介绍自感和互感现象、磁场能量；最后在位移电流概念的基础上介绍完整描述电磁现象规律的麦克斯韦方程组以及电磁波。

第一节　电源电动势

电路中维持持续电流必须电路闭合，且要有电源。为什么必须要有电源?

一充电电容器，开始时两极板各带有正、负电荷，两极板间有电势差，如图 8-1 所示。当用导线将两极板连接起来之后，正电荷将从 A 极板沿导线移向 B 极板而形成电流。随着电荷的不断迁移，A、B 两极板间的电势差越来越小，电流也越来越小，当 A、B 两极板电势相等时，电流就消失了。怎样使导线中的电流持续不断呢?如果我们能让流到 B 极板上的正电荷重新回到 A 极板上，并维持两极板正、负电荷分布不变，这样两极板间就有恒定的电势差，导线中也就有恒定的电流通过。显然，这个过程靠静电力是不能实现的，因为静电力不可能使正电荷从低电势的极板 B 移向高电势极板 A。必须有一种提供非静电力来实现上述过程的装置，这种装置称为**电源**。

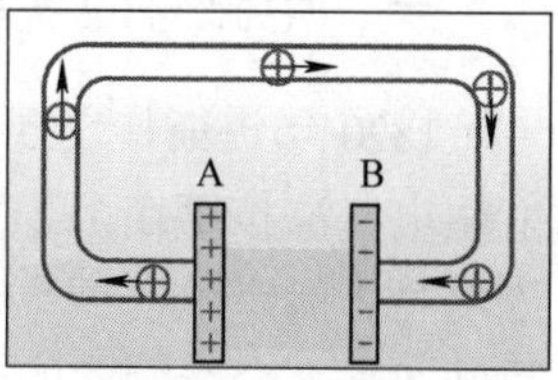

图 8-1　电容器放电

通常将电源内部的电路称为**内电路**，电源外部的电路称为**外电路**。如图 8-2 所示，正电荷从正极板流出，经外电路流入负极板；在电源内部，依靠电源提供的非静电力 $\boldsymbol{F}_k$ 反抗静电力 $\boldsymbol{F}$ 做功，消耗电源的能量，将正电荷从负极板移到正极板。因此，电源是把其他形式的能量转化为电能的装置。根据电源能量来源不同，把电源分为不同种类：化学电池、太阳能电池、发电机等。

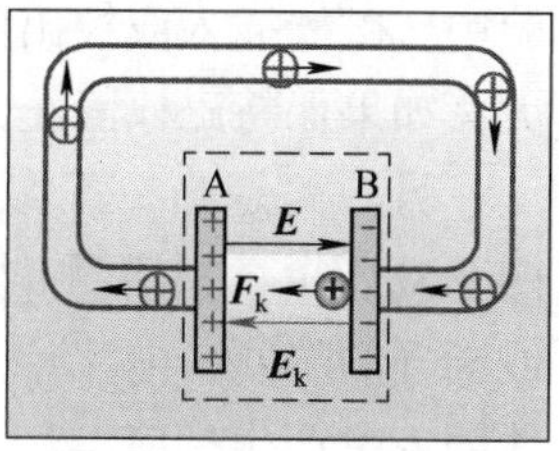

图 8-2　电源电动势

我们可以像定义静电场场强 $\boldsymbol{E}$ 那样，定义**非静电场场强**，用

$\boldsymbol{E}_k$ 表示，即

$$\boldsymbol{E}_k = \frac{\boldsymbol{F}_k}{q} \tag{8-1}$$

非静电场场强 $\boldsymbol{E}_k$ 是与静电场强 $\boldsymbol{E}$ 类比的一种等效表示，其大小在量值上等于单位正电荷所受的非静电性电场力。

不同的电源，转化能量的本领不同，因此，引入电动势的概念来描述电源转化能量的本领大小。非静电力把单位正电荷经电源内部从负极移到正极所做的功称为**电源的电动势**，用符号 ε 表示，则

$$\varepsilon = \int_{-}^{+} \boldsymbol{E}_k \cdot \mathrm{d}\boldsymbol{l} \tag{8-2}$$

当非静电力存在于整个回路时，整个回路的总电动势为

$$\varepsilon = \oint_L \boldsymbol{E}_k \cdot \mathrm{d}\boldsymbol{l} \tag{8-3}$$

电源电动势的大小只取决于电源本身的性质，与外电路无关。电动势是标量，习惯上，为便于应用，常规定电动势的指向为自负极经内电路指向正极。电动势和电势单位相同，在国际单位制中都是伏特（V），但两者物理意义不同。电动势是反映电源转换能量本领大小的物理量，电势是描述电场性质的物理量。

思考题

8-1　什么是非静电场场强？和静电场场强有何不同？

8-2　电源的电动势和端电压有什么区别？两者在什么情况下才相等？

第二节　法拉第电磁感应定律

一、电磁感应现象

1820 年奥斯特发现了电流磁效应，揭示了磁现象的电本质，由此人们自然想到磁能不能生电？法拉第在 1821 年提出了磁生电的设想。当时的物理学家所设计的实验都是稳恒的磁场是否能产生电场或电流，所以都没有成功。1831 年，法拉第发现在线圈通电或断电的瞬间，另一个线圈中的电流计指针发生了偏转，他又设计了各种实验，最终验证了磁生电现象的存在。法拉第向英国皇家学会报告了磁生电的实验现象，并称之为电磁感应现象。

电磁感应现象中出现的电流称为**感应电流**。电磁感应现象按照产生感应电流方式的不同可分为两大类。一类是磁铁与线圈有相对运动时，线圈中电流产生，如图 8-3a 所示。在实验中，磁棒插入或拔出的速度越快，电流计指针偏转的角度就越大，也就是说感应电流越大，如果保持磁棒静止，使线圈相对磁棒运动，那么可以观察到同样的现象。

另一类是当一个线圈中电流发生变化时，在它附近的其他线圈中也产生电流。如图 8-3b所示，把线圈 a 和直流电源串联起来，线圈 b 和电流计 G 串联起来。当开关 S 闭合或断开的瞬间，电流计 G 的指针都会发生短暂的偏转。这表明在线圈 a 通电或断电的瞬间，线圈 b 中产生感应电流。

通过以上两个实验我们可以得出结论：当穿过闭合导体回路的磁通量发生变化时，回路

中就产生感应电流，这就是产生感应电流的条件。

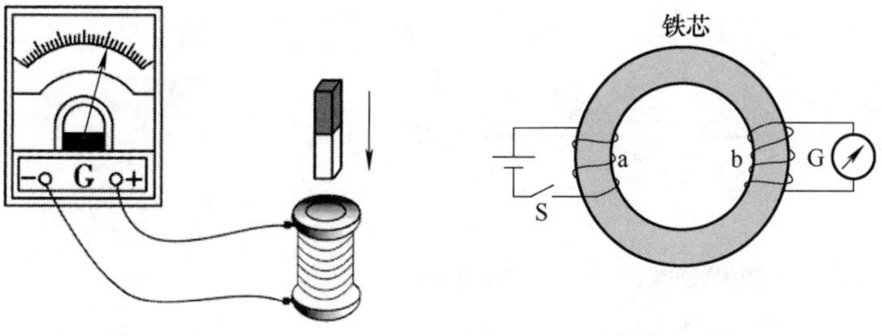

a）磁铁与线圈相对运动　　b）线圈静止、磁场发生变化

图 8-3　电磁感应现象

二、法拉第电磁感应定律及应用

闭合导体回路中有电流产生，那就意味着回路中有电动势存在。这种由于磁通量变化而引起的电动势，叫作**感应电动势**。感应电动势比感应电流更能反映电磁感应现象的本质，这是因为当回路不闭合的时候，也会发生电磁感应现象，这时并没有感应电流，而感应电动势却仍然存在。另外，感应电流的大小是随回路的电阻而改变的，而感应电动势的大小则不随回路的电阻而变。法拉第在总结不同电磁感应现象的基础上，得出结论：导体回路中感应电动势的大小和通过回路的磁通量的时间变化率成正比，感应电动势的方向依赖磁场的方向和它的变化情况。这就是**法拉第电磁感应定律**。以 Φ_m 表示穿过导体回路所围面积的磁通量，以 ε 表示磁通量发生变化时在导体回路中产生的感应电动势，法拉第电磁感应定律的数学表达式为

$$\varepsilon = -\frac{d\Phi_m}{dt} \tag{8-4}$$

公式中的负号表示感应电动势的方向和磁通量变化的关系。在判断感应电动势的方向时，首先任意选定回路 L 的绕行正方向，如图 8-4a 所示；然后判断磁通量正负，当回路中磁感应线的方向与规定的回路绕行正方向满足右手螺旋关系时，磁通量为正，否则为负；最后根据式（8-4）计算结果的正负判断感应电动势的方向，计算结果为正则方向与回路绕行方向一致，负则相反。图 8-4a 中磁场增强时，则 $d\Phi_m/dt>0$，$\varepsilon<0$，表明感应电动势的方向和 L 的绕行正方向相反。改变回路绕向正方向，如图 8-4b 所示，则磁通量为负，当磁场增强时，则 $d\Phi_m/dt<0$，$\varepsilon>0$，表明感应电动势的方向和 L 的绕行正方向相同。从结果可看出电动势的方向与回路绕行的方向选择无关。如果磁场减弱，回路绕向正方向如图 8-4c 所示，磁通量为正，则 $d\Phi_m/dt<0$，$\varepsilon>0$，表明感应电动势的方向和 L 的绕行正方向相同。从结果可以看出，闭合回路中感应电流的方向，总是使它所激发的磁场来阻止引起感应电流的磁通量的变化，这个规律叫作**楞次定律**。

小涡流演示

如图 8-5 所示，把磁棒插入或从线圈内拔出时，根据楞次定律可以判断出感应电流的方向。感应电流在闭合回路中流动时将释放焦耳热，根据能量守恒和转化定律，能量不可能无中生有，这部分热量只可能从其他形式的能量转化而来。把磁棒插入线圈或从线圈内拔出时，都必须克服斥力或引力做机械功。实际上，正是这部分机械功转化成感应电流所释放的焦耳热。楞次定律的实质是能量守恒定律

在电磁感应现象上的具体体现。

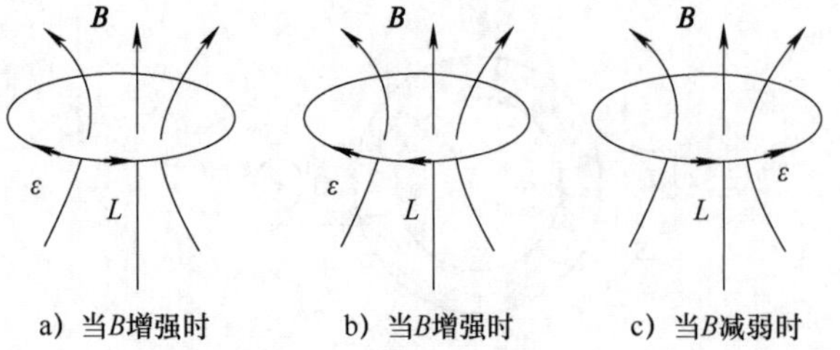

图 8-4 法拉第电磁感应定律

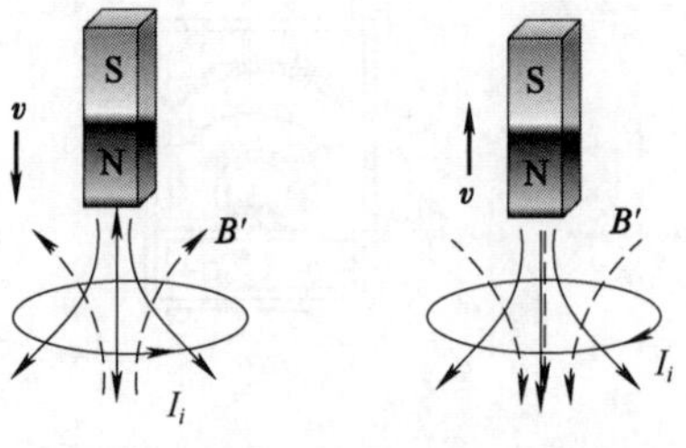

图 8-5 楞次定律

如果回路不是单匝线圈而是多匝线圈，那么当磁通量变化时，每匝线圈都将产生感应电动势，由于匝与匝之间是相互串联的，整个线圈的总电动势等于各匝产生的电动势之和，令 $\Phi_{m1}, \Phi_{m2}, \cdots, \Phi_{mN}$ 分别是通过各匝线圈的磁通量，则

$$\begin{aligned}\varepsilon &= \varepsilon_1 + \varepsilon_2 + \cdots + \varepsilon_N = -\frac{\mathrm{d}\Phi_{m1}}{\mathrm{d}t} - \frac{\mathrm{d}\Phi_{m2}}{\mathrm{d}t} - \cdots - \frac{\mathrm{d}\Phi_{mN}}{\mathrm{d}t} \\ &= -\frac{\mathrm{d}}{\mathrm{d}t}\left(\sum_{i=1}^{n}\Phi_{mi}\right) = -\frac{\mathrm{d}\psi}{\mathrm{d}t}\end{aligned} \tag{8-5}$$

式中，ψ 叫作全磁通。如果穿过每匝线圈的磁通量相同，均为 Φ_m，则 $\psi = N\Phi_m$，式（8-5）变为

$$\varepsilon = -\frac{\mathrm{d}\psi}{\mathrm{d}t} = -N\frac{\mathrm{d}\Phi_m}{\mathrm{d}t} \tag{8-6}$$

例 8-1 一无限长直导线通有交流电 $I = I_0\sin\omega t$，其中 I_0 和 ω 是大于零的常数，与其共面的位置放置了矩形回路，长为 h，宽为 b，距导线距离为 a，求 N 匝矩形回路中的总感应电动势的大小。

解：设当 $I>0$ 时，电流方向向上，回路绕行正方向如图 8-6 所示，建坐标系，先求出通过一匝线圈的磁通量。根据长直电流周围空间磁场的特征，取如图 8-6 所示的面元矢量

$$\mathrm{d}S = h\mathrm{d}x$$

其法线方向垂直向内，面元上任意一点的磁感应强度的大小为

$$B = \frac{\mu_0 I}{2\pi x}$$

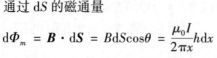

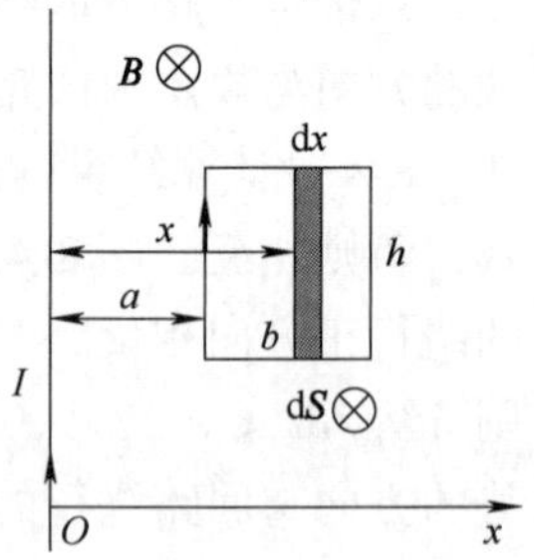

图 8-6 例 8-1 用图

方向如图所示，通过 dS 的磁通量

$$\mathrm{d}\Phi_m = \boldsymbol{B}\cdot\mathrm{d}\boldsymbol{S} = B\mathrm{d}S\cos\theta = \frac{\mu_0 I}{2\pi x}h\mathrm{d}x$$

通过整个矩形面积的磁通量

$$\Phi_m = \int_a^{a+b}\frac{\mu_0 Ih}{2\pi x}\mathrm{d}x = \frac{\mu_0 Ih}{2\pi}\ln\frac{a+b}{a} = \frac{\mu_0 I_0 h\sin\omega t}{2\pi}\ln\frac{a+b}{a}$$

磁链为

$$\psi = N\Phi_m$$

根据法拉第电磁感应定律得

$$\varepsilon = -\frac{\mathrm{d}\psi}{\mathrm{d}t} = -N\frac{\mathrm{d}\Phi_{\mathrm{m}}}{\mathrm{d}t}$$
$$= -\frac{\mu_0 N I_0 h\omega}{2\pi}\cos\omega t\ln\frac{a+b}{a}$$

ε 是交变电动势。

思考题

8-3　将一磁铁插入一个由导线组成的闭合电路线圈中，一次迅速插入，另一次缓慢地插入。问：

(1) 两次插入时在线圈中的感生电量是否相同？

(2) 两次手推磁铁的力所做的功是否相同？

(3) 若将磁铁插入一不闭合的金属环中，在环中将发生什么变化？

8-4　让一块很小的磁铁在一根很长的竖直铜管内下落，若不计空气阻力，试定性说明磁铁进入铜管上部、中部和下部的运动情况，并说明理由。

8-5　灵敏电流计的线圈处于永磁体的磁场中，通入电流，线圈就发生偏转。切断电流后，线圈在回复原来位置前总要来回摆动好多次。这时如果用导线把线圈的两个接头短路，则摆动会马上停止。这是什么缘故？

第三节　动生电动势和感生电动势

法拉第电磁感应定律告诉我们，只要穿过导体回路所围面积的磁通量发生变化，回路中就要产生感应电动势。根据磁通量发生变化的不同原因，将感应电动势分为两类：一类是磁场保持不变（时间上的不变），导体回路或导体在磁场中运动而引起的感应电动势称为**动生电动势**；另一类是导体回路不动，磁场随时间发生变化引起的感应电动势称为**感生电动势**。

一、动生电动势

如图 8-7 所示，一个由固定不动的导体框架和可运动的导体棒构成的矩形回路 *abcda* 放置于匀强磁场 $\boldsymbol{B}$ 中，磁场方向垂直于导体回路所在平面，导线 *ab* 以速度 $\boldsymbol{v}$ 向右做匀速直线运动。当导体棒 *ab* 与导体框架左边距离为 x 时，根据法拉第电磁感应定律可得回路中产生的电动势为

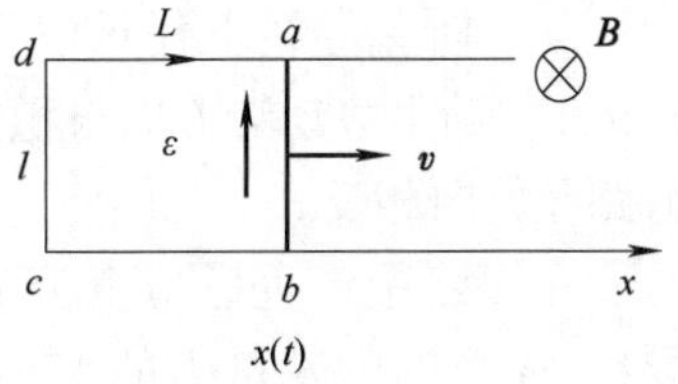

图 8-7　动生电动势的产生

$$\varepsilon = -\frac{\mathrm{d}\Phi_{\mathrm{m}}}{\mathrm{d}t} = -\frac{\mathrm{d}}{\mathrm{d}t}(Blx) = -Bl\frac{\mathrm{d}x}{\mathrm{d}t} = -Blv \quad (8\text{-}7)$$

式中，负号说明电动势方向与 L 的绕行正方向相反，即逆时针方向；l 是导线 *ab* 的长度；v 是导线 *ab* 运动的速率，由于其他边没动，说明电动势只在导线 *ab* 段内产生。电动势是导线 *ab* 运动产生的，称作**动生电动势**。动生电动势的方向也可由楞次定律得到，是从 b 指向 a 的。

导体在磁场中运动而产生动生电动势，可用金属电子理论解释。如图 8-8 所示，导线 ab 在磁场中运动，导线中的自由电子也随着导线运动，因而具有宏观定向运动速度 v，电子在磁场中要受到向下的洛伦兹力 $\boldsymbol{f} = -e\boldsymbol{v} \times \boldsymbol{B}$ 的作用，结果导致导线 ab 的 a 端聚集正电荷，b 端聚集负电荷，用导线连接导线 ab 两端形成闭合回路就有电流产生。在磁场中运动的导线 ab 就相当于一个电源，导线 ab 的动生电动势就是电源的电动势。a 端相当于电源的正极，b 端相当于电源的负极。这里电源中的非静电力就是洛伦兹力。由式（8-1）可知，与洛伦兹力相对应的非静电场场强为

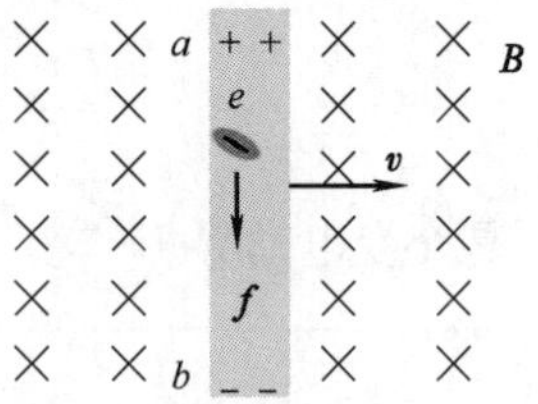

图 8-8　动生电动势的金属电子理论

$$\boldsymbol{E}_{\mathrm{k}} = \frac{\boldsymbol{f}}{-e} = \boldsymbol{v} \times \boldsymbol{B} \tag{8-8}$$

根据电动势的定义式（8-2），得到导体 ab 运动产生的动生电动势为

$$\varepsilon = \int_{-}^{+} \boldsymbol{E}_{\mathrm{k}} \cdot \mathrm{d}\boldsymbol{l} = \int_{b}^{a} (\boldsymbol{v} \times \boldsymbol{B}) \cdot \mathrm{d}\boldsymbol{l} \tag{8-9}$$

由于图 8-8 中 $\boldsymbol{v} \times \boldsymbol{B}$ 的方向沿着棒由 b 指向 a，与积分路径 $\mathrm{d}\boldsymbol{l}$ 的方向相同，因此可得

$$\varepsilon = \int_{b}^{a} (\boldsymbol{v} \times \boldsymbol{B}) \cdot \mathrm{d}\boldsymbol{l} = \int_{b}^{a} vB\mathrm{d}l = Blv \tag{8-10}$$

其方向是由 b 指向 a。根据电动势的定义式求出的动生电动势与用法拉第电磁感应定律求出的电动势大小相同。

对于非均匀磁场而且导体各段运动速度不同的情况，在导体上选取导体元 $\mathrm{d}\boldsymbol{l}$，在其中产生的动生电动势为

$$\mathrm{d}\varepsilon = (\boldsymbol{v} \times \boldsymbol{B}) \cdot \mathrm{d}\boldsymbol{l} \tag{8-11}$$

整个导体产生的动生电动势就是个导体元产生的电动势之和，其表达式就是式（8-9）。因此，式（8-9）是计算在磁场中运动的导体内产生的动生电动势的一般公式，积分路径沿运动导线由 b 到 a。当整个闭合导体回路 L 运动时，在整个导体上都有感应电动势，计算电动势的公式为

$$\varepsilon = \oint_{L} (\boldsymbol{v} \times \boldsymbol{B}) \cdot \mathrm{d}\boldsymbol{l} \tag{8-12}$$

某一时刻导线上任意位置的 $\boldsymbol{v} \times \boldsymbol{B}$ 的值是固定的，$\mathrm{d}\boldsymbol{l}$ 的方向可任意选取，若计算结果 $\varepsilon > 0$，动生电动势方向与积分路径方向相同；若计算结果 $\varepsilon < 0$，则动生电动势方向与积分路径方向相反。

在回路中产生感应电流后，载流导线在外磁场中要受到安培力的作用。图 8-8 中的导线 ab 受到的安培力的大小为 $F_{\mathrm{m}} = IlB$，方向在纸面内垂直于导线向左。所以，如果要维持 ab 向右做匀速运动，必须在 ab 段上施加一同样大小方向向右的外力 $\boldsymbol{F}'$，外力 $\boldsymbol{F}'$ 的功率为

$$P' = F'v = BIlv$$

又如上所述，运动导线 ab 上的动生电动势 $\varepsilon = Blv$，所以电源（运动导线 ab）在回路中输出的电功率为

$$P = \varepsilon I = IlvB$$

比较以上两式，可以看到 P' 正好等于 P，这是符合能量守恒与转化定律的，即电源

(即“运动导线 ab”) 在回路中供应的电能来源于外力克服安培力所做的功。

例 8-2　如图 8-9 所示，一无限长直载流导线，通有电流 I，有一长为 L 的导体棒 ab，与导线共面且垂直导线，棒的 a 端距导线距离为 h，求导体棒 ab 以速度 $\boldsymbol{v}$ 沿平行导线方向运动时产生的电动势。

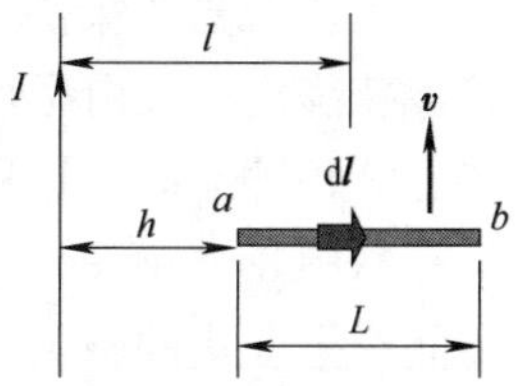

图 8-9　例 8-2 用图

解：由于金属棒处在通电导线的非均匀磁场中，其磁感应强度大小为

$$B = \frac{\mu_0 I}{2\pi l}$$

在导体棒上距载流导线的距离为 l 处取一有向线元 $\mathrm{d}\boldsymbol{l}$，根据式 (8-11)，可得 $\mathrm{d}\boldsymbol{l}$ 上的动生电动势为

$$\mathrm{d}\varepsilon = (\boldsymbol{v} \times \boldsymbol{B}) \cdot \mathrm{d}\boldsymbol{l}$$

这里 $\boldsymbol{v}$ 、$\boldsymbol{B}$ 和 $\mathrm{d}\boldsymbol{l}$ 三者方向相互垂直，$\boldsymbol{v} \times \boldsymbol{B}$ 的方向与 $\mathrm{d}\boldsymbol{l}$ 的方向平行反向，所以上式可写为

$$\mathrm{d}\varepsilon = -vB\mathrm{d}l$$

由于所有线元上产生的动生电动势的方向都是相同的，所以导体棒中的总电动势为

$$\varepsilon = \int \mathrm{d}\varepsilon = \int_h^{h+L} -v\frac{\mu_0 I}{2\pi l}\mathrm{d}l = -\frac{\mu_0 I v}{2\pi}\ln\frac{h+L}{h}$$

式中，$\varepsilon < 0$，说明电动势 ε 的方向与积分路径方向相反，即由 b 指向 a，a 点电势高。

前面介绍了一根独立的导线在磁场中运动时，在导体中产生的动生电动势，下面讨论一个在匀强磁场中匀速转动的矩形线圈的感应电动势。如图 8-10 所示，形状不变的矩形线圈 $abcd$，匝数为 N，面积为 S，使该线圈在匀强磁场中绕垂直于磁场方向的固定轴 OO'转动。当线圈法线 $\hat{\boldsymbol{e}}_n$ 与磁感应强度 $\boldsymbol{B}$ 之间夹角为 θ 时，通过每匝线圈平面的磁通量为

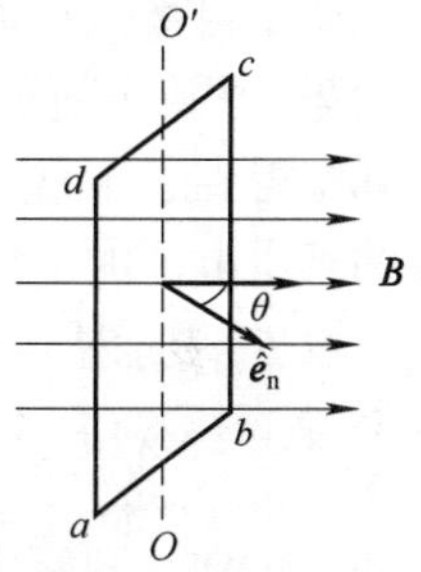

图 8-10　线圈在匀强磁场中转动

$$\Phi_m = BS\cos\theta$$

当线圈以 OO' 为轴转动时，夹角 θ 随时间改变，所以 Φ_m 也随时间改变。根据法拉第电磁感应定律，N 匝线圈中所产生的感应电动势为

$$\varepsilon = -N\frac{\mathrm{d}\Phi}{\mathrm{d}t} = NBS\sin\theta\frac{\mathrm{d}\theta}{\mathrm{d}t}$$

式中，$\mathrm{d}\theta/\mathrm{d}t = \omega$ 是线圈转动时的角速度，如果 ω 是恒量，设在 $t = 0$ 时，$\theta = 0$，那么在 t 时刻，$\theta = \omega t$，代入上式，即得

$$\varepsilon = NBS\omega\sin\omega t$$

令 $\varepsilon_0 = NBS\omega$，表示当线圈平面平行于磁场方向的瞬时感应电动势，也就是线圈中最大感应电动势的量值，则有

$$\varepsilon = \varepsilon_0\sin\omega t \tag{8-13}$$

由上式可知，在匀强磁场中转动的线圈内产生的感应电动势为交变电动势，大小和正负随时间做正弦规律变化，线圈中的电流也是交变的，叫交流电。以上所述就是发电机的工作原理。

二、感生电动势

上述为磁场保持不变，而导体或导体回路相对于磁场运动时产生动生电动势。若导体回路保持静止，仅由磁场变化引起通过导体回路的磁通量发生改变时，同样可以产生感应电动势，这种感应电动势称为**感生电动势**。

如图 8-11 所示，线圈 1 通交流电，其在周围空间产生变化的磁场，线圈 2 静止不动。在线圈 1 产生的磁场中，通过线圈 2 的磁通量发生变化，线圈 2 中产生感生电动势。动生电动势的非静电力是洛伦兹力，那么导体不动，由于磁场变化所产生的感生电动势的非静电力是什么？

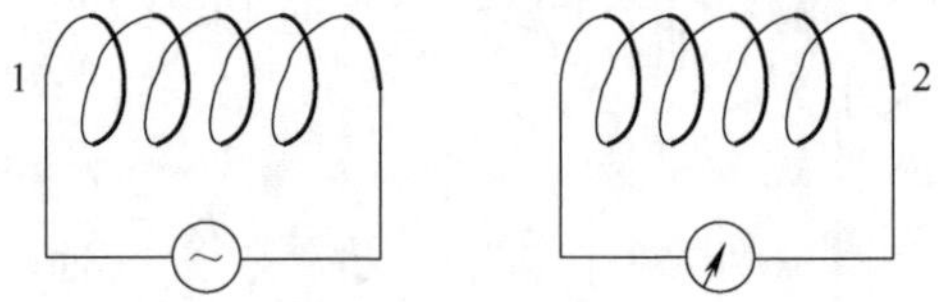

图 8-11　感生电动势

图 8-11 中线圈 2 静止不动，导线中的自由电子没有随导线的定向运动，只有无规则热运动，它们所受洛伦兹力在方向上是杂乱无章的，因此洛伦兹力不能使自由电子沿导线做定向运动。实验表明，只要有变化的磁场存在，在空间静止的电荷也会受到力的作用，并在此作用下被加速，这些都是洛伦兹力办不到的。实验还表明，当空间存在变化的磁场时，电荷即使是处于磁场区域外，也会受到力的作用，这种力更不可能是洛伦兹力。因此线圈 2 中的感生电动势与洛伦兹力无关。

麦克斯韦根据以上事实，提出如下假设：变化的磁场在周围空间激发一电场，这个电场叫作**感生电场**（或涡旋电场），感生电场作用于放置在空间的导体回路，在回路中产生感应电动势，并形成感应电流（涡电流）。实验证实麦克斯韦提出的感生电场确实存在，并且在实际中得到了很重要的应用。根据麦克斯韦假设产生感生电动势的非静电力就是变化磁场激发的感生电场的电场力。

以 $\boldsymbol{E}_\mathrm{i}$ 表示感生电场场强，根据电动势的定义，在导体回路上产生的感生电动势为

$$\varepsilon = \oint_L \boldsymbol{E}_\mathrm{i} \cdot \mathrm{d}\boldsymbol{l} \tag{8-14}$$

如果 $\varepsilon > 0$，则感生电动势方向与积分路径方向相同；如果 $\varepsilon < 0$，感生电动势方向与积分路径方向相反。

根据法拉第电磁感应定律可得

$$\varepsilon = \oint_L \boldsymbol{E}_\mathrm{i} \cdot \mathrm{d}\boldsymbol{l} = -\frac{\mathrm{d}\Phi}{\mathrm{d}t} = -\frac{\mathrm{d}}{\mathrm{d}t}\left(\int_S \boldsymbol{B} \cdot \mathrm{d}\boldsymbol{S}\right) \tag{8-15}$$

由于导体回路静止不动，磁场发生变化，由式（8-15）可得

$$\oint_L \boldsymbol{E}_\mathrm{i} \cdot \mathrm{d}\boldsymbol{l} = -\int_S \frac{\partial \boldsymbol{B}}{\partial t} \cdot \mathrm{d}\boldsymbol{S} \tag{8-16}$$

式中，S 是以回路 L 为边界的任意曲面，其法线方向与回路 L 的绕行方向构成右手螺旋。由于感生电场的环路积分不等于零，所以感生电场又叫作涡旋电场，感生电场是一种非保守场。式（8-16）给出了感生电场与变化磁场之间的关系。感生电场是无头无尾的闭合曲线，因此感生电场中通过任意闭合曲面的电通量等于零，这就是感生电场的高斯定理，其表达式为

$$\oint_S \boldsymbol{E}_\mathrm{i} \cdot \mathrm{d}\boldsymbol{S} = 0 \tag{8-17}$$

理论和实验证明，感生电场总是围绕在变化的磁场周围，感生场 $\boldsymbol{E}_{\mathrm{i}}$ 的方向与磁场随时间的变化率 $\dfrac{\partial \boldsymbol{B}}{\partial t}$ 的方向成左手螺旋关系，如图 8-12 所示。

感生电场与静电场同样可以对存在于其中的电荷产生力的作用，即 $\boldsymbol{F} = q\boldsymbol{E}_{\mathrm{i}}$。但二者的区别是明显的：①静电场的电场线是有头有尾的非闭合曲线，是有源场；而感生电场的电场线是闭合曲线，是无源场；②静电场为保守力场，而感生电场为非保守力场；③静电场是由静止的电荷激发的，而感生电场是由变化的磁场产生的。

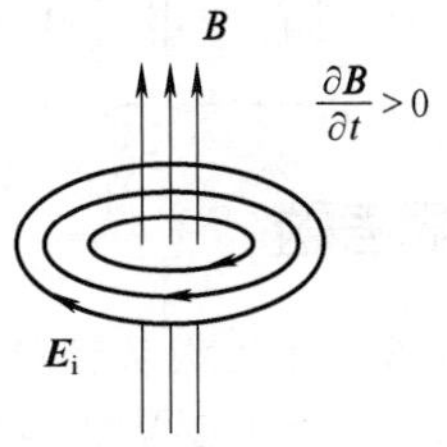

图 8-12　$\boldsymbol{E}_{\mathrm{i}}$ 与 $\dfrac{\partial \boldsymbol{B}}{\partial t}$ 的左手螺旋关系

例 8-3　在半径为 R 的无限长直螺线管内部，磁场随时间做线性变化，$B = ct(c > 0)$，图 8-13 为管内磁场的横截面。求螺线管内外的感生电场。

解： 螺线管内部磁场具有轴对称性，激发的电场也应有轴对称性，以 O 为圆心作一半径为 r 的圆，圆上各点的 $\boldsymbol{E}_{\mathrm{i}}$ 其大小相等，感生电场的电场线在管内外都是与螺线管同轴的同心圆，$\boldsymbol{E}_{\mathrm{i}}$ 的方向处处与圆线相切，且与 $\dfrac{\partial \boldsymbol{B}}{\partial t}$ 构成左手螺旋，如图 8-13 所示。

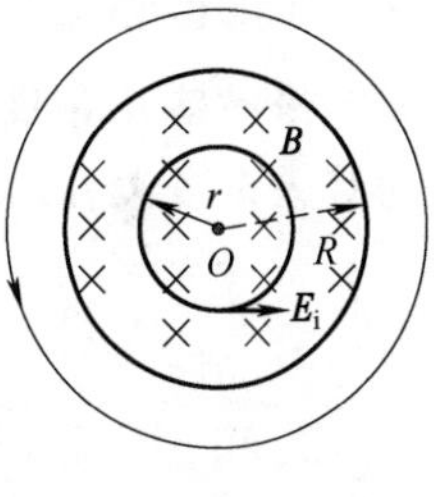

图 8-13　例 8-3 用图

选取一个以轴线为中心，r 为半径，方向为逆时针的圆为积分路径，由于积分路径上场强处处相等，由式（8-16），可得

$$\oint_L \boldsymbol{E}_{\mathrm{i}} \cdot \mathrm{d}\boldsymbol{l} = E_{\mathrm{i}} \cdot 2\pi r = -\int_S \frac{\partial \boldsymbol{B}}{\partial t} \cdot \mathrm{d}\boldsymbol{S}$$

由于 $\dfrac{\partial \boldsymbol{B}}{\partial t}$ 的方向与回路所围面积的法线方向平行反向，可得

$$E_{\mathrm{i}} \cdot 2\pi r = \int_S c\mathrm{d}S$$

当 $r \leqslant R$ 时，有

$$E_{\mathrm{i}} \cdot 2\pi r = \int_S c\mathrm{d}S = c\pi r^2$$

解得

$$E_{\mathrm{i}} = \frac{cr}{2} \tag{8-18}$$

当 $r > R$ 时，有

$$E_{\mathrm{i}} \cdot 2\pi r = \int_S c\mathrm{d}S = c\pi R^2$$

解得

$$E_{\mathrm{i}} = \frac{cR^2}{2r} \tag{8-19}$$

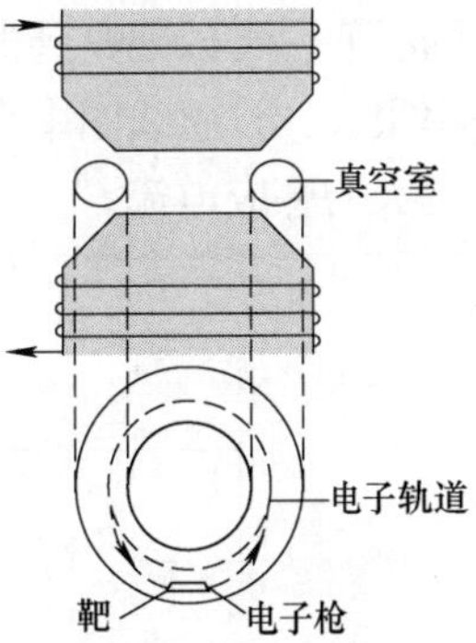

图 8-14　电子感应加速器原理图

电子感应加速器是应用感生电场加速电子的装置，是感生电场存在的最重要的例证之一。图 8-14 是电子感应加速器原理图，当交流电激励电磁铁时，在柱形电磁铁的两极间有一频率很高的交变磁场，在磁场中放置一环形真空管道作为电子的运行管道。真空管道中既有磁场又有感生电

场，电子在其中得到加速运动的同时还会受到磁场的洛伦兹力，提供电子做圆周运动所需的向心力。这样，电子在保持圆周运动中不断被加速。

思考题

8-6　动生电动势和感生电动势的非静电力有什么区别？

8-7　熔化金属的一种方法是用“高频炉”。它的主要部件是一个铜制线圈，线圈中有一坩埚，锅中放待熔的金属块。当线圈中通以高频交流电时，锅中金属就可以被熔化。这是什么缘故？

8-8　如思考题8-8图所示，一均匀磁场被限制在半径为 R 的圆柱面内，磁场随时间做线性变化。问图中所示闭合回路 L_1 和 L_2 上每一点的 $\dfrac{\partial \boldsymbol{B}}{\partial t}$ 是否为零？感生电场 $\boldsymbol{E}$ 是否为零？$\oint_{L_1} \boldsymbol{E}\cdot \mathrm{d}\boldsymbol{l}$ 和 $\oint_{L_2} \boldsymbol{E}\cdot \mathrm{d}\boldsymbol{l}$ 是否为零？若回路是导线环，问环中是否有感应电流？L_1 环上任意两点的电势差是多大？L_2 环上 A、B、C 和 D 点的电势是否相等？

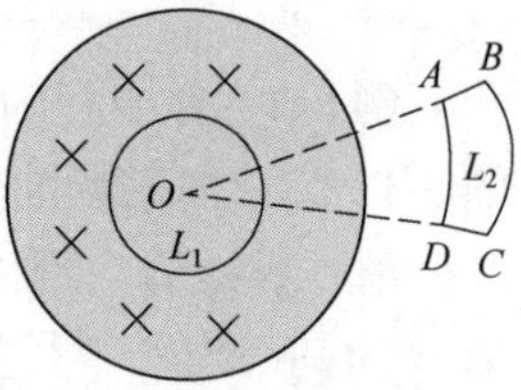

思考题8-8图

第四节　自感和互感　磁场的能量

一、自感

当导体回路中通有电流时，就有这一电流所产生的磁场通过这一回路自身所围面积，如果回路中的电流发生变化，那么通过自身回路面积的磁通量也将发生变化。根据法拉第电磁感应定律可知，在自身回路中将激起感应电动势。这种由于电路自身电流变化而在自身回路中激发感应电动势的现象称为**自感现象**，相应的感应电动势称为**自感电动势**，以符号 ε_L 表示。

在图8-15a所示的实验中，当开关闭合的瞬间，可以观察到A灯比B灯先亮，这是因为与B灯串联的自感线圈在通电的瞬间会产生自感电动势，该自感电动势的方向与电流方向相反，所以灯泡B所在支路中的电流是逐渐增大的。在图8-15b所示的电路中，当开关断开的瞬间，可以观察到灯泡突然强烈地闪亮一下再熄灭，这是因为开关断开时回路中电流变化率很大，自感线圈中会产生很大的自感电动势，使得在自感线圈与灯泡构成的回路中流过了更大的感应电流。

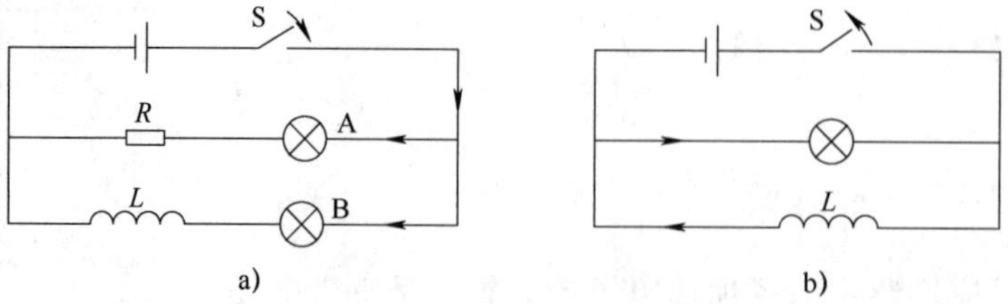

自感现象

图8-15　自感现象演示

以密绕长直螺线管为例，设螺线管长为 l，横截面积为 S，单位长度上绕有 n 匝导线，

线圈总匝数为 $N=nl$，线圈中流过的电流为 I，管内充满磁导率为 μ 的均匀磁介质。线圈内部磁感应强度 B 为

$$B=\mu nI$$

忽略边缘效应，认为各匝线圈通过的磁通量均相同，则穿过每匝线圈的磁通量为

$$\varphi_i=BS=\mu nIS$$

而线圈总磁通量（磁通链数）为

$$\Psi=N\varphi_i=nl\varphi_i=\mu n^2SlI$$

可见通过闭合导体回路自身所围面积的全磁通 ψ 与回路中的电流强度 I 成正比。虽然这是由长直螺线管这种特殊情况推出来的，但 Ψ 与 I 的正比例关系具有普遍性，我们定义

$$\Psi=LI \tag{8-20}$$

式中，比例系数 L 称为该线圈的**自感系数**，简称**自感**，它的量值决定于回路的大小、形状以及周围磁介质的磁导率和分布。

自感的单位为亨利，符号 H，1H = 1Wb/A。亨这个单位较大，一般用毫亨或微亨，则有 1 亨（H）$=10^3$毫亨（mH）$=10^6$微亨（μH）。

对于确定的线圈和磁介质，线圈的自感系数 L 是确定的，所以根据法拉第电磁感应定律表达式（8-4），可得自感电动势为

$$\varepsilon_L=-L\frac{\mathrm{d}I}{\mathrm{d}t} \tag{8-21}$$

上式给出了自感电动势和电流的变化之间的关系，此时自感电动势实质是变化磁场产生的感生电场作用于回路自身的结果。

二、互感

如图 8-16 所示，两个固定的载流回路 L_1 和回路 L_2，电流强度分别为 I_1 和 I_2，电流 I_1 产生一磁场，它的部分磁场线通过回路 L_2，全磁通为 Ψ_{21}，当 I_1 变化时，将引起 Ψ_{21} 的变化，并在回路 L_2 内产生感应电动势 ε_{21}。同理，电流 I_2 产生一磁场，它的部分磁感应线通过回路 L_1，全磁通为 Ψ_{12}，当 I_2 变化时，将引起 Ψ_{12} 的变化，并在回路 L_1 内产生感应电动势 ε_{12}。上述两个载流回路中的电流变化互相在对方回路中激起感应电动势的现象，称为**互感现象**。

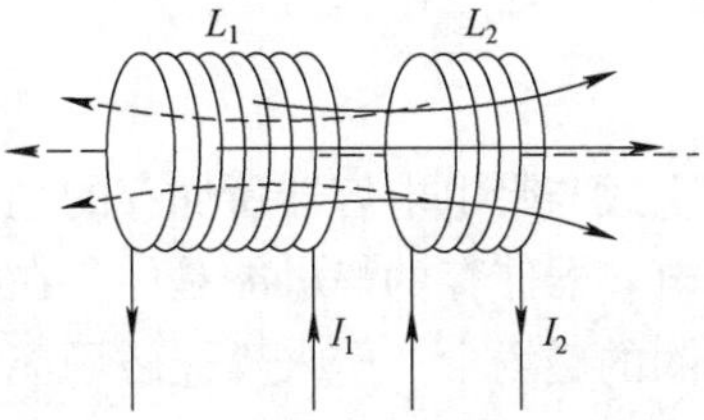

图 8-16　互感现象

由理论可知，Ψ_{21} 与回路 L_1 中的电流 I_1 成正比，则有

$$\Psi_{21}=M_{21}I_1 \tag{8-22}$$

同理，Ψ_{12} 与回路 L_2 中的电流 I_2 成正比，则有

$$\Psi_{12}=M_{12}I_2 \tag{8-23}$$

比例系数 M_{21} 和 M_{12} 称为回路 1 和回路 2 的**互感系数**，简称**互感**，单位也是 H。它们只与回路的形状、大小、相对位置、磁介质有关。可以证明，对于任意两个给定的回路及磁介质，有

$$M_{21}=M_{12}=M$$

如果电流 I_1 发生变化，在回路 L_2 中产生的感生电动势为

$$\varepsilon_{21} = -\frac{\mathrm{d}\Psi_{21}}{\mathrm{d}t} = -M\frac{\mathrm{d}I_1}{\mathrm{d}t} \tag{8-24}$$

如果电流 I_2 发生变化，在回路 L_1 中产生的感生电动势为

$$\varepsilon_{12} = -M\frac{\mathrm{d}I_2}{\mathrm{d}t} \tag{8-25}$$

互感现象在电工、电子技术中应用很广。例如变压器就是应用两个线圈间存在互感耦合制成的。实验室中常用的感应圈也是利用互感现象获得高压的。有时互感现象也有不利影响，为此实际中总是采取措施消除这种影响。例如可在电子仪器中，把易产生互感耦合的元件采取远离、调整方位或磁屏蔽等方法来避免元件间的互感影响。

三、磁场的能量

电场具有能量，磁场也具有能量，下面通过研究自感现象的能量转化来学习如何描述磁场的能量。前面自感现象演示的实验中，在开关 S 断开后，灯泡会突然强烈闪亮一下，然后熄灭。消耗的能量存储在通电的线圈中，或者说是存在线圈内的磁场中，一个通电的线圈也会储存一定的能量，称为**磁能**。

下面通过感应电动势做功计算自感系数为 L 的线圈通有电流 I 时存储的能量。开关断开后，在 $\mathrm{d}t$ 时间内，自感电动势所做的功为

$$\mathrm{d}A = \varepsilon_L i\mathrm{d}t$$

式中，i 为电流强度的瞬时值，由式（8-21）可得

$$\mathrm{d}A = -Li\mathrm{d}i$$

在电流由 I 减到 0 的过程中自感电动势所做的功为

$$A = \int \mathrm{d}A = \int_I^0 -Li\mathrm{d}i = \frac{1}{2}LI^2$$

也就是说，自感系数为 L 的线圈通有电流 I 时所具有的磁能为

$$W_\mathrm{m} = \frac{1}{2}LI^2 \tag{8-26}$$

上式与带电电容器所储存的电能的计算公式 $W_\mathrm{e} = CU^2/2$ 相类似。在电介质一章中，曾指出电容器储存的静电能是储存在极板之间的电场中，与此对应，认为磁能储存在通有电流的线圈的磁场中。引入描述磁场能量分布的物理量——**磁场能量密度**，下面通过一个特例来导出磁场能量密度的一般表达式。

一个长直螺线管，设管内充满磁导率为 μ 的均匀磁介质，管中磁场近似看作均匀，且全部集中在管内，设通过螺线管的电流为 I，则管内的 $B = \mu nI$，由式（8-20）知，它的自感系数为 $L = \mu n^2 Sl$，把 L 及 $I = B/\mu n$ 代入式（8-26）得

$$W_\mathrm{m} = \frac{1}{2}\mu n^2 V\frac{B^2}{\mu^2 n^2} = \frac{B^2}{2\mu}V = \frac{1}{2}BHV = \frac{1}{2}\mu H^2 V \tag{8-27}$$

式中，V 是螺线管体积，也是载流长直螺线管激发的磁场所占空间的体积。螺线管中磁场均匀，所以磁场的能量密度，即单位体积中磁场能量为

$$w_\mathrm{m} = \frac{W_\mathrm{m}}{V} = \frac{1}{2}\frac{B^2}{\mu} = \frac{1}{2}BH = \frac{1}{2}\mu H^2 \tag{8-28}$$

上述磁场能量密度公式虽然是从螺线管中均匀磁场的特例导出的，但它是适用于各种类型磁

场的普遍公式。磁场与电场一样，是一种物质形态，因而具有能量。

对于均匀磁场，可以用式（8-27）计算出磁场总磁能，若磁场是不均匀的，则可把磁场划分为无数体积元 dV，在每个体积元内，磁场可以看作是均匀的，在 dV 体积元内磁场能量为

$$\mathrm{d}W_{\mathrm{m}} = w_{\mathrm{m}}\mathrm{d}V$$

对整个磁场不为零的空间积分，则磁场总能量是

$$W_{\mathrm{m}} = \int_V \mathrm{d}W_{\mathrm{m}} = \int_V \frac{1}{2}BH\mathrm{d}V \tag{8-29}$$

例 8-4　如图 8-17a 所示，一根长直的同轴电缆，由半径为 R_1 和 R_2 的同轴圆柱壳组成。电缆内壳上载有稳恒电流 I，再经外壳返回形成闭合回路，求电缆单位长度内的磁场能量。

解：以圆柱轴线为圆心，以 r 为半径取积分回路，由安培环路定理得

$$B = \begin{cases} 0, & r < R_1 \\ \dfrac{\mu_0 I}{2\pi r}, & R_1 < r < R_2 \\ 0, & r > R_2 \end{cases}$$

磁场能量只储存在电缆内外壳之间。由式（8-28）可求得磁场能量密度为

$$w_{\mathrm{m}} = \frac{1}{2}\frac{B^2}{\mu_0} = \frac{1}{2}\frac{\mu_0 I^2}{4\pi^2 r^2}$$

可见，在空间各处的磁场能量密度各不相同，需要采用积分的方法，取一半径为 r、厚度为 dr、长为 l 的圆柱薄壳层，与电缆同轴（见图 8-17b），此体积元包含的磁能为

$$\mathrm{d}W_{\mathrm{m}} = w_{\mathrm{m}}\mathrm{d}V = w_{\mathrm{m}}2\pi r l\mathrm{d}r$$

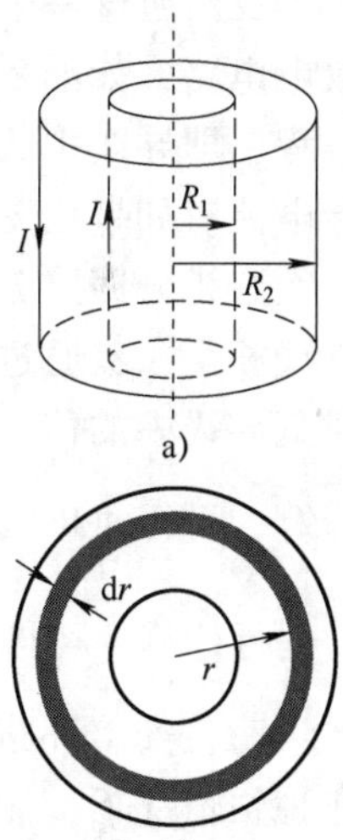

图 8-17　例 8-4 用图

则长为 l 的一段同轴电缆所储存的能量为

$$W_{\mathrm{m}} = \int_V \mathrm{d}W_{\mathrm{m}} = \int_{R_1}^{R_2} \frac{\mu_0 I^2 l}{4\pi}\frac{\mathrm{d}r}{r} = \frac{\mu_0 I^2 l}{4\pi}\ln\frac{R_2}{R_1}$$

则同轴电缆单位长度内的磁场能量为

$$w_{\mathrm{m}} = \frac{W_{\mathrm{m}}}{l} = \frac{\mu_0 I^2}{4\pi}\ln\frac{R_2}{R_1}$$

思考题

8-9　在一个线圈（自感为 L，电阻为 R）和电动势为 E 的电源的串联电路中，当开关接通的那个时刻，线圈中还没有电流，自感电动势为什么会最大？

8-10　自感电动势能不能大于电源的电动势？暂态电流可否大于稳定时的电流值？

8-11　有两个半径相接近的线圈，问如何放置方可使其互感最小？如何放置可使其互感最大？

第五节 位移电流 麦克斯韦方程组

一、位移电流

在稳恒条件下，安培环路定理为

$$\oint_L \boldsymbol{B} \cdot \mathrm{d}\boldsymbol{l} = \mu_0 I_\mathrm{c} = \mu_0 \int_S \boldsymbol{J}_\mathrm{c} \cdot \mathrm{d}\boldsymbol{S} \tag{8-30}$$

式中，I_c是穿过以闭合回路L为边界的任意曲面S的传导电流；$\boldsymbol{J}_\mathrm{c}$为曲面上各点的电流密度。式（8-30）适用于闭合稳恒电流产生的磁场。那么在非稳恒电流的磁场中安培环路定理是否仍然成立？

我们通过一个特例来分析，最典型的例子就是电容器充放电电路，如图8-18所示。电容器充放电过程是一个非稳恒过程，即导线中的电流是随时间变化的，两极板之间没有传导电流。如果用安培环路定理，在电容器的一个极板周围取一闭合积分回路L，并以其为边界做两个曲面S_1和S_2，S_1与导线相交，S_2通过电容器两极板之间，不与导线相交。设某时刻导线中的传导电流为I_c，根据式（8-30），如果选S_1进行计算，可得$\oint_L \boldsymbol{B} \cdot \mathrm{d}\boldsymbol{l} = \mu_0 I_\mathrm{c}$。通过$S_2$传导电流为0，如果选取$S_2$进行计算，可得$\oint_L \boldsymbol{B} \cdot \mathrm{d}\boldsymbol{l} = 0$。计算结果不同说明当电流不连续时，安培环路定理无法适用。但实际上，电流周围仍有确定的磁场被激发出来。在非稳恒情况下，能代替安培环路定理的普遍规律是什么呢？

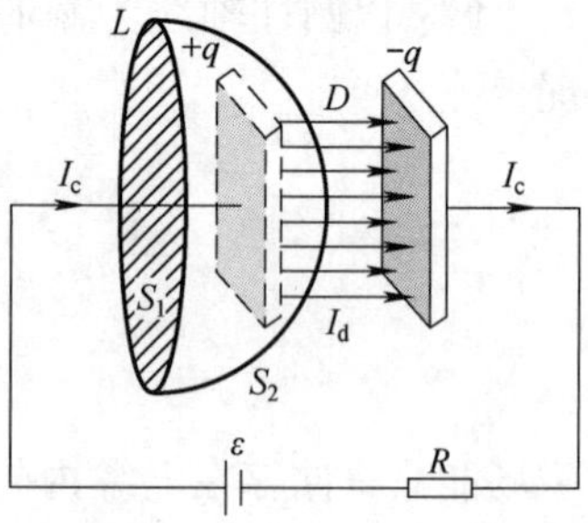

图8-18 非稳恒电流的安培环路定理

图8-18中曲面S_1和曲面S_2构成了一个包围极板的闭合曲面S，因为穿过S_1的电流I_c没有穿过S_2，自由电荷就在闭合曲面内积累下来。根据电荷守恒定律，得出

$$\oint_S \boldsymbol{J}_\mathrm{c} \cdot \mathrm{d}\boldsymbol{S} = -\frac{\mathrm{d}q}{\mathrm{d}t}$$

式中，$\boldsymbol{J}_\mathrm{c}$是闭合曲面$S$上各点的传导电流密度；$q$是积累在闭合曲面$S$内的自由电荷，即分布在电容器极板表面的电荷。极板上的电荷在极板间激发电场，按照高斯定理有

$$\oint_S \boldsymbol{E} \cdot \mathrm{d}\boldsymbol{S} = \frac{q}{\varepsilon_0}$$

联立以上两式消去其中的q，得

$$\oint_S \boldsymbol{J}_\mathrm{c} \cdot \mathrm{d}\boldsymbol{S} = -\varepsilon_0 \oint_S \frac{\partial \boldsymbol{E}}{\partial t} \cdot \mathrm{d}\boldsymbol{S}$$

可将上式改写为

$$\oint_S \left(\boldsymbol{J}_\mathrm{c} + \varepsilon_0 \frac{\partial \boldsymbol{E}}{\partial t} \right) \cdot \mathrm{d}\boldsymbol{S} = 0 \tag{8-31}$$

麦克斯韦分析了上述情况后，提出假设：对于非稳恒电路，在传导电流中断处必然发生电荷分布的改变，从而引起电场的变化，这变化的电场$\dfrac{\partial \boldsymbol{E}}{\partial t}$像传导电流一样能产生磁场，因

此认为变化的电场等效的也是一种“电流”，称作**位移电流**。麦克斯韦把 $\varepsilon_0 \frac{\partial \boldsymbol{E}}{\partial t}$ 称作**位移电流密度**，记作 $\boldsymbol{J}_d$：

$$\boldsymbol{J}_d = \varepsilon_0 \frac{\partial \boldsymbol{E}}{\partial t} \tag{8-32}$$

通过任意曲面 S 的位移电流记作 I_d，则

$$I_d = \int_S \boldsymbol{J}_d \cdot d\boldsymbol{S} = \int_S \varepsilon_0 \frac{\partial \boldsymbol{E}}{\partial t} \cdot d\boldsymbol{S} \tag{8-33}$$

通过任意曲面 S 的电通量为 $\Phi_e = \int_S \boldsymbol{E} \cdot d\boldsymbol{S}$，对 t 求导，得

$$\frac{d\Phi_e}{dt} = \int_S \frac{\partial \boldsymbol{E}}{\partial t} \cdot d\boldsymbol{S}$$

将上式代入式（8-33）得

$$I_d = \varepsilon_0 \frac{d\Phi_e}{dt} \tag{8-34}$$

即通过某个面积的位移电流就是通过该面积的电通量对时间的变化率乘以真空中的介电常数。

麦克斯韦把传导电流与位移电流的代数和称作**全电流**。以 I 表示全电流，则通过 S 面的全电流为

$$I_c + I_d = \int_S \left(\boldsymbol{J}_c + \varepsilon_0 \frac{\partial \boldsymbol{E}}{\partial t} \right) \cdot d\boldsymbol{S} \tag{8-35}$$

对于图 8-18 中曲面 S_1 和曲面 S_2，由式（8-31）可得

$$\int_{S_1} \left(\boldsymbol{J}_c + \varepsilon_0 \frac{\partial \boldsymbol{E}}{\partial t} \right) \cdot d\boldsymbol{S} = \int_{S_2} \left(\boldsymbol{J}_c + \varepsilon_0 \frac{\partial \boldsymbol{E}}{\partial t} \right) \cdot d\boldsymbol{S}$$

表明全电流在任何情况下都是连续的，也就是说穿过以同一曲线 L 为边界的不同曲面的全电流是相同的。移电流的假设使从恒定电流总结出来的磁场规律推广到一般情况，既包括传导电流也包括位移电流所激发的磁场，得到了普遍意义上的安培环路定理，即

$$\oint_L \boldsymbol{B} \cdot d\boldsymbol{l} = \mu_0 \int_S \left(\boldsymbol{J}_c + \varepsilon_0 \frac{\partial \boldsymbol{E}}{\partial t} \right) \cdot d\boldsymbol{S} = \mu_0 (I_c + I_d) \tag{8-36}$$

上式表明，磁场强度沿闭合回路 L 的线积分等于穿过以曲线 L 为边界的任意曲面的传导电流和位移电流的代数和乘以真空中的磁导率。这就是**全电流的安培环路定理**，也称为安培环路定理的普遍表达式。

麦克斯韦位移电流假说的中心思想是变化着的电场激发磁场。并考虑到式（8-16）说明的变化的磁场可以产生涡旋电场，因此麦克斯韦在理论上预言交变的电场和磁场相互激励，以光速向外传播，形成电磁波。1888 年，赫兹通过实验验证了电磁波的存在，有力地支持了麦克斯韦理论。

二、麦克斯韦方程组

本书已介绍了电场和磁场的各种基本规律，1865 年，麦克斯韦将电磁场的规律加以总

结和推广，归纳出一组完全反映宏观电磁场规律的方程组，称为**麦克斯韦方程组**。根据它可以解决宏观电磁场的各类问题，特别是关于电磁波的问题。麦克斯韦方程组在真空中其积分形式为

$$\left.\begin{aligned}
&(1) && \oint_S \boldsymbol{E}\cdot \mathrm{d}\boldsymbol{S} = \frac{\sum q_{内i}}{\varepsilon_0} = \frac{1}{\varepsilon_0}\int_V \rho \mathrm{d}V \\
&(2) && \oint_S \boldsymbol{B}\cdot \mathrm{d}\boldsymbol{S} = 0 \\
&(3) && \oint_L \boldsymbol{E}\cdot \mathrm{d}\boldsymbol{l} = -\int_S \frac{\partial \boldsymbol{B}}{\partial t}\cdot \mathrm{d}\boldsymbol{S} \\
&(4) && \oint_L \boldsymbol{B}\cdot \mathrm{d}\boldsymbol{l} = \mu_0\int_S\left(\boldsymbol{J}_{\mathrm{c}} + \varepsilon_0\frac{\partial \boldsymbol{E}}{\partial t}\right)\cdot \mathrm{d}\boldsymbol{S} = \mu_0 I_{\mathrm{c}} + \frac{1}{c^2}\frac{\mathrm{d}\Phi_{\mathrm{e}}}{\mathrm{d}t}
\end{aligned}\right\} \tag{8-37}$$

方程（1）是电场的高斯定理。在任何电场中，通过任何闭合曲面的电通量等于该封闭面内电荷的代数和除以真空中介电常数，反映了静电场的有源性。变化的磁场所激发的感生电场由于其电场线为无头无尾的闭合曲线，其对闭合曲面的通量没有贡献。

方程（2）是磁场的高斯定理，说明磁感应线为闭合曲线。目前的电磁场理论认为在自然界中没有单一的“磁荷”（或磁单极子）。

方程（3）是电场的环路定理。在任何电场中，电场强度沿任何闭合曲线的线积分等于通过以该闭合曲线为边界的任意曲面的磁通量的时间变化率的负值。说明变化的磁场和电场的联系。

方程（4）是全电流的安培环路定理。说明磁场和电流（即运动的电荷）以及变化的电场的联系。

麦克斯韦方程组的积分形式通过通量和环流来描述电磁场的性质和规律，它不能反映每一个场点的电磁场量之间的关系，要了解空间各点的电磁场分布和变化情况需要通过麦克斯韦方程组的微分形式。在有介质的情况下，利用辅助量 $\boldsymbol{D}$ 和 $\boldsymbol{H}$ 及矢量分析中的高斯定理和斯托克斯定理，我们可以给出麦克斯韦方程组的微分形式：

$$\left.\begin{aligned}
&(1) && \nabla\cdot \boldsymbol{D} = \rho \\
&(2) && \nabla\cdot \boldsymbol{B} = 0 \\
&(3) && \nabla\times \boldsymbol{E} = -\frac{\partial \boldsymbol{B}}{\partial t} \\
&(4) && \nabla\times \boldsymbol{H} = \boldsymbol{J}_{\mathrm{c}} + \frac{\partial \boldsymbol{D}}{\partial t}
\end{aligned}\right\} \tag{8-38}$$

在介质内，上述麦克斯韦方程组尚不完备，还需补充三个描述介质性质的方程式。对于各向同性介质来说，各场量之间满足如下关系：

$$\left.\begin{aligned}
&(1) && \boldsymbol{D} = \varepsilon \boldsymbol{E} \\
&(2) && \boldsymbol{B} = \mu \boldsymbol{H} \\
&(3) && \boldsymbol{J} = \sigma \boldsymbol{E}
\end{aligned}\right\} \tag{8-39}$$

式中，ε 为介电常量；μ 为磁导率；σ 为电导率。此外，对处于电磁场中以速度 $\boldsymbol{v}$ 运动的带电粒子 q，还受到电磁场给的作用力，满足

$$\boldsymbol{f} = q\boldsymbol{E} + q\boldsymbol{v}\times \boldsymbol{B} \tag{8-40}$$

以上的麦克斯韦方程组（8-38）、描述介质性质的方程组（8-39）以及洛伦兹力公式（8-40），全面总结了电磁场的规律，是宏观电磁学的基本方程，利用它们原则上可以解决各种宏观电磁学问题。麦克斯韦方程组在电磁学与经典电动力学中的地位，如同牛顿运动定律在牛顿力学中的地位一样。以麦克斯韦方程组为核心的电磁理论是经典物理学最引以为豪的成就之一。其预言了电磁波的存在，证明了光的电磁本质，是爱因斯坦相对论的重要实验基础，被广泛地应用到技术领域。

思考题

8-12　电容器充放电时，极板间位移电流方向是否发生变化？

8-13　传导电流与位移电流的区别和共同点有哪些？

8-14　已知无限长载流直导线在空间任一点的磁感应强度为 $\frac{\mu_0 I}{2\pi r}$，试证明满足方程式

$$\nabla \cdot \boldsymbol{B} = \frac{\partial B_x}{\partial x} + \frac{\partial B_y}{\partial y} + \frac{\partial B_z}{\partial z} = 0$$

8-15　麦克斯韦方程组中各方程的物理意义是什么？

第六节　电磁波

麦克斯韦在提出电磁学基本方程的同时预言了电磁波的存在，即变化的电场产生变化的磁场，而变化的磁场又产生变化的电场，它们相互联系、相互激发，由近及远地向周围传播出去，形成电磁波。

一、平面电磁波的波动方程及性质

下面由麦克斯韦方程组推导真空中的平面电磁波所满足的波动方程。考虑在无电荷、传导电流及介质的真空中，麦克斯韦方程组的微分形式式（8-38）变为

$$\left.\begin{aligned}
&(1) \quad \nabla \cdot \boldsymbol{E} = 0 \\
&(2) \quad \nabla \cdot \boldsymbol{B} = 0 \\
&(3) \quad \nabla \times \boldsymbol{E} = -\frac{\partial \boldsymbol{B}}{\partial t} \\
&(4) \quad \nabla \times \boldsymbol{B} = \mu_0 \varepsilon_0 \frac{\partial \boldsymbol{E}}{\partial t}
\end{aligned}\right\} \tag{8-41}$$

考虑一维情形，即电场强度 $\boldsymbol{E}$ 和磁感应强度 $\boldsymbol{B}$ 都只是坐标 x 和 t 的函数，由上式可得

$$\begin{aligned}
\frac{\partial^2 \boldsymbol{E}}{\partial x^2} &= \mu_0 \varepsilon_0 \frac{\partial^2 \boldsymbol{E}}{\partial t^2} \\
\frac{\partial^2 \boldsymbol{B}}{\partial x^2} &= \mu_0 \varepsilon_0 \frac{\partial^2 \boldsymbol{B}}{\partial t^2}
\end{aligned} \tag{8-42}$$

这就是真空中的平面电磁波所满足的波动方程。根据方程中的常系数可以计算出电磁波在真空中的传播速度 c 为

$$c = \frac{1}{\sqrt{\mu_0 \varepsilon_0}} = 3 \times 10^8 \mathrm{m/s}$$

根据电磁场理论计算出的电磁波在真空中的传播速度等于真空中的光速，因此肯定光波是一种电磁波。

电磁波在向外传播过程中，电场和磁场彼此依存，$\boldsymbol{E}$ 和 $\boldsymbol{B}$ 在每一瞬时都在做周期性变化，两者的相位相同，如图 8-19 所示。

可以看出，$\boldsymbol{E}$ 和 $\boldsymbol{B}$ 互相垂直，且均与传播方向垂直，这说明电磁波是横波。沿给定方向传播的电磁波，$\boldsymbol{E}$ 和 $\boldsymbol{B}$ 分别在各自的平面上振动，这一特性称为偏振性。而且还可证明，在空间任一点处，$\boldsymbol{E}$ 和 $\boldsymbol{B}$ 之间在量值上有下列关系：

$$\sqrt{\varepsilon}E = \frac{B}{\sqrt{\mu}} \tag{8-43}$$

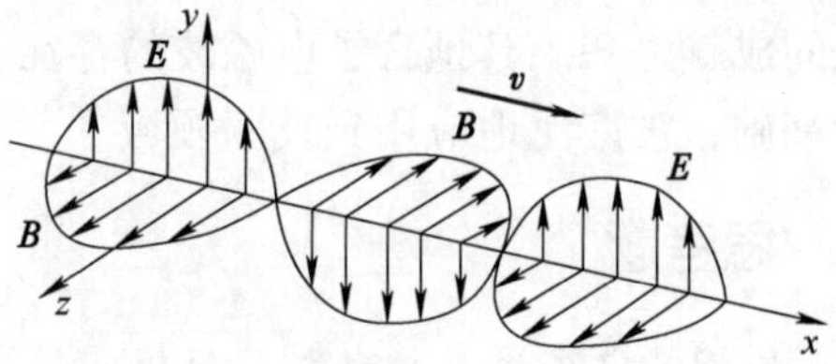

图 8-19　电磁波传播方向上的电场和磁场分布

电磁波的传播速度的大小 u 决定于媒质的介电系数 ε 和磁导率 μ：

$$u = \frac{1}{\sqrt{\varepsilon\mu}} \tag{8-44}$$

二、电磁波的能量

电磁波的传播伴随着能量的传播，电磁和磁场的能量密度分别为 $w_e = \frac{1}{2}\varepsilon E^2$，$w_m = \frac{1}{2}\mu H^2$，所以空间各点电磁波的能量密度为

$$w = w_e + w_m = \frac{1}{2}(\varepsilon E^2 + \mu H^2) \tag{8-45}$$

电磁波所携带的电磁能量，称为辐射能。单位时间内，通过垂直于传播方向的单位面积的辐射能，则称为**能流密度**或**辐射强度**，用 S 表示。设 $\mathrm{d}A$ 为垂直于电磁波传播方向的一个面积元，在介质不吸收电磁能量的条件下，在 $\mathrm{d}t$ 时间内，通过面积元 $\mathrm{d}A$ 的辐射能应为 $wu\mathrm{d}A\mathrm{d}t$，则能流密度在量值上等于

$$S = wu = \frac{u}{2}(\varepsilon E^2 + \mu H^2) \tag{8-46}$$

把 $u = \frac{1}{\sqrt{\varepsilon\mu}}$ 和 $\sqrt{\varepsilon}E = \sqrt{\mu}H$ 代入上式，得

$$S = \frac{1}{2\sqrt{\varepsilon\mu}}(\sqrt{\varepsilon}E\sqrt{\mu}H + \sqrt{\mu}H\sqrt{\varepsilon}E) = EH \tag{8-47}$$

因为辐射能的传播方向（即能流密度矢量 $\boldsymbol{S}$ 的方向）、$\boldsymbol{E}$ 的方向及 $\boldsymbol{H}$ 的方向三者相互垂直，通常将能流密度用矢量式表示为

$$\boldsymbol{S} = \boldsymbol{E} \times \boldsymbol{H} \tag{8-48}$$

电磁波的能流密度矢量 $\boldsymbol{S}$ 称为坡印廷矢量。

三、电磁波谱

电磁波按照波长（或频率）的不同，可以分为无线电波、红外线、可见光、紫外线、X 射线、γ 射线等，把它们按波长（或频率）顺序排列就构成了电磁波谱，如图 8-20 所示。无

线电波的波长最长，被广泛用于通信、电视和广播等无线电通信领域；其次是红外线、可见光和紫外线，这三部分合称光辐射，可见光是人们所能感光的极狭窄的一个波段，波长在400~700nm；然后是X射线；波长最短的是γ射线。

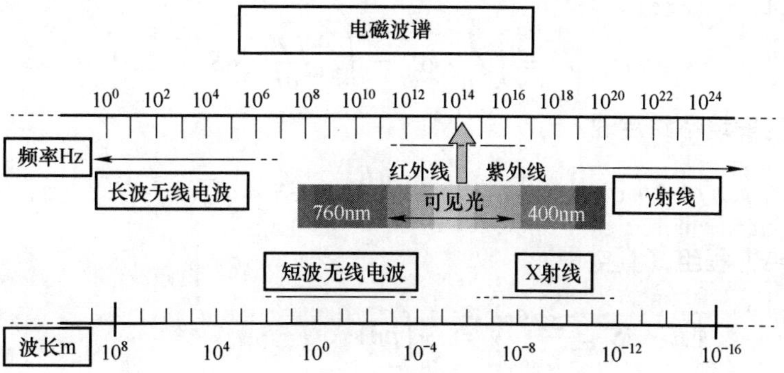

图8-20　电磁波谱

思考题

8-16　如何证明光是一种电磁波？

8-17　什么是坡印廷矢量？它和电场、磁场有什么关系？

知识提要

1. 电源的电动势

$$\varepsilon = \int_{-}^{+} \boldsymbol{E}_{\mathrm{k}} \cdot \mathrm{d}\boldsymbol{l}$$

式中，$\boldsymbol{E}_{\mathrm{k}}$ 是非静电场场强。

2. 法拉第电磁感应定律

$$\varepsilon = -\frac{\mathrm{d}\Phi_{\mathrm{m}}}{\mathrm{d}t}$$

3. 动生电动势

$$\varepsilon = \int_{b}^{a} (\boldsymbol{v} \times \boldsymbol{B}) \cdot \mathrm{d}\boldsymbol{l}$$

4. 感生电动势和感生电场

$$\varepsilon = \oint_{L} \boldsymbol{E}_{\mathrm{i}} \cdot \mathrm{d}\boldsymbol{l} = -\frac{\mathrm{d}\Phi}{\mathrm{d}t} = -\frac{\mathrm{d}}{\mathrm{d}t}\left(\int_{S} \boldsymbol{B} \cdot \mathrm{d}\boldsymbol{S}\right)$$

感生电场为无源、非保守场，其中 $\boldsymbol{E}_{\mathrm{i}}$ 为感生电场场强。

5. 自感和互感

自感电动势：$\varepsilon_L = -L\dfrac{\mathrm{d}I}{\mathrm{d}t}$

互感电动势：$\varepsilon_{12} = -M\dfrac{\mathrm{d}I_2}{\mathrm{d}t}$

6. 磁场的能量

$$W_{\mathrm{m}} = \int_V \mathrm{d}W_{\mathrm{m}} = \int_V \frac{1}{2}BH\mathrm{d}V$$

7. 位移电流

$$I_{\mathrm{d}} = \int_S \boldsymbol{J}_{\mathrm{d}} \cdot \mathrm{d}\boldsymbol{S} = \int_S \varepsilon_0 \frac{\partial \boldsymbol{E}}{\partial t} \cdot \mathrm{d}\boldsymbol{S}$$

8. 全电流的安培环路定理

$$\oint_L \boldsymbol{B} \cdot \mathrm{d}\boldsymbol{l} = \mu_0 \int_S \left(\boldsymbol{J}_{\mathrm{c}} + \varepsilon_0 \frac{\partial \boldsymbol{E}}{\partial t}\right) \cdot \mathrm{d}\boldsymbol{S} = \mu_0 (I_{\mathrm{c}} + I_{\mathrm{d}})$$

9. 麦克斯韦方程组（真空中）

$$\oint_S \boldsymbol{E} \cdot \mathrm{d}\boldsymbol{S} = \frac{\sum q_{内i}}{\varepsilon_0} = \frac{1}{\varepsilon_0}\int_V \rho \mathrm{d}V$$

$$\oint_S \boldsymbol{B} \cdot \mathrm{d}\boldsymbol{S} = 0$$

$$\oint_L \boldsymbol{E} \cdot \mathrm{d}\boldsymbol{l} = -\int_S \frac{\partial \boldsymbol{B}}{\partial t} \cdot \mathrm{d}\boldsymbol{S}$$

$$\oint_L \boldsymbol{B} \cdot \mathrm{d}\boldsymbol{l} = \mu_0 \int_S \left(\boldsymbol{J}_{\mathrm{c}} + \varepsilon_0 \frac{\partial \boldsymbol{E}}{\partial t}\right) \cdot \mathrm{d}\boldsymbol{S} = \mu_0 I_{\mathrm{c}} + \frac{1}{\boldsymbol{c}^2}\frac{\mathrm{d}\Phi_{\mathrm{e}}}{\mathrm{d}t}$$

10. 电磁波

电场、磁场、传播速度三者方向垂直

电磁波的能量密度：$w = w_{\mathrm{e}} + w_{\mathrm{m}} = \frac{1}{2}(\varepsilon E^2 + \mu H^2)$

电磁波的能流密度矢量，即坡印廷矢量 $\boldsymbol{S}$：$\boldsymbol{S} = \boldsymbol{E} \times \boldsymbol{H}$

习　　题

一、基础练习

8-1　如习题 8-1 图所示，一无限长直导线中通有交变电流 $i = I\sin\omega t$，它旁边有一个与其共面的长方形线圈 $ABCD$，长为 l，宽为 $(b-a)$。试求：

（1）穿过回路 $ABCD$ 的磁通量 Φ；$\left(答案：\Phi = \frac{\mu_0 l}{2\pi}I_0\sin\omega t\ln\frac{b}{a}\right)$

（2）回路 $ABCD$ 中的感应电动势 ε。$\left(答案：\varepsilon = -\frac{\mu_0 \omega l}{2\pi}I_0\cos\omega t\ln\frac{b}{a}\right)$

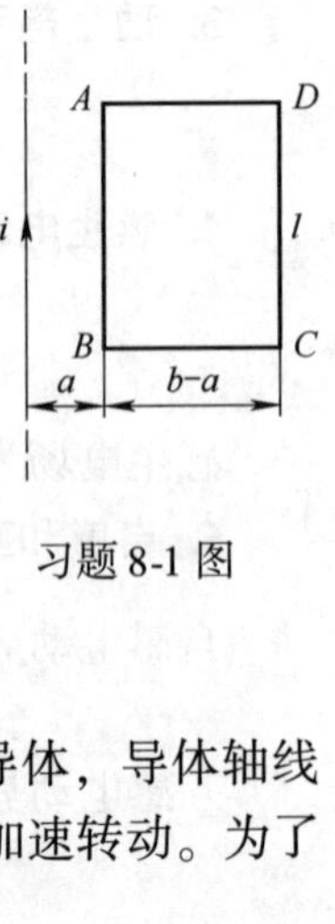

习题 8-1 图

8-2　如习题 8-2 图所示，在通有电流 $I = 5\mathrm{A}$ 的长直导线近旁有一导线段 ab，长 $l = 20\mathrm{cm}$，离长直导线距离 $d = 10\mathrm{cm}$。当它沿平行于长直导线的方向以速度 $v = 10\mathrm{m/s}$ 平移时，导线段中的感应电动势 ε 多大？a、b 哪端的电势高？（答案：$\varepsilon = 1.1 \times 10^{-5}\mathrm{V}$，$a$ 端电势高）

8-3　如习题 8-3 图 a 所示，在匀强磁场 $B = 0.1\mathrm{T}$ 中，有长 $L = 20\mathrm{cm}$ 的导体，导体轴线与磁场方向的夹角 $\alpha = 30°$。使导体一端固定不动，导体轴线绕 $\boldsymbol{B}$ 方向做匀加速转动。为了使导体两端的电势差在 1s 内均匀增加 1V，转动的角加速度 β 应为多大？（设转动过程中导体轴与 $\boldsymbol{B}$ 方向始终成 α 角）　$\left(\text{答案：}\varepsilon_{\mathrm{i}} = \frac{1}{2}B\omega L^2\sin^2\alpha,\ \beta = 2\times10^3\mathrm{rad/s^2}\right)$

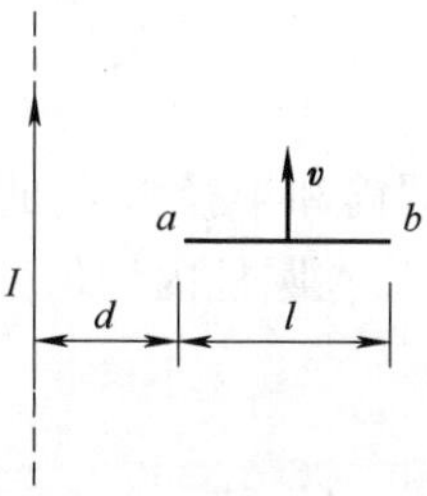

习题 8-2 图

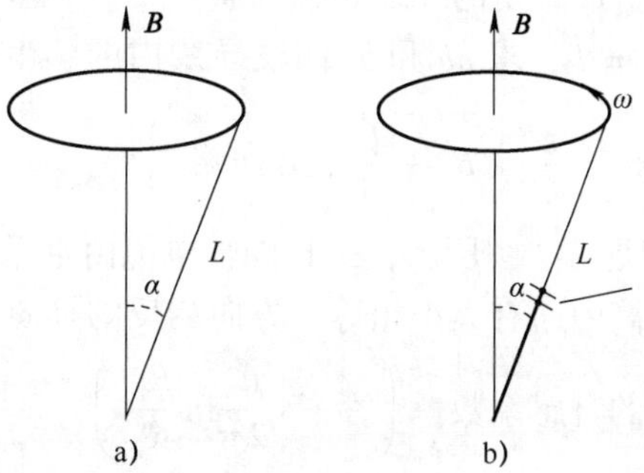

习题 8-3 图

提示：

① 先求导体以匀角速度 ω 转动时产生的动生电动势。

② 导体转动时，各部分线速度不同。取微元 $\mathrm{d}l$，先求 $\mathrm{d}\varepsilon_{\mathrm{i}}$，再用积分求 ε_{i}。

③ 如习题 8-3 图 b 所示，$\mathrm{d}l$ 切割的有效长度是 $\mathrm{d}l\sin\alpha$，于是

$$\mathrm{d}\varepsilon_{\mathrm{i}} = Bv\mathrm{d}l\sin\alpha$$

式中，$v = \omega l\sin\alpha$。

④ $\varepsilon_{\mathrm{i}} = \int_0^L \mathrm{d}\varepsilon_{\mathrm{i}}$。

⑤ 导体转动的角加速度 $\beta = \frac{\mathrm{d}\omega}{\mathrm{d}t}$，并由题意有 $\frac{\mathrm{d}\varepsilon_{\mathrm{i}}}{\mathrm{d}t} = 1\mathrm{V/s}$。

8-4　如习题 8-4 图所示，一长直导线载有 $I=5.0\mathrm{A}$ 的电流，旁边有一矩形线圈 $ABCD$（与此长导线共面），长 $l_1=0.20\mathrm{m}$，宽 $l_2=0.10\mathrm{m}$，边长与长导线平行，AB 边与导线相距 $a=0.10\mathrm{m}$，线圈共 1000 匝。令线圈以速度 $\boldsymbol{v}$ 垂直于长导线向右运动，$v=3.0\mathrm{m/s}$。求线圈中的感应电动势。（答案：$3.0\times10^{-3}\mathrm{V}$）

8-5　如习题 8-5 图所示，一长直导线载有电流 I。有一与之共面的直角三角形线圈 ABC。已知 AC 与直导线平行，边长为 b，BC 边长为 a。若线圈以速度 $\boldsymbol{v}$ 垂直于导线向右平移，当 B 点与长直导线的距离为 d 时，求线圈 ABC 内的感应电动势的大小和方向。$\left(\text{答案：电动势大小 }\varepsilon_{\mathrm{i}} = \frac{\mu_0 Ibv}{2\pi a}\left(\ln\frac{a+d}{a} - \frac{a}{a+d}\right)\text{；方向顺时针}\right)$

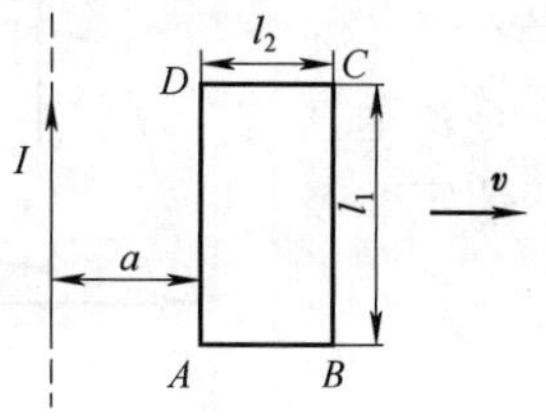

习题 8-4 图

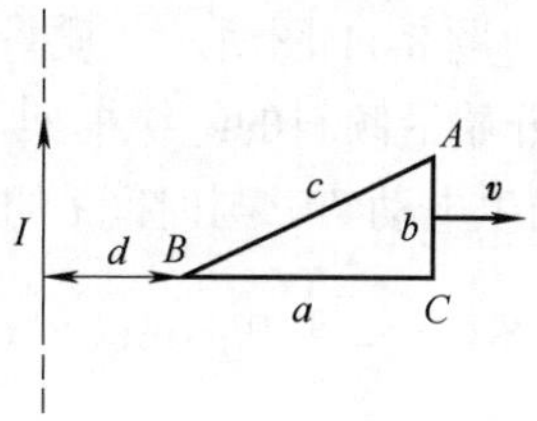

习题 8-5 图

8-6　在长圆柱体内存在均匀分布的变化磁场，磁场方向与圆柱体轴线平行，如习题8-6图所示。设圆柱体的半径为 R，磁感应强度随时间的变化率 $\frac{dB}{dt}=k$（$k>0$ 为常数）。现在磁场内放入一条折成直角的导线 abc，abc 三点在圆柱横截面圆周上，且 a、c 两点是直径的两端。已知 $|ab|=l$，求 ab 和 bc 两段导线内的感生电动势，并在图上标出感应电流的方向。$\left(答案：\varepsilon_{ab}=\varepsilon_{bc}=\frac{kl}{2}\sqrt{R^2-\frac{l^2}{4}}，方向略\right)$

8-7　如习题8-7图所示，一长同轴电缆由半径为 R_1 的内圆筒和半径为 R_2 的外圆筒同轴组成，内外圆筒中通有大小相等、方向相反的轴向电流，且电流在圆柱内均匀分布。求两圆筒单位长度上的自感系数。$\left(答案：\frac{\mu_0}{2\pi}\ln\frac{R_2}{R_1}\right)$

8-8　一圆形线圈由50匝表面绝缘的细导线绕成，圆面积为 $S=4.0\text{cm}^2$，放在另一个半径为 $R=20\text{cm}$ 的大圆形线圈中心，两者同轴，如习题8-8图所示。大圆形线圈由100匝表面绝缘的导线绕成。试求：

（1）两线圈的互感系数 M；（答案：$M=6.3\times10^{-6}\text{H}$）

（2）当大线圈导线中的电流以50A/s的变化率减小时，小线圈中的感应电动势 ε。（答案：$\varepsilon=3.2\times10^{-4}\text{V}$）

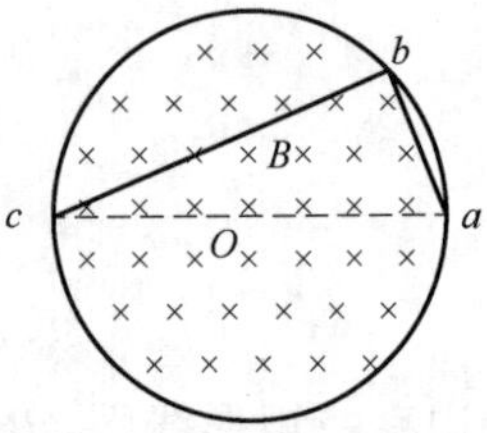

习题8-6图

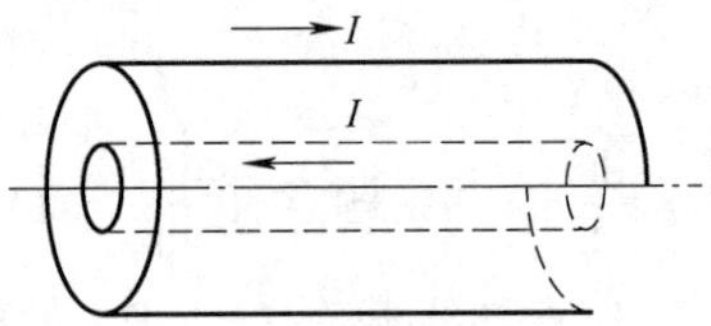

习题8-7图

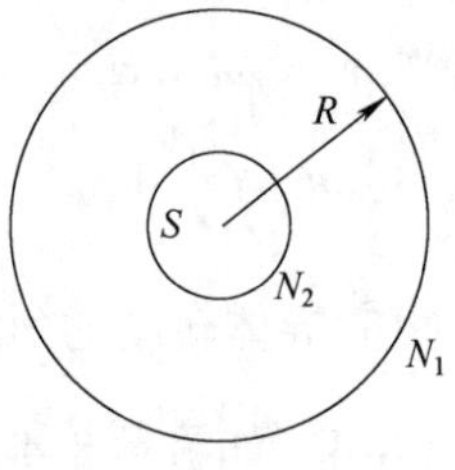

习题8-8图

8-9　可能利用超导线圈中的持续大电流的磁场储存能量。要储存1kW·h的能量，利用1.0T的磁场，需要多大体积 V 的磁场？若利用线圈中的500A的电流储存上述能量，则该线圈的自感系数 L 应多大？（答案：$V=9.0\text{m}^3$，$L=29\text{H}$）

8-10　一长直的铜导线截面半径为5.5mm，通有电流20A。求导线外贴近表面处的电场能量密度 w_e 和磁场能量密度 w_m 各是多少？铜的电阻率为 $1.69\times10^{-8}\Omega\cdot\text{m}$。（答案：$w_e=0.21\text{J/m}^3$，$w_m=5.6\times10^{-17}\text{J/m}^3$）

二、综合提高

8-11（1）如习题8-11图所示，质量为 M、长度约为 l 的金属棒 ab 从静止开始沿倾斜的绝缘框架下滑，设磁场 $\boldsymbol{B}$ 垂直向上，求棒内的动生电动势 ε 与时间 t 的函数关系。假定摩擦可忽略不计。$\left(答案：\varepsilon=\frac{1}{2}Blg\sin(2\theta)t\right)$

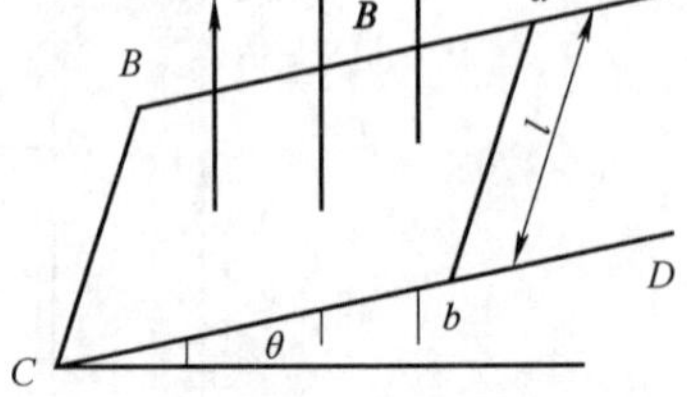

习题8-11图

（2）如果金属棒 ab 是沿光滑的金属框架下滑，结果有何不同？$\left(答案：\varepsilon = \dfrac{MgR\tan\theta}{Bl}\left[1 - e^{-\frac{(Bl\cos\theta)^2}{MR}t}\right]\right)$

8-12　如习题 8-12 图所示，无限长直导线中的电流为 I，在它附近有一边长为 $2a$ 的正方形线圈，可绕其中心轴 OO'以匀角速度 ω 旋转，转轴 OO'与长直导线的距离为 b。试求线圈中的感应电动势 ε 。$\left(答案：\varepsilon = \dfrac{\mu_0 a^2 b\omega I}{\pi}\left(\dfrac{1}{a^2 + b^2 - 2ab\cos\omega t} + \dfrac{1}{a^2 + b^2 + 2ab\cos\omega t}\right)\sin\omega t\right)$

8-13　如习题 8-13 图所示，一磁感应强度为 $\boldsymbol{B}$ 的均匀磁场垂直于金属线框平面。线框中串有电阻和电感线圈 L，线框平行线之间的距离为 l。另一金属杆 AB 与线框接触，并沿线框的平行线以速度 $\boldsymbol{v}$ 向右做匀速滑动。试求

（1）线框中的电流 i（金属杆和线框平行线的电阻不计）；$\left(答案：i = \dfrac{Blv}{R}\left(1 - e^{-\frac{R}{L}t}\right)\right)$

（2）电流的最大值 i_{max}。$\left(答案：i_{max} = \dfrac{Blv}{R}\right)$

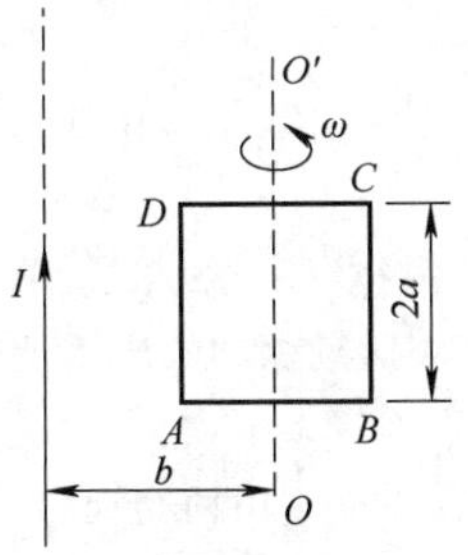

习题 8-12 图

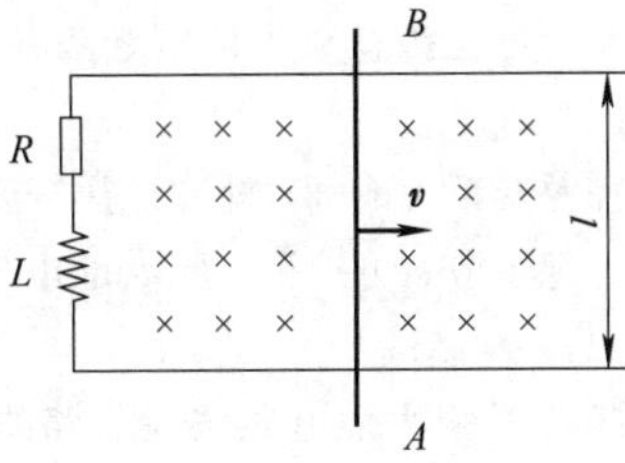

习题 8-13 图

三、课外拓展小论文

8-14　变压器是利用电磁感应的原理来改变交流电压的装置，它的主要结构包括哪些？变压器传输电能时总要产生损耗，损耗包括什么？

8-15　分析电磁阻尼和电磁驱动的区别，举例二者在工程技术上的应用。

物理学原理在能源领域中的应用
——可控源音频大地电磁法（CSAMT）

可控源音频大地电磁法（CSAMT）是在大地电磁法（MT）和音频大地电磁法（AMT）基础上发展起来的一种可控源频率测深方法。CSAMT 是 1975 年由 Myron Goldstein 提出的，它基于电磁波传播理论和麦克斯韦方程组建立了视电阻率和电场与磁场比值之间的关系，并且根据电磁波的趋肤效应理论得出电磁波的传播深度（或探测深度）与频率之间的关系，这样可以通过改变发射频率来改变探测深度，达到频率测深的目的。

CSAMT 采用可控制人工场源，测量由电偶极源传送到地下的电磁场分量，两个电极电源的距离为 1 ~ 2km，测量是在距离场源 5 ~ 10km 以外的范围进行，此时场源可以近似

为一个平面波。由于该方法的探测深度较大（通常可达 2km），并且兼有剖面和测深双重性质，因此具有诸多优点。

（1）使用可控制的人工场源，测量参数为电场与磁场之比——卡尼亚电阻率，增强了抗干扰能力，并减少了地形的影响；

（2）利用改变频率而非改变几何尺寸进行不同深度的电磁测深，提高了工作效率，一次发射可同时完成 7 个点的电磁测深；

（3）探测深度范围大，一般可达 1 ~ 2km；

（4）横向分辨率高，可以灵敏地发现断层；

（5）高阻屏蔽作用小，可以穿透高阻层。

CSAMT 法一出现就展示了比较好的应用前景，尤其是作为普通电阻率法和激发极化法的补充，可以解决深层的地质问题，如在寻找隐伏金属矿、地热勘查和水文工程地质勘查等方面，均取得了良好的地质效果。

材料参考文献

[1] 廖树衡，向阳．可控源音频大地电磁法在煤矿采矿影响评价中的应用［J］．山西冶金，2023，46（02）：178-179.

[2] 蔡会梅．可控源音频大地电磁法在地热资源勘查中的应用［J］．科技资讯，2022，20（10）：40-42.

[3] 闫胜，邹立，纪丁愈．可控源音频大地电磁测深法在病险水库坝区勘探中的应用［J］．内江科技 2021，42（12）：54-55.

[4] 苏晓璐．可控源音频大地电磁法在公路隧道地质勘察中的应用［J］．山西交通科技，2021，272（05）：70-73.

参 考 文 献

[1] YOUNG H D，等. 西尔斯当代大学物理（英文版 原书第 13 版）[M]. 北京：机械工业出版社，2021.
[2] 吴百诗. 大学物理：上册 [M]. 北京：科学出版社，2018.
[3] 邓法金. 大学物理学 [M]. 2 版. 北京：科学出版社，2005.
[4] 张三慧. 大学物理学：上册 [M]. 3 版. 北京：清华大学出版社，2021.
[5] 程守洙，江之永. 普通物理学 [M]. 5 版. 北京：高等教育出版社，2003.
[6] 马文蔚，解希顺，周雨青. 物理学 [M]. 5 版. 北京：高等教育出版社，2006.
[7] 姚玉洁. 量子力学 [M]. 长春：吉林大学出版社，1988.
[8] 张鹏，钟寿仙，吕志清，等.《大学物理解题方法》习题详解 [M]. 北京：机械工业出版社，2012.
[9] 胡海云，吴晓丽，缪劲松. 大学物理：电磁学 [M]. 北京：高等教育出版社，2017.